HIDROGEOMORFOLOGIA

CB020064

ORGANIZAÇÃO

ANTÔNIO PEREIRA MAGALHÃES JÚNIOR
LUIZ FERNANDO DE PAULA BARROS

HIDROGEOMORFOLOGIA

FORMAS, PROCESSOS E REGISTROS
SEDIMENTARES FLUVIAIS

1ª EDIÇÃO

RIO DE JANEIRO | 2020

EDITORA-EXECUTIVA
Renata Pettengill

SUBGERENTE EDITORIAL
Marcelo Vieira

ASSISTENTE EDITORIAL
Samuel Lima

REVISÃO
Bruna Pinheiro e Renato Carvalho

DIAGRAMAÇÃO
Abreu's System

CAPA
Leticia Quintilhano

CIP-BRASIL. CATALOGAÇÃO NA PUBLICAÇÃO
SINDICATO NACIONAL DOS EDITORES DE LIVROS, RJ

M166h Magalhães Júnior, Antônio Pereira
Barros, Luiz Fernando de Paula
Hidrogeomorfologia: formas, processos e registros sedimentares fluviais / Antônio Pereira Magalhães Júnior, Luiz Fernando de Paula Barros. – 1. ed. – Rio de Janeiro: Bertrand Brasil, 2020.

ISBN 978-85-286-2454-0

1. Sedimentologia. 2. Sedimentos fluviais. I. Barros, Luiz Fernando de Paula. II. Título.

19-61557 CDD: 551.354
CDU: 551.3.051

Meri Gleice Rodrigues de Souza – Bibliotecária CRB-7/6439

Copyright © 2020, Antônio Pereira Magalhães Júnior, Luiz Fernando de Paula Barros, André Augusto Rodrigues Salgado, Chrystiann Lavarini, Diego Rodrigues Macedo, Elizon Dias Nunes, Frederico Wagner de Azevedo Lopes, Guilherme Eduardo Macedo Cota, Lucas Espíndola Rosa, Luis Felipe Soares Cherem, Márcio Henrique de Campos Zancopé, Michael Vinícius de Sordi, Miguel Fernandes Felippe e Sérgio Donizete Faria.

Todos os esforços foram feitos para localizar os fotógrafos e os retratados nas imagens reproduzidas neste livro. A editora compromete-se a dar os devidos créditos em uma próxima edição, caso os autores as reconheçam e possam provar sua autoria. Nossa intenção é divulgar o material iconográfico, de maneira a ilustrar as ideias aqui publicadas, sem qualquer intuito de violar direitos de terceiros.

Texto revisado segundo o novo Acordo Ortográfico da Língua Portuguesa.

2020
Impresso no Brasil
Printed in Brazil

Todos os direitos reservados. Não é permitida a reprodução total ou parcial desta obra, por quaisquer meios, sem a prévia autorização por escrito da Editora.

Direitos exclusivos de publicação em língua portuguesa somente para o Brasil adquiridos pela:
EDITORA BERTRAND BRASIL LTDA.
Rua Argentina, 171 – 3º andar – São Cristóvão
20921-380 – Rio de Janeiro – RJ
Tel.: (21) 2585-2000 – Fax: (21) 2585-2084

RIVUS

Atendimento e venda direta ao leitor:
sac@record.com.br

Sumário

Prefácio

A Hidrogeomorfologia envolve o estudo das formas geradas pela ação das águas e dos materiais resultantes. Entre os vários recortes científicos possíveis neste campo do conhecimento, sem dúvida, a Geomorfologia Fluvial é o de maior destaque, tendo em vista a importância dos cursos d'água para a modelagem do relevo e sua interface com as sociedades desde os primórdios da humanidade. Embora haja um grande número de pesquisadores dedicados à Geomorfologia Fluvial no Brasil e importantes centros de referência sobre o tema, há uma evidente escassez de literatura em português sobre a dinâmica dos cursos d'água (em tempo curto e longo), suas formas, processos e materiais associados.

A primeira obra, de que se tem conhecimento, dedicada especificamente aos sistemas fluviais no Brasil foi o livro *Ambiente Fluvial*, de Kenitiro Suguio e João José Bigarella, publicado em 1979. Pouco depois, em 1981, Antônio Christofoletti publicou o livro *Geomorfologia Fluvial*, mais extenso e aprofundado que o clássico *Geomorfologia*, publicado no ano anterior, apesar do recorte temático. Essa obra se tornou o principal referencial em português do estudo da Geomorfologia Fluvial no Brasil durante décadas, e, até recentemente, não havia sido publicada nenhuma outra obra de grande envergadura sobre o tema.

Esse cenário nos motivou a organizar uma nova obra voltada ao papel geomorfológico dos cursos fluviais, com referências atualizadas, novos estudos de caso e aplicações. Nós, professores do Departamento de Geografia do Instituto de Geociências (IGC) da Universidade Federal de Minas Gerais (UFMG), sentíamos falta de uma obra com este perfil para apoio aos alunos de graduação e pós-graduação e que também fosse do interesse de docentes e pesquisadores. Assim, iniciamos este projeto em 2017 e temos agora a satisfação de vê-lo concretizado.

Também em 2017, José Cândido Stevaux e Edgardo Latrubesse publicaram a obra intitulada *Geomorfologia Fluvial*, tendo percebido a mesma necessidade apontada anteriormente. Apesar de esse livro ter suprido diversas lacunas sobre o tema, entendemos que os projetos são diferentes. A Geomorfologia envolvendo cursos d'água de pequeno porte e de contextos montanhosos possui diversas particularidades às quais nos habituamos ao longo de mais de uma década de investigações conjuntas.

Esta obra resulta particularmente de um histórico de atuação no Departamento de Geografia e no programa de pós-graduação em Geografia da UFMG, especialmente nas áreas de Geomorfologia Fluvial e estudos sobre sistemas e recursos hídricos. Desse modo, diversos colegas de pesquisa egressos do referido programa e que trabalham com Hidrogeomorfologia foram convidados a contribuir com este projeto, sendo atualmente professores em instituições como a UFG, a UFJF e a própria UFMG.

Procuramos, portanto, organizar uma obra que possa ser um referencial de qualidade a todos os interessados no papel geomorfológico dos cursos d'água e nas características e dinâmicas dos sistemas fluviais. Esperamos que o livro possa contribuir com todos os objetivos daqueles que o consultem. Agradecemos a todos que participaram, direta ou indiretamente, para a realização deste projeto, particularmente aos membros do Grupo de Pesquisa RIVUS — Geomorfologia e Recursos Hídricos (CNPq).

Antônio Pereira Magalhães Júnior
Luiz Fernando de Paula Barros

Introdução

Antônio Pereira Magalhães Júnior
Luiz Fernando de Paula Barros

A Geomorfologia é o ramo da ciência que se dedica ao estudo do modelado da superfície terrestre (relevo), investigando, para tanto, suas formas, processos e materiais formadores. O relevo resulta de processos controlados por fatores endógenos passivos (como a litoestrutura) e ativos (como a tectônica, o vulcanismo e o plutonismo), exógenos (como o clima, a biota e as ações antrópicas) e intrínsecos (como o comprimento e a declividade das encostas, a distância e o gradiente em relação ao nível de base).

Em termos gerais, os controles endógenos são responsáveis pela estruturação e macrocompartimentação do relevo, enquanto os controles exógenos são responsáveis por sua esculturação. Na modelagem do relevo, atuam diferentes processos, destacando-se os de erosão e sedimentação, os quais são responsáveis pelo desgaste e recobrimento dos materiais da superfície, dando-lhe novas formas. Esses processos podem ser conduzidos por diferentes agentes, como vento, água e os seres vivos.

Excetuando-se as áreas glaciais e desérticas, a água em movimento pode ser destacada como o principal agente atuante na esculturação do relevo. Por meio de processos diversos, as águas removem e acumulam materiais, transformando o relevo e as paisagens do planeta. O termo "hidrogeomorfologia" foi cunhado por Scheidegger (1973) para se referir ao campo do conhecimento que estuda as formas geradas pela ação das águas. Portanto, não é raro que um geomorfólogo seja um hidrogeomorfólogo (BABAR,

2005). Mesmo com a existência de variações conceituais na literatura (OKUNISHI, 1994; RICHARDS, 1988; SIDLE; ONDA, 2004), as pesquisas e a quantidade de publicações relacionadas à Hidrogeomorfologia têm crescido internacionalmente (GOERL *et al.*, 2012). As especificidades da dinâmica da água e, consequentemente, do seu papel geomorfológico em ambientes distintos justificam certas subdivisões da Geomorfologia: Costeira, Fluvial, de Vertentes, Cárstica etc.

No campo da Hidrogeomorfologia, a Geomorfologia Fluvial permite a estudiosos de diferentes formações acadêmicas a compreensão das várias dimensões envolvidas na estruturação espacial dos cursos d'água e redes hidrográficas, bem como em sua dinâmica espaço-temporal. Por meio de suas abordagens e técnicas, tem sido possível compreender os arranjos espaciais e os padrões de canais, a atuação dos processos fluviais e as formas resultantes e os fatores condicionantes da dinâmica fluvial, tanto de ordem natural como humana. A Geomorfologia Fluvial contribui, desse modo, para as investigações das razões da configuração evolutiva da drenagem (BAKER, 1988; CHARLTON, 2008; KONDOLF; PIEGAY, 2016; LEOPOLD *et al.*, 1964; PETTS; AMOROS, 1996; RICE *et al.*, 2008). A Geomorfologia Fluvial visa ainda estudar a evolução das paisagens fluviais, compreender seus processos formativos e prever cenários futuros de configuração dos sistemas fluviais (THORNDYCRAFT *et al.*, 2008).

As águas e as artérias hidrográficas possuem, também, a fascinante capacidade de atrair ou expulsar os seres humanos, determinando o surgimento e a decadência de sociedades ao longo da história. A presença da água estabelece as condições vitais de existência humana e das atividades produtivas, viabilizando o crescimento econômico e o desenvolvimento. Especialmente no caso brasileiro, os rios não só permitiram a penetração dos colonizadores no vasto território como também sua prosperidade, tendo em vista a exploração do ouro de aluvião (nos leitos e terraços fluviais). Esse relacionamento dos rios com a vida cotidiana fez com que os cientistas tivessem interesse pelo seu estudo desde a mais remota antiguidade.

Porém, os eventos extremos de escassez hídrica ou de inundações podem expulsar indivíduos e grandes contingentes populacionais (CECH, 2005; LEOPOLD, 2006). A Hidrogeomorfologia tem, portanto, interfaces importantes com a dinâmica de organização espacial das sociedades humanas. Além disso, com a massiva transformação antrópica das paisagens, os ambientes fluviais são, muitas vezes, os sistemas ambientais mais impactados pela atividade humana, aumentando os problemas de degradação e rarefação de recursos hídricos em quantidade e qualidade.

Tradicionalmente, a Geomorfologia Fluvial apresenta dois conjuntos de abordagens: as que buscam o desenvolvimento da ciência em termos teóricos e metodológicos ("ciência pura") e as que buscam a compreensão e a concepção de estratégias mais aplicadas (ALLISON, 2002; THORNE *et al.*, 2006). No primeiro caso, destacam-se os resultados das pesquisas sobre padrões fluviais, reconstituição de paleoambientes, sequência e magnitude de eventos morfogenéticos e morfodinâmicos, identificação e classificação de níveis deposicionais, Estratigrafia e datação de sequências aluviais (ANDERSON *et al.*, 1999; BOGGS, 2006; BRIDGE, 2003; MIALL, 2006). Na reconstituição de eventos morfogenéticos e morfodinâmicos e na interpretação da evolução dos sistemas fluviais, os geomorfólogos enfrentam os desafios de estudar os condicionantes naturais e humanos (BRIDGLAND; WESTAWAY, 2014; JAMES; MARCUS, 2006; PETTS; FOSTER, 1985; SCHUMM, 1977; SCHUMM, 2005; THOMAS, 2008).

Em meados do século XX, a Geomorfologia Fluvial se desenvolveu de modo significativo com a proposição de vários parâmetros morfométricos para a análise de canais fluviais e de suas bacias de drenagem (HORTON, 1945; STRAHLER, 1952; SCHUMM, 1956). Na década de 1960, Leopold *et al.* (1964) provocaram uma nova orientação para os trabalhos na área, dando ênfase à geomorfologia dos processos. Foi nesse período também que ganharam peso as análises baseadas em condicionantes climáticos, em razão do conhecimento crescente das rápidas mudanças e oscilações climáticas ao longo do Quaternário (GRAPES *et al.*, 2008; CHURCH, 2010; TUCKER; SLINGERLAND, 1997). Nas décadas de 1970 e 1980, multiplicaram-se os estudos experimentais (KNIGHTON, 1998; SCHUMM, 1977; SCHUMM *et al.*, 1987), valorizando técnicas estatísticas e modelos matemáticos.

A partir dos anos 1990, os avanços metodológicos e técnicos nos campos da Geotecnologia e da Geocronologia passaram a contribuir significativamente para o aprimoramento e a expansão dos horizontes da Geomorfologia

Fluvial (DRÂGUF; BLASCHKE, 2006; GUSTAVSSON *et al.*, 2006; HANCOCK *et al.*, 2006; MOUSSA; BOCQUILON, 1996; VAUDOR, 2015; VOGT *et al.*, 2003; THORNDYCRAFT *et al.*, 2008). Esses avanços representam maiores oportunidades de aproximação com outras áreas do conhecimento, envolvendo a dinamização das técnicas de geoprocessamento, sensoriamento remoto, sistemas de informação geográfica, modelagem, datações (com destaque para o radiocarbono, a luminescência opticamente estimulada e os isótopos cosmogênicos), mensuração de taxas de processos geomorfológicos, entre outros (KASPRAK *et al.*, 2019; KONDOLF; LIAN; ROBERTS, 2006; OLIVETTI *et al.*, 2016; QUEIROZ *et al.*, 2015; PIEGAY, 2007; PIEGAY *et al.*, 2015; WALLINGA, 2002; WOHL, 2014).

Paralelamente, as interpretações baseadas apenas em fatores climáticos perderam espaço para as que reconhecem o papel da atividade neotectônica na atuação dos agentes geomorfológicos e na configuração dos modelados. No Brasil, trabalhos como os de Queiroz Neto (1969) começaram a questionar o modelo de evolução do relevo de Aziz Ab'Saber e João J. Bigarella, muito pautado no condicionamento climático. Novas abordagens passaram a destacar o papel da tectônica diferencial de blocos na configuração de unidades morfológicas regionais, o que condiciona, de modo particular, processos exógenos como dissecação fluvial do relevo, intemperismo, pedogênese e desnudação (BURBANK; ANDERSON, 2011; KIRBY; WHIPPLE, 2012; PRITCHARD *et al.*, 2009; SAADI, 1998; SUMMERFIELD, 1991; VITTE, 2010).

Associadas aos métodos estratigráficos, análises geoquímicas e isotópicas estão cada vez mais presentes nos estudos de Geomorfologia Fluvial (BABAR, 2005; BAIRD, 2002; KONDOLF; PIEGAY, 2007). Tais técnicas auxiliam na interpretação da relação causa-consequência em bacias hidrográficas, investigando as áreas de origem dos depósitos fluviais e possibilitando datações relativas e absolutas que fornecem marcos temporais em modelos descritivos da atuação fluvial na evolução do relevo (BEDMAR, 1972; BRIDGE, 2003).

Acompanhando a dinâmica evolutiva das geociências, em geral, a utilização de ferramentas de geoprocessamento é, também, cada vez mais comum na Geomorfologia Fluvial (SILVA, 2000; SILVA; ZAIDAN, 2004).

Apesar da abrangência temporal limitada (a aquisição de dados por sensoriamento remoto foi popularizada somente a partir da década de 1970), a análise de transformações morfológicas fluviais, de alterações na rede de drenagem e a aplicação de modelagens hidrossedimentológicas são importantes abordagens para a Geomorfologia Fluvial do Tecnógeno, abarcando o período recente em que o homem se tornou um importante agente geológico-geomorfológico na transformação da superfície terrestre (GOUDIE, 1993; HOOKE, 2000; OLIVEIRA; PELOGGIA, 2014). A interpretação do relevo terrestre por meio de análises morfométricas é outra importante contribuição do geoprocessamento para os estudos fluviais. Durante muito tempo, a Geomorfologia se baseou na coleta de dados em campo (CHRISTOFOLETTI, 1970; SCHUMM, 1956; STRAHLER, 1957), no século XXI, porém, radares orbitais se tornaram as principais fontes de dados para técnicas cartográficas digitais (CHEREM *et al.*, 2011; FLORENZANO, 2008; SILVA; ZAIDAN, 2004).

Nesse histórico evolutivo, a Geomorfologia Fluvial foi catalisando mais atenção internacionalmente graças a sua interação com outros campos do saber, como Gestão de Bacias Hidrográficas, Restauração/Reabilitação Ambiental, Análise de Riscos e Geoarqueologia (BRIERLEY; FRYIRS, 2005; KONDOLF; PIEGAY, 2016; NEWSON, 2002; NEWSON; LARGE, 2006; THORNDYCRAFT *et al.*, 2008), e pela disponibilidade de novos métodos analíticos, técnicas e instrumentação, o que expandiu seu campo de aplicações.

No cenário brasileiro do século XXI, a Geomorfologia Fluvial se destaca como o campo geomorfológico mais produtivo em termos de publicações científicas (SALGADO; LIMOEIRO, 2017). No entanto, a investigação evolutiva dos sistemas fluviais interiores ainda é um grande desafio. A natureza da deposição quaternária continental é fragmentária e descontínua, irregularmente distribuída sob múltiplas formas de relevo (KRAMER; STEVAUX, 2001). Isso é agravado em regiões tropicais e subtropicais úmidas, onde as elevadas taxas de erosão remobilizam continuamente eventuais registros passados de depósitos quaternários e, onde eles continuam presentes, os intensos processos de intemperismo e pedogênese apagam possíveis características originais (GOUDIE, 1992).

Desse modo, há uma tendência de que a Geomorfologia Fluvial de sistemas interioranos no Brasil se concentre em grandes rios de contextos de planícies, tais como o Araguaia, o Paraná, o Amazonas e seus afluentes (AQUINO *et al.*, 2005; HAYAKAWA *et al.*, 2010; LATRUBESSE, 2015; LATRUBESSE *et al.*, 2010; STEVAUX *et al.*, 2006; VALENTE *et al.*, 2013). Dessa forma, são menos comuns os estudos de cursos d'água em áreas de relevo montanhoso, marcadas por uma dinâmica fluvial descontínua, afetada por repetidas variações nas características geológicas e geomorfológicas (CASTRO *et al.*, 2005). Ademais, em geral, há certa carência de estudos mais localizados, focados em sistemas de cabeceiras de drenagem e nascentes (BARRÓS; REIS, 2019).

Conforme levantamento de Barros e Reis (2019), a recente produção científica brasileira em Geomorfologia Fluvial está concentrada na hidrográfica do Paraná, seguida pelas regiões hidrográficas do Atlântico Sudeste e São Francisco. Os principais subtemas se referem à morfologia de sistemas fluviais e/ou sua transformação, à dinâmica e/ou modelagem hidrossedimentológica e à morfometria de sistemas fluviais. As abordagens técnico-metodológicas mais empregadas se referem à análise de dados topográficos, de imagens de satélite, aplicações de geoprocessamento e análise de variáveis e dados hidrossedimentológicos.

Referências

ALLISON, R. J. **Applied Geomorphology: Theory and Practice.** Nova Iorque: Jonh Wiley & Sons, 2002. 568 p.

ANDERSON, M. G.; WALLING, D. E.; BATES, P. D. **Floodplain Processes.** Nova Iorque: John Wiley & Sons, 1999. 668 p.

AQUINO, S.; STEVAUX, J.; LATRUBESSE, E. M. Características hidrológicas e aspectos morfo-hidráulicos do Rio Araguaia. **Revista Brasileira de Geomorfologia**, v. 6, n. 2, pp. 29-41, 2005.

BABAR, M. **Hydrogeomorphology — Fundamentals, Applications, Techniques.** Nova Deli: New India Publishing Agency, 2005. 274 p.

BAIRD, C. **Química Ambiental.** 2ª ed. Porto Alegre: Bookman, 2002. 622 p.

BAKER, V. R. Geological Fluvial Geomorphology. **Geological Society of America Bulletin**, v. 100, n. 8, pp. 1157-1167, 1988.

BARROS, L. F. P.; REIS, R. P. A produção científica em Geomorfologia Fluvial na Revista Brasileira de Geomorfologia: panorama bibliográfico, tendências e lacunas. **Revista Brasileira de Geomorfologia**, São Paulo, v. 20, n. 3, pp. 673-680, 2019.

BEDMAR, A. P. **Isótopos em Hidrologia.** Madri: Editorial Alhambra, 1972. 327 p.

BOGGS, S. **Principles of Sedimentology and Stratigraphy.** Upper Saddle River (EUA): Pearson Prentice Hall, 2006. 662 p.

BRIDGE, J. S. **Rivers and Floodplains.** Oxford: Blackwell Publishing, 2003. 491 p.

BRIDGLAND, D.; WESTAWAY, R. Quaternary Fluvial Archives and Landscape Evolution: a Global Synthesis. **Proceedings of the Geologists' Association**, [S.l.], v. 125, n. 5-6, 600-629, 2014.

BRIERLEY, G. J.; FRYIRS, K. A. **Geomorphology and River Management: Applications of the River Styles Framework.** Oxford: Blackwell Publishing, 2005. 398 p.

BURBANK, D. W.; ANDERSON, R. S. **Tectonic Geomorphology.** John Wiley & Sons, 2011. 454 p.

CASTRO, P. T. A.; ALVES, J. M.; FERREIRA, H. L.; LANA, C. E. A influência dos níveis de base locais nas características físicas dos ecossistemas fluviais: os rios periféricos à Serra do Espinhaço Meridional, MG. *In*: CONGRESSO BRASILEIRO DE LIMNOLOGIA, 10., 2005, Ilhéus. [**Anais eletrônicos...**] Ilhéus: [s.n.], 2005. 1 CD-ROM.

CECH, T. V. **Principles of Water Resources — History, Development, Management, and Policy.** 2ª ed. Nova Iorque: John Wiley & Sons, 2005. 468 p.

CHARLTON, R. **Fundamentals of Fluvial Geomorphology.** Londres: Routledge, 2008. 234 p.

CHEREM, L. F. S.; MAGALHÃES JÚNIOR, A. P.; FARIA, S. D. Análise e compartimentação morfométrica da bacia hidrográfica do Alto Rio das Velhas — região central de Minas Gerais. **Revista Brasileira de Geomorfologia**, [S.l.], v. 12, pp. 11-21, 2011.

CHORLEY, R. J. Geomorphology and General Systems Theory. **US. Geological Survey Professional Paper**, vol. 500-B, pp. 1-10, 1962.

CHRISTOFOLETTI, A. **Análise morfométrica de bacias hidrográficas no Planalto de Poços de Caldas.** 1970. 375 f. Tese (Livre Docência). Instituto de Geociências, Universidade Estadual Paulista, Rio Claro, 1970.

CHURCH, M. The Trajectory of Geomorphology. **Progress in Physical Geography**, [S.l.], v. 34, n. 3, pp. 265-286, 2010.

DRÂGUF, L.; BLASCHKE, T. Automated Classification of Land Form Elements Using Object-Based Image Analysis. **Geomorphology**, [S.l.], v. 81, n. 3-4, pp. 330-344, 2006.

FLORENZANO, T. G. (org.). **Geomorfologia: conceitos e tecnologias atuais.** São Paulo: Oficina de Textos, 2008. 320 p.

GOERL, R. F.; MASATO, K.; SANTOS, I. Hidrogeomorfologia: princípios, conceitos, processos e aplicações. **Revista Brasileira de Geomorfologia**, [S.l.], v. 13, n. 2, pp. 103-111, 2012.

GOUDIE, A. **Environmental Change.** 2ª ed. Oxford: Clarendon Press, 1992. 328 p.

_________. Human Influence in Geomorphology. **Geomorphology**, 7, pp. 37-59, 1993.

GRAPES, R. H.; OLDROYD, D.; GRIGELIS, A. (eds.). **History of Geomorphology and Quaternary Geology**. Londres: Cromwell Press, 2008. 329 p.

GUSTAVSSON, M.; KOLSTRUP, E.; SEIJMONSBERGEN, A. C. A New Symbol-and-GIS Based Detailed Geomorphological Mapping System: Renewal of a Scientific Discipline for Understanding Landscape Development. **Geomorphology**, [S.l.], v. 77, n. 1-2, pp. 90-111, 2006.

HANCOCK, G. R.; MARTINEZ, C.; EVANS, K. G.; MOLIERE, D. R. A Comparison of SRTM and High-Resolution Digital Elevation Models and Their Use in Catchment Geomorphology and Hydrology. Australian Examples. **Earth Surface Processes and Landforms**, v. 31, n. 11, pp. 1394-1412, 2006.

HAYAKAWA, E. H.; ROSSETTI, D. F.; VALERIANO, M. M. Applying DEM-SRTM for Reconstructing a Late Quaternary Paleodrainage in Amazonia. **Earth and Planetary Science Letters**, [S.l.], v. 297, n. 1-2, pp. 262-270, 2010.

HOOKE, R. L. On the History of Humans as Geomorphic Agents. **Geology**, 28(9), pp. 843-846, 2000.

HORTON, R. E. Erosional Development of Streams and Their Drainage Basins: Hydrographical Approach to Quantitative Morphology. **Geological Society of America Bulletin**, v. 56, n. 2, pp. 275-370, 1945.

JAMES, L. A.; MARCUS, W. A. The Human Role in Changing Fluvial Systems: Retrospect, Inventory and Prospect. **Geomorphology**, v. 79, n. 3-4, pp. 152-171, 2006.

KASPRAK, A.; BRANSKY, N. D.; SANKEY, J. B.; CASTER, J.; SANKEY, T. T. The Effects of Topographic Surveying Technique and Data Resolution on the Detection and Interpretation of Geomorphic Change. **Geomorphology**, v. 333, pp. 1-15, 2019.

KIRBY, E.; WHIPPLE, K. X. Expression of Active Tectonics in Erosional Landscapes. **Journal of Structural Geology**, vol. 44, pp. 54-75, 2012.

KNIGHTON, D. **Fluvial Forms and Processes — A New Perspective.** Routledge, Hodder Arnold Publication, 2ª ed., 1998. 400 p.

KONDOLF, G. M.; PIEGAY, H. (eds). **Tools in Fluvial Geomorphology.** Wiley Blackwell, 2ª ed., 2016. 541 p.

KRAMER, V. M. S.; STEVAUX, J. C. Mudanças climáticas na região de Taquaruçu (MS) durante o holoceno. **Boletim Paranaense de Geociências**, Curitiba, v. 49, pp. 79-91, 2001.

LATRUBESSE, E. M. Large Rivers, Megafans and Other Quaternary Avulsive Fluvial Systems: A Potential "Who's Who" in the Geological Record. **Earth-Science Reviews**, [S.l.], v. 146, pp. 1-30, 2015.

LATRUBESSE, E. M.; COZZUOL, M.; RIGSBY, C.; SILVA, S.; ABSY, M. L.; JARAMILLO, C. The Late Miocene Paleogeography of the Amazon Basin and the Evolution of the Amazon River. **Earth Science Reviews**, [S.l.], v. 99, pp. 99-124, 2010.

LEOPOLD, L. B. **A View of the River.** Cambridge (EUA): Harvard University Press, 2006. 312 p.

LEOPOLD, L. B.; WOLMAN, M. G.; MILLER, J. P. **Fluvial Processes in Geomorphology**. San Francisco: Freeman and Company, 1964. 522 p.

LIAN, O. B.; ROBERTS, R.G. Dating the Quaternary: Progress in Luminescence Dating of Sediments. Amsterdan: **Quaternary Science Review**, vol. 25, n. 19/20, pp. 2449-2468, 2006.

MIALL, A. **The Geology of Fluvial Deposits — Sedimentary Facies, Basin Analysis and Petroleum Geology.** Nova Iorque: Springer-Verlag Inc., 2006. 582 p.

MOUSSA, R.; BOCQUILON, C. Fractal Analysis of Tree-Like Channel Networks from Digital Elevation Model Data. **Journal of Hydrology**, [S.l.], v. 187, n. 1-2, pp. 157-172, 1996.

NEWSON, M. D. Geomorphological Concepts and Tools for Sustainable River Ecosystem Management. **Aquatic Conservation: Marine and Freshwater Ecosystems**, v. 12, n. 4, pp. 365-379, 2002.

NEWSON, M. D.; LARGE, A. R. G. 'Natural' Rivers, 'Hydromorphological Quality' and River Restoration: A Challenging New Agenda for Applied Fluvial Geomorphology. **Earth Surf. Process. Landforms**, Wiley Interscince, 31, pp. 1606-1624, 2006.

OKUNISHI, K. Concept and Methodology of Hydrogeomorphology. Transactions. **Japanese Geomorphological Union Transactions**, v. 15(A), pp. 5-18, 1994.

OLIVEIRA, A. M. S.; PELOGGIA, A. U. G. The Anthropocene and the Technogene: Stratigraphic Temporal Implications of the Geological Action of Humankind. **Quaternary and Environmental Geosciences**, 05(2), pp. 103-111, 2014.

OLIVEIRA, C. K. R.; SALGADO, A. A. R. Geomorfologia Brasileira: Panorama geral da produção nacional de alto impacto no quinquênio entre 2006-2010. **Revista Brasileira de Geomorfologia**, [S.l.], v. 14, n. 1, pp. 117-123, 2013.

OLIVETTI, V.; GODARD, V.; BELLIER, O.; ASTER, T. Cenozoic Rejuvenation Events of Massif Central Topography (France): Insights from Cosmogenic Denudation Rates and River Profiles. **Earth and Planetary Science Letters**, 444:179-191, 2016.

PETTS, G. E.; AMOROS, C. **Fluvial Hydrosystems**. Londres: Chapman & Hall, 1996. 322 p.

PETTS, G. E., FOSTER, D. L. **Rivers and Landscape**. Edward Arnold, 1985. 274 p.

PIÉGAY, H.; KONDOLF, G. M.; MINEAR, J. T.; VAUDOR, L. Trends in Publications in Fluvial Geomorphology Over Two Decades: A Truly

New Era in the Discipline Owing to Recent Technological Revolution? **Geomorphology**, vol. 248, pp. 489-500, 2015.

PRITCHARD, D.; ROBERTS, G. G.; WHITE, N. J.; RICHARD, C. N. Uplift Histories from River Profiles. **Geophysical Research Letters**, v. 36, L24301, 2009.

QUEIROZ, G. L.; SALAMUNI, E.; NASCIMENTO, E. R. Knickpoint Finder: A Software Tool That Improves Neotectonic Analysis. **Computers & Geosciences**, v. 76, pp. 8-87, 2015.

QUEIROZ NETO, J. P. **Interpretação dos solos da Serra de Santana para fins de classificação**. 1969. 135 f. Tese (Doutorado em Ciências do Solo) Escola Superior de Agricultura Luiz de Queiroz, Universidade de São Paulo, Piracicaba, 1969.

RICE, S.; ROY, A.; RHOADS, B. **River Confluences, Tributaries and the Fluvial Network**. West Sussex (UK): John Wiley & Sons, 2008. 474 p.

RICHARDS, K. Fluvial Geomorphology. **Progress in Physical Geography**, [S.l.], v. 12, pp. 435-456, 1988.

SAADI, A. Modelos morfogenéticos e tectônica global: reflexões conciliatórias. **Geonomos**, v. 6, n. 2, pp. 55-63, 1998.

SALGADO, A. A. R.; LIMOEIRO, B. F. Geomorfologia Brasileira: panorama geral da produção nacional de alto impacto no quinquênio entre 2011-2015. **Revista Brasileira de Geomorfologia**, [S.l.], São Paulo, v. 18, n. 1, pp. 225-236, 2017.

SCHEIDEGGER, A. E. Hydrogeomorphology. **Journal of Hydrology**, [S.l.], v. 20, n. 2, pp. 193-215, 1973.

SCHUMM, S. A. Evolution of Drainage Systems and Slopes in Badlands at Perth Amboy. Nova Jersey. **Geological Society of America Bulletin**, [S.l.], v. 67, n. 5, pp. 597-646, 1956.

________. **The Fluvial System**. Nova Iorque: John Wiley & Sons, 1977. 338 p.

________. **River Variability and Complexity**. Cambridge: Cambridge University Press, 2005. 236 p.

SCHUMM, S. A.; MOSLEY, M. P.; WEAVER, W. **Experimental Fluvial Geomorphology**. Nova Iorque: John Wiley & Sons, 1987. 413 p.

SIDLE, R. C.; ONDA, Y. Hydrogeomorphology: Overview of an Emerging Science. **Hydrological Processes**, [S.l.], v. 18, n. 4, pp. 597-602, 2004.

SILVA, J. X. Geomorfologia, análise ambiental e geoprocessamento. **Revista Brasileira de Geomorfologia**, [S.l.], v. 1, n. 1, pp. 48-58, 2000.

SILVA, J. X.; ZAIDAN, R. T. **Geoprocessamento e análise ambiental**: aplicações. Rio de Janeiro: Bertrand Brasil, 2004. 368 p.

STEVAUX, J. C.; BARCZIYSKCZY, O.; MEDEANIC, S.; NÓBREGA, M. T. Characterization and Environmental Interpretation of a Floodplain Holocene Paleosoil: Implications for Paleohydrological Reconstructions in the Upper Paraná River, Brazil. **Zeitschrift für Geomorphologie (Supplementband)**, [S.l.], v. 145, pp. 191-206, 2006.

STRAHLER, A. N. Hypsometric (Area-Altitude) — Analysis of Erosional Topography. **Geological Society of America Bulletin**, [S.l.], v. 63, n. 10, pp. 1117-1142, 1952.

________. Quantitative Analysis of Watershed Geomorphology. **Geophysical Union Trans**, [S.l.], v. 38, n. 6, pp. 912-920, 1957.

SUMMERFIELD, M. A. **Global Geomorphology**. Nova Iorque: John Wiley & Sons, 1991. 537 p.

THOMAS, M. F. Understanding the Impacts of Late Quaternary Change in Tropical and Sub-Tropical Regions. **Geomorphology**, v. 101, pp. 146-158, 2008.

THORNDYCRAFT, V. R.; BENITO, G.; GREGORY, K. J. Fluvial Geomorphology: A Perspective on Current Status and Methods. **Geomorphology**, [S.l.], v. 98, n. 1-2, pp. 146-158, 2008.

THORNE, C. R.; HEY, R. D.; NEWSON, M. D. **Applied Fluvial Geomorphology for River Engineering and Management**. Nova Iorque: John Wiley & Sons, 2006. 384 p.

TUCKER, G.; SLINGERLAND, R. Drainage Basin Responses to Climate Change. **Water Resources Research**, v. 33, pp. 2031-2047, 1997.

VALENTE, C. R.; LATRUBESSE, E. M.; FERREIRA, L. G. Relationships Among Vegetation, Geomorphology and Hydrology in the Bananal Island Tropical Wetlands, Araguaia River Basin, Central Brazil. **Journal of South American Earth Sciences**, [S.l.], v. 46, pp. 150-160, 2013.

VAUDOR, L. Trends in Publications in Fluvial Geomorphology Over Two Decades: A Truly New Era in the Discipline Owing to Recent Technological Revolution? **Geomorphology**, v. 248, pp. 489-500, 2015.

VOGT, J. V.; COLOMBO, R.; BERTOLO, F. Deriving Networks and Catchment Boundaries: A New Methodology Combining Digital Elevation Data and Environmental Characteristics. **Geomorphology**, [S.l.], v. 53, n. 3-4, pp. 281-298, 2003.

WALLINGA, J. Optically Stimulated Luminescence Dating in Fluvial Deposits: A Review. **Boreas**, [S.l.], v. 31, n. 4, pp. 303-322, 2002.

WOHL, E. Time and the Rivers Flowing: Fluvial Geomorphology Since 1960. **Geomorphology**, v. 216, pp. 263-282, 2014.

1

Bases teóricas e fatores controladores da dinâmica fluvial

Luiz Fernando de Paula Barros
Antônio Pereira Magalhães Júnior

O papel dos cursos d'água na modelagem do relevo tem sido destacado desde os pioneiros da estruturação das bases da Geomorfologia, como Hutton, Powell, Gilbert, Ramsay, Davis, entre outros. Os cursos d'água atuam diretamente na configuração do relevo e das paisagens a partir dos processos de erosão e sedimentação nos ambientes de leito fluvial e margens. Na evolução das paisagens fluviais são construídas formas deposicionais típicas (como planícies e terraços — ver Capítulo 9), que guardam nos sedimentos associados informações sobre o contexto e o regime hidrossedimentológico ao qual o curso d'água esteve exposto. Os cursos d'água também se constituem como níveis de base controladores dos processos modeladores de vertentes, como a erosão pluvial e os movimentos de massa. Nesse sentido, processos de incisão vertical ou agradação nos fundos de vales condicionam a dinâmica dos processos de encostas, dando-lhes, respectivamente, mais ou menos energia em função da alteração do gradiente de energia potencial gravitacional entre topo e fundo de vale.

1.1. Alguns princípios em Geomorfologia Fluvial

Entre os fundamentos da Geomorfologia Fluvial está a lógica interpretativa do **uniformitarismo**, a qual considera, simplificadamente, que "o presente é a chave do passado" (HUTTON, 1788). A interpretação do passado e da história geomorfológica (em termos evolutivos) dos cursos d'água e da rede de drenagem pode ser embasada pelas evidências atuais, principalmente as características dos registros sedimentares. Nesse sentido, a compreensão dos processos atuais permitiria interpretar eventos registrados em depósitos fluviais antigos (FARIA, 2014). Do mesmo modo, uma compreensão do passado pode ser a chave para entender o futuro. Assim, a história de um sistema fluvial pode fornecer subsídios para a compreensão das características naturais de um curso d'água e, dessa forma, servir como referencial para avaliações, restaurações e previsões (JACOBSON *et al.*, 2003).

A despeito do postulado de Hutton, um dos principais problemas que dificultam uma compreensão generalizada de antigas sucessões deposicionais em registros sedimentares é a existência de modelos sedimentares análogos em sistemas recentes que facilitem a interpretação (LATRUBESSE *et al.*, 2005). Outros problemas são a diferença na natureza e no volume de informações disponíveis para a análise de depósitos antigos e de ambientes sedimentares atuais e o quão representativos os ambientes modernos podem ser considerados em relação aos ambientes do passado (BRIDGE, 2003).

Entretanto, pode-se dizer que os princípios geomorfológicos não mudam, mas os processos e as formas, sim. Embora, em muitos casos, as evidências conhecidas refutem a ideia de que taxas e processos similares ocorrem no presente como ocorriam no passado (BRIDGE, 2003), a questão central no princípio do uniformitarismo tem permanecido vigente: as mudanças geomorfológicas ocorrem gradualmente ao longo do tempo.

Essa noção também está contemplada no conceito de **equilíbrio dinâmico**. Segundo esse conceito, os ajustamentos de pequena escala ocorrem continuamente, com o objetivo de manter um equilíbrio aproximado entre processos e formas. No entanto, essa ideia não é consensual e pode ser contestada, já que os controladores geomorfológicos não podem permanecer constantes por um período longo o suficiente para permitir o desenvolvimento de formas características. Ademais, poucos eventos extremos podem produzir mudanças substanciais de efeito duradouro (KNIGHTON, 1998).

Assim, essas condições de equilíbrio devem ser compreendidas a partir de **limiares** (*thresholds*) esperados para cada contexto geomorfológico e ambiental ao longo do tempo. São condições que determinam a relativa manutenção temporal do balanço de energia e, por consequência, de certos parâmetros e processos fluviais. Não há, portanto, variáveis fixas e imutáveis que determinem as condições de equilíbrio de um canal fluvial, pois ele próprio ajusta e modifica suas condições ao longo do tempo, buscando se adaptar ao dinamismo do balanço de energia, que é constantemente alterado pelos quadros físico e humano.

Se um evento geomorfológico vai ter ou não um efeito amplo e duradouro depende, pelo menos parcialmente, do fato de um limiar ser excedido. Essas situações-limite demarcam mudanças de regime e de padrão fluvial, e dificilmente as características dos sistemas fluviais retornam às condições originais quando um limiar é excedido (KNIGHTON, 1998); ou seja, um novo arranjo é estabelecido em função da magnitude das alterações impostas. Schumm (1973) reconhece dois tipos principais de limiares: extrínseco e intrínseco. O primeiro é associado com mudanças em um fator externo, tal como o clima, enquanto o segundo reflete a propriedade inerente aos sistemas geomorfológicos de evoluir a um estado crítico quando ajustamentos ou falhas ocorrem. O conceito de limiares intrínsecos reconhece que mudanças repentinas nos sistemas fluviais podem ser parte inerente de um desenvolvimento geomorfológico normal (ajustamentos internos — *autogenic processes*), sem que haja a necessidade de mudanças nos fatores externos.

Até certo ponto, a noção de limiares geomorfológicos reconcilia os conflitos entre as doutrinas do **catastrofismo** (concebida pelo naturalista Georges Cuvier) e do uniformitarismo (proposta pelo geólogo James Hutton), pois está associada a um pensamento de alterações forçadas em que períodos de rápidos eventos de ajustamentos/adaptações são separados por períodos de mudança gradual ou relativa estabilidade (KNIGHTON, 1998).

Considerando a Teoria Geral dos Sistemas (concebida pelo biólogo Ludwig Von Bertalanffy), cursos d'água são sistemas fluviais abertos, pois trocam constantemente matéria e energia com o ambiente. Os sistemas fluviais são controlados tanto por variáveis internas quanto externas (CHARLTON, 2008). As internas atuam como parte do sistema fluvial e são influenciadas tanto por outras variáveis internas como pelas variáveis de origem externa a cada sistema. Na escala da bacia hidrográfica, são exemplos de variáveis internas a densidade de drenagem, a declividade das vertentes, o tipo de solo, a descarga, a carga sedimentar e a geometria dos canais. Diferentemente das primeiras, as variáveis externas atuam de forma independente, ou seja, não são influenciadas pelo que ocorre no interior do sistema fluvial, como é o caso do clima, da tectônica e da atividade antrópica.

Desse modo, a compreensão da configuração morfológica dos sistemas fluviais, dos seus processos e de sua dinâmica espaço-temporal exige a consideração integrada do conjunto de variáveis do quadro geográfico. Isso permite estabelecer relações entre determinadas condições do panorama físico e dos usos e atividades humanas com certas características dos ambientes fluviais e da rede de drenagem. Essas variáveis condicionam as características dos processos fluviais e da dinâmica dos cursos d'água a partir das influências no balanço energético entre o escoamento do fluxo da água e o transporte sedimentar. Como resultado, os cursos d'água ajustam continuamente os seus processos, os seus perfis (transversais e longitudinais) e as suas condições morfológicas em resposta a flutuações de fluxo e de sedimentos.

Entretanto, considerando-os sistemas abertos, se por um lado os cursos d'água resultam do funcionamento integrado de diversos subsistemas ambientais, por outro eles também são partes funcionais desses subsistemas. Isso porque os cursos d'água também agem na estruturação das paisagens e do ambiente, conformando ecossistemas específicos. Processos como as capturas fluviais (ver Capítulo 6) podem levar a uma reorganização profunda da drenagem e das paisagens, tendo em vista a nova "conexão" da rede de drenagem. Desse modo, podem ser alterados o regime hidrológico e as áreas de cabeceiras e de fonte de sedimentos, integrando ecossistemas, até então, sem ligação.

Por serem controladores dos processos desnudacionais nas vertentes, desencadeiam ajustes em todo o sistema hidrográfico interconectado das bacias hidrográficas. Enquanto a **erosão** é um processo mecânico de retirada, transporte e deposição de partículas sólidas, a **desnudação** é a perda da massa total de um sistema (vertente, bacia hidrográfica, continente etc.) por processos mecânicos e/ou (geo)químicos. Podemos falar, portanto, em desnudação mecânica e desnudação química. A desnudação pode envolver a perda de massa sem que ocorra perda de volume. Portanto, apesar de o processo de desnudação não possuir uma definição rigorosa, conforme atesta Ritter *et al.* (2002), e ser muitas vezes utilizado como sinônimo de erosão, deve-se ter em mente que ele envolve todo o material que é totalmente removido de um sistema, enquanto a erosão envolve apenas a perda por processos mecânicos.

1.2. Variáveis internas

De acordo com Charlton (2008), a declividade de um vale é uma importante variável para os processos nos canais, pois afeta a inclinação do canal, o que define, juntamente com a descarga, o poder de fluxo. Canais com gradiente muito reduzido podem ser extremamente restritos quanto aos ajustes que eles podem fazer devido à pouca energia disponível. O grau de confinamento do vale é outro controle importante, pois, enquanto alguns canais são fortemente confinados pelas paredes do vale, outros são capazes de migrar livremente em amplas planícies. Por sua vez, o tamanho da bacia hidrográfica determina o espaço, ou volume, disponível para armazenamento de sedimentos, sendo que o fornecimento sedimentar específico tende a diminuir com o aumento no tamanho da bacia. Assim, nas bacias maiores, aumenta a proporção de sedimentos erodidos que terminam armazenados. A máxima elevação da bacia de drenagem também tem uma influência evidente. Bacias menores e localizadas em zonas montanhosas apresentam os maiores valores de fornecimento sedimentar específico. Isso ocorre porque as vertentes íngremes e os vales estreitos oferecem poucas oportunidades para o armazenamento sedimentar.

1.3. Nível de base

Segundo Allaby (2008), nível de base é a superfície imaginária de uma massa continental que denota a profundidade abaixo da qual a erosão é incapaz de ocorrer. De modo semelhante, Suguio (2003) define nível de base como o limite topográfico abaixo do qual uma drenagem não consegue erodir, representando o estado de equilíbrio num dado momento entre a deposição e a erosão. Ainda segundo Suguio, o termo é também conhecido como "nível de base de erosão", diferenciando-se do "nível de base de deposição", que representa o nível máximo em que os depósitos sedimentares podem ser empilhados numa bacia de sedimentação.

Muitos autores trabalham com a diferenciação entre um nível de base final ou global e níveis de base locais. Os limites desses níveis locais são denominados *knickpoints*, ou seja, "pontos de inflexão" ou "rupturas de declive" (ver Figura 1.1). Na maioria das vezes, o termo é aplicado a uma ruptura de declividade em pequenas escalas espaciais como, por exemplo, no nível dos segmentos fluviais, expressando-se nos perfis longitudinais, normalmente côncavos, como convexidades locais.

Desse modo, pode haver vários níveis de base ao longo de um sistema fluvial, dependendo da escala de abordagem. Um nível de base pode ser de abrangência global (oceanos), continental, regional ou local. Pode se configurar como lagos, afloramentos rochosos mais resistentes (ver Figura 1.2), confluências com outros cursos d'água ou quaisquer elementos físicos ou construídos que representem mudanças nos padrões hidrológicos, erosivos e sedimentares. Em última análise, como ilustra a teoria de Penck (1953), cada ponto ou trecho dos sistemas fluviais se constitui em um nível de base para os segmentos a montante.

Conforme ressaltam Lana e Castro (2012), apesar de o senso geral apontar para um nível de base final coincidente com o nível do mar, exceções podem ocorrer, como é o caso de depressões tectônicas fechadas, estejam elas abaixo do nível do mar (como o "Mar Morto" para o Rio Jordão) ou acima dele (como a bacia do Lago Titicaca, no topo da cordilheira dos Andes, no Peru, quase 4.000 m acima do nível do mar).

A posição e a dinâmica dos níveis de base ao longo dos sistemas fluviais são responsáveis por alterações na energia disponível para a erosão e transporte de materiais. As mudanças nos níveis de base podem ocorrer a partir da influência de variáveis tectônicas, movimentos eustáticos, rompimento de soleiras geomorfológicas e interferências humanas, como no caso da construção de barragens. Nesse sentido, analisar o papel de cada condicionante de modo isolado é um desafio, pois, geralmente, o condicionamento ocorre de modo integrado e conectado entre fatores internos e externos aos sistemas fluviais.

As variações nos níveis de base são de grande importância para a configuração de estilos e padrões fluviais, já que condicionam os processos erosivos e sedimentares e, consequentemente, a formação de feições ao longo dos vales. Nesse contexto, o período de tempo que demarca a transição de um nível de base entre duas configurações distintas (respondendo a variações de aspectos físicos ou humanos) é chamado de período de acomodação (MIALL, 2006). Esse período marca, portanto, um lapso de tempo em que ocorrem ajustes do curso d'água em resposta a alterações no nível de base.

Assim, os cursos d'água ajustam suas características hidráulicas e geomorfológicas às condições de energia e eficiência relativas ao movimento dos fluxos e ao transporte dos sedimentos, desenvolvendo perfis longitudinais característicos que expressam esse arranjo de variáveis. Quando um curso d'água é afetado por rebaixamento ou elevação do nível de base, há a tendência de ajustes em termos de maior degradação ou agradação, respectivamente, visando a adaptação às novas condições e a busca de um perfil de equilíbrio. O perfil equilibrado (*graded profile*) seria aquele que não sofre mudanças bruscas e inesperadas ao longo do tempo, mantendo certa estabilidade dos processos e da morfologia fluvial (MIALL, 2006). Quando o rebaixamento do nível de base é rápido, um curso d'água tende a incidir verticalmente com pouca migração lateral. Se a incisão vertical é lenta, pode ocorrer uma considerável migração lateral concomitante.

1.4. Clima

A geração e a deposição de sedimentos fluviais dependem da dinâmica dos fluxos hídricos e, portanto, do regime de precipitações e do escoamento superficial. As condições hidrodinâmicas dos cursos d'água são influenciadas por variáveis climáticas como os índices pluviométricos, a intensidade da precipitação e a variabilidade espaço-temporal das chuvas. Mudanças na carga sedimentar e nos fluxos condicionam ajustes na geometria e nos padrões dos cursos d'água, envolvendo profundidade, largura e declividade (SCHUMM, 2005). A temperatura do ar, por sua vez, é um importante controlador do comportamento físico da água, afetando as taxas de variação das reações químicas e a diagênese sindeposicional (contemporânea à deposição). As variáveis climáticas condicionam ainda a cobertura vegetal, a qual influencia o ciclo hidrológico. A relação entre os processos de interceptação, infiltração e escoamento superficial influencia os processos erosivos e deposicionais, com reflexos na carga sedimentar fornecida para os cursos d'água pelos sistemas de encostas em termos de volume e calibre (LEOPOLD *et al.*, 1964; SCHUMM, 2005; MIALL, 2006).

Portanto, a distribuição espaço-temporal das variáveis climáticas influencia diretamente as condições hidrológicas e geomorfológicas dos sistemas fluviais. O regime fluvial é uma variável diretamente condicionada pelo clima, pois os fluxos variam ao longo do tempo em função dos tipos climáticos. Desse modo, podem ser caracterizados os regimes fluviais equatorial, tropical, semiárido, árido quente, periglacial, entre outros.

Autores como Langbein e Schumm (1958) e Charlton (2008) destacam que os climas áridos e semiáridos possuem taxas de fornecimento de carga detrítica para as calhas fluviais bem superiores aos climas mais úmidos, apesar dos índices pluviométricos médios anuais inferiores (ver Figura 1.3). Esse quadro resulta da distribuição temporal e da intensidade das chuvas, principalmente no tocante à sazonalidade marcante desses regimes climáticos. As chuvas torrenciais típicas dos domínios semiáridos e áridos quentes apresentam forte capacidade erosiva e de mobilização sedimentar durante os (relativamente curtos) períodos de precipitação. O intemperismo químico pouco eficiente em relação ao mecânico contribui para que sedimentos detríticos predominem em relação à carga fina (argilas, matéria orgânica). Como resultado, os leitos fluviais tendem a ser entulhados por sedimentos mais grossos que são mobilizados apenas nos intensos períodos chuvosos. Em climas mais úmidos, por outro lado, a cobertura vegetal mais abundante favorece a retenção dos clastos mais grossos, de modo que nos cursos d'água predomina o transporte de partículas de granulometria mais fina.

Dada a importância das condições climáticas, as alterações de médio e longo prazos nos atributos do clima são significativas para a dinâmica dos sistemas fluviais, ou seja, são indutoras de ajustes e transformações nesses sistemas. Mudanças climáticas são causadas principalmente por condicionantes orbitais e pela deriva continental através das zonas climáticas latitudinais, provocando alterações na descarga e fornecimento sedimentar (MIALL, 2006).

A despeito das ideias tradicionais vigentes até o final do século XX, que propõem a ocorrência de quatro ou cinco extensas glaciações durante o Quaternário, a estratigrafia isotópica[1] dos fundos oceânicos mostra que os ciclos glaciais (um período glacial seguido de um interglacial) são da ordem de duas dezenas nos últimos dois milhões de anos (FERREIRA, 2002; EHLERS *et al.*, 2011). Além disso, o ritmo das alternâncias entre fases úmidas e secas parece ser ainda mais elevado (BARROS *et al.*, 2011).

Com o desenvolvimento da estratigrafia isotópica das sondagens dos fundos oceânicos a partir da década de 1970, a teoria de Milankovitch (apresentada pela primeira vez em 1924) ganhou novo interesse e hoje é transversalmente aceita em diferentes ciências. A análise espectral aplicada às variações isotópicas revelou a existência de ciclos de 100 ka,[2] 43 ka, 24 ka e 19 ka, que quase coincidem com a periodicidade das variações orbitais: excentricidade e obliquidade da órbita e os dois ciclos da precessão dos equinócios, respectivamente (GOUDIE, 1992). No entanto, as variações orbitais não conseguem explicar os ciclos ou episódios mais curtos, da ordem de milhares de anos, tais como o ciclo interglacial *Dansgaard-Oeschger* e os episódios *Heinrich* verificados no último período glacial, no hemisfério norte (Quadro 1.1). Esses eventos podem estar ligados a alterações na circulação termoalina no oceano, ou seja, a circulação oceânica global a partir das diferenças de densidade das águas por causa de variações de temperatura ou salinidade (FERREIRA, 2002).

---

1. A razão dos isótopos de oxigênio ^{18}O e ^{16}O constitui um indicador indireto das variações de temperatura na Terra. Nos períodos mais frios aumenta a concentração de ^{18}O nos oceanos, pois o ^{16}O é mais leve, sendo mais facilmente incorporado na evaporação e depois retido nos continentes através da precipitação sólida (FERREIRA, 2002).
2. 1 ka = 1.000 anos.

Quadro 1.1. Periodicidades e mecanismos das variações climáticas.

Periodicidade	Mecanismo ou fenômeno	Natureza do fenômeno
3–6 anos	ENOS (El Niño Oscilação Sul)	Interações oceano-atmosfera
~10 anos	NAO (*North Atlantic Oscillation*)	Interações oceano-atmosfera
11 anos	Manchas solares	Atividade solar
1–3 ka	Ciclos *Dansgaard-Oeschger*	Interações criosfera-oceano--atmosfera
7–13 ka	Eventos *Heinrich*	Interações criosfera-oceano--atmosfera
21 ka	Precessão dos equinócios	Variação orbital
42 ka	Obliquidade da eclíptica	Variação orbital
96 ka	Excentricidade da órbita	Variação orbital

Fonte: Adaptado de Ferreira (2002).

No entanto, é preciso destacar que a resposta dos sistemas fluviais, sobretudo, a mudanças climáticas e tectônicas pode envolver um significativo tempo de reação (*lag time*), que geralmente cresce com a distância do foco desencadeador da mudança (MIALL, 2006). As respostas dos sistemas fluviais variam de acordo com o tipo de mudança, a escala espaço-temporal em que ele ocorre, a habilidade de ajuste do sistema, a sensibilidade do sistema a mudanças, entre outros.

1.5. Tectônica

A Tectônica é um importante fator determinante do estilo e da dinâmica fluvial, como também da configuração espacial da rede de drenagem. Os cursos d'água geralmente são controlados pelos sistemas de lineamentos estruturais e/ou movimentos tectônicos. Nesse sentido, muitos cursos d'água têm se mantido em seu eixo atual por milhares ou até milhões de anos, relativamente presos em blocos ou estruturas ativas.

A dinâmica tectônica pode determinar, portanto, condições mais favoráveis ou desfavoráveis aos processos fluviais e à dinâmica vertical ou lateral dos cursos d'água. Desse modo, o grau de incisão vertical (encaixamento) ou entulhamento dos cursos d'água responde diretamente às condições tectônicas. Blocos tectonicamente mais ativos (em termos de soerguimento)

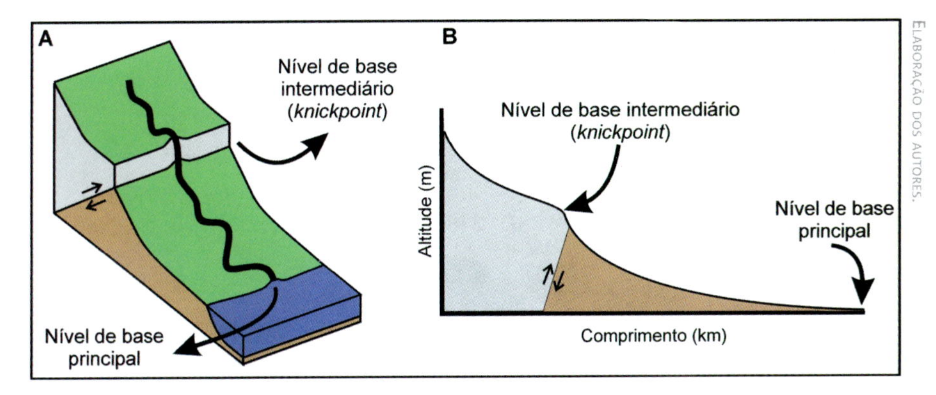

Figura 1.1 Representação esquemática de níveis de base de um curso d'água em bloco (A) e em perfil (B).

Figura 1.2 Exemplo de nível de base constituído por uma soleira rochosa.

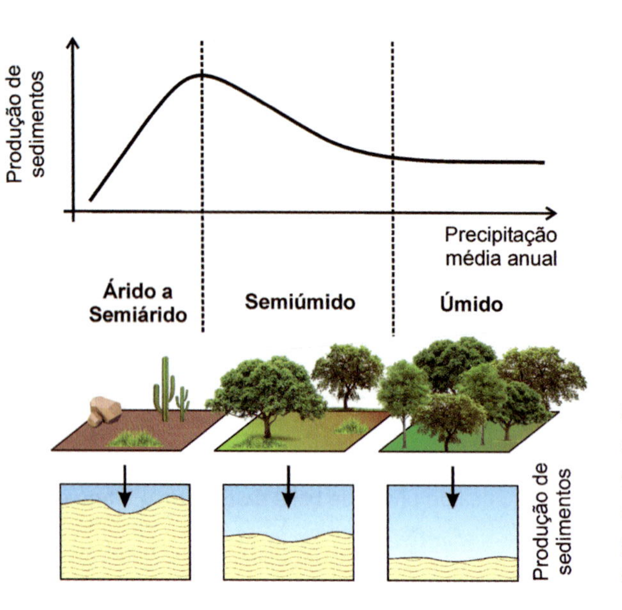

Elaboração dos autores com base em Charlton (2008).

Figura 1.3 Fornecimento de carga sedimentar detrítica para calhas fluviais em diferentes contextos pluviométricos e vegetacionais.

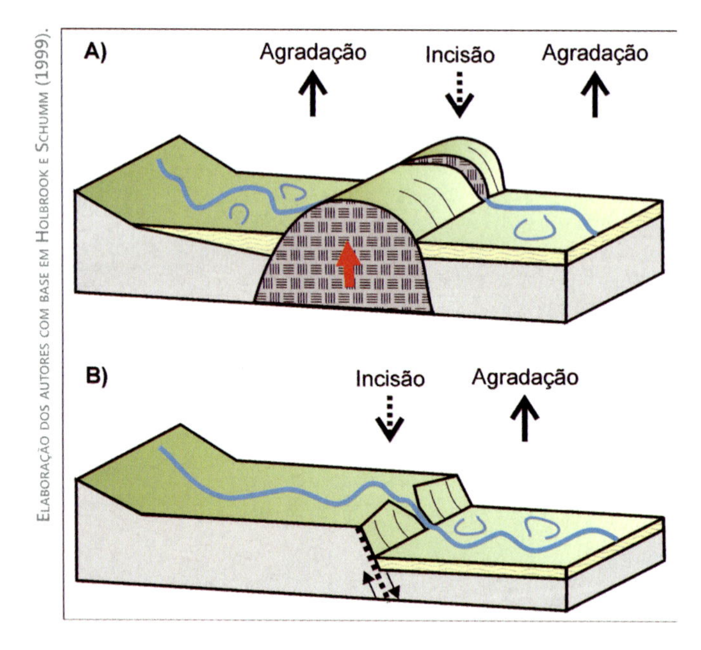

Elaboração dos autores com base em Holbrook e Schumm (1999).

Figura 1.4 Respostas dos canais à atividade tectônica relacionada a domos (A) e falhas (B): as zonas de incisão tendem a propiciar a agradação a jusante, em função da maior exportação de sedimentos. Em (A), caso a taxa de soerguimento supere a de incisão, pode ocorrer desvio ou reversão do fluxo.

Elaboração dos autores.

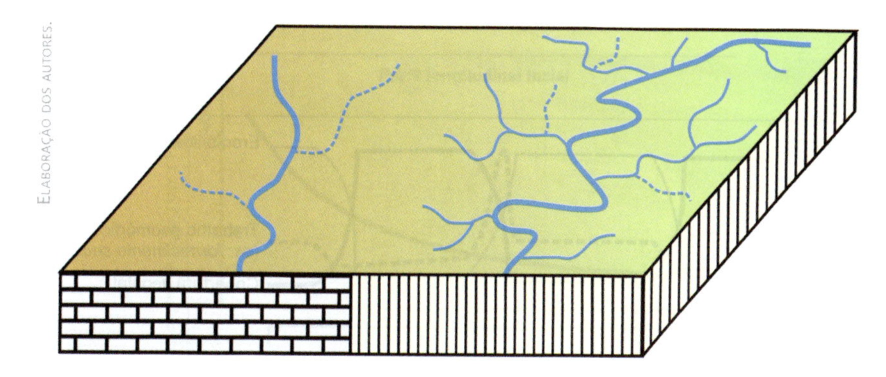

Figura 1.5 Relação entre o tipo de substrato rochoso e a densidade de canais em superfície: à esquerda, substrato de elevada porosidade e permeabilidade; à direita, substrato pouco poroso e permeável.

Elaboração dos autores com imagens Landsat/Copernicus extraídas do Google Earth®.

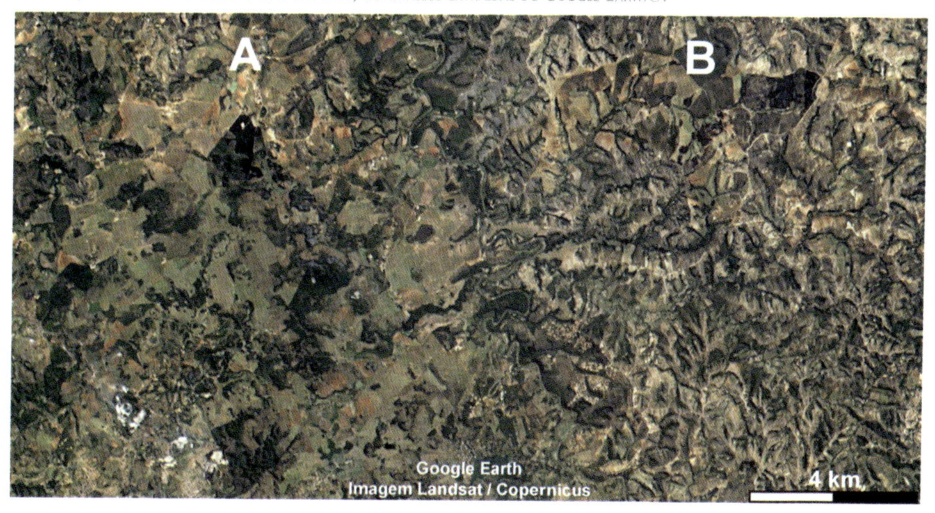

Figura 1.6 Relação entre o tipo de substrato rochoso e a densidade de canais em superfície, perceptível pela rugosidade do relevo. A) Substrato permeável composto de rochas carbonáticas. B) Substrato de baixa porosidade e permeabilidade, composto de siltitos, folhelhos e argilitos.

Elaboração dos autores com base em Almedej e Diplas (2005).

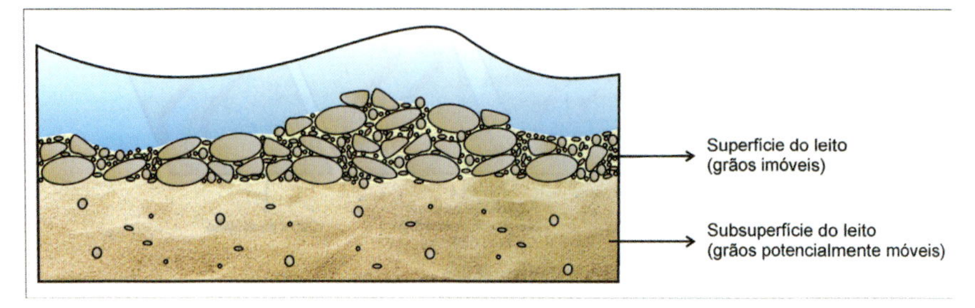

Figura 5.13 Representação do mecanismo básico do encouraçamento fluvial.

Acervo dos autores.

Figura 5.14 Couraça ferruginosa em sedimentos aluviais na calha no Rio Maracujá — Bacia do Alto São Francisco, MG.

Acervo dos autores.

Figura 5.15 A) Paleonível deposicional aluvial cujas fácies de cascalho e seixos estão sob a ação de processos erosivos em direção à calha atual. B) Embutimento de dois níveis aluviais (N1 e N2), observando-se barra detrítica erosiva (seixos fósseis do N2) e barra deposicional atual (primeiro plano).

tendem a experimentar encaixamento mais intenso das calhas a partir de suas bordas, devido à maior energia disponível para a erosão do leito (levando à incisão vertical) em razão do aumento de gradiente em relação ao nível de base. Se a atividade for de subsidência (como em *grabens*), há a tendência de entulhamento, devido à formação de soleiras e ambientes de baixa energia.

No entanto, os efeitos podem ser distintos nas áreas a montante e a jusante dos blocos diretamente afetados e o raciocínio nunca deve ser pontual ao longo da rede de drenagem (ver Figura 1.4). No caso de um trecho fluvial a montante de um bloco sob soerguimento mais intenso, podemos pensar que há a tendência de ocorrer entulhamento mais acelerado, pois o novo nível de base funciona como uma barreira ao fluxo da água e dos sedimentos. No caso de um trecho a jusante de um bloco soerguido, também há a tendência de ocorrer entulhamento, porém devido ao maior fornecimento de sedimentos no trecho sob encaixamento a montante, em resposta às condições de maior energia geradas pelo soerguimento. No caso de um bloco sob subsidência, o trecho fluvial a montante tende a sofrer encaixamento devido ao rebaixamento do nível de base.

Deformação crustal e soerguimentos de blocos sempre ocuparam um papel central nos estudos sobre a evolução de vales fluviais (PAZZAGLIA, 2013). Em geral, os eventos tectônicos (incluindo falhamentos, dobramentos, arqueamentos e basculamentos) frequentemente afetam os sistemas fluviais por meio de mudanças nos níveis de base e alterações de gradiente. Áreas tectonicamente mais ativas também tendem a fornecer grande quantidade de sedimentos para as calhas fluviais, da qual boa parte pode resultar de movimentos de massa (SCHUMM, 2005).

Summerfield (2014) apresenta, de forma resumida, cinco tipos de bacias de drenagem, em escala mundial, relacionadas ao tectonismo:

- Bacias de margem passiva (drenagem do tipo africano): drenam para uma margem continental passiva a partir de um interior cratônico que não possui cinturões montanhosos mesozoicos ou cenozoicos;
- Bacias de margem passiva — orógenos distais (drenagem do tipo americano): drenam para uma margem continental passiva a partir

de cinturões montanhosos mesozoicos ou cenozoicos, por isso o padrão de drenagem nesse tipo de bacia tende a ser relativamente unidirecional em relação ao tipo anterior, com bacias geralmente mais centrípetas;

- Bacias intraorógeno: drenam o interior de cinturões montanhosos;
- Bacias extraorógeno: marginais a cinturões montanhosos, paralelas a estes;
- Bacias transorógeno: bacias cuja drenagem atravessa cinturões montanhosos.

Na maioria das regiões ativas tectonicamente, o elevado potencial energético aliado às vertentes íngremes promove altas taxas desnudacionais. Em contrapartida, bacias hidrográficas que drenam áreas tectonicamente mais estáveis, como crátons, apresentam menores taxas desnudacionais. Leeder (1991) afirma que, em alguns ambientes tectônicos, a taxa de desnudação pode ser estreitamente comparada à taxa de soerguimento atual, pois a desnudação pode induzir, sozinha, movimentos por isostasia. Dessa forma, atesta-se que os processos desnudacionais apresentam íntima relação com a drenagem e o tectonismo em todas as escalas espaciais.

Grandes escarpamentos próximos à linha de costa são encontrados na maioria das margens passivas como consequência de soerguimento termal e isostático (SUMMERFIELD, 2014). Assim, as margens passivas apresentam, via de regra, uma faixa litorânea (de largura variável) soerguida em resposta aos fluxos térmicos do processo de rifteamento e aos desequilíbrios isostáticos gerados pelo abatimento das margens oceânicas limítrofes (SAADI, 1998). Esses grandes escarpamentos tendem a ter maiores taxas desnudacionais nas vertentes voltadas para a costa oceânica, que representa o nível de base geral. As bacias de drenagem costeiras tendem a ser numerosas, pequenas e agressivas. O oposto é esperado nas vertentes do escarpamento que são voltadas para o interior, que tendem a apresentar menores taxas de desnudação (SUMMERFIELD, 2014). O platô imediatamente inferior ao escarpamento pode experimentar aumento em sua elevação, apesar das taxas desnudacionais serem menores que nas vertentes voltadas para o litoral, pois o soerguimento por isostasia é regional.

Vários autores demonstraram que elevadas taxas de fornecimento sedimentar para os canais fluviais ocorrem em áreas sob soerguimento tectônico ativo. Pinet e Soriau (1988) e Summerfield (2014) atestam que, além do tipo de substrato, da extensão da bacia e de níveis de base, a tectônica também tem grande interferência na intensidade da desnudação. A desnudação total de um recorte espacial é a soma da carga sedimentar química e física perdida pelo sistema geomorfológico. Parte do material removido provém do meio superficial, a partir de processos de erosão e de movimentos de massa (desnudação física). Outra parte refere-se à componente geoquímica, sendo oriunda do meio subsuperficial, a partir dos processos hidrogeológicos e de intemperismo.

Em razão das dificuldades metodológicas de monitoramento e avaliação da desnudação física, em meio tropical, os estudos têm se debruçado na compreensão da desnudação geoquímica. Os materiais removidos em solução podem ser estimados e monitorados por meio de coleta sistemática de amostras de água e da relação da concentração de materiais na amostra com a vazão total. Assim, a desnudação geoquímica é tradicionalmente mensurada a partir do total de carga dissolvida nos cursos d'água (SUMMERFIELD, 2014; THOMAS, 1994), conforme a Equação 1.1. Nesse sentido, considera-se que toda a perda geoquímica no exutório de uma bacia pode ser contabilizada nas águas de seu canal principal.

$$Dq = TDS \,.\, Qs, \tag{1.1}$$

sendo: Dq (ton/ano/km^2) = desnudação geoquímica instantânea de uma bacia hidrográfica; TDS (g/m^3) = sólidos totais dissolvidos na água e Qs (m^3/s/km^2) = a vazão específica do canal.

Algumas características podem ser observadas em sistemas fluviais sob condicionamento tectônico ativo, tais como (FULFARO *et al.*, 2005; HAYAKAWA; ROSSETTI, 2012; MAIA; BEZERRA, 2013; PARANHOS FILHO *et al.*, 2017): migração lateral unidirecional, capturas fluviais, rupturas no perfil longitudinal, mudanças bruscas de direção da drenagem (cotovelos), escalonamento e deslocamento de terraços ou planícies, concentração e alinhamento de leques aluviais, vales suspensos, segmentos lineares entre segmentos sinuosos, a direção e o padrão da drenagem etc. Os padrões morfológicos fluviais também podem variar e ser configurados em função de condicionantes tectônicos, dependendo do tipo de movimentação experimentada (JORGENSEN *et al.*, 1993; SCHUMM *et al.*, 2000). Entretanto, algumas dessas características não são exclusivamente condicionadas pela tectônica e, desse modo, devem ser analisadas à luz dos contextos geomorfológicos, geológicos e ambientais, em conjunto com outros indícios e evidências de movimentação tectônica recente.

Assim, os efeitos do controle tectônico podem se fazer sentir durante os períodos deposicionais e interdeposicionais. A quantidade e granulometria da carga sedimentar fluvial podem refletir essas influências (MIALL, 2006). A magnitude da incisão fluvial entre níveis de deposição fluvial, por exemplo, pode indicar as características do ambiente tectônico. Rezende (2018) compilou taxas de incisão fluvial de fontes diversas e em distintos contextos tectônicos e aponta que elas vão da casa de dezenas de milímetros por mil anos (mm/ka) a dezenas de milhares de mm/ka. Em geral, ambientes intraplaca apresentam taxas inferiores a 1.000 mm/ka, enquanto nos limites de placas (nos colisionais, sobretudo) as taxas são superiores a 1.000 mm/ka, chegando a 60.000 mm/ka nos Alpes ocidentais franceses (BROCARD *et al.*, 2003). As áreas de soerguimento tectônico mais lento tendem a ser as áreas de litosfera mais antiga, mais espessa e mais fria, pois são as menos móveis (STOKES *et al.*, 2012), oferecendo menores possibilidades de incisão fluvial. Assim, os registros sedimentares fluviais são valiosos para a compreensão da dinâmica de deformação vertical da crosta (DEMOULIN *et al.*, 2017)

Conforme Pazzaglia (2013), é nas regiões de tectônica mais lenta onde, paradoxalmente, a instabilidade dos processos de soerguimento pode ser a principal responsável para a gênese de terraços fluviais (níveis deposicionais fluviais abandonados). Rios que drenam margens passivas têm amplos terraços em áreas montanhosas que não podem ser correlacionados diretamente a conhecidos eventos climáticos ou eustáticos. Em longo termo, no entanto, o tectonismo pode posicionar uma bacia (ou parte dela) em um ambiente climático diferente ou alterar o clima local (LEOPOLD *et al.*, 1964), ou induzir reposicionamentos isostáticos em função da desnudação. Ademais, sendo o clima um regulador do comportamento hidrossedimentológico das bacias hidrográficas, o excesso de sedimentos em alguns contextos pode reduzir as taxas de incisão fluvial em resposta ao contexto tectônico. Assim, as variáveis tectônica e climática devem ser analisadas em conjunto.

1.6. O quadro litoestrutural

Outra variável condicionante da dinâmica fluvial é o substrato rochoso. O quadro litológico afeta as variáveis hidrológicas, a resistência à erosão e a quantidade de carga sedimentar fornecida. Em geral, rochas resistentes ao intemperismo químico tendem a fornecer menor carga de sedimentos finos (argilas e siltes). Porém, essas mesmas rochas podem sofrer intemperismo mecânico e gerar importantes quantidades de sedimentos detríticos grossos (grânulos a matacão) passíveis de serem mobilizados para os cursos d'água por erosão e/ou movimentos de massa. Desse modo, o contexto litoestrutural pode ser decisivo para o padrão morfológico/deposicional dos cursos d'água, pois estes são influenciados diretamente pelo tipo e a quantidade de sedimentos fornecidos às calhas fluviais (ver Capítulo 5).

As características primárias dos tipos de rochas (como a composição mineralógica) e seus diferentes graus de intemperismo e deformação afetam a sua resistência e erodibilidade e condicionam a quantidade e as características da carga sedimentar, principalmente a granulometria, a petrografia e a constituição mineralógica. A composição físico-química dos sedimentos condiciona a capacidade de ocorrência de reações químicas nos meios deposicionais, como a capacidade de troca catiônica, aspecto que se reflete no grau de resistência do material à desnudação. Margens fluviais ricas em sedimentos argilosos e orgânicos apresentam maior grau de coesão e são, por consequência, mais resistentes à dinâmica de migração lateral de um canal. O quadro litológico também influi no padrão fluvial ao condicionar o grau de resistência aos processos de encaixamento e erosão lateral.

O controle litoestrutural ou passivo da rede de drenagem se refere a estruturas inativas e não deve ser confundido com o controle por movimentos tectônicos (ativo), embora essa diferenciação seja, em muitos contextos, um grande desafio. A identificação das estruturas ativas passa, muitas vezes, pela análise de depósitos fluviais afetados pela movimentação tectônica (identificação de estruturas de liquefação e deslocamento de linha de seixos, por exemplo). O quadro estrutural (passivo) condiciona a dinâmica fluvial ao controlar espacialmente as direções e os padrões morfológicos dos cursos d'água. Falhas inativas, fraturas, dobras, planos de acamamento, bandamentos e outras estruturas presentes nas rochas podem gerar trechos fluviais retilíneos, meandros com curvas fechadas, mudanças bruscas de direção, entre outras características (CELARINO; LADEIRA, 2014). Desse modo, não apenas os canais individualmente, mas toda a rede hidrográfica pode apresentar padrões espaciais condicionados pelo quadro litoestrutural (ver Capítulo 8).

Outro fator que se relaciona com o quadro litoestrutural é a densidade hidrográfica (número de canais por unidade de área) das bacias de drenagem (ver Figuras 1.5 e 1.6). Rochas pouco porosas e permeáveis (como granitos) tendem a favorecer maior densidade hidrográfica, pois os fluxos têm circulação restrita em subsuperfície. Por sua vez, rochas de alta porosidade (primária, como nos arenitos, ou secundária, como nos calcários) e permeabilidade tendem a favorecer a percolação da água, até sua armazenagem em aquíferos profundos.

A forma das bacias também pode evidenciar o controle tectônico passivo ou ativo. De acordo com Summerfield (2014), bacias alongadas geralmente são mais jovens e/ou controladas por um terreno anisotrópico, como os retrabalhados nos eventos orogenéticos. Cita-se, por exemplo, a bacia do Rio Paraíba do Sul, entre os estados de São Paulo e do Rio de janeiro. Por sua vez, bacias arredondadas são, geralmente, mais evoluídas e/ou controladas por um terreno isotrópico, como nos crátons — os esforços tendem a se propagar em todas as direções e sob a mesma velocidade. Nesse caso, a título de exemplo, pode ser citada a bacia do Rio Amazonas.

1.7. Cobertura vegetal

A vegetação é um dos principais elementos protetores da superfície terrestre contra a ação dos agentes erosivos. Sem a vegetação, a erosão pelos escoamentos pluvial e fluvial é facilitada, tendendo a gerar processos de entulhamento sedimentar das calhas de drenagem. O sistema de raízes da vegetação também propicia maior estabilidade das massas de solo nas vertentes e margens de cursos d'água, além de desacelerar os fluxos subsuperficiais. Assim, a vegetação também condiciona o tipo de padrão fluvial ao influenciar o balanço entre energia do fluxo e tipo e quantidade de sedimentos.

A cobertura vegetal pode ser afetada por variações climáticas e de composição da atmosfera (SAGE, 2004), provocando retrações ou expansões das formações florestais. Variações na efetividade da vegetação na proteção do solo contra erosão e movimentos de massa podem influenciar significativamente o regime hidrossedimentológico das bacias hidrográficas e, assim, o padrão deposicional e morfológico dos cursos d'água (VANDENBERGHE, 2002). Isso porque a maior parte da carga sedimentar mobilizada pelos sistemas fluviais provém das vertentes. Desse modo, a reconstrução da dinâmica da cobertura vegetal é de grande importância para a análise de sistemas deposicionais fluviais quaternários.

Knox (1972) apresenta um modelo de respostas biogeomorfológicas a mudanças bruscas de regimes climáticos (ver Figura 1.7). O modelo representa o impacto em sistemas regulados pela vegetação numa brusca mudança de um regime climático úmido para árido e posterior retorno às condições úmidas. A proposição central é a de que a produção de sedimentos atinge um máximo durante períodos de rápidas mudanças climáticas, devido ao tempo demandado pela recuperação da vegetação por mudanças na precipitação. Esse modelo foi adaptado para áreas tropicais e aplicado no continente africano (THOMAS, 2008).

Nos países tropicais, como o Brasil, as reconstituições paleoambientais dos sistemas fluviais são desafios de difícil solução em grande parte dos casos. Como os depósitos são rapidamente alterados ou destruídos pela eficiente atuação dos processos pedológicos e hidrogeomorfológicos, poucas evidências restam para as interpretações. Análises palinológicas foram, durante muito tempo, estratégicas únicas de reconstituição das condições paleobioclimáticas em muitos casos. Baseadas em materiais inorgânicos, as análises de fitólitos têm se mostrado uma alternativa (GARNIER *et al.*, 2012; BARROS *et al.*, 2016). Fitólitos são partículas de sílica amorfa que se acumulam em volta ou dentro das células dos tecidos vegetais, representando "microfósseis" dessas células. Entretanto, o intemperismo (para os depósitos mais antigos) e o desgaste dos fitólitos pelo próprio transporte fluvial podem ser complicadores para análises mais fidedignas. Ademais, ao interpretar os dados de fitólitos de sucessões deposicionais fluviais, deve-se considerar a natureza sedimentar dos materiais. Sedimentos de paleocanais tendem a guardar principalmente fitólitos da vegetação alóctone, enquanto sedimentos de ambientes marginais registram o desenvolvimento da vegetação *in situ* (SANGEN *et al.*, 2011; GARNIER *et al.*, 2012).

1.8. Variações eustáticas

O eustatismo (variações do nível do mar) condiciona as variações do nível de base global, propiciando fases de maior encaixamento ou entulhamento dos fundos de vale. Ao longo da história da Terra, diversos eventos de eustatismo ocorreram em resposta aos ciclos de glaciação, com regressões marinhas refletindo os períodos glaciais e transgressões marinhas refletindo os períodos interglaciais. Movimentos tectônicos nas bordas continentais também podem desencadear transgressões e regressões. As transgressões marinhas tendem a provocar processos de entulhamento na drenagem continental (elevação do nível de base geral), enquanto processos de regressão marinha (recuo do nível de base geral) tendem a provocar a incisão das calhas (ver Figura 1.8). Essas alterações do nível do mar deixam evidências sedimentológicas, estratigráficas, geomorfológicas e paleontológicas que possibilitam a reconstituição paleoambiental dos ambientes costeiros e estuarinos (BIONDO DA COSTA *et al.*, 2019).

Entretanto, as variações eustáticas têm menor significado para os cursos d'água situados no interior dos continentes, tendo em vista o grande número de níveis de base locais e regionais que podem existir até o oceano e o tempo relativamente curto das fases de transgressão/regressão marinha relacionadas às glaciações quaternárias. Desse modo, os ajustes no sistema fluvial podem ficar restritos às planícies costeiras e áreas expostas da plataforma e talude continental.

Para grandes sistemas fluviais que drenam áreas de baixo gradiente e desaguam em plataformas continentais extensas, a mudança do nível do mar não afeta áreas muito além de 200 km do litoral (BLUM; TORNQUIST,

2000). Para zonas costeiras mais declivosas, onde a plataforma continental é estreita, e o talude continental, acentuado o impacto das mudanças no nível de base é reduzido ou, em alguns casos, o sistema fluvial parece estar desconectado do nível do mar (MEIKLE, 2009[3] *apud* STOKES *et al.*, 2012).

1.9. Atividades humanas

O ser humano pode influenciar a dinâmica fluvial por meio de ações diretas e indiretas. As ações diretas incluem barramentos, desvios ou retificação de cursos d'água, canalizações artificiais, entre outros. As ações indiretas estão associadas principalmente às condições de uso e manejo inadequado do solo e remoção/degradação da cobertura vegetal, gerando condições favoráveis ao surgimento de focos de erosão acelerada que tendem a fornecer elevada carga sedimentar às calhas. Esse processo pode levar ao entulhamento dos leitos, ao comprometimento da capacidade e competência de transporte do fluxo, ao surgimento de barras de canal e à mudança de padrões fluviais (GREGORY, 2006).

Por meio da construção de barragens ou quaisquer outras obras de armazenamento de águas fluviais, o ser humano pode agir para a retenção de sedimentos, principalmente de fundo. Essa retenção pode implicar no aumento da energia dos fluxos a jusante dos barramentos, pois a água se vê liberada da energia gasta para o transporte dos sedimentos que ficaram retidos e pode empregá-la na erosão das margens e do leito aluvial (ver Figura 1.9). No caso de leitos rochosos, no entanto, a erosão fluvial pode ser freada ou alterar o tipo de processo erosivo, tendo em vista que a água desprovida de carga sedimentar perde, por exemplo, seu poder abrasivo. Portanto, as ações humanas podem modificar os processos erosivos e sedimentares, bem como o regime hidrológico, alterando a morfologia dos cursos d'água e os padrões fluviais.

Souza Filho *et al.* (2004), Souza Filho (2009) e Souza Filho e Fragal (2013) ilustram o processo de ajuste dos sistemas fluviais a jusante de barragens a

---

3. Meikle, C. D., 2009. The Pleistocene Drainage Evolution of the Río Almanzora, Vera Basin, SE Spain. Unpublished PhD thesis, University of Newcastle, UK. 210 p.

partir do caso do Rio Paraná, impactado desde o final de 1998 com a conclusão da barragem de Porto Primavera. Além do controle das descargas e o corte de suprimentos detríticos, a formação do reservatório iniciou um processo de ajuste que promove a retirada dos sedimentos do leito e aumenta a eficiência do escoamento no segmento a jusante. A partir disso, a área de abrangência das cheias diminuiu, levando também à modificação da distribuição das áreas úmidas e, consequentemente, das áreas de ocorrência de vegetação higrófila, herbácea e arbustiva.

Segundo Peloggia (2005, p. 24), o termo **tecnógeno** "é usado para se referir à situação geológico-geomorfológica atual, em que a ação geológica humana ganha destaque significativo, no que tange aos processos da dinâmica externa, em relação à processualidade anteriormente vigente (holocênica)". Assim, os depósitos tecnogênicos, correlativos da ação geológica humana, representam eventos de caráter novo e independente e, portanto, distintos da processualidade holocênica precedente.

De acordo com Oliveira (1994), os materiais tecnogênicos abrangem os depósitos construídos (aterros, corpos de rejeitos etc.), os depósitos induzidos (sedimentação ligada à erosão acelerada decorrente do uso inadequado do solo) e os depósitos modificados (formações superficiais naturais alteradas por efluentes, adubos etc.). Para Fanning e Fanning (1989) uma proposta de classificação pode ser pautada nos materiais constituintes: depósitos úrbicos (tijolos, vidro, plástico, metais diversos etc.), depósitos gárbicos (material detrítico com lixo orgânico suficiente para a geração de metano em condições anaeróbicas), depósitos espólicos (materiais terrosos escavados e redepositados) e dragados (materiais retirados dos corpos d'água).

Análises geoquímicas de sedimentos fluviais também são comumente utilizadas na identificação/caracterização das influências antrópicas nas características dos registros fluviais, podendo indicar tanto danos de atividades recentes (PARRA, 2006; POLETO, 2007; TORRES *et al.*, 2016) como aqueles de séculos anteriores (COSTA *et al.*, 2010). Nesse contexto, a utilização de técnicas de datação pode ser decisiva para uma compreensão adequada dos processos.

As pesquisas sobre o Tecnógeno têm um desenvolvimento crescente no Brasil e envolvem, principalmente, ambientes fluviais, áreas de mineração e áreas urbanas (FRANÇA JUNIOR; SOUZA, 2014). O rompimento das barragens de rejeito de Fundão (Mariana/MG) e da Mina do Córrego do Feijão (Brumadinho/MG) são amostras da capacidade do ser humano de modificar drasticamente os sistemas fluviais. No caso da bacia hidrográfica do Rio Doce, afetada pelo rompimento da barragem de Fundão no ano de 2015, nota-se uma modificação da dinâmica fluvial de todos os cursos d'água afetados, alterando, inclusive, a quantidade de sedimentos que o rio principal transporta, e intensificando, portanto, o processo de formação de depósitos tecnogênicos ao longo de seu vale (MENDES; FELIPPE, 2016; 2019).

Referências

ALLABY, M. **Dictionary of Earth Sciences.** 3ª ed. Oxford, 2008. 653 p.

ANDRADE, C. F. **Relevo antropogênico associado à mineração de ferro no Quadrilátero Ferrífero: uma análise espaço-temporal do Complexo Itabira (Município de Itabira, MG).** 2012. 129 f. Tese (Doutorado em Geografia) — Instituto de Geociências, Universidade Federal de Minas Gerais, Belo Horizonte, 2012.

BARROS, L. F. P.; COE, H. H. G.; SEIXAS, A. P.; MAGALHÃES JR., A. P.; MACARIO, K. C. D. Paleobiogeoclimatic Scenarios of the Late Quaternary Inferred from Fluvial Deposits of the Quadrilátero Ferrífero (Southeastern Brazil). **Journal of South American Earth Sciences**, [S.l], v. 67, pp. 71-88, 2016.

BARROS, L. F. P.; LAVARINI, C.; LIMA, L. S.; MAGALHÃES JR., A. P. Síntese dos cenários paleobioclimáticos do Quaternário Tardio em Minas Gerais/Sudeste do Brasil. **Revista Sociedade & Natureza**, Uberlândia, v. 23, n. 3, pp. 371-386, 2011.

BIONDO DA COSTA, A. L.; LIMA, L. G.; KLOSEPARISE, C.; SANTOS, J. H. S.; SANTOS, A. L. S.; CARVALHO NETO, F. C. Reconstituição paleoambiental do Quaternário no estuário do Rio Santo Antônio, Ilha do Maranhão–Brasil. **Geociências**, São Paulo, v. 38, n. 1, pp. 117-130, 2019.

BLUM, M. D.; TORNQUIST, T. E. Fluvial Response to Climate and Sea--Level Change: A Review and Look Forward. **Sedimentology**, [S.l], v. 47, pp. 2-48, 2000.

BRIDGE, J. S. **Rivers and Floodplains — Forms, Processes and Sedimentary Record.** Oxford: Blackwell Science, 2003. 492 p.

BRIERLEY, G. J.; FRYIRS, K. A. **Geomorphology and River Management: Applications of the River Styles Framework.** Oxford: Blackwell Publishing, 2006.

BROCARD, G. Y.; VAN DER BEEK, P. A.; BOURLÈS, D. L.; SIAME, L. L.; MUGNIER, J. L. Long-Term Fluvial Incision Rates and Postglacial River Relaxation Time in the French Western Alps from ^{10}Be Dating of Alluvial Terraces with Assessment of Inheritance, Soil Development and Wind Ablation Effects. **Earth and Planetary Science Letters**, [S.l], v. 209, pp. 197-214, 2003.

CELARINO, A. L. S.; LADEIRA, F. S. B. Análise Morfométrica da Bacia do Rio Pardo (MG e SP). **Revista Brasileira de Geomorfologia**, São Paulo, v. 15, n. 3, pp. 471-491, 2014.

CHARLTON, R. **Fundamentals of Fluvial Geomorphology**. Londres: Routledge, 2008. 234 p.

COSTA, A. T.; NALINI JR., H. A.; CASTRO, P. T. A., TATUMI; S. H. Análise estratigráfica e distribuição do arsênio em depósitos sedimentares quaternários da porção sudeste do Quadrilátero Ferrífero, bacia do Ribeirão do Carmo, MG. **REM: Revista Escola Minas**, [S.l], v. 63, n. 4, pp. 703-714, 2010.

DEMOULIN, A.; MATHER, A.; WHITTAKER, A. Fluvial Archives, a Valuable Record of Vertical Crustal Deformation. **Quaternary Science Reviews**, [S.l.], v. 166, pp. 10-37, 2017.

EHLERS, J., GIBBARD, P. L., HUGHES, P. D. **Quaternary Glaciations — Extent and Chronology, a Closer Look**. Amsterdam, The Netherlands, Elsevier, Developments in Quaternary Science, v. 15, 2011. 1126 p.

REZENDE, E. A. **O papel da dinâmica espaço-temporal da rede hidrográfica na evolução geomorfológica da alta/média bacia do Rio Grande, sudeste brasileiro.** 2018. 194 f. Tese (Doutorado em Ciências Naturais) — Departamento de Geologia da Escola de Minas da Universidade Federal de Ouro Preto, Ouro Preto, 2018.

FANNING, D. J.; FANNING, M. C. B. **Soil: Morphology, Genesis and Classification**. Nova Iorque: John Wiley & Sons. 1989.

FARIA, F. O Atualismo entre uniformitaristas e catastrofistas. **Revista Brasileira de História da Ciência**, Rio de Janeiro, v. 7, n. 1, pp. 101-109, 2014.

FERREIRA, A. B. Variabilidade climática e dinâmica geomorfológica. **Publicações da Associação Portuguesa de Geomorfólogos**, Lisboa, v. 1, pp. 7-15, 2002.

FRANÇA JR., P.; SOUZA, M. L. Tecnógeno em ambientes fluviais: noroeste do Paraná, Brasil. **Quaternary and Environmental Geosciences**, [S.l], v. 05, n. 2, pp. 45-52, 2014.

FULFARO, V. J.; ETCHEBEHERE, M. L.; SAAD, A. R.; PERINOTTO, J. A. The Araras Escarpment in the Upper Paraná River: Implications to Fluvial Neotectonics on the Paraná Drainage Net Evolution. **Revista Brasileira de Geomorfologia**, [S.l], v. 6, n. 1, pp. 115-122, 2005.

GARNIER, A.; NEUMANN, K.; EICHHORN, B.; LESPEZ, L. Phytolith Taphonomy in the Middle- to Late-Holocene Fluvial Sediments of Ounjougou (Mali, West Africa). **The Holocene**, [S.l], v. 23, n. 3, pp. 416-431, 2012.

GREGORY, K. J. The Human Role in Changing River Channels. **Geomorphology**, Amsterdam, v. 79, pp. 172-191, 2006.

GOUDIE, A. **Environmental Change: Contemporary Problems in Geography**. 2ª ed. Oxford: Clarendon Press, 1992. 328 p.

HAYAKAWA, E. H.; ROSSETTI, D. F. Caracterização da rede de drenagem da bacia do médio e baixo Rio Madeira. **Revista Brasileira de Geomorfologia**, [S.l], v. 13, n. 4, pp. 401-418, 2012.

HUTTON, J. Theory of the Earth. **Transactions of the Royal Society of Edinburgh**, Edimburgo, v. 1, pp. 209-304, 1788.

JACOBSON, R.; O'CONNOR, J. E.; OGUCHI, T. Surficial Geologic Tools in Fluvial Geomorphology. *In*: KONDOLF, G. M., PIEGAY, H. (eds.). **Tools in Fluvial Geomorphology**. Chichester: Wiley, 2003. pp. 25-57.

JORGENSEN, D. J.; HARVEY, M. D.; SCHUMM, S. A.; FLAN, L. Morphology and Dynamic of the Indus River: Implications for the Mohenjo-daro Site. *In*: SHRODER JR., J. F. (ed.). **Himalaya to the Sea: Geology, Geomorphology and the Quaternary**. Londres: Routledge, 1993. pp. 288-326.

KNIGHTON, D. **Fluvial Forms and Processes: A New Perspective**. Nova Iorque: Oxford University Press Inc., 1998. 383 p.

KNOX, J. C. Valley Alluviation in Southwestern Wisconsin. **Annals of the Association of American Geographers**, [S.l.], v. 62, n. 3, pp. 401-410, 1972.

LANA, C. E.; CASTRO, P. T. A. Evolução histórica e filosófica do conceito de nível de base fluvial. **Terræ Didatica**, Campinas, v. 8, n. 1, pp. 51-57, 2012.

LANGBEIN, W. B.; SCHUMM, S. A. Yield of Sediment in Relation to Mean Annual Precipitation. **Transcactions, American Geophysics Union**, [S.l], n. 39, pp. 1076-84, 1958.

LATRUBESSE, E. M.; STEVAUX, J. C.; SINHA, R. Tropical Rivers. **Geomorphology**, [S.l], v. 70, pp. 187-206, 2005.

LEEDER, M. R. Denudation, Vertical Crustal Movements and Sedimentary Basin Infill. **Geologische Rundschau**, Stuttgart, v. 80, n. 2, pp. 441-458, 1991.

LEOPOLD, L. B.; WOLMAN, M. G.; MILLER, J. P. **Fluvial Processes in Geomorphology**. San Francisco: Freeman and Company, 1964. 522 p.

MAIA, R. P.; BEZERRA, F. H. R. Tectônica pós-miocênica e controle estrutural de drenagem no Rio Apodi-Mossoró, Nordeste do Brasil. **Boletim de Geografia**, Maringá, v. 31, n. 2, pp. 57-68, 2013.

MENDES, L. C.; FELIPPE, M. F. A geomorfologia do Tecnógeno e suas relações com o rompimento da Barragem Fundão (Mariana, Minas Gerais). **Revista de Geografia**, Juiz de Fora, v. 6, n. 4, pp. 353-362, 2016.

MENDES, L. C.; FELIPPE, M. F. Alterações geomorfológicas de fundo de vale na bacia do Rio do Carmo decorrentes do rompimento da Barragem de Fundão (Minas Gerais, Brasil). **Caminhos de Geografia**, Uberlândia, v. 20, n. 69, pp. 237-252, 2019.

MIALL, A. D. **The Geology of Fluvial Deposits:** Sedimentary Facies, Basin Analysis, and Petroleum Geology. 4ª ed. Nova Iorque: Springer, 2006. 582 p.

OLIVEIRA, A. M. S. **Depósitos Tecnogênicos e Assoreamento de Reservatórios, exemplo do Reservatório de Capivari, SP/PR**. 1994. 211 f. Tese (Doutorado em Geografia) — Faculdade de Filosofia Letras e Ciências Humanas/FFLCH, Universidade de São Paulo, São Paulo, 1994.

PARANHOS FILHO, A. C.; MIOTO, C. L.; MACHADO, R.; GONÇALVES, F. V.; RIBEIRO, V. O.; GRIGIO, A. M.; SILVA, N. M. Controle Estrutural da Hidrografia do Pantanal, Brasil. **Anuário do Instituto de Geociências**, Rio de Janeiro, v. 40, n. 1, pp. 156-170, 2017.

PARRA, R. R. **Análise geoquímica de água e de sedimentos afetados por minerações na bacia hidrográfica do Rio Conceição, Quadrilátero Ferrífero, Minas Gerais — Brasil.** 2006. 111 f. Dissertação (Mestrado em Ciências Naturais) — Departamento de Geologia, Universidade Federal de Ouro Preto, Ouro Preto, 2006.

PAZZAGLIA, F. J. Fluvial Terraces. *In*: WOHL, E. (ed.). **Treatise on Geomorphology**. Nova Iorque: Elsevier, 2010. cap. 9.

PELOGGIA, A. U. G. As cidades, as vertentes e as várzeas: a transformação do relevo pela ação do homem no município de São Paulo. **Revista do Departamento de Geografia**, São Paulo, v. 16, pp. 24-31, 2005.

PENCK, W. **Morphological Analysis of Landforms**. Londres: McMillan, 1953. 429 p.

PINET, P.; SORIAU, M. Continental Erosion and Large-Scale Relief. **Tectonics**, [S.l], v. 7, n. 3, pp. 563-582, 1988.

PINTO, C. E. T.; MENEZES, P. H. B. J.; MARTINEZ, J. M.; ROIG, H. L.; VILLAR, R. A. E. Uso de imagens MODIS no monitoramento do fluxo de sedimentos no reservatório de Três Marias. **Revista Brasileira de Engenharia Agrícola e Ambiental**, Campina Grande, v. 18, n. 5, 507-516, 2014.

POLETO, C. **Fontes potenciais e qualidade dos sedimentos fluviais em suspensão em ambiente urbano.** 2007. 137f. Tese (Doutorado em Recursos Hídricos e Saneamento Ambiental) — Universidade Federal do Rio Grande do Sul, Porto Alegre, 2007.

RITTER, D. F.; KOCHEL, R. C.; MILLER, J. R. **Process Geomorphology**. 4ª ed. Nova Iorque: McGraw Hill, 2002. 560 p.

SAADI, A. Modelos morfogenéticos e tectônica global: reflexões conciliatórias. **Geonomos**, Belo Horizonte, v. 6, n. 2, pp. 55-63, 1998.

SAGE, R. F. The Evolution of C4 Photosynthesis. **New Phytologist**, [S.l], v. 161, n. 2, pp. 341-370, 2004.

SANGEN, M.; NEUMANN, K.; EISENBERG, J. Climate-Induced Fluvial Dynamics in Tropical Africa Around the Last Glacial Maximum? **Quaternary Research**, [S.l], v. 76, pp. 417-429, 2011.

SCHUMM, S. A. Geomorphic Thresholds and Complex Response of Drainage Systems. *In*: MORISAWA, M. (ed.). **Fluvial Geomorphology**. Bringhampton: Publ. of Geomorphology, 1973. pp. 299-310.

________. **River Variability and Complexity**. Nova Iorque: Cambridge University Press, 2005. 220 p.

SCHUMM, S. A.; DUMONT, J. F.; HOLBROOK, J. M. **Active Tectonics and Alluvial Rivers**. Nova Iorque: Cambridge University Press, 2000. 276 p.

SOUZA FILHO, E. E. Evaluation of the Parana River Discharge Control on Porto São José Fluviometric Station (State Of Parana — Brazil). **Brazilian Journal of Biology**, [S.l.], v. 69, n. 2 (sup.), pp. 631-637, 2009.

SOUZA FILHO, E. E.; ROCHA, P. C.; COMUNELLO, E.; STEVAUX, J. C. Effects of the Porto Primavera Dam on Physical Environment of the Downstream Floodplain. *In*: THOMAZ, S. M.; AGOSTINHO, A. A.; HAHN, S. S. (eds.). **The Upper Paraná River and its Floodplain: Physical Aspects, Ecology and Conservation**. Leinden: Backhuys Publishers, pp. 55-74, 2004.

SOUZA FILHO, E. E.; FRAGAL, E. H. A influência do nível fluviométrico sobre as variações de área de água e da cobertura vegetal na planície do alto Rio Paraná. **Revista Brasileira de Geomorfologia**, São Paulo, v. 14, nº 1, 81-92, 2013.

STOKES, M.; CUNHA, P. P.; MARTINS, A. A. Techniques for Analysing Late Cenozoic River Terrace Sequences. **Geomorphology**, Amsterdam, v. 165-166, pp. 1-6, 2012.

SUGUIO, K. **Geologia Sedimentar**. São Paulo: Edgard Blücher, 2003. 400 p.

SUMMERFIELD, M. A. **Global Geomorphology: An Introduction to the Study of Landforms**. 2ª ed. Londres/Nova Iorque: Routledge, 2014, 537 p.

THOMAS, M. F. **Geomorphology in the Tropics**. A Study of Weathering and Denudation in Low Latitudes. Nova Iorque: John Wiley & Sons, 1994.

________. Understanding the Impacts of Late Quaternary Change in Tropical and Sub-Tropical Regions. **Geomorphology**, [S.l], v. 101, pp. 146-158, 2008.

TORRES, I.; RIBEIRO, E.; TRINDADE, W.; MAGALHÃES JUNIOR, A. P.; HORN, A. Relationship Between Metal Water Concentration and Anthropogenic Pressures in a Tropical Watershed, Brazil. **Geochimica Brasiliensis**, Rio de Janeiro, v. 30, N. 2., pp. 158-172, 2016.

VANDENBERGHE, J. The Relation Between Climate and River Processes, Landforms and Deposits During the Quaternary. **Quaternary International**, [S.l], v. 91, pp. 17-23, 2002.

2

Unidades espaciais de estudo e elementos do sistema fluvial: bases conceituais

Antônio Pereira Magalhães Júnior
Luiz Fernando de Paula Barros
Chrystiann Lavarini

Os estudos de Geomorfologia Fluvial podem possuir diferentes abordagens e objetivos, com escalas temporais e espaciais muito distintas. Assim, os enfoques dependem de cada caso, como, por exemplo:

- Bacias hidrográficas: a forma das bacias hidrográficas pode influenciar o comportamento hidrológico da rede hidrográfica, bem como indicar processos de rearranjo espacial da drenagem, entre outros;
- Perfil longitudinal dos canais: a representação gráfica da variação altimétrica dos leitos fluviais em função da distância a partir das nascentes possibilita a observação de sua declividade, gradiente e ajuste em relação a um perfil considerado de "equilíbrio", indicando trechos onde se espera maior dissecação fluvial ou maior acumulação de sedimentos;
- Seções transversais: a seção transversal dos canais envolve a representação gráfica das suas dimensões (largura, profundidade da lâmina d'água, altura das margens) em sentido perpendicular ao do fluxo, permitindo analisar os ajustes em relação às variáveis hidrogeomorfológicas; por sua vez, a seção transversal dos vales fluviais pode indicar o grau de dissecação do relevo, bem como a ocorrência de níveis deposicionais;
- Formas fluviais: planícies de inundação (e suas formas internas, como meandros abandonados, diques marginais, espirais de meandros

etc.), terraços fluviais, leques aluviais, deltas, entre outras, resultam de processos erosivo-deposicionais dos cursos d'água e apresentam características que indicam contextos e regimes hidrossedimentológicos particulares;

- Variáveis sedimentológicas: parâmetros como quantidade, granulometria e mineralogia de sedimentos podem fornecer informações como a energia/volume do fluxo e área-fonte dos sedimentos. Nesse sentido, podem-se reconstruir processos de possíveis ajustes no comportamento hidrossedimentológico dos canais, seja em razão de variações de fatores controladores fundamentais (como tectônica, clima e nível de base) ou da dinâmica evolutiva do próprio sistema fluvial (capturas fluviais, abandono de meandros etc.);
- Arranjo e características de carga sedimentar de leito: o imbricamento e a morfometria dos seixos podem indicar o sentido de paleocorrentes e a distância e/ou eficiência do transporte no seu desgaste; dependendo das características, podem conferir maior estabilidade a pavimentos detríticos, favorecendo processos como o encouraçamento (*bed armouring*);
- Tipo de substratos de leitos: na dependência de serem rochosos ou aluviais, os substratos podem influenciar os processos erosivos e sedimentares nos leitos e, assim, a sua morfologia;
- Morfologia do leito e margens: podem revelar o regime hidrossedimentológico vigente, o grau de estabilidade do canal, os tipos de processos erosivos e sedimentares dominantes, entre outros aspectos. São base para a classificação dos padrões fluviais e, consequentemente, da dinâmica hídrica e sedimentar, podendo responder a condicionantes climáticos, geológicos, eustáticos e antrópicos específicos;
- Padrão de drenagem: refere-se ao arranjo e à organização espacial da rede de drenagem, refletindo o papel de condicionantes litoestruturais e tectônicos;
- Regime e dinâmica dos fluxos: abarca o comportamento das vazões fluviais ao longo do tempo em função da dinâmica pluviométrica. A vazão é um dos principais fatores controladores dos processos fluviais e de sua morfologia.

A perspectiva sistêmica auxilia a compreensão da organização e da relação das diferentes dimensões envolvidas no trabalho fluvial. Um exemplo de sistema geomorfológico frequentemente adotado é o de bacia hidrográfica, o qual foi amplamente explorado por Schumm (1977). A abordagem sistêmica surgiu como uma alternativa ao modelo cartesiano ou mecanicista, cujos pressupostos teórico-metodológicos são pautados em "dividir para conhecer" (CHORLLEY, 1962; LIMBERGER, 2006; PIEGAY, 2016). Assim, no modelo cartesiano, o conhecimento do funcionamento do "todo" deriva do estudo de suas partes componentes (CHRISTOFOLETTI, 1999). Entretanto, o pensamento cartesiano não pode explicar a realidade em uma concepção de "todo", pois ela se apresenta "complexa, integrada e por vezes caótica" (VICENTE; PEREZ FILHO, 2003).

Segundo Christofoletti (1979), precursor da abordagem sistêmica na geomorfologia brasileira, um sistema é caracterizado por seus elementos ou unidades, suas relações — os elementos dependem uns dos outros, possuindo ligações que denunciam os fluxos —, seus atributos — qualidades atribuídas a um sistema em termos de características como comprimento, área, volume, composição ou densidade dos fenômenos observados —, entradas (*inputs*) e saídas (*outputs*) de matéria e energia. Ao contrário de sistemas fechados, nos quais ocorrem apenas trocas de energia com o exterior, o sistema fluvial é do tipo aberto, ou seja, experimenta trocas de matéria e energia com o exterior. A seguir são apresentados alguns dos principais elementos constituintes de um sistema fluvial.

2.1. Bacia hidrográfica e rede hidrográfica

Uma **bacia hidrográfica** é um sistema espacial geograficamente definido a partir da configuração da rede de drenagem e delimitado por divisores hidrográficos (interflúvios), cujos fluxos fluviais se concentram em um curso d'água principal antes que toda a vazão conflua para uma única saída (exutório). Apesar de ter a sua identidade formada pela conexão entre artérias hidrográficas, as bacias são formadas principalmente, em termos de extensão areal, por zonas terrestres que formam áreas de contribuição hídrica para os cursos d'água. Desse modo, as bacias englobam dimensões que não são apenas físicas, mas, sim, territoriais.

Bacias hidrográficas ocorrem em diferentes escalas espaciais, sendo drenadas por suas respectivas redes hidrográficas, formadas por cursos d'água principais e seus tributários. As bacias podem ser drenadas por cursos d'água permanentes (perenes) ou intermitentes (cursos d'água que secam nos períodos de estiagem). Por outro lado, a **rede hidrográfica** é formada pelos elementos lineares representados pelos cursos d'água, não abrangendo a área terrestre entre os canais. Uma rede hidrográfica pode contemplar cursos d'água **tributários**, que são afluentes de outros, ou **distributários**, que se originam a partir da ramificação de outros (FIELDING, 2012; RICE *et al.*, 2008).

Apesar de individualizadas espacialmente por divisores superficiais, as bacias hidrográficas também apresentam divisores dos fluxos hídricos subsuperficiais. Os divisores superficiais são de origem topográfica e configurados pela morfologia (relevo), coincidindo com as zonas superiores das elevações (ver Figura 2.1). Já os divisores subsuperficiais determinam a configuração da direção dos fluxos subterrâneos e são configurados pela estrutura geológica, podendo ser influenciados pela topografia. Assim, a direção dos fluxos superficiais não é necessariamente a mesma dos subterrâneos e esses não respondem pelos limites das bacias.

A bacia hidrográfica é um recorte espacial que permite o estudo das conexões hidrossedimentológicas, dado que há convergência dos fluxos hidrológicos superficiais para um único ponto de saída (oceano, lago, outro curso d'água), viabilizando as relações entre as características das águas e sedimentos com as dimensões dos quadros físico e humano. Todo curso d'água possui a sua bacia hidrográfica, ou seja, a área de contribuição em termos hídricos e sedimentares. Desse modo, a bacia de um curso d'água principal pode apresentar sub-bacias, assim entendidas como as bacias dos afluentes. A escala de análise influencia, portanto, no número de sub-bacias de dado recorte espacial.

A classificação de bacias hidrográficas pode ocorrer segundo o tamanho (micro, meso, macrobacias) ou o padrão geral de escoamento. Para a hidrologia, **microbacias** são comumente consideradas aquelas com tamanho inferior a 100 km². Porém, esse critério é muito relativo à luz do que se considera "pequeno" ou "grande" em cada contexto, sabendo-se das diferenças entre a área de municípios, de propriedades rurais etc. Os critérios devem ser avaliados, portanto, com ponderação segundo cada realidade. Em termos geográficos, é mais coerente considerar microbacias as situadas próximas às cabeceiras e cujos cursos d'água são de até segunda ordem, conforme o sistema de hierarquização de Strahler (1952), detalhado no Capítulo 7.

Quanto ao padrão geral do escoamento, uma classificação tradicional na literatura, adotada, inclusive, por Christofoletti (1980), propõe bacias exorreicas, endorreicas, criptorreicas e arreicas. As bacias **exorreicas** ocorrem quando o escoamento se dá de modo contínuo até um oceano (nível de base global). As bacias **endorreicas** possuem rede de drenagem interior, com exutório em depressões fechadas, lagos, zonas desérticas (quando as águas se infiltram ou evaporam) ou depressões cársticas. As bacias **criptorreicas** são essencialmente subterrâneas, como em áreas cársticas onde os cursos d'água podem ter segmentos subterrâneos a partir de sumidouros e voltar à superfície em ressurgências (ver Figura 2.2).

Por fim, as bacias **arreicas** são aquelas sem estruturação espacial da drenagem, havendo uma desorganização marcada por desconexões. Isso ocorre em muitas áreas desérticas onde a precipitação é negligenciável na maior parte do ano e a atividade eólica é intensa.

2.2. Cabeceiras de drenagem e bacias de cabeceira

Cabeceiras de drenagem, nascentes e zonas de surgência englobam as zonas superiores das bacias e os processos de exfiltração das águas subterrâneas que podem dar origem aos cursos d'água superficiais (ver Figura 2.3). Também envolvem as áreas de contribuição hídrica superficial onde se formam sulcos e ravinas (também chamados de canais de ordem zero).

As cabeceiras de drenagem são feições geralmente côncavas, geradas pela ação de processos erosivos e desnudacionais de origem mecânica e/ou geoquímica, em superfície e/ou subsuperfície. Nem sempre as nascentes ocorrem em cabeceiras de drenagem, pois a exfiltração da água pode ocorrer sem esse registro morfológico. Desde meados do século XX, as cabeceiras são referidas na literatura por meio de diferentes terminologias, como *hollows* (HACK, 1960), *dambos* (MAHAN; BROWN, 2007), bacias de ordem zero (TSUKAMOTO; MINEMATSU, 1987) e concavidades (COELHO-NETTO; AVELAR, 1992).

As bacias de ordem zero são trechos de vales não canalizados, com morfologia côncava, em que há fluxos pluviais convergentes e predomínio de substrato coluvial (TSUKAMOTO; MINEMATSU, 1987). Ademais, essas bacias se caracterizam como áreas-fonte de água e sedimentos para os canais de primeira ordem, afetando, por conseguinte, a rede de drenagem proximal (DIETRICH *et al.*, 1987).

As bacias de ordem zero não apresentam canais perenes, mas apenas fluxos efêmeros ou intermitentes. São feições importantes para manter a estabilidade de atuação de processos hidrogeomorfológicos na rede de drenagem perene e onde a infiltração das águas pluviais pode gerar fluxos superficiais de saturação — *saturated overland flow* (KIRKBY; CHORLEY, 1967), os quais tendem a convergir para a rede de drenagem. As bacias de cabeceira representam, portanto, a transição dos processos de vertente, caracterizados, geralmente, por caráter mais lento e difuso, para os processos fluviais que concentram fluxos de água e sedimentos na rede de canais. Os canais de cabeceira podem responder por grande parte da rede hidrográfica de certas bacias. Os canais de primeira e segunda ordem podem, por exemplo, atingir de 60-80% do comprimento da rede fluvial e entre 70-80% da área das bacias (MEYER; WALLACE, 2001; SIDLE *et al.*, 2000).

Strahler (1957) definiu as bacias de cabeceira (*headwaters*) como aquelas de canais de primeira e segunda ordem que se constituem em subsistemas que integram bacias de ordem hierárquica mais elevada. Dessa forma, encontram-se diretamente associadas aos vales fluviais principais (de ordem hierárquica superior), onde ocorrem os processos de distribuição, transporte e armazenamento de sedimentos oriundos das cabeceiras (SCHUMM, 1977). A abordagem conceitual de Strahler permanece usual na literatura científica, sobretudo nos países anglo-saxões (NICKOLOTSKY; PAVLOWSKY, 2007).

Entretanto, há outras perspectivas sobre o tema que abordam, por exemplo, a dimensão hidrológica. Nesse sentido, Burt (1996) concebe uma bacia de cabeceira de drenagem apresentando características de fluxo fortemente controladas pelo escoamento pluvial nas vertentes e fornecimento de sedimentos coluviais. Nessa perspectiva, a transição entre os processos de encosta e os processos fluviais pode ocorrer em uma faixa de dimensões variáveis. O papel dos processos de encosta nas cabeceiras fica evidente na proposta de classificação geomorfológica de leitos fluviais elaborada por Montgomery e Buffington (1997) — ver Capítulo 8. Os autores verificaram que, em áreas serranas, os canais de cabeceira apresentam importante contribuição coluvial, migrando para leitos majoritariamente aluviais em direção a jusante.

Hack e Goodlett (1960) e Hack (1965) basearam-se em processos hidrológicos e geomorfológicos para dividir as bacias de cabeceiras em quatro zonas, a saber (ver Figura 2.4): (i) vertentes; (ii) bacias de ordem zero; (iii) canais transicionais entre bacias de ordem zero e canais de primeira ordem (temporários/efêmeros ou sazonais/intermitentes); e (iv) canais de primeira e segunda ordem.

Numa perspectiva morfológica tridimensional, Hack e Goodlett (1960) estabeleceram classificações para os segmentos de encosta das cabeceiras de drenagem baseadas na sua geometria. Com efeito, distinguem-se: (i) segmentos convexos (*noses*), que são zonas de divergência de fluxos e sedimentos; (ii) segmentos de contornos retilíneos (*sideslopes*) e (iii) segmentos côncavos (*hollows*), que provocam a convergência de fluxos e sedimentos.

A diferenciação dos vales de cabeceira (*valley heads*) pode ser realizada com base em diferentes critérios, como declividade, frequência de concavidades e morfologia. Alguns autores identificam (AHNERT, 1998; MONTGOMERY; DIETRICH, 1989; GOUDIE, 2004), por exemplo, concavidades suaves e rasas (*shallow gentle hollow*), concavidades estreitas e abruptas (*steep narrow hollow*), vales de cabeceiras afunilados (*funnel-shaped valley head*) e vales de cabeceira com nascentes (*spring-sapping valley head*). Dessa forma, concavidades suaves e rasas são largas e com baixo gradiente hidráulico, podendo apresentar, durante eventos chuvosos, a ocorrência de fluxos superficiais (*overland flow*). As concavidades estreitas e abruptas possuem, em termos gerais, feições de retrabalhamento (incisões) em depósitos coluviais, associadas a eventos de remoção e deslizamento do regolito. Vales de cabeceira afunilados resultam usualmente da convergência de múltiplas concavidades abruptas. Por fim, vales de cabeceira com nascentes tendem a uma morfologia circular, com baixo ângulo da superfície interrompido por uma nítida ruptura de declive na zona de nascentes.

As características hidrogeomorfológicas das zonas de transição entre bacias de ordem zero e canais fluviais foram estudadas por autores como Horton (1945), Dietrich e Dunne (1993) e Sidle *et al.* (2000). As cabeceiras de drenagem continuam instigando as pesquisas geomorfológicas, particularmente quanto aos processos formadores, dinâmica e técnicas de identificação de cabeceiras nas paisagens (WOHL, 2018; WOHL; SCOTT, 2017).

Uma das características principais dos elementos que compõem a paisagem terrestre é a sua mutabilidade ao longo do tempo. Alterações externas como mudanças climáticas e soerguimentos tectônicos da crosta são capazes de alterar o fluxo das águas e sedimentos que escoam nas bacias hidrográficas. Entre as múltiplas respostas possíveis, os rios podem rebaixar os seus talvegues, dissecando o relevo, entulhar os seus leitos com sedimentos ou desenvolver processos de reorganização espacial da rede de drenagem, modificando o tamanho das bacias hidrográficas. Nesse caso, destacam-se os processos de rearranjo espacial no sentido remontante (de jusante para montante) a partir da expansão das zonas de cabeceiras (HURST *et al.*, 2012; MUDD, 2017).

Processos de reorganização da drenagem tendem a ocorrer até que as cabeceiras estejam posicionadas na mesma cota altimétrica de suas vizinhas, ou seja, que haja um certo equilíbrio de forças e de energia dos processos denudacionais em função de declividades e amplitude altimétricas semelhantes (FORTE; WHIPPLE, 2018). Quando as cabeceiras satisfazem a essas condições, as bacias hidrográficas atingem um estado evolutivo relativamente "estacionário" em que há uma estabilização dos processos de mudanças nas áreas das bacias e nas dimensões e geometria dos canais. No entanto, tal estado pode ser considerado bastante raro e tem uma conotação mais teórica, pois as paisagens estão sujeitas a uma grande variedade de fatores que podem provocar taxas distintas de erosão, como, por exemplo, a resistência das rochas, diferentes taxas de soerguimento crustal e mudanças nos regimes pluviométricos (MUDD, 2017).

Indícios visuais de processos de reorganização de drenagem com base na geometria e arranjo espacial da rede hidrográfica são relativamente comuns (ver Capítulo 6), podendo ser complementados por informações derivadas de técnicas de investigação do relevo e de sedimentos (BISHOP, 1995; LAVÉ, 2015; REZENDE *et al.*, 2018; SORDI *et al.*, 2015). Por vezes, esses indícios têm sido usados para explicar até mesmo afinidades genéticas em espécies de peixes que viviam em uma mesma bacia, mas foram separados por causa de capturas fluviais (BURRIDGE, 2007). Entretanto, evidências diretas e robustas de capturas fluviais são relativamente raras, dada a escassez de registros geomorfológicos nas paisagens. As dificuldades de reconstituição de processos de capturas são potencializadas em países tropicais, onde os processos de meteorização mecânica e geoquímica tendem a obliterar ou remover as formações superficiais.

2.3. Vales fluviais

Vales fluviais são formas deprimidas e escavadas por cursos d'água ao longo do tempo, a partir de dois conjuntos de processos: o **encaixamento fluvial** (entalhe dos leitos) e a **migração lateral** dos canais via dinâmica das margens (erosão e deposição) — ver Figura 2.5. Os processos de encostas (erosão, sedimentação e movimentos de massa) complementam a gênese dos vales e o seu modelado. A energia para os processos fluviais de abertura de vales está relacionada à dinâmica dos níveis de base que controlam os processos fluviais (ver Capítulo 1). Entretanto, vales fluviais também podem ter a sua forma condicionada, primordialmente, pela tectônica. É o caso de vales que coincidem com *grabens* (blocos em subsidência ativa) e cujos processos exógenos são, pelo menos temporariamente, secundários na configuração da morfologia (SCHUMM; ETHRIDGE, 1994).

Os vales são constituídos por talvegues dos cursos d'água e vertentes que se estendem até os topos de elevações morfológicas (interflúvios). O **talvegue** é a linha mais baixa ou de menor energia potencial gravitacional, atraindo para si o escoamento superficial. Assim, o talvegue é a linha de maior energia de escoamento nos canais, devido à convergência dos fluxos. Os fundos dos vales se constituem em zonas de fluxos convergentes de água e sedimentos. As **vertentes** ou encostas são formas tridimensionais geradas por processos de erosão-sedimentação e/ou tectônicos (como no caso de escarpas de falha) que conectam os topos dos interflúvios aos fundos dos vales. São zonas de fluxo geral convergente em direção aos fundos dos vales. As encostas apresentam geralmente **zonas convexas** (*noses*), nas quais há divergência de fluxos e sedimentos, e **zonas côncavas** (*hollows*, *dambos*, anfiteatros erosivos ou concavidades), geralmente deprimidas, marcadas pela convergência dos mesmos.

Processos de dissecação recente mais intensa tendem a formar vales mais estreitos e profundos. Por outro lado, vales amplos, de menor profundidade e de fundos colmatados, tendem a ocorrer em trechos com incisão vertical menos intensa e maior migração lateral da drenagem, seja devido a condicionantes geomorfológicos, geológicos e/ou climáticos. Entretanto, a profundidade de um vale não é o melhor critério para avaliar a sua idade, dada a diversidade de variáveis envolvidas: volume e regime dos fluxos hídricos, número de eventos extremos de inundação, resistência do substrato rochoso, contexto tectônico e disponibilidade e granulometria dos sedimentos transportados, entre outros. Um indicador potencial mais eficiente para a idade de um vale ou um sistema fluvial é o seu comprimento (SCHEFFERS *et al.*, 2015), já que os vales se expandem comumente a partir de áreas mais baixas (por exemplo, a foz de um rio em um lago, oceano ou na confluência com outro rio), em direção a montante (erosão remontante). Os processos de erosão fluvial atuam, nesses contextos, a partir do recuo das cabeceiras de drenagem em direção a montante. Esse é um processo lento que pode atingir diferentes unidades geológicas, geomorfológicas e climáticas. Assim, quanto maior o comprimento do vale, maior tende a ser o tempo demandado para a sobreposição das diferentes resistências encontradas em sua extensão.

Christofoletti (1981) apresenta uma classificação de vales fluviais de acordo com o seu perfil transversal, englobando: i) vales em garganta: estreitos e profundos, com vertentes quase verticais, mas que podem variar de forma de acordo com o tipo do substrato rochoso — em área de estratos sedimentares horizontais, por exemplo, as camadas mais resistentes podem formar patamares estruturais; ii) vales em "V": modelados em função da relação entre incisão vertical e erosão lateral em substratos homogêneos, apresentando, em geral, vertentes simétricas; iii) vales de fundo chato, mais largos e com planícies de inundação bem desenvolvidas; há ruptura de declive, em geral, bastante nítida no contato com as vertentes, indicando entalhamento quase nulo; iv) vales com terraços fluviais: denotam fases sucessivas de acumulação sedimentar e entalhamento, gerando morfologia com patamares que podem conter sedimentos correlativos; não devem ser confundidos com superfícies estruturais, relacionadas a estratos geológicos mais resistentes; v) vales assimétricos: caracterizados por vertentes com perfis bastante diferentes; em geral, são condicionados por camadas rochosas inclinadas (estruturas monoclinais ou dobradas), estando a vertente mais íngreme relacionada a camadas mais resistentes; vi) vales com perfil em "U": são elaborados em fases sucessivas de erosão fluvial e glacial.

Sordi *et al.* (2017) apresentam um modelo evolutivo para vales confinados e de fundo chato (porém, sem expressiva cobertura sedimentar) na área do rebordo da Bacia do Paraná, em Santa Catarina (ver Figura 2.6). A forma transversal dos vales possui íntima relação com as características estruturais das rochas: os vales em "V", confinados, estão associados às zonas de fraqueza estruturais (verticais), enquanto os vales de fundo chato ocorrem, majoritariamente, nos locais onde os canais encontram uma barreira geológica e/ou geomorfológica ao longo do processo de incisão vertical; nesses casos, os canais aproveitam-se das zonas de fraqueza, erodem lateralmente e alargam os fundos dos vales. Portanto, o padrão estrutural (fraturas, falhas e acamamentos) e as variações de nível de base que condicionam períodos de maior ou menor *input* de energia seriam importantes fatores condicionantes da configuração morfológica dos fundos de vale.

2.4. Ravinas e voçorocas

Ravinas são sulcos erosivos naturais gerados pela concentração do escoamento pluvial nas encostas e que tendem a contribuir para os fluxos fluviais nos períodos de chuva (ver Figuras 2.2 e 2.7). Constituem a maior parte da drenagem temporária em ambientes tropicais úmidos, comportando-se como cursos d'água efêmeros. Possuem forma geralmente alongada e estreita, com perfil transversal em "V".

Apesar de serem processos erosivos naturais, os ravinamentos podem ser favorecidos pela exposição do solo à ação da chuva e do escoamento superficial por atividades humanas. Porém, quando vegetadas, podem adquirir certa estabilidade ao longo do tempo em função do equilíbrio na relação entre retirada e acumulação de materiais sedimentares e orgânicos. Por outro lado, as atividades humanas podem ocasionar o surgimento de sulcos erosivos instáveis, de diferentes dimensões, que são formados a partir da erosão acelerada (ver Figura 2.8). A interferência na cobertura dos solos, com a retirada ou a degradação da vegetação, pode gerar um desequilíbrio entre resistência das superfícies e intensidade dos processos erosivos. As ravinas raramente se ramificam ao longo do tempo e não tendem a atingir o nível freático em curtos períodos de tempo. Entretanto, não há consenso na literatura sobre a diferenciação conceitual entre os sulcos e as ravinas. Há abordagens cuja diferenciação incorpora critérios quantitativos relativos a área, largura e/ou profundidade (GUERRA, 1997; POESEN, 1993; SELBY, 1993) e abordagens agronômicas que consideram que as ravinas não podem ser obliteradas por operações normais de preparo do solo. Nesse sentido, a Soil Science Society of America (2008) considera que ravina é um canal erodido por fluxos pluviais concentrados e intermitentes, geralmente durante e logo após as chuvas, possuindo profundidade suficiente (normalmente superior a 0,5m) para não ser eliminada por práticas agrícolas tradicionais.

Por sua vez, **voçorocas** são formas erosivas mais complexas associadas à erosão acelerada. Podem ter origem natural quando as precipitações e fluxos concentrados agem intensamente em coberturas superficiais inconsolidadas e friáveis, como é o caso de cinzas vulcânicas. Porém, as voçorocas possuem origem frequentemente associada a intervenções humanas que removem ou degradam as coberturas dos solos, como em casos de desmatamento, construção inadequada de cercas ou de ruas e estradas. A sua gênese pode estar relacionada à expansão e ao aprofundamento de sulcos erosivos que atingem o nível freático ou à formação de túneis erosivos subsuperficiais (*pipes*) que geram colapsos do solo e convergência dos fluxos superficiais. A sua evolução inclui processos como erosão remontante, em uma ou várias frentes de expansão, incisão vertical da drenagem pluvial, alargamento a partir de colapsos das bordas (movimentos de massa) e erosão subsuperficial.

Desse modo, as voçorocas podem evoluir intermitentemente a partir de fluxos pluviais e permanentemente devido à contribuição direta de fluxos subterrâneos. Principalmente nesse caso, as voçorocas podem atingir estágios evolutivos avançados e grandes dimensões (ver Figura 2.9), apresentando perfil transversal com fundo chato e passando a integrar a rede hidrográfica. A literatura apresenta diversas abordagens de diferenciação entre sulcos, ravinas e voçorocas, envolvendo critérios genéticos, evolutivos e particularmente dimensionais (BERTONI e NETO, 1990; GUERRA; BOTELHO, 2010; MORGAN, 2005; SELBY, 1993). Entretanto, os critérios dimensionais podem apresentar problemas e desafios de aplicação considerando-se o grande leque de possibilidades de área, largura e profundidade que as voçorocas possuem em termos nacionais e internacionais.

2.5. Cursos d'água

Cursos d'água são corpos hídricos lóticos que contemplam águas continentais em movimento, perenes ou intermitentes, o que influencia diretamente as variáveis físico-químicas da água e as comunidades biológicas. Os cursos d'água podem ser classificados segundo diversos critérios, como comportamento hidrológico, padrão morfológico e relação com o nível freático (ver Capítulo 8). Os **leitos fluviais** podem ser aluviais ou rochosos e constituem a porção de fundo dos canais, onde ocorre o transporte de sedimentos mais grossos por arraste e saltação. As **margens fluviais** podem apresentar diferentes formas e materiais constituintes, os quais interferem na estabilidade dos cursos d'água (ver Capítulo 5).

Há três tipos de leitos fluviais em função do comportamento hidrológico (ver Figura 2.10):

- **Leito menor ou álveo:** compreende a seção do canal inserida dentro das margens (rochosas ou sedimentares). No leito menor ocorre a "vazão de margens plenas" (*bankfull discharge*), ou seja, a descarga que ocupa plenamente o leito menor e, geralmente, possui maior capacidade de transformação morfológica do canal;

- **Leito vazante:** está inserido no leito menor e acompanha o talvegue, sendo responsável pelo escoamento das águas nos períodos de estiagem;
- **Leito maior:** área por onde escoam as águas após extravasamento do leito menor durante as inundações. O leito maior pode ou não coincidir com uma planície de inundação, já que as inundações não geram, obrigatoriamente, a formação de um nível deposicional.

2.6. Perfil longitudinal fluvial

O perfil longitudinal de um curso d'água representa as cotas altimétricas do talvegue ao longo de seu percurso. O perfil pode fornecer informações relevantes para a interpretação do comportamento fluvial, como influências do substrato litoestrutural, a possibilidade de rupturas geradas por tectônica e a localização de níveis de base locais (ver Figura 2.11).

Perfis côncavos indicam ausência de rupturas de gradiente que poderiam sinalizar a ausência de fortes variações no substrato geológico e na topografia. Nesses casos, os perfis denotam certo estado hipotético de equilíbrio, no qual os processos fluviais não apresentam intensa agradação ou entalhe do talvegue, mas certa estabilidade temporal do transporte da carga sedimentar (WHIPPLE, 2001; WHITTAKER; BOULTON, 2012). Como afirma Pazzaglia (2013), perfis longitudinais côncavos podem resultar do aumento do fluxo e da redução no tamanho médio dos grãos (por desgaste) em direção a jusante. No caso de cursos d'água em que há diminuição dos fluxos ao longo de seu curso, como em regiões semiáridas, perfis convexos ou com marcantes *knickpoints* tendem a ser desenvolvidos (STEVAUX; LATRUBESSE, 2017). Assim como a largura dos fundos de vales, os graus de concavidade e declividade dos perfis longitudinais são condicionados pela vazão, pela resistência do substrato e pela carga sedimentar transportada (CROSBY; WHIPPLE, 2006).

Apesar de bastante mencionada na literatura, a noção de "equilíbrio fluvial" não é consensual e deve ser ponderada. Condições de estabilidade de um sistema, ou seja, de um estado geomorfológico mais prevalente ao longo do tempo, se contrapõem às "anomalias" ou estados de desequilíbrio.

No caso de perfis longitudinais fluviais, situações de equilíbrio devem ser compreendidas à luz da estabilidade temporal dos níveis de base regionais. Desse modo, a constância de um nível de base condiciona a estabilidade dos processos de erosão e sedimentação a montante. No entanto, segundo Miall (2006), o conceito de perfil equilibrado é de cunho geomorfológico, sendo apropriado para pequenas escalas de espaço-tempo (dezenas a centenas de anos). Porém, à escala geológica, o conceito de equilíbrio dinâmico é mais apropriado. À exceção de processos estocásticos, como a migração de meandros, há relativamente poucas oportunidades para o abandono de níveis deposicionais e a preservação de níveis antigos em condições de equilíbrio. Entretanto, estudos mostram que o alargamento do fundo de vale por erosão lateral pode ocorrer em condições de relativo equilíbrio dos fluxos por longos períodos de tempo (PAZZAGLIA, 2013).

Variáveis tectônicas, climáticas e litológicas são conhecidas por alterar a concavidade do perfil longitudinal e a sua declividade. No entanto, o ajustamento dos perfis longitudinais fluviais a mudanças climáticas e tectônicas pode ser comprometido se a capacidade de resposta do sistema não for proporcional à intensidade das mudanças (MIALL, 2006; STOCK; MONTGOMERY, 1999; WHITAKKER; BOULTON, 2012). As transformações causadas nos sistemas fluviais devido a impactos da ação humana (como desmatamentos e construção de barragens) também são importantes e podem levar a alterações nos perfis longitudinais de cursos d'água, ainda que perfis de grandes rios tendam a apresentar maior resiliência e resistir por mais tempo às transformações.

Segmentos convexos de perfis longitudinais fluviais podem, portanto, sinalizar a ocorrência de interferências do contexto climático, geomorfológico e/ou geológico que podem ser de difícil compreensão devido à complexidade de suas variáveis (MARTINEZ, 2005). Estas podem envolver a distribuição espacial de rochas mais resistentes e mais tenras ao longo do perfil longitudinal, incluindo as possibilidades de exumação de camadas com resistências diferentes ao longo da dinâmica temporal. Também podem envolver mudanças temporais nas vazões e na quantidade, granulometria e litologia da carga sedimentar, as quais podem ser geradas por mudanças climáticas ou processos de reordenamento da rede de drenagem, como capturas fluviais (ANTON *et al.*, 2014). As interferências também podem advir da atividade neotectônica, com movimentações diferenciais de blocos provocando o rebaixamento ou o soerguimento de níveis de base. Todas essas variáveis podem atuar aumentando ou reduzindo a energia dos fluxos e o seu potencial erosivo e morfogenético. Desse modo, trechos muito íngremes ou *knickpoints* (pontos de ruptura no perfil longitudinal) podem resultar de efeitos tectônicos, indicando locais de movimentação de blocos e (re)ativação de falhas (ACKLAS JR. *et al.*, 2003; HACK, 1973; BISHOP *et al.*, 2005; ETCHEBEHERE *et al.*, 2006; PAZZAGLIA, 2013; WHITAKER *et al.*, 2008). Os *knickpoints* podem representar níveis de base para os processos hidrogeomorfológicos fluviais a montante. Sua dinâmica pode envolver a migração ao longo dos perfis ou mesmo o seu desaparecimento a partir da atuação dos processos erosivos.

2.7. Planícies de inundação e terraços fluviais

Planícies fluviais são formas deposicionais ativas, situadas às margens dos cursos d'água e geradas pela sedimentação envolvida nos processos de migração lateral e/ou de inundação (ver Figura 2.12). Por sua vez, os **terraços fluviais** são formas deposicionais inativas, abandonadas pela dinâmica atual ou inundadas apenas excepcionalmente, permanecendo na paisagem sob forma de níveis planos ou suavemente inclinados. Os terraços apresentam, geralmente, depósitos correlativos. Planícies e terraços fluviais são discutidos de modo mais aprofundado no Capítulo 9.

2.8. Leques aluviais

Os leques aluviais (*alluvial fans*) são formas deposicionais encontradas comumente nos sopés de regiões montanhosas, espraiando-se declive abaixo como leques triangulares a partir das porções superiores dos vales (SUGUIO, 2003; HARVEY *et al.*, 2005) — ver Figura 2.13. Ocorrem em relevos marcados por fortes rupturas de declive, em quaisquer sistemas morfogenéticos, os quais, no entanto, acarretam aspectos texturais diferenciados (IBGE, 2009). Nesse sentido, os leques aluviais são comumente encontrados em contextos tectônicos ativos que envolvem blocos sob soerguimento, em contextos de hemigrabens e em zonas de escarpas de falha e de linha de falha (BOWMAN, 2018).

Situações favoráveis à formação de leques aluviais também ocorrem na base de relevos montanhosos de ambientes áridos e semiáridos, onde a intensa meteorização mecânica facilita o fornecimento de elevada carga sedimentar para os cursos d'água. A partir das porções superiores de vales estreitos e declivosos, em regime de fluxo de elevada energia, os cursos d'água deixam o confinamento e adentram em segmentos abertos e de baixo gradiente na base das zonas montanhosas, fazendo com que ocorra uma perda brusca de energia. Consequentemente, há a redução da capacidade e da competência de transporte e a deposição de grande quantidade de sedimentos. A formação dos leques aluviais está associada, portanto, à ramificação de um canal principal que, antes confinado em vales estreitos, se subdivide em um conjunto de canais distributários nas zonas de rupturas de gradiente (BLAIR; McPHERSON, 1994; BLAIR; McPHERSON, 2009; BULL, 1977). Esses processos ocorrem principalmente nos períodos chuvosos de climas com forte sazonalidade. A perda de capacidade de transporte gerada pela ramificação do curso d'água pode ser intensificada pela infiltração das águas fluviais em formações sedimentares permeáveis.

As características morfológicas e das sequências sedimentares variam conforme a posição no leque (proximal ou distal) e o quadro fisiográfico a montante, particularmente as condições climáticas, litoestruturais e tectônicas. Assim, as características dos leques aluviais refletem em grande parte o contexto climático em que se inserem (MATHER *et al.*, 2017; RICCOMINI *et al.*, 2009). Em área de climas áridos e semiáridos, o principal meio de transporte de sedimentos é o escoamento superficial não canalizado e fluxos gravitacionais, permitindo a sua dispersão sobre a superfície a partir do início do espraiamento (ápice). Em regiões desérticas os leques estão frequentemente associados a escarpas de falha, enquanto em áreas de climas úmidos os cursos d'água tendem a ser mais extensos, e o transporte de sedimentos, mais constante ao longo do tempo. Nesse caso, os leques tendem a ser mais ativos em função da perenidade de parte dos canais fluviais distributários.

Os leques aluviais estão comumente associados a sistemas fluviais de padrão entrelaçado, dada a prevalência de contextos favoráveis a intensas mudanças de capacidade e competência de transporte sedimentar ao longo de climas com forte sazonalidade (ver Capítulo 8). As significativas variações sazonais nos processos hidrogeomorfológicos podem provocar importantes processos de avulsão fluvial nos leques aluviais de regiões tropicais, inclusive no Brasil (LATRUBESSE, 2015).

Um dos mais significativos exemplos de leque aluvial no Brasil é o do Rio Taquari no Pantanal Mato-Grossense, possuindo cerca de 250 km de diâmetro (ver Figura 2.14). O leque se insere numa depressão tectônica, tendo como nível de base o Rio Paraguai. A depressão foi palco da sedimentação de depósitos com 450 a 500 metros de espessura e, em um período de 13 a 23 mil anos, surgiram enormes leques de areias em regime muito mais seco do que o atual (AB'SABER, 1988). Os processos de sedimentação são comandados pela dinâmica fluvial a partir de rompimentos de dique marginal e formação de lobos deposicionais (*crevasse splay*) associados com avulsão intensa (ASSINE *et al.*, 2005). Sobre depósitos distais do megaleque do Rio Taquari, encontra-se o leque do Rio Negro, uma feição geomorfológica ativa na borda sudeste da bacia sedimentar do Pantanal (CORDEIRO *et al.*, 2010). Esse leque ilustra a complexa e relativamente acelerada dinâmica erosivo--deposicional nesse tipo de sistema.

2.9. Deltas e estuários

A foz (ou desembocadura) de um curso d'água em oceanos, mares, lagunas ou lagos pode ocorrer sob a forma de deltas ou estuários. Há definições muito variadas para estuários. No campo das geociências, contudo, estuário é o segmento final de um vale afogado durante eventos transgressivos, promovendo a sedimentação de materiais fluviais e marinhos (IBGE, 1999). Nesse contexto, os estuários podem apresentar fácies sedimentares de ondas e marés. Os estuários tendem a se formar onde a taxa de fornecimento sedimentar é inferior à sua capacidade de retrabalhamento por processos costeiros. São, portanto, feições dinâmicas e instáveis que tendem a ser colmatadas, transformando-se em planícies deltaicas. Os estuários atuais são relativamente recentes, formados em estágios de transgressões marinhas holocênica após o Último Máximo Glacial.

Por sua vez, os deltas ocorrem associados a planícies fluviomarinhas, fluviolacustres e lagunares (IBGE, 2009). São caracterizados por uma protuberância na linha de costa formada pelo acúmulo de sedimentos (em sua maioria aluvionares), cortados por canais distributários, muitas vezes apresentando forma triangular (o que traz a associação à letra Δ — delta — do alfabeto grego). Em análises estratigráficas, o conceito de delta é geralmente empregado para designar associações de fácies sedimentares que têm em comum o fato de constituírem zonas de progradação vinculadas a um sistema fluvial, sendo, originalmente, construídas a partir de sedimentos transportados por esse sistema (SUGUIO, 2003). Diversos fatores influenciam na morfologia e dinâmica dos deltas, com destaque para o balanço de forças entre a agradação fluvial e os processos costeiros de ondas e marés e as influências tectônicas (ANTHONY, 2015; KORUS; FIELDING, 2015; NEMEC; STEEL, 1988). Entretanto, movimentos de massa também podem contribuir para a configuração dos deltas (KOSTIC *et al.*, 2019). Em função de sua localização, os deltas são particularmente suscetíveis a eventos eustáticos, podendo se expandir em condições de regressão ou até mesmo desaparecer em eventos de transgressão marinha. Os deltas podem ter dimensões muito variadas e são caracterizados pela presença abundante de barras de canal submersas e emersas e ilhas fluviais. No caso dos estuários, as barras de canal tendem a ser majoritariamente submersas.

Dando ênfase às características morfológicas dos sistemas de deltas e estuários passíveis de reconhecimento em produtos de sensoriamento remoto, Rossetti (2008) apresenta alguns subtipos desses sistemas. No caso dos deltas, podem ser distinguidos: i) deltas fluviais — caracterizados por elevado influxo fluvial e por processos de baixa energia na zona receptora, permitindo ampla progradação com geometria em "pé de pássaro" (ver Figura 2.15B); ii) deltas de ondas — onde a carga fluvial recebida é rapidamente redistribuída pela dinâmica litorânea, levando a uma progradação sucessiva, responsável pela formação de cordões praiais alongados (ver Figura 2.15A); e iii) deltas de marés — caracterizados por barras arenosas que se desenvolvem perpendicularmente à costa, formando leques com complexa rede de canais, planícies de maré e mangues (lembrando os dedos de uma mão aberta). No caso dos estuários o autor propõe: i) estuários dominados por ondas — apresentam comumente barreira subaérea ou barra submersa, que minimizam os efeitos de ondas e marés nas porções internas dos estuários; e ii) estuários dominados por marés — apresentam morfologia alongada, com estreitamento em direção ao sistema fluvial (geometria "em funil"), sendo comumente circundados por amplas planícies de marés e mangues (ver Figura 2.16).

Há certos tipos de foz fluvial que não se enquadram completamente em nenhuma categoria proposta na literatura, como é o caso da foz do Rio Amazonas. Embora apresente geometria estuarina, esse enquadramento não condiz com a salinidade, outro importante critério de definição de estuários (ROSSETTI, 2008). Isso ocorre devido à força do sistema fluvial, que empurra a cunha salina para fora do funil estuarino. Além disso, embora a carga de sedimentos trazida pelo Rio Amazonas seja elevada, ela não se acumula na desembocadura, pois é transportada por centenas de quilômetros em direção noroeste pela forte Corrente das Guianas.

Referências

AB'SABER, A. N. O pantanal matogrossense e a teoria dos refúgios. **Revista Brasileira de Geografia**, Rio de Janeiro, v. 50, n. 2 (especial), pp. 9-57, 1988.

ACKLAS JR., R. ETCHEBEHERE, M. L. C.; CASADO, F. C. Análise de perfis longitudinais de drenagens do Município de Guarulhos para a detecção de deformações neotectônicas. **Geociências**, n. 6, n. 8, pp. 64-78, 2003.

AHNERT, F. **Introduction to Geomorphology**. 1ª ed. Chichester: John Wiley & Sons, 1998. 360 p.

ANTHONY, E. J. Wave Influence in the Construction, Shaping and Destruction of River Deltas: A Review. **Marine Geology**, v. 361, pp. 53-78, 2015.

ANTON, L.; VICENTE, G.; MUÑOZ-MARTIN, A.; STOKES, M. Using River Long Profiles and Geomorphic Indices to Evaluate the Geomorphological Signature of Continental Scale Drainage Capture, Duero Basin (NW Iberia). **Geomorphology**, vol. 2006, pp. 250-261, 2014.

ASSINE, M. L.; PADOVANI, C. R.; ZACHARIAS, A. A.; ANGULO, R. J.; SOUZA, M. C. Compartimentação geomorfológica, processos de avulsão fluvial e mudanças de curso do Rio Taquari, Pantanal Mato-Grossense. **Revista Brasileira de Geomorfologia**, [S.l.], v. 6, n. 1, pp. 97-108, 2005.

BERTONI, J.; NETO, F. L. **Conservação do solo**. São Paulo, Icone, 1990. 355 p.

BISHOP, P., HOEY, T. B.; JANSEN, J. D.; ARTZA, I. L. Knickpoint Recession Rate and Catchment Area: The Case of Uplifted Rivers in Eastern Scotland. **Earth Surf. Processes Landforms**, 30, 767-778, 2005.

BLAIR, T. C.; McPHERSON, J. G. Alluvial Fans and Their Natural Distinction from Rivers Based on Morphology, Hydraulic Processes, Sedimentary Processes, and Facies Assemblages. **Journal of Sedimentary Research**, v. A64, n. 3, pp. 450-489, 1994.

________. Processes and Forms of Alluvial Fans. *In*: Parsons, A. J.; Abrahams, A. D. **Geomorphology of Desert Environments**. Springer Science+Business Media B. V., pp. 413-467, 2009.

BOWMAN, D. **Principles of Alluvial Fan Morphology**, Springer, 2018. 151 p.

BULL, W. B. The Alluvial Fan Environment. **Progress in Physical Geography**, 1: 222-270. 1977.

BURRIDGE, C. P.; CRAW, D.; WATERS, J. M. An Empirical Test of Freshwater Vicariance via River Capture. **Molecular Ecology**, [S.l.], v. 16, n. 9, pp. 1883-1895, 2007.

BURT, T. P. The Hydrology of Headwater Catchments. *In*: PETTS, G. E.; CALOW, P. (eds.). **River Flows and Channel Forms**. Oxford: Blackwell, 1996. pp. 6-31.

CHORLEY, R. J. Geomorphology and General Systems Theory. **US. Geological Survey Professional Paper**, vol. 500-B, pp. 1-10, 1962.

CHRISTOFOLETTI, A. **Geomorfologia**. São Paulo: Edgar Blucher, 1980. 188 p.

________. **Geomorfologia Fluvial**. São Paulo: Edgar Blucher, 1981. 313 p.

________. **Análise de Sistemas em Geografia**. São Paulo: Hucitec, 1979. 106 p.

________. **Modelagem de Sistemas Ambientais**. São Paulo: Edgard Blücher, 1999. 236 p.

COELHO NETTO, A. L.; AVELAR, A. S. Fluxos d'água subsuperficiais associados a origem das formas côncavas do relevo. *In*: CONFERÊNCIA BRASILEIRA SOBRE ESTABILIDADE DE ENCOSTAS/ COBRAE, 1, Rio de Janeiro, 1992. **Anais...** [s.n.], Rio de Janeiro. v. 2, pp. 709-719.

CORDEIRO, B. M.; FACINCANI, E. M.; PARANHOS FILHO, A. C.; BACANI, V. M.; ASSINE, M. L. Compartimentação geomorfológica do leque fluvial do Rio Negro, borda sudeste da Bacia do Pantanal (MS). **Revista Brasileira de Geociências**, [S.l.], v. 40, n. 2, pp. 175-183, 2010.

CROSBY, B. T.; WHIPPLE, K. X. Knickpoint Initiation and Distribution Within Fluvial Networks, 236 Waterfalls in the Waipaoa River, North Island, New Zealand. **Geomorphology**, 82, pp. 16-38, 2006.

CROZIER, M. J. Hillslope Hollow. *In*: GOUDIE, A. S. (org.). **Encyclopedia of Geomorphology**. 1ª ed. Londres: Routledge, 2004, pp. 521-523.

DIETRICH, W. E.; DUNNE, T. The Channel Head. *In*: BEVEN, K.; KIRKBY, M. J. (eds.). **Channel Network Hydrology**. Hoboken: John Wiley & Sons, 1993. pp. 175-219.

DIETRICH, W. E.; RENEAU. S. L.; WILSON, C. J. Overview: 'Zero-Order Basins' and Problems of Drainage Density, Sediment Transport and Hillslope Morphology. *In*: Symposium On Erosion and Sedimentation in the Pacific Rim, 1987, Corvallis. **Proceedings...**, Corvallis: IAHS Publ. 165, 1987, pp. 49-59.

ETCHEBEHERE, M. L. C., SAAD, A. R., SANTONI, G., CASADO, F. C., FULFARO, V. J. Detecção de prováveis deformações neotectônicas no vale do Rio do Peixe, Região Ocidental Paulista, mediante aplicação de índices RDE (relação declividade-extensão) em segmentos de drenagem. **Geociências**, v. 25, pp. 271-287, 2006.

FIELDING, C. R.; ASHWORTH, P. J.; BEST, J. L.; PROKOCKI, E. W.; SMITH, G. H. S. Tributary, Distributary and Other Fluvial Patterns: What Really Represents the Norm in the Continental Rock Record? **Sedimentary Geology**, 15 (18), pp. 261-262, 2012.

FORTE, A. M.; WHIPPLE, K. X. Criteria and Tools for Determining Drainage Divide Stability. **Earth and Planetary Science Letters**, [S.l.], v. 493, pp. 102-117, 2018.

GOUDIE, A. S. (ed.). **Encyclopedia of Geomorphology**. Londres: Routledge, vol. 1 — A1, 2004. 1156 p.

GUERRA, A. T.; GUERRA, A. J. T. **Novo dicionário geológico-geomorfológico**. Rio de Janeiro: Bertrand Brasil, 1997. 652 p.

GUERRA, A. J. T.; SILVA, A. S. da; BOTELHO, R. G. M. (orgs.). **Erosão e conservação dos solos: conceitos, temas e aplicações**. Rio de Janeiro: Bertrand Brasil, 6ª ed., 2010. 337 p.

HACK, J. T. Interpretation of Erosional Topography in Humid Temperate Regions. **American Journal of Science**, [S.l.], v. 258A, pp. 80-97, 1960.

________. **Geomorphology of the Shenandoah Valley, Virginia and West Virginia, and Origin of the Residual Ore Deposits**. Washington: US Government Printing Office, 1965. 83 p. (US Geological Survey Professional Paper, n. 484).

________. Stream-Profile Analysis and Stream-Gradient Index. **Journal Research of the U. S. Geological Survey**, v. 1, pp. 421-429, 1973.

HACK, J. T.; GOODLETT, J. C. **Geomorphology and Forest Ecology of a Mountain Region in the Central Appalachians**. Washington: US Government Printing Office, 1960. 66 p. (Geological Survey Professional Paper, n. 347).

HARVEY, A. M.; MATHER, A. E.; STOKES, M. Alluvial Fans: Geomorphology, Sedimentology, Dynamics — Introduction. A Review of Alluvial-Fan Research. **Geological Society**, London, Special Publications, 251, 1-7, 2005.

HORTON, R. E. Erosional Development of Streams and Their Drainage Basins: Hydrographical Approach to Quantitative Morphology. **Geological Society of America Bulletin**, [S.l.], v. 56, n. 2, pp. 275-370, 1945.

HURST, M. D.; MUDD, S. M.; WALCOTT, R.; ATTAL, M.; YOO, K. Using Hilltop Curvature to Derive the Spatial Distribution of Erosion Rates. **Journal of Geophysical Research**, 117(F2), 2012.

INSTITUTO BRASILEIRO DE GEOGRAFIA E ESTATÍSTICA — IBGE. **Glossário geológico I**. Rio de Janeiro: Departamento de Recursos Naturais e Estudos Ambientais, 1999. 214 p.

________. **Manual técnico de Geomorfologia**. 2ª ed. Rio de Janeiro, 2009. 182 p.

KIRKBY, M. J.; CHORLEY, R. J. Overland Flow, Throughflow, and Erosion. **International Association Scientific Hydrology Bulletin**, [S.l.], v. 2, n. 3, pp. 5-21, 1967.

KORUS, T. J.; FIELDING, C. R. Asymmetry in Holocene River Deltas: Patterns, Controls, and Stratigraphic Effects. **Earth-Science Reviews**, v. 150, pp. 219-242, 2015.

KOSTIC, S.; CASALBORE, D.; CHIOCCI, F.; LANG, J.; WINSEMANN, J. Role of Upper-Flow-Regime Bedforms Emplaced by Sediment Gravity Flows in the Evolution of Deltas. **Journal of Marine Science and Engineering**, *7*(1), 5, 2019.

LATRUBESSE, E. M. Large Rivers, Megafans and Other Quaternary Avulsive Fluvial Systems: A Potential "Who's Who" in the Geological Record. **Earth-Science Reviews**, v. 146, pp. 1-30, 2015.

LAVÉ, J. Landscape Inversion by Stream Piracy. **Nature**, v. 520, pp. 442-444, 2015.

LIMBERGER, L. Abordagem sistêmica e complexidade na Geografia. **GEOGRAFIA (Londrina)**, Londrina, v. 15, n. 2, pp. 95-110, 2006.

MAHAN, S. A.; BROWN, D. J. An Optical Age Chronology of Late Quaternary Extreme Fluvial Events Recorded in Ugandan Dambo Soils. **Quaternary Geochronology**, [S.l.], v. 2, pp. 174-180, 2007.

MARTINEZ, M. **Aplicação de Parâmetros Morfométricos de Drenagem na Bacia do Rio Pirapó: o perfil longitudinal**. 2005. 96 f. Dissertação (Mestrado em Geografia) — Departamento de Geografia, Universidade Estadual de Maringá, Maringá, 2005.

MATHER, A. E.; STOKES, M.; WHITFIELD, E. River Terraces and Alluvial Fans: The Case For an Integrated Quaternary Fluvial Archive. **Quaternary Science Reviews**, v. 166, 15, pp. 74-90, 2017.

MEYER, J. L.; WALLACE, J. B. Lost Linkages in Lotic Ecology: Rediscovering Small Streams. *In*: PRESS, M.; HUNTLY, N.; LEVIN, S. (eds.). **Ecology: Achievement and Challenge**. Boston: Blackwell Science, 2001, pp. 295-317.

MIALL, A. D. **The Geology of Fluvial Deposits**: Sedimentary Facies, Basin Analysis, and Petroleum Geology. 4ª ed. Nova Iorque: Springer, 2006. 582 p.

MONTGOMERY, D. R.; BUFFINGTON, J. M. Channel-Reach Morphology in Mountain Drainage Basins. **Geological Society of America Bulletin,** [S.l.], n. 109, pp. 596-611, 1997.

MONTGOMERY D. R.; DIETRICH W. E. Source Areas, Drainage Density, and Channel Initiation. **Water Resources Research,** [S.l.], v. 25, n. 8, pp. 1907-1918, 1989.

MORGAN, R. P. C. **Soil Erosion and Conservation.** Oxford, Blackwell, 3ª ed., 2005. 304 p.

MUDD, S. M. Detection of Transience in Eroding Landscapes. **Earth Surface Processes and Landforms,** [S.l.], v. 42, n. 1, pp. 24-41, 2017.

NEMEC, W.; STEEL, R. J. (eds.). **Fan Deltas, Sedimentology and Tectonic Setting.** Glasgow: Blackie & Son. 1988. 444 p.

NICKOLOTSKY, A.; PAVLOWSKY, R. T. Morphology of Step-Pools in a Wilderness Headwater Stream: the Importance of Standardizing Geomorphic Measurements. **Geomorphology,** [S.l.], v. 83, n. 3-4, pp. 294-306, 2007.

PAZZAGLIA, F. J. Fluvial Terraces. *In*: WOHL, E. (ed.). **Treatise on Geomorphology.** Nova Iorque: Elsevier, 2013. pp. 379-412.

PIEGAY, H. System Approaches in Fluvial Geomorphology. *In*: KONDOLF, G. M.; PIEGAY, H. (eds.). **Tools in Fluvial Geomorphology.** Wiley Blackwell, 2ª ed., pp. 79-98, 2016.

POESEN, J. Gully Typology and Gully Control Measures in the European Loess Belt. *In*: Wicherek, S. (ed.) **Farm Land Erosion in Temperate Plains Environment an Hills.** Elsevier, Amsterdam, pp. 221-239, 1993.

REZENDE, E. A.; SALGADO, A. A. R.; CASTRO, P. T. Evolução da rede de drenagem e evidências de antigas conexões entre as bacias dos rios Grande e São Francisco no Sudeste brasileiro. **Revista Brasileira de Geomorfologia,** vol. 19, n. 3, pp. 483-501, 2018.

RICE, S. P.; ROY, A. G.; RHOADS, B. L. (eds.). **River Confluences, Tributaries, and the Fluvial Network.** John Wiley & Sons, 2008. 451 p.

RICCOMINI, C.; ALMEIDA, R. P.; GIANNINI, P. C. F.; MANCINI, F. Processos fluviais e lacustres e seus registros. *In*: TEIXEIRA, W.; FAIRCHILD, T. R.; TOLEDO, M. C.; TAIOLI, F. **Decifrando a Terra.** 2ª ed. São Paulo: Companhia Editora Nacional, 2009. cap. 11.

ROSSETTI, D. F. Ambientes Costeiros. *In*: FLORENZANO, T. G. (org.). **Geomorfologia: conceitos e tecnologias atuais.** São Paulo: Oficina de Textos, 2008. pp. 247-283.

SCHEFFERS, A. M.; MAY, S. M.; KELLETAT, D. H. **Landforms of the World with Google Earth:** Understanding our Environment. 1ª ed. Holanda: Springer, 2015. 391 p.

SCHUMM, S. A. **The Fluvial System.** Caldwell: The Blackburn Press, 1977. 338 p.

SCHUMM, S. A.; ETHRIDGE, F. G. Origin, Evolution and Morphology of Fluvial Valleys. *In*: Dalrymple, R. W.; Boyd, R.; and Zaitlin, B. A. (eds.). **Incised-Valley Systems: Origin and Sedimentary Sequences**, SEPM, Special Publication 51, pp. 11-27, 1994.

SELBY, M. J. **Hillslopes Materials and Processes.** Oxford University Press, 2ª ed., 1993. 451 p.

SIDLE, R. C.; TSUBOYAMA, Y.; NOGUCHI, S.; HOSODA, I.; FUJIEDA, M.; SHIMIZU, T. Stormflow Generation in Steep Forested Headwaters: A Linked Hydrogeomorphic Paradigm. **Hydrological Processes**, [S.l.], v. 14, pp. 369-385, 2000.

SOIL SCIENCE SOCIETY OF AMERICA. **Glossary of Soil Science Terms.** Madison, 2008, 93 p.

SORDI, M. V.; SALGADO, A. A. R.; PAISANI, J. C. Evolução do relevo em áreas de tríplice divisor regional de águas — o caso do Planalto de Santa Catarina: análise da rede hidrográfica. **Revista Brasileira de Geomorfologia**, São Paulo, v. 16, n. 3, pp. 435-447, 2015.

________. Controle litoestrutural no desenvolvimento de vales na área do rebordo da Bacia do Paraná no Estado de Santa Catarina, Sul do Brasil. **Revista Brasileira de Geomorfologia**, São Paulo, v. 18, n. 4, pp. 671-687, 2017.

STEVAUX, J. C.; LATRUBESSE, E. M. **Geomorfologia Fluvial**. São Paulo: Oficina de Textos, 2017, 336 p.

STOCK, J. D.; MONTGOMERY, D. R. Geologic Constraints on Bedrock River Incision Using the Stream Power Law. **Journal of Geophysical Research**, 104(B3), pp. 4983-4993, 1999.

STRAHLER, A. N. Hypsometric (Area-Altitude) — Analysis of Erosional Topography. **Geol. Soc. America Bulletin,** [S.l.], v. 63, n. 11, pp. 1117-1142, 1952.

________. Quantitative Analysis of Watershed Geomorphology. **American Geophysical Union Transactions,** [S.l.], v. 38, n. 6, pp. 913-920, 1957.

SUGUIO, K. **Geologia Sedimentar.** 1ª ed. São Paulo: Edgard Blucher, 2003. 416 p.

TSUKAMOTO, Y.; MINEMATSU, H. Hydrogeomorphological Characteristics of a Zero-Order Basin. *In*: Symposium on Erosion and Sedimentation in the Pacific Rim, 1987, Corvallis. **Proceedings...**, Corvallis: IAHS Publ. 165, 1987, pp. 61-70.

VICENTE, L. E.; PEREZ FILHO, A. Abordagem Sistêmica e Geografia. **Geografia,** Rio Claro, v. 28, n. 3, pp. 345-362, set./dez., 2003.

WHIPPLE, K. X. Fluvial Landscape Response Time: How Plausible is Steady--State Denudation? **American Journal of Science**, 301, 313-325, 2001.

WHITTAKER, A. C.; ATTAL, M.; COWIE, P. A.; TUCKER, G. E.; ROBERTS, G. Decoding Temporal and Spatial Patterns of Fault Uplift Using Transient River Long Profiles. **Geomorphology**, 100, 506-526, 2008.

WHITTAKER, A. C.; BOULTON, S. J. Tectonic and Climatic Controls on Knickpoint Retreat Rates and Landscape Response Times. **Journal of Geophysical Research**, v. 117, F02024, 2012.

WOHL, E. The Challenges of Channel Heads. **Earth-Science Reviews**, Elsevier, v. 185, pp. 649-664, 2018.

WOHL, E.; SCOTT, D. N. **Earth Surface Processes and Landforms**, John Wiley & Sons, v. 42(7), pp. 1132-1139, 2017.

3

Noções de hidráulica e hidrometria fluvial

Diego Rodrigues Macedo
Frederico Wagner de Azevedo Lopes
Antônio Pereira Magalhães Júnior
Luiz Fernando de Paula Barros

3.1. Premissas básicas

Os cursos d'água recebem denominações diversas, muitas vezes regionais, havendo certa diferenciação a partir de critérios como dimensão, vazão e/ou aspecto de suas águas. No Brasil, convencionou-se diferenciar os cursos d'água por meio de termos como rio, ribeirão, riacho, córrego, arroio, entre outros. Entretanto, tal hierarquização ou classificação não responde a critérios científicos específicos, tratando-se, em grande parte dos casos, do emprego de termos conforme regionalismos ou senso popular. Nas Geociências, por exemplo, o termo **rio** se refere, genericamente, a um fluxo hídrico concentrado, ainda que intermitente, o qual pode se constituir no eixo principal de um sistema de drenagem (SUGUIO; BIGARELLA, 1979).

Para melhor compreensão do comportamento dinâmico dos cursos d'água, é importante conhecer algumas noções básicas de hidráulica em ambientes lóticos. Um curso d'água é um sistema dinâmico constituído de duas fases: uma líquida, representada por um escoamento básico com superfície livre, turbulento e regido pelas leis da hidráulica e da mecânica dos fluidos; e uma sólida, determinada pelo fluxo de sedimentos. Essas duas fases interagem em um processo de retroalimentação em que o escoamento modifica a geometria do canal e as características dos sedimentos transportados, e a nova geometria modifica as características do escoamento e dos sedimentos da calha.

Sob menores vazões, os fluxos tendem a ser controlados pela macrotopografia do leito, a qual, por sua vez, é modelada por meio das maiores descargas capazes de mobilizar sedimentos e erodir a calha. Assim, há estreita relação entre variações de velocidade dos fluxos, processos de erosão/deposição no leito e os consequentes ajustes na seção do canal. Velocidades inferiores favorecem a deposição que, por sua vez, reduzem a seção do canal, concentrando os fluxos e aumentando a sua velocidade. Velocidades elevadas tendem a gerar erosão do leito, aumentando a seção e, consequentemente, diminuindo as velocidades.

Essa relação está, em parte, baseada no **princípio da continuidade** (ver Figura 3.1), segundo o qual variações na área da seção de um canal são inversamente proporcionais às variações de velocidade ao longo do eixo do movimento. Em outras palavras, o aumento da área da seção de escoamento gera queda proporcional da velocidade. Em parte, isso se deve ao fato de que a convergência das linhas de fluxo gera aceleração do escoamento, enquanto a divergência gera desaceleração do mesmo.

Da relação entre área da seção e velocidade do fluxo resulta a **vazão**. Esta pode ser definida como a quantidade de água que passa em dada seção transversal do canal fluvial, em certa unidade de tempo, seguindo, igualmente, o mencionado princípio da continuidade. A vazão fluvial pode ser calculada conforme a Equação 3.1, na qual Q é a vazão (m^3/s ou l/s), v é a velocidade (m/s) e a é a área da seção (m^2). Um volume de 1.000 litros corresponde a 1 m^3 de água.

$$Q = v.a \tag{3.1}$$

As maiores velocidades do fluxo tendem a ocorrer logo abaixo da superfície da água e próximo ao centro do canal, pois o atrito com o ar na superfície, com o leito e com as margens do canal reduz a velocidade e a turbulência dos fluxos (ver Figura 3.2). Portanto, superfícies rugosas oferecem maior atrito, tendendo a formar fluxos mais profundos e lentos.

3.2. Noções de Geometria Hidráulica

A Geometria Hidráulica envolve a quantificação de variáveis que ajudam a determinar a forma dos canais dos cursos d'água e como elas variam em função da descarga como simples funções potenciais (LEOPOLD; MADDOCK, 1953). Assim, a Geometria Hidráulica auxilia a compreensão das relações entre a energia dos fluxos e a resistência dos materiais, sendo esta a principal responsável pelo equilíbrio entre as forças erosivas e os processos de deposição sedimentar nos leitos e nas margens fluviais (GRISON; KOBIYAMA, 2011). A modelagem matemática é um dos métodos mais empregados no estudo da Geometria Hidráulica de canais fluviais.

O fluxo e a carga sedimentar são diretamente influenciados pelas características morfológicas longitudinais e transversais de um canal, entre as quais (ver Figura 3.3) a largura molhada (extensão transversal ocupada pela água), a profundidade (dimensão vertical da coluna d'água), a seção transversal (área ocupada pela água em um trecho transversal), o perímetro molhado (a superfície do leito em contato com a água), o gradiente hidráulico (diferença de cotas entre dois pontos na superfície da água em relação à distância horizontal entre esses pontos) e o gradiente do canal (diferença de cotas entre dois pontos no leito do canal, geralmente no talvegue, em relação à sua distância horizontal).

A mensuração dessas variáveis pode ser obtida por meio de equipamentos simples, como balizas graduadas, clinômetros e fita métrica. No caso da área da seção (vide tópico 3.4), é necessária a mensuração da largura molhada e da profundidade ao longo de um transecto (ver Figura 3.4).

O gradiente hidráulico, referente à superfície da água, também pode ser obtido de maneira relativamente simples por meio da relação entre o desnível e a distância, utilizando-se balizadas graduadas e um clinômetro (ver Figura 3.5). Quando a superfície da água tem a mesma inclinação que o leito, o fluxo é chamado uniforme.

Os elementos que definem a Geometria Hidráulica de um canal são inter-relacionados e podem ser derivados a partir de relações matemáticas, como expresso por Leopold e Maddock (1953) nas equações 3.2 a 3.4.

Largura	$w = aQ^b$	(3.2)
Profundidade	$d = cQ^f$	(3.3)
Velocidade	$v = kQ^m$	(3.4)

sendo: Q = descarga ou vazão ($v \times$ área da seção fluvial transversal); a, c, k = coeficientes; b, f, m = expoentes complementares.

A partir dessas equações, são derivadas as três seguintes:

$$Q = ackQ^{b+f+m} \quad (3.5)$$

$$b + f + m = 1 \quad (3.6)$$

$$a \cdot c \cdot k = 1 \quad (3.7)$$

Quando as equações 3.2, 3.3 e 3.4 são representadas graficamente em relação às vazões (Q), em escala logarítmica, os valores de b, f e m correspondem à inclinação da reta ou coeficiente b1 em uma regressão linear da profundidade, largura e velocidade em função da vazão. A interseção dos coeficientes a, c e k expressa a interseção da linha da reta com o valor unitário da vazão, o que os torna menos significativos que os coeficientes b, f e m (CHRISTOFOLETTI, 1981).

No geral, os valores dos coeficientes b, f e m variam de acordo com múltiplas características, como as dimensões de cada curso d'água, o clima, a geologia e a região geográfica. Com base na sistematização de informações de diversos trabalhos, Grison e Kobiyama (2011) encontraram coeficientes médios para b = 0,21, f = 0,37 e m = 0,42, enquanto o levantamento de Latrubesse (2008) para 26 grandes rios na Amazônia definiu coeficientes mais conservativos para b (média de 0,06) em relação a f e m (0,40 e 0,54, respectivamente). Dados sobre 216 cursos d'água de 1ª à 3ª ordem nas bacias dos altos rios São Francisco e Paraná (bioma do Cerrado), entre 2009–2016, apresentaram valores dos coeficientes b = 0,35, f = 0,31 e m = 0,34 (ver Figura 3.6).[4]

Uma aplicação prática dos elementos da Geometria Hidráulica foi apresentada por Carvalho *et al.* (2019) no contexto das modificações do leito do Rio Doce após o rompimento da barragem de Fundão, em 2015.

4. Dados compilados pelos autores a partir dos resultados dos projetos de pesquisa: Cemig Peixe-Vivo 14481, P&D Aneel GT-487 e Fapemig APQ 01961-15.

A Figura 3.7 apresenta relações de variáveis no Rio Gualaxo do Norte, na seção na qual está instalada a estação hidrológica 56337000 (ANA, 2019). Nesse estudo, não houve diferença estatística nos valores dos coeficientes b, f e m, que representam as inclinações das retas (coeficientes $b1$). No entanto, é possível constatar, por meio da análise do diagrama e de testes estatísticos, a deformação no canal. A redução da largura e da profundidade levou, consequentemente, ao aumento da velocidade da água, conforme o princípio da continuidade hidráulica ilustrado na Figura 3.1.

3.2.1. Vazão dominante

A **vazão dominante** não possui um conceito consensual na literatura, estando associada a diferentes termos como vazão efetiva, vazão de margens plenas, vazão modeladora de canais, vazão morfológica ou formativa. Segundo Wolman e Leopold (1957), a vazão dominante ocorre no nível de margens plenas, correspondente à descarga líquida que preenche inteiramente a seção do canal fluvial antes que ocorra o transbordamento. Nesse nível, a vazão é mais eficiente na remoção, no transporte e na deposição de sedimentos, alterando a geometria dos canais e formando ou alterando curvas e meandros (DUNNE; LEOPOLD, 1978). Assim, de modo geral, considera-se que a vazão efetiva é aquela que responde pelas principais características geomorfológicas dos canais. Porém, Stevaux e Latrubesse (2017) salientam que, em grandes rios, estudos mostram que a vazão efetiva ocorre abaixo do nível de margens plenas e é maior que a vazão média anual, equivalendo, geralmente, à descarga que recobre a superfície das barras de canal.

A vazão dominante pode ser estimada a partir de determinado tempo de retorno (Tr), ou seja, uma vazão de mesma frequência. Para estimar o Tr para dada vazão é preciso analisar a frequência de vazões. Essa análise pode ser feita pela técnica de Dalrymple (1960), baseada na ordenação de vazões máximas da maior para a menor. O Tr para cada vazão pode ser calculado pela Equação 3.8:

$$Tr = \frac{(N + 1)}{i}, \qquad (3.8)$$

sendo: Tr = tempo de retorno, em anos, de cada vazão máxima; N = número de anos considerados para cada série histórica de dados; i = número da ordem de cada vazão máxima.

Muitos trabalhos foram desenvolvidos com o objetivo de entender qual é o Tr médio em que as vazões dominantes ocorrem em canais de rios naturais. A partir da revisão de diversos trabalhos, Grison e Kobiyama (2011) sugerem o valor de 1,58 anos (cerca de um ano e seis meses) como o mais adequado para determinar a vazão dominante.

A vazão dominante também pode ser correlacionada com as dimensões do canal em nível de margens plenas. Essas correlações são definidas como equações regionais da geometria hidráulica, a qual é muito importante para projetos de restauração e reabilitação de cursos d'água ao permitir dimensionar as intervenções de acordo com as características esperadas para os fluxos durante as cheias (FISRWG, 1998). A Geometria Hidráulica regional pode ser expressa por meio das equações (3.9 a 3.12).

$$Q_{bf} = \alpha_1 A_D^{\alpha 2} \qquad (3.9)$$

$$W_{bf} = \alpha_3 A_D^{\alpha 4} \qquad (3.10)$$

$$D_{bf} = \alpha_5 A_D^{\alpha 6} \qquad (3.11)$$

$$A_{bf} = \alpha_7 A_D^{\alpha 8} \qquad (3.12)$$

sendo: Q_{bf} = vazão com margens plenas; W_{bf} = largura com margens plenas; D_{bf} = profundidade com margens plenas; A_{bf} = área da seção transversal com margens plenas; A_D = área de drenagem; α_1, α_3, α_5, e α_7 = coeficientes; α_2, α_4, α_6 e α_8 = expoentes de regressão.

As representações dos parâmetros fluviais em margens plenas podem ser vistas no esquema da Figura 3.8. As mensurações da morfometria em margens plenas também podem ser realizadas indiretamente no período de vazante, por meio de indícios nas margens como marcas das enchentes (cheias), mudanças na morfologia e ausência de vegetação de porte arbóreo ou arbustivo.

3.3. Regimes de fluxo

Os regimes de fluxo podem ser classificados em laminar e turbulento. No fluxo laminar as linhas de fluxo são retilíneas ou levemente curvas, movendo-se quase paralelas entre si e sem mistura. O fluxo turbulento é gerado por forças transversais à corrente principal, dando origem a linhas de circulação em direções diferentes da corrente principal (ascendentes, descendentes e laterais), gerando vórtices e turbilhões.

Dificilmente se encontram canais naturais com fluxo inteiramente laminar. Em geral, há apenas uma subcamada viscosa gerada por elevada turbidez próxima ao leito, no sentido do escoamento. O aumento de temperatura tende a reduzir a viscosidade e a espessura da subcamada laminar. A viscosidade é a própria resistência que todo fluido oferece ao movimento relativo de qualquer de suas partes, ou seja, o atrito interno de um fluido (MUSY; HIGY, 2010).

As causas da turbulência envolvem o choque entre as linhas de fluxo, o atrito entre essas e as partículas sólidas do leito e em suspensão, a rugosidade do leito e das margens, e o aumento da velocidade em profundidade. Duas forças atuam nas partículas sedimentares: a força de elevação (*lift force*), uma componente vertical auxiliada por zonas de baixa pressão no topo dos sedimentos, e a força de arraste (*drag force*), uma componente horizontal responsável por transportar sedimentos da calha.

Nesse sentido, a turbulência é decisiva na remoção e no transporte de partículas nos canais fluviais. A sua movimentação somente ocorre quando as forças de turbulência do fluxo são superiores às forças contrárias exercidas na manutenção estacionária das partículas. A maior parte da energia do escoamento em um canal é despendida no interior do próprio fluxo. A energia é inicialmente convertida em turbulência e depois em calor, que é facilmente dissipado por condução-convecção (HAMILL, 2011; SINGH, 2016). Quanto mais sedimentos transportados por um fluxo, principalmente finos, maior o efeito de amortecimento da turbulência, aumentando a influência das forças viscosas e do coeficiente de viscosidade da mistura. As análises dos regimes de fluxo são importantes em estudos relacionados ao transporte, movimento e deposição de carga de leito (GREEN, 2014) e podem ser conduzidas a partir de equações.

A diferenciação entre os fluxos laminar e turbulento é dada pelo **Número de Reynolds** (Re), conforme a Equação 3.13:

$$Re = \frac{\rho v D}{\mu}, \qquad (3.13)$$

sendo: ρ = densidade do fluido (kg/m³); v = velocidade do fluido (m/s); D = diâmetro do tubo (m); μ = viscosidade dinâmica do fluido (kg/m.s)

Os valores das viscosidades podem ser obtidos a partir da temperatura (°C), segundo a Equação 3.14. Se Re > 2000, o fluxo é turbulento, e, se Re < 500, o fluxo é laminar, havendo, portanto, uma faixa de transição.

$$\mu = \rho \upsilon \qquad (3.14)$$

O **Número de Froude** (*Fr*), por sua vez, pode ser usado para compreender os diferentes estados dos fluxos quanto aos regimes crítico, subcrítico ou supercrítico, por meio da Equação 3.15.

$$Fr = \frac{V}{\sqrt{gD}}, \qquad (3.15)$$

sendo: V = velocidade do fluxo; g = aceleração da gravidade; D = profundidade média do fluxo.

Se Fr = 1, o fluxo é crítico e, nesse caso, as forças inerciais[5] e de gravidade se igualam. Se Fr < 1, o fluxo é subcrítico ou fluvial, sendo a força inercial maior que a força de gravidade. Por fim, se Fr > 1, o fluxo é supercrítico ou torrencial, com a força inercial menor que força de gravidade. A queda hidráulica ocorre na transição do fluxo subcrítico para o estágio supercrítico. O aumento do gradiente de um canal aumenta a velocidade do fluxo, resultando na redução em profundidade (queda hidráulica). Já o ressalto hidráulico ocorre na transição do fluxo supercrítico para o subcrítico, quando a "quebra" da onda indica a transição. Essa mudança no fluxo é causada pela redução do gradiente, associada com a diminuição da velocidade e o aumento da profundidade (CHARLTON, 2008). A formação de diferentes

5. A inércia é a força de resistência que os corpos materiais oferecem à modificação do seu estado de movimento.

tipos de ondulações nos leitos aluviais depende de uma estreita relação entre a velocidade do fluxo e o tamanho das partículas sedimentares do leito (ver Capítulo 11). Os principais tipos de ondulações (*ripples* e dunas) são gerados em regime de fluxo subcrítico. As antidunas, no entanto, formam-se sob fluxo supercrítico. Leitos aluviais planos, por sua vez, podem ser formados sob condições de fluxo subcrítico, quando os grãos têm diâmetro > 0,7 mm, e sob fluxo em estágio de transição entre subcrítico e supercrítico, quando os grãos têm diâmetro < 1 mm, aproximadamente (BOGGS, 2006; GRAF, 1998; NICHOLS, 2016).

A potência hidráulica ou *stream power* (Ω) corresponde à força do escoamento que equivale à capacidade de um fluxo realizar trabalho (CHARLTON, 2008). Em outras palavras, trata-se da proporção que um rio atua para transportar sedimentos, superar as resistências ao fluxo e gerar calor. A noção de potência hidráulica é muito útil na comparação de variáveis da Geometria Hidráulica de cursos d'água ou de trechos de um mesmo canal, pois reduz o efeito da escala entre canais de diferentes dimensões. A potência hidráulica pode ser descrita pela Equação 3.16:

$$\Omega = \rho g Q s, \quad (3.16)$$

sendo: ρ = densidade da água (1.000 kgm^{-3}); g = aceleração da gravidade (9,8 m s^{-2}); Q = vazão; s = declividade entre duas seções amostradas.

Faria (2014) utilizou o cálculo da potência hidráulica para analisar a capacidade de transporte de carga de leito em canais fluviais de primeira ordem em três bacias no Parque Nacional da Tijuca, no Rio de Janeiro. Segundo o autor, a potência hidráulica desses canais é significativa apenas durante as chuvas de alta intensidade, quando as descargas aumentam mais de 50 vezes em relação à vazão média.

Por meio da largura do canal (W), pode-se calcular a Ω por unidade de área, ou seja, a potência hidráulica específica (Equação 3.17).

$$\Omega e: \frac{\Omega}{W}, \quad (3.17)$$

sendo: Ωe = potência hidráulica específica; Ω = potência hidráulica; W = largura do canal.

Por outro lado, a potência hidráulica é equivalente à taxa de energia do fluxo dissipada contra as margens e o leito de um curso d'água (GRISON; KOBIYAMA, 2011). Assim, a Ω é influenciada pela largura e pelo gradiente do canal, bem como pela profundidade e velocidade do fluxo, conforme a Equação 3.18:

$$SP = v \,.\, s \,.\, A \,.\, \gamma = Q \,.\, \gamma \,.\, s, \tag{3.18}$$

sendo: SP = potência do escoamento; v = velocidade; s = gradiente superficial da água; A = área da seção transversal do canal; γ = peso específico da água (10.000 N/m^3); Q = vazão.

O perfil longitudinal (ver Capítulo 2) também pode ser um indicador da energia de um curso d'água. De maneira geral, o perfil longitudinal fluvial pode ser dividido em três zonas, que possuem relações distintas com os parâmetros de Geometria Hidráulica (SCHUMM, 1977) — ver Figura 3.9. A zona 1 (cabeceiras) é, geralmente, mais declivosa e possui mais energia cinética, ou seja, mais energia para realizar o trabalho de erosão e produção de sedimentos. A zona 2 (zona de transferência) recebe parte do material erodido e, geralmente, apresenta planícies desenvolvidas. A zona 3 é o segmento deposicional do sistema fluvial. É importante ressaltar que os processos de erosão, transferência e deposição ocorrem em todas as zonas, mas esse modelo conceitual apresenta os processos dominantes. A Figura 3.9 também ilustra como ocorre o ajuste dos canais em relação à velocidade, profundidade, largura, vazão e armazenamento hídrico, variáveis essas cujos valores tendem a aumentar em relação ao aumento da área de drenagem, enquanto a declividade e o tamanho do sedimento tendem a diminuir.

3.4. Noções de hidrologia e hidrometria

Geralmente, a determinação de vazões é feita por meio da aferição do nível da água em canais fluviais a partir da instalação de sequências de réguas verticais (réguas linimétricas) nas margens ou de linígrafos (instrumentos automáticos e de medição contínua). O nível da água é relacionado com a respectiva largura do canal para a obtenção da área da seção fluvial, a qual é multiplicada pela velocidade do fluxo para a obtenção da vazão. Comumente, os registros de níveis d'água são realizados nas estações hidrometeorológicas, cujos dados pluviométricos e/ou fluviométricos podem ser utilizados, por exemplo, para planejamento e projetos de obras hidráulicas (barragens, diques, desvios), gestão de bacias hidrográficas (incluindo outorgas, gestão de riscos hidrológicos e qualidade das águas) e/ou estudos de Geomorfologia Fluvial.

No Brasil, os primeiros registros hidrometeorológicos datam de 1855 (ANA, 2019). Atualmente, a Rede Hidrometeorológica Nacional (RHN), coordenada pela Agência Nacional de Águas — ANA, é composta por mais de 4.500 estações pluviométricas e fluviométricas, distribuídas em cerca de 1.800 rios (ANA, 2017). Por meio do Portal Hidroweb (ANA, 2019), podem ser acessados dados e séries históricas referentes a níveis fluviais, vazões, chuvas, climatologia, qualidade da água e sedimentos dos principais rios do território nacional, subsidiando, assim, a gestão de recursos hídricos no país, bem como pesquisas científicas. Entretanto, nem todos os cursos d'água apresentam estações de monitoramento. A grande maioria das estações hidrológicas está instalada em rios de maiores dimensões que possuem interesse para a geração de energia hidroelétrica ou irrigação. Nesse cenário, os objetivos da Hidrogeomorfologia deparam-se, com frequência, com a necessidade de mensuração *in loco* das características de fluxo.

3.4.1. Técnicas e procedimentos para determinação da vazão fluvial

As determinações de vazão são feitas com base na velocidade da corrente, utilizando-se técnicas diretas ou indiretas. A escolha da técnica a ser adotada depende de fatores relativos aos objetivos pretendidos, ao volume e à velocidade do fluxo, à segurança e aos custos operacionais. As técnicas diretas são baseadas na multiplicação da velocidade do fluxo pela área da seção de escoamento. Para a mensuração da velocidade são utilizados hidrômetros fluviométricos (fluxímetros) ou molinetes fluviométricos. Tais aparelhos permitem a determinação da velocidade da água mediante a obtenção do número de rotações da hélice, que gira quando é colocada no sentido do fluxo (ver Figura 3.10).

O princípio utilizado para calcular o número de rotações da hélice é o do giro em torno do eixo que abre e fecha um circuito elétrico. Contando o número de voltas da hélice durante um intervalo de tempo fixo, obtém-se a velocidade de rotação, que está relacionada com a velocidade do fluxo, por meio da Equação 3.19:

$$V = a\,N + b, \qquad (3.19)$$

sendo: V = velocidade do fluxo; N = velocidade de rotação; a e b = constantes da hélice.

As constantes a e b são fornecidas pelo fabricante do aparelho. O valor a (denominado "passo da hélice") é a distância percorrida pelo fluxo em uma volta. Para contar os impulsos gerados pelo aparelho, é utilizado um conta-giros.

Para obter a descarga que atravessa uma seção total, é necessário fazer a dupla integração da fórmula elementar sobre a área total da seção. Tendo em vista a variação da velocidade do fluxo em função da distância do leito e das margens, a medida mais acurada da vazão exige o conhecimento da velocidade do fluxo em diversos pontos da seção. A técnica mais utilizada para calcular a vazão é o método da integração por vertical realizado graficamente (ver Figura 3.11), também conhecido como técnica *seção-velocidade*, conforme a Equação 3.20:

$$Q = V.S, \qquad (3.20)$$

sendo: V = velocidade média; S = profundidade multiplicada pela equidistância entre as verticais.

Segundo Santos *et al.* (2001), a distância recomendada entre as linhas verticais é de 30 cm para cursos d'água com largura menor ou igual a 3 m; de 50 cm para largura entre 3 m e 6 m; de 1 m para largura entre 6 m e 15 m; e de 2 m para largura entre 15 m e 30 m. Definidas as linhas verticais na seção de controle, devem ser medidas as velocidades do fluxo a diferentes profundidades, no mínimo a 20% e a 80% de profundidade de cada vertical (ver Figura 3.11). A partir de então, determina-se a velocidade média de cada vertical segundo a Equação 3.21:

$$V = \frac{(V0,2 + V0,8)}{2}, \tag{3.21}$$

sendo: V = velocidade média da vertical; $V0,2$ = velocidade do fluxo a 20% da profundidade; $V0,8$ = velocidade a 80% da profundidade.

A velocidade média da vertical, multiplicada por uma área de influência (igual ao produto da profundidade na vertical pela equidistância entre as verticais), fornece a vazão parcial Q_i de cada vertical, conforme a Equação 3.22. O somatório das vazões parciais resulta na vazão total da seção transversal em estudo.

$$Q_i = V_i \,.\, b_i \,.\, h_i, \tag{3.22}$$

sendo: V_i = velocidade média da vertical; b_i = largura da vertical (igual à equidistância entre as verticais); h_i = altura da vertical.

Como exemplo de aplicação em estudos geomorfológicos, Santos (2008) adotou a referida técnica de medição da velocidade de fluxos visando uma caracterização quantitativa (taxas) e qualitativa (processos) da erosão marginal do alto Rio das Velhas (Quadrilátero Ferrífero, Minas Gerais), bem como seus fatores condicionantes. Nesse caso, foi possível verificar a influência das cheias no recuo das margens, especialmente nas zonas de maior energia e de litologias do embasamento cristalino.

No caso da impossibilidade do uso de técnicas de medição direta da velocidade da água, pode ser aplicada a medição via flutuadores, como adotado por Lopes *et al.* (2008). Há vários tipos de flutuadores fabricados industrialmente e vendidos por empresas de monitoramento hidrológico, mas cada pesquisador pode gerar suas próprias alternativas em função de suas possibilidades. Um dos tipos de flutuadores mais utilizados e de mais fácil obtenção são garrafas plásticas de 500 ml cheias com 250-300 ml de água. A água dá peso às garrafas e não deixa com que o vento possa movê-las, deturpando a medição da velocidade do fluxo. A velocidade é estimada de acordo com o tempo gasto pelo flutuador para percorrer uma distância conhecida. Amarra-se um barbante ao flutuador e recomenda-se realizar três medições em cada ponto de medição para que se tire a média aritmética, visto que essa técnica é considerada de baixa precisão. Também é recomendada a escolha de um trecho fluvial relativamente homogêneo, retilíneo, com profundidades e declividades sem fortes variações, adotando-se no mínimo duas vezes a largura do rio como seção para medição (SANTOS *et al.*, 2001) — ver Figura 3.12. Deste modo, não é indicada a medição em curvas de meandros e locais onde os flutuadores possam ficar presos ou impedidos de fluir normalmente na seção monitorada.

No caso dos flutuadores, a vazão pode ser estimada por meio da Equação 3.23, conforme Hermes e Silva (2004):

$$Q = \frac{A.D.C}{T}, \qquad (3.23)$$

sendo: Q = vazão; A = área em m^2; D = distância percorrida pelo objeto flutuador; C = coeficiente de correção (0,8 para rios de leito rochoso e 0,9 para leito lodoso); T = tempo gasto pelo objeto flutuador para percorrer a distância D.

A aplicação do fator de correção se deve ao fato de que a velocidade média do fluxo medida via flutuadores está estimada entre 80-90% da velocidade superficial real.

A determinação de pequenas vazões — geralmente associadas a nascentes e cursos d'água de baixa ordem — é um desafio frequentemente encontrado em levantamentos de campo para estudos hidrogeomorfológicos e ambientais. Nesses casos, a técnica do flutuador não é adequada, pois os objetos tendem a tocar o leito dos canais, não apresentando um nível de submersão adequado. Ademais, a baixa velocidade do fluxo não permite o giro da hélice dos fluxímetros ou molinetes. A técnica de calhas e vertedouros, cuja seção é conhecida e permite o cálculo da vazão que passa a cada unidade de tempo, é bastante conhecida nos estudos de engenharia. Entretanto, sua instalação é invasiva e pode gerar impactos aos sistemas fluviais.

Onde não há restrições para pequenas intervenções nos cursos d'água, a técnica de volumetria direta (Equação 3.24) pode ser empregada para a medição direta da vazão. Nesse caso, é utilizado um dispositivo para concentrar todo o fluxo em um recipiente de volume conhecido, como um balde, de forma a medir o tempo gasto para o preenchimento total do recipiente (ver Figura 3.13). Devido às limitações práticas para o emprego desta técnica, ela é geralmente recomendada para baixos valores de vazão (até cerca de

10 l/s). Assim como no caso dos flutuadores, essa técnica é considerada de baixa precisão, recomendando-se realizar, pelo menos, três medições para obtenção de um valor médio.

$$Q = \frac{\Sigma \frac{v}{t}}{n}, \qquad (3.24)$$

sendo: Q = vazão (L/s); v = volume de água (em litros); t = tempo (em segundos); n = número de medições.

Como exemplo de adaptação desta técnica em estudos geomorfológicos, Felippe e Magalhães Jr. (2014; 2016) utilizaram medidores graduados por meio da coleta da água do fluxo para aferição da vazão em nascentes. As coletas foram realizadas o mais próximo possível dos pontos ou áreas de exfiltração em sacolas plásticas, acompanhadas da medição do tempo em cronômetro digital. Por serem maleáveis, as sacolas permitem seu ajuste aos leitos, sem a necessidade de alteração da morfologia local para a instalação de um vertedouro ou calha Parshal. Essa técnica não apresenta elevada precisão, dado que as sacolas dificilmente aderem totalmente à topografia superficial, deixando margem para que parte da água escape à medição. Entretanto, é uma alternativa prática e de fácil aplicação, sendo, muitas vezes, a única possibilidade que se coloca para a medição de vazões de nascentes.

Outras técnicas de medição de vazões baseiam-se em medidores de diluição ou elementos-traço, aplicando a Equação 3.25:

$$Q = \frac{qCi - Cd}{Cd - Cb}, \qquad (3.25)$$

sendo: q = taxa de injeção da solução; Ci = concentração da solução; Cd = concentração da amostra; Cb = concentração na base do canal.

3.4.2. Apresentação e análise de dados de vazões

A apresentação dos resultados do monitoramento de vazões pode ser realizada principalmente por meio de curvas-chave e hidrogramas. A

curva-chave (ver Figura 3.14) é uma relação ou equação ajustada aos dados de medição de vazão, cujo ajuste pode ocorrer manualmente, de forma gráfica, ou a partir de equações baseadas em regressão (COLLISCHONN; DORNELLES, 2013). Uma curva-chave é obtida a partir da plotagem gráfica das cotas dos níveis d'água (m) de uma série histórica de monitoramento e as respectivas vazões equivalentes a cada nível (m^3/s ou l/s). Assim, o conhecimento da curva-chave permite substituir a medição contínua das descargas por uma medição contínua das cotas, conferindo maior simplicidade e rapidez ao processo que pode ser, inclusive, automático.

Existem várias técnicas para estabelecer curvas-chave, podendo ser classificadas em duas categorias (CHEVALIER, 2004): as teóricas, que usam as equações gerais da hidráulica; e as experimentais, que estabelecem curvas-chave a partir de vários pares cota/descarga medidos experimentalmente com uma distribuição regular.

Já os **hidrogramas** são gráficos que expressam a relação das vazões (eixo Y) ao longo do tempo (eixo X), podendo ser minutos, horas, dias, meses ou anos, conforme ilustra a Figura 3.15. O hidrograma unitário refere-se a um evento hidrológico individual, ou seja, uma cheia que responde a um evento pluviométrico.

A análise gráfica do hidrograma permite a análise do comportamento hidrológico das bacias e cursos d'água em dado período, incluindo variáveis específicas como:

- Tempo de pico (Tp): intervalo de tempo entre o centro de massa da precipitação e o pico de vazões do hidrograma;
- Tempo de ascensão (Tm): intervalo entre o início da precipitação e o pico do hidrograma;
- Tempo de recessão (Tr): tempo durante o qual ocorre a redução das vazões após o pico do hidrograma;
- Tempo de concentração (Tc): tempo necessário para que toda a bacia contribua para dada seção fluvial, a partir da precipitação no ponto mais distante;
- Tempo de base (Tb): intervalo entre o início da precipitação e o tempo em que o rio volta à situação original.

O tempo de concentração pode ser obtido por meio das fórmulas de Kirpich (Equação 3.26) e Picking (Equação 3.27). A Fórmula de Kirpich é a mais utilizada, sendo válida para bacias de até 0,5 km², declividades de 3-10% e comprimento do canal principal inferior a 10 km. Por sua vez, a Fórmula de Picking se aplica para os demais casos.

$$Tc = 5{,}3 \times (L2 / I)^{1/3}, \qquad (3.26)$$

sendo: Tc = tempo de concentração (em segundos, minutos ou horas); L = comprimento do talvegue (em m ou km); I = declividade do talvegue (em m/m).

$$Tc = (0{,}019 \times L^{0{,}77} / S^{0{,}385}), \qquad (3.27)$$

sendo: Tc = tempo de concentração (em segundos, minutos ou horas); L = comprimento do talvegue (em m ou km); S = declividade do talvegue ($\Delta h/L$, em m/m).

A partir da interpretação gráfica do hidrograma, podem ser feitas inferências sobre as consequências para o comportamento hidrológico das bacias de características do uso e cobertura do solo, da presença de modificações artificiais nos cursos d'água, efeitos da forma da bacia e da distribuição, duração e intensidade das precipitações.

Em relação às características geomorfológicas das bacias de drenagem, podem ser identificadas certas tendências esperadas dos hidrogramas:

- Bacias com vertentes íngremes e boa drenagem possuem hidrogramas unitários curtos e elevados, com percentual de escoamento de base relativamente menor;
- Bacias com extensas áreas de extravasamento dos fluxos nas planícies tendem a apresentar fluxos mais regulares nos canais e menores picos de cheia;
- Bacias circulares têm picos de cheia mais rápidos e mais elevados do que bacias alongadas. Tendem, portanto, a apresentar eventos de cheias e inundações mais frequentes (ver Figura 3.16).

Outros parâmetros característicos das vazões fluviais e que podem ser analisados por meio de séries históricas de dados e hidrogramas são as vazões mínima e máxima, importantes para a previsão de enchentes e dimensionamento de obras hidráulicas, e o tempo de retorno ou período de retorno, considerado o intervalo de tempo estimado para a ocorrência de um evento (Equação 3.28).

$$Tr = \frac{1}{P}, \tag{3.28}$$

sendo: *Tr* = tempo de retorno; *P* = probabilidade de um evento ser igualado ou ultrapassado.

3.4.3. Estimativas de vazões

Tendo em vista a escassez de dados empíricos de cotas e vazões em bacias hidrográficas de pequeno porte, frequentemente não é possível estimar as vazões máximas por meio de análise estatística de séries históricas. Desse modo, alternativas que possibilitem estimar vazões máximas a partir de dados de precipitação, como o Método Racional (Equação 3.29) são muito úteis para o conhecimento dos deflúvios e dimensionamento de estruturas de drenagem, especialmente em bacias de até 3 km² (COLLISCHONN; DORNELLES, 2013). Outra possível aplicação está relacionada à análise dos impactos de mudanças na cobertura e no uso do solo, ao longo do tempo, na formação de escoamento superficial e, consequentemente, no risco de eventos de inundações e alagamentos. O Método Racional é um dos mais conhecidos e antigos modelos para o cálculo da vazão de pico em pequenas bacias hidrográficas, baseando-se na relação direta entre a intensidade da precipitação e a vazão (TUCCI, 2009).

$$Q_{máx} = \frac{C.I.A}{3,6}, \tag{3.29}$$

sendo: $Q_{máx}$ = vazão máxima em (m^3/s ou l/s); *C* = coeficiente de escoamento superficial (%); *I* = intensidade de precipitação (mm/minuto ou mm/hora); *A* = área da bacia hidrográfica (km^2).

O coeficiente de escoamento superficial (C) é muito utilizado para a compreensão das vazões fluviais em áreas ocupadas. O coeficiente reflete a relação entre o volume escoado e o volume precipitado em certa unidade de tempo. Há, na literatura, várias propostas de valores para o C em diferentes tipos de usos do solo, conforme exemplificado na Tabela 3.1.

Tabela 3.1. Exemplo de valores referenciados de C em função do tipo de ocupação da bacia.

Área/Zona	C
Partes centrais densamente construídas de uma cidade com ruas e calçadas pavimentadas	0,70-0,95
Partes adjacentes ao centro, de menor densidade de habitações	0,60-0,70
Áreas residenciais com poucas superfícies livres	0,50-0,60
Áreas residenciais com construções cerradas e muitas superfícies livres	0,25-0,50
Subúrbios com alguma edificação e baixa densidade de construção	0,10-0,25
Matas, parques e campos de esporte, partes rurais, áreas verdes, superfícies arborizadas	0,05-0,02

Fonte: Modificado de Collischonn e Dornelles (2013).

Já a intensidade média da chuva de projeto (I), em mm/hora, pode ser obtida a partir da utilização de curvas IDF[6] (Intensidade-Duração-Frequência), desenvolvidas a partir de dados de pluviógrafos localizados próximos às áreas de interesse, aplicando-os à Equação 3.30. Como o termo diz, as chuvas de projeto são estimadas em termos de eventos hidrológicos suportados por obras hidráulicas. Assim, cada obra hidráulica suporta certo limite de vazões para manter-se em adequado estado de conservação. Nessa técnica, a duração da precipitação é igual ao tempo de concentração (vide Equação 3.26).

$$I = \frac{a.TR^b}{(t_d.c)^d}, \tag{3.30}$$

sendo: a, *b*, *c*, *d* = parâmetros regionais; *Tr* = tempo de retorno de um evento hidrológico em anos; *t* = duração da precipitação.

Nesse contexto, Macedo *et al.* (2010) buscaram avaliar a contribuição da implementação da área verde do Parque Linear Baleares, em Belo Horizonte (MG), no amortecimento e atenuação do deflúvio superficial afluente

6. Para obtenção dos dados da curva IDF podem ser utilizados *softwares* como o Pluvio 2.1 do GPRH da Universidade Federal de Viçosa, ou trabalhos específicos.

a jusante do córrego homônimo. Os autores estimaram as vazões máximas na bacia por meio do cálculo do escoamento previsto para a área impermeabilizada, ou seja, sem a presença da área verde do parque, e com os valores esperados após a implantação de superfícies permeáveis, para um tempo de retorno de 25 anos. De acordo com o estudo hidrológico, o pico de cheia em uma situação extrema seria de 17,36 m^3/s, enquanto na situação atual, com o curso d'água recuperado e o parque linear implantado, os valores foram reduzidos a 16 m^3/s. As vazões obtidas por meio do Método Racional demonstram que a implementação do parque acarretou na redução da vazão máxima de até 1,36 m^3/s (7,8%), conforme a estimativa apresentada.

Outra técnica de estimativa de vazão foi empregada por Aquino *et al.* (2009) em análise do comportamento hidrológico e geomorfológico da bacia do Rio Araguaia, dada a escassez de dados hidrológicos representativos de grande parte dos tributários da bacia. A partir de dados de 11 estações fluviométricas, foram correlacionados os dados de vazão média anual com a área de drenagem correspondente. Percebeu-se que há uma tendência ao aumento de vazão à medida que aumenta a área de drenagem, obtendo-se uma equação bem ajustada (R^2=0,97). Assim, foi possível estimar a vazão média dos tributários introduzindo, na Equação 3.31 válida para o Rio Araguaia, a área de drenagem de cada sub-bacia (obtida em *software* de geoprocessamento).

$$Qm = 0{,}0189\,Ad^{0{,}975}, \tag{3.31}$$

sendo: Qm = vazão média anual (m^3/s); Ad = área de drenagem (km^2).

O Apêndice I traz uma proposta de atividade de campo para caracterização de um trecho fluvial com a obtenção de atributos discutidos ao longo deste e outros capítulos, como o cálculo da seção molhada e sua representação, a obtenção da vazão com uso de flutuadores etc.

Referências

ANA — Agência Nacional de Águas. **Hidrologia Básica**. Brasília: [s.n.], 2012. Disponível em: <https://capacitacao.ana.gov.br/conhecerh/handle/ana/66>. Acesso em: 14/10/2018.

________. **Hidrologia: Medindo as águas do Brasil**. Noções de pluviometria e fluviometria. Brasília, DF: Edunesp, 2017. Disponível em: <https://capacitacao.ana.gov.br/conhecerh/handle/ana/122>. Acesso em 14/10/2018.

________. **Portal Hidroweb**. Brasília: [s.n.], 2019. Disponível em: <http://www.snirh.gov.br/hidroweb>. Acesso em 01/04/2019.

AQUINO, S.; STEVAUX, J. C.; LATRUBESSE, E. M. Regime hidrológico e aspectos do comportamento morfohidráulico do Rio Araguaia. **Revista Brasileira de Geomorfologia**, [S.l.], v. 6, n. 2, pp. 29-41, 2005.

AQUINO, S.; LATRUBESSE, E. M.; SOUZA FILHO, E. E. Caracterização hidrológica e geomorfológica dos afluentes da bacia do Rio Araguaia. **Revista Brasileira de Geomorfologia**, [S.l.], v. 10, n. 1, pp. 43-54, 2009.

BOGGS, S. **Principles of sedimentology and stratigraphy**: Upper Saddle River, NJ, Pearson Prentice Hall, 2006. 662 p.

CARVALHO, V. J. B.-G.; BARROS, L. F. P.; FELIPPE, F.; MAGALHÃES JR., A. P. M.; MACEDO, D. R. Alterações de variáveis hidrogeomorfológicas do Rio Gualaxo do Norte pelo rompimento da barragem de Fundão (Mariana, MG). *In*: Simpósio Brasileiro de Recursos Hídricos, Encontro Nacional de Estudos Populacionais, 23., 2019, Foz do Iguaçu. **Anais...** Foz do Iguaçu: Associação Brasileira de Recursos Hídricos, pp. 1-9, 2019.

CHARLTON, R. **Fundamentals of Fluvial Geomorphology**. Londres (Reino Unido): Routledge, 2008. 234 p.

CHEVALIER, P. Aquisição e processamento de dados, *In*: TUCCI, C. (ed.), **Hidrologia Ciência e Aplicação**. Porto Alegre: ABRH-Edusp, 2004. pp. 485-525.

CHRISTOFOLETTI, A. **Geomorfologia Fluvial**. São Paulo: Edgar Blücher, 1981. 313 p.

COLLISCHONN, W.; DORNELLES, F. **Hidrologia para engenharia e ciências ambientais**. Porto Alegre: Associação Brasileira de Recursos Hídricos, 2013. 204 p.

DALRYMPLE, T. **Manual of Hydrology: Part 3**. Flood Frequency Analysis. Washington, D. C. (EUA): U. S. Government Printig Office, 1960. 80 p. (Geological Survey Water-Supply Paper, n. 1543-A).

DUNNE, T.; LEOPOLD, L. B. **Water in Environmental Planning**. 1ª ed. São Francisco (EUA): W. H. Freeman and Company, 1978. 818 p.

FARIA, A. P. Transporte de sedimentos em canais fluviais de primeira ordem: respostas geomorfológicas. **Revista Brasileira de Geomorfologia**, São Paulo, v. 15, n. 2, pp. 191-202, 2014.

FELIPPE, M. F.; MAGALHÃES JR., A. P. Desenvolvimento de uma tipologia hidrogeomorfológica de nascentes baseada em estatística nebulosa multivariada. **Revista Brasileira de Geomorfologia**, São Paulo, v. 15, n. 3, pp. 393-409, 2014.

FELIPPE, M. F.; MAGALHÃES JR., A. P. A Contribuição das nascentes na desnudação geoquímica: borda oeste da Serra do Espinhaço Meridional (Minas Gerais, Brasil). **Revista Brasileira de Geomorfologia**, v. 17, n. 1, pp. 79-92, 2016.

FISRWG — Federal Interagency Stream Restoration Working Group. **Stream Corridor Restoration: principles, processes, and practices.** Washington: 1998. 20 p.

GRAF, W. H. **Fluvial Hydraulics: Flow and Transport Processes in Channels of Simple Geometry**. John Wiley & Sons, 1998. 692 p.

GREEN, D. L. Modelling Geomorphic Systems: Scaled Physical Models. **Geomorphological Techniques**, [S.l.], v. 5, n. 3, 2014.

GRISON, F.; KOBIYAMA, M. Teoria e aplicação da geometria hidráulica: Revisão. [S.l.] **Revista Brasileira de Geomorfologia**, [S.l.], v. 12, n. 2, pp. 25-38, 2011.

HAMILL, L. Understanding Hydraulics. MacMillan International Higher Education, 3ª ed., 2011. 656 p.

HERMES, L. C.; SILVA, A. S. **Avaliação da qualidade das águas: manual prático**. Brasília, DF: Embrapa Informação Tecnológica, 2004. 55 p.

LATRUBESSE, E. M. Patterns of Anabranching Channels: The Ultimate End-Member Adjustment of Mega Rivers. **Geomorphology**, [S.l.], v. 101, n. 1-2, pp. 130-145, 2008.

LEOPOLD, L. B.; MADDOCK, T. **The Hydraulic Geometry of Stream Channels and Some Physiographic Implications.** Washington, D. C. (EUA): US Government Printing Office, 1953. 57 p. (Geological Survey Professional Paper, n. 252).

LOPES, F. W. A.; MAGALHÃES JR., A. P.; PEREIRA, J. A. Avaliação da qualidade das águas e condições de balneabilidade na bacia do Ribeirão de Carrancas. **Revista Brasileira de Recursos Hídricos**, v. 13, n. 4, pp. 111-120, 2008.

MACEDO, D. R.; LOPES, F. W. A.; MAGALHÃES JR., A. P. Restauração de Rios Urbanos, Vulnerabilidade Ambiental e Percepção da Comunidade: o caso do córrego Baleares, Programa Drenurbs — Belo Horizonte. *In*: Encontro Nacional de Estudos Populacionais, 17., 2010, Caxambu. **Anais...** Caxambu: Associação Brasileira de Estudos da População, pp. 1-15, 2010.

MUSI, A.; HIGY, C. **Hydrology: a Science of Nature.** CRC Press, 1ª ed., 2010. 346 p.

NICHOLS, G. **Sedimentology and Stratigraphy**. John Wiley & Sons, 2ª ed., 2016. 432 p.

SANTOS, G. B. **Geomorfologia Fluvial no Alto Vale do Rio das Velhas, Quadrilátero Ferrífero, MG: paleoníveis deposicionais e dinâmica erosiva e deposicional atual**. 2008. 131 f. Dissertação (Mestrado em Geografia) — Instituto de Geociências, Universidade Federal de Minas Gerais, Belo Horizonte, 2008.

SANTOS, I.; FILL, H. D.; VON BORSTEL SUGAI, M. R.; BUBA, H.; KISHI, R. T.; MARONE, E.; DE CARLI LAUTERT, L. F. **Hidrometria aplicada.** Curitiba: Instituto de Tecnologia para o Desenvolvimento, 2001.

SCHUMM, S. A. **The Fluvial System.** Caldwell (EUA): The Blackburn Press, 1977. 338 p.

SINGH, V. P. (ed.). **Handbook of Applied Hydrology**. McGrall Hill Education, 2ª ed., 2016.

STEVAUX, J.; LATRUBESSE, E. **Geomorfologia Fluvial**. São Paulo: Oficina de Textos, 2017. 336 p.

SUGUIO, K.; BIGARELLA, J. J. **Ambiente fluvial**. Curitiba: Editora da Universidade Federal do Paraná, 1979. 189 p.

TUCCI, C. E. M. **Hidrologia: ciência e aplicação**. 2ª ed. Porto Alegre: ABRH/ Editora da UFRGS, 1997. 943 p.

UNITED STATES ENVIRONMENTAL PROTECTION AGENCY. Office of Water. Office of Environmental Information. **National rivers and streams assessment 2013/14**: Field operations manual wadeable: Version 1.0. Washington, D. C. (EUA): USEPA, 2013. Disponível em: <https://goo.gl/MMm6b2>. Aceso em: 15 out. 2018.

WOLMAN, M. G.; LEOPOLD, L. B. **River Flood Plains**: Some Observations on Their Formation. Washington, D. C. (EUA): U. S. Government Printig Office, 1957. 32 p. (Geological Survey Professional Paper, n. 282-C).

4

O estudo hidrogeomorfológico de nascentes

Miguel Fernandes Felippe
Antônio Pereira Magalhães Júnior

Apesar da inegável importância ambiental das nascentes, as Geomorfologias brasileira e internacional vêm relegando a um segundo plano as discussões sobre esses sistemas. Parece consenso que as nascentes cumprem um importante papel na rede hidrográfica, evidenciando o início da drenagem fluvial e promovendo a interação entre as águas subterrâneas, meteóricas e superficiais. Todavia, os mecanismos que promovem essa dinâmica ainda são nebulosos, sobretudo devido à limitação das ciências em conceber a complexidade inerente à multiescalaridade (temporal e espacial) e à multidisciplinaridade do sistema nascente.

Com isso, a Geomorfologia Fluvial tende a ser demasiadamente simplista ao lidar com as nascentes, materializando-as como pontos adimensionais em mapas, cartas e croquis. Além disso, restringem sua abordagem ocultando-as nas cabeceiras de drenagem ou nos canais fluviais de pequena ordem, relegando a compreensão de sua dinâmica. Por fim, delegam a outros campos do conhecimento (notoriamente, a hidrologia, a hidrogeologia e a ecologia) os saberes sobre suas águas, sua relação com a paisagem, sua configuração espacial e sua proteção ambiental.

Entretanto, não teria a Geomorfologia um papel fundamental no estudo das nascentes? Não seria esclarecedor entender a dinâmica da superfície topográfica e como ela se conecta no tempo e no espaço com a superfície potenciométrica? Ou apreender a remoção, transporte e deposição de sedimentos minerais e orgânicos na interface do meio subsuperficial/subterrâneo com a superfície? A Geomorfologia poderia contribuir também na tradução das relações entre os elementos da paisagem que se configuram e são configurados pelas nascentes? E também no papel que as nascentes têm nos processos desnudacionais e de evolução do relevo?

Longe de defender uma tese arcaica e positivista de que as nascentes são objetos de estudo exclusivos da Geomorfologia Fluvial, alimenta-se aqui a concepção de que a ciência contemporânea é essencialmente diversa e que cada campo do conhecimento tem um papel fundamental na compreensão da *holon*. Ante a realidade complexa das nascentes, sua multiescalaridade e multidisciplinaridade; ante a necessidade irrefutável de conservação desses ambientes; ante a mercantilização da natureza e a visão utilitarista da água que rege a sociedade contemporânea; urge que a Geomorfologia Fluvial contribua para desvendar os mistérios desse sistema.

4.1. As nascentes como objetos da Geomorfologia Fluvial

Apesar do interesse histórico da Geomorfologia sobre os rios e a rede de drenagem, era de esperar que as nascentes fossem objetos corriqueiros desse campo do conhecimento. Porém, estudos verticalizados nas nascentes são raros. Muitas das vezes, esses elementos são tratados de forma rasa e simplista, apenas como um interlocutor entre os processos subterrâneos e superficiais; outras, aparecem como *locus* de estudos mais específicos e que não se preocupam em compreender os seus aspectos essenciais; outras vezes ainda, as nascentes são apenas citadas sem qualquer tipo de argumentação, como se o conhecimento sobre elas fosse tácito e universal.

Parte dessa negligência vem do fato de a nascente ser um elemento de amplo reconhecimento no meio rural. Devido à sua importância para o abastecimento, é muito comum que os trabalhadores rurais saibam o que é uma "mina", "olho-d'água", "bica" etc. Há casos em que de fato há uma correspondência com o conceito acadêmico de nascente. Entretanto, em outros, isso não é a realidade, pois há inúmeras *concepções* sobre nascentes que variam conforme a região, a cultura e a vivência das pessoas.

Não é raro um pesquisador ser guiado até uma "nascente" por um cidadão e constatar que aquele local, de fato, não se configura como uma nascente do ponto de vista acadêmico. Para a ciência, uma nascente é mais do que uma fonte de água; é o local onde um rio nasce, de fato. Felippe e Magalhães Jr. (2013) propõem que a nascente é um "sistema ambiental em que o afloramento da água subterrânea ocorre naturalmente de modo temporário ou perene, e cujos fluxos hidrológicos na fase superficial são integrados à rede de drenagem".

Sob essa proposta, uma nascente é considerada um elemento distinto de uma fonte ou uma surgência. Enquanto estes se referem de forma genérica a qualquer saída da água do meio subterrâneo, a nascente alude a todo o ambiente onde surge um curso d'água fluvial a partir de uma zona/ponto de exfiltração.

Do ponto de vista acadêmico, a vantagem em considerar a nascente um sistema ambiental é dar uma base epistêmica para o conceito. Com todo o arcabouço da Teoria Geral dos Sistemas, é possível compreender a complexidade por trás das nascentes e atuar de modo mais profícuo na busca pela sua proteção. Assim, os elementos que as constituem podem ser apreendidos, sem, contudo, perder a visão do todo.

O sistema-nascente, proposto por Felippe (2013), se configura como uma totalidade composta por quatro variáveis externas (condicionantes) e três subsistemas internos (estruturantes). A partir da energia e matéria recebidas de fora de seus limites, o sistema-nascente, a partir de seus subsistemas, distribui e reorganiza esses *inputs* configurando suas características fundamentais (ver Figura 4.1).

Água, vida e sedimentos são as matérias distribuídas pelas variáveis condicionantes do sistema-nascente. Desse modo, a nascente se aproxima da concepção de hidrossistema defendida por Piégay e Schumm (2007) e Charlton (2008). Nota-se, então, que as nascentes são muito mais do que a água que exfiltra; visão reducionista reproduzida acriticamente por inúmeros pesquisadores das mais diversas áreas do conhecimento. Além disso, sistemas ambientais são interescalares, ou seja, as trocas de matéria e energia que o configuram podem se materializar em formas do relevo de diferentes magnitudes. Consequentemente, podem estar relacionadas a processos geomorfológicos de diferentes abrangências temporais.

Segundo Kohler (2002), a Geomorfologia deve possuir uma visão tetradimensional dos fatos, onde as três dimensões do espaço são dinamizadas pelo tempo. Evidentemente, há uma íntima relação entre a grandeza espacial e a temporal nos fatos geomorfológicos (CAILLEUX; TRICART, 1956; CHORLEY *et al.*, 1985), mas isso não implica dizer que se pode realizar uma investigação estanque do ponto de vista escalar. Pelo contrário, diferentes processos atuam em distintas escalas na configuração do sistema geomorfológico.

Portanto, não há uma definição clara para a escala espaço-temporal no estudo geomorfológico de nascentes. De acordo com a abordagem das pesquisas e o tipo de nascente, a escala de estudo pode flutuar. Além disso, não se pode negar a interescalaridade, uma vez que é sabida a importância das nascentes na evolução dos canais fluviais, e também a influência das características ambientais regionais na configuração das nascentes (FELIPPE; MAGALHÃES JR., 2014; MONTGOMERY; DIETRICH, 1989).

Vislumbra-se que as nascentes se enquadrem melhor na categoria dos geótopos (ver Figura 4.2), enquanto unidades de paisagem, na proposta de Bertrand (2004). Possuem características que as individualizam e as distinguem na paisagem onde estão inseridas, como a maior disponibilidade hídrica subsuperficial (água no solo) e/ou superficial e a colonização por espécies vegetais distintas, muitas vezes higrófitas ou mesmo hidrófilas.

Na escala de Cailleux e Tricart (1956), as nascentes oscilam entre a sexta e a oitava grandezas (G-VI, G-VII e G-VIII). Essa variabilidade está associada à forma do relevo que abriga as nascentes. A morfologia é um elemento que pode auxiliar na compreensão de sua escala, pois materializa os processos que ocorrem nas nascentes. Assim, as nascentes podem se localizar em feições de magnitudes distintas: de grandes cabeceiras de drenagem que podem ocupar de alguns km^2 a poucos m^2; até dutos, que não alcançam mais do que alguns cm^2. As escalas temporais correspondentes inserem-se, sobretudo, no tempo histórico e raramente ultrapassam a magnitude de 10^4 anos (BERTRAND, 2004). Porém, deve-se compreender que essas feições se referem ao local da exfiltração da água subterrânea, de modo que a espacialidade do sistema-nascente é muito mais complexa.

4.2. Aspectos geomorfológicos e fisiográficos das nascentes

As nascentes são o resultado de uma combinação de fatores dentro da episteme sistêmica e sua materialidade registra características diversas que guardam relações íntimas com os processos atuantes. Por esse motivo, compreender os aspectos geomorfológicos e fisiográficos *lato senso* é fundamental.

Provavelmente, a variável mais corriqueira nos estudos de nascentes seja sua vazão. Inspirados nos estudos fluviais, hidrológicos e hidrogeológicos, há uma demasiada preocupação com a magnitude e variação sazonal das vazões das nascentes. De fato, esse parâmetro é sobremaneira importante, uma vez que a água (e sua dinâmica) é um dos elementos primordiais para configuração das nascentes. Entretanto, outros fatores são igualmente relevantes, como as características físico-químicas das águas que exfiltram (TODD, 1959).

Diferentemente dos rios, as nascentes possuem uma relação errática com o volume precipitado (FELIPPE; MAGALHÃES JR., 2013). Algumas nascentes respondem mais rapidamente aos eventos de chuva e possuem hidrograma com atrasos muito similares a canais de primeira ou segunda ordem. Outras, entretanto, parecem ser inertes à precipitação de curto prazo, somente respondendo a acumulados de chuva de alguns meses. Todavia, há muito poucos estudos que fazem monitoramentos sistemáticos da hidrologia das nascentes. Como consequência, há inúmeras perguntas ainda parcamente respondidas pela ciência acerca do comportamento sazonal das nascentes.

Marques *et al.* (2016) realizaram a comparação da dinâmica hidrológica de um conjunto de nascentes em Juiz de Fora, Minas Gerais (terrenos gnáissico-migmatíticos) durante a transição sazonal do período seco para o período úmido. Apesar de todas as nascentes estarem em uma mesma microbacia e serem alimentadas por um mesmo sistema aquífero, as respostas individuais aos acumulados de precipitação foram sensivelmente distintas (ver Figura 4.3).

No hidrograma mensal, é possível perceber um considerável aumento de vazão em três das oito nascentes estudadas nas mensurações de janeiro, denotando a influência da precipitação nos três meses anteriores. Já no período de monitoramento semanal, a relação vazão/precipitação não evidenciou tendências claras. Por outro lado, a precipitação diária influenciou diretamente as vazões de apenas duas nascentes, tendo as demais se comportado de modo relativamente estável. Os trabalhos exploratórios de Marques *et al.* (2016) e Felippe e Magalhães Jr. (2013b) evidenciam a importância e complexidade de se trabalhar com parâmetros hidrológicos nos estudos de nascentes.

A dinâmica das águas das nascentes ao longo do ano hidrológico configura a diferenciação entre os fluxos permanentes e temporários. Da mesma forma que os canais fluviais, as nascentes podem ser consideradas perenes, intermitentes ou efêmeras (VALENTE; GOMES, 2005). Todavia, não há critérios e limites rígidos que sejam consensuais sobre essa diferenciação. De um modo geral, a definição entre efêmeras e intermitentes é bastante ruidosa, uma vez que separar os fluxos que originam a exfiltração é uma tarefa complexa.

Considera-se que o fluxo de base (*baseflow*), que atua de forma relativamente constante durante todo o ano hidrológico, seja o responsável pela perenidade das nascentes. Já as intermitentes são comuns em climas com dupla estacionalidade, estando relacionadas ao escoamento subsuperficial raso e deixando de exfiltrar no período de déficit hídrico. Em algumas nascentes a exfiltração limita-se a um ou mais eventos chuvosos, persistindo por poucas horas ou dias, sendo então efêmeras (oriundas do escoamento superficial de saturação).

Para a Geomorfologia, entretanto, essas são apenas algumas das variáveis que configuram as nascentes. Buscando conhecer as formas, processos e materiais que definem o modelado da superfície terrestre, os geomorfólogos se enveredam por outros caminhos ao estudar as nascentes. Tradicionalmente, abordam-nas em função da estruturação da rede de drenagem (origem e evolução), da sua mobilidade nas vertentes, da forma do relevo na qual se encontram e, também, do modo como ocorre a exfiltração (FARIA, 1997; FELIPPE, 2009; VALENTE; GOMES, 2005).

O contexto morfológico no qual ocorre a exfiltração é um parâmetro facilmente reconhecido no estudo de nascentes; elemento fundamental na sua caracterização (FARIA, 1997; FELIPPE, 2009; VALENTE; GOMES, 2005). Uma vez que a exfiltração ocorre justamente no local onde a superfície topográfica "toca" o nível potenciométrico, é muito comum que as nascentes estejam localizadas em feições desnudacionais, como canais de drenagem, dutos e concavidades (ver Figura 4.4).

O modo como ocorre a exfiltração é uma variável de grande importância geomorfológica, pois fornece indícios sobre a energia dos fluxos que originam as nascentes. Nesse aspecto, as nascentes são agrupadas em pontuais, difusas e múltiplas (FARIA, 1997; FELIPPE, 2009). As nascentes pontuais possuem exfiltração de forma concentrada em um único local muito bem definido (ver Figura 4.5). Nas nascentes com exfiltração difusa, por sua vez, a água aflora em uma área, promovendo o encharcamento do solo; nascentes com exfiltração múltipla se referem a um mesmo sistema com dois ou mais pontos e/ou áreas de exfiltração (FARIA, 1997; FELIPPE, 2009; VALENTE; GOMES, 2005).

A mobilidade da exfiltração é outro elemento importante no estudo das nascentes. Com a oscilação sazonal do nível freático, dependendo da morfologia na qual a nascente se encontra, o ponto/área de exfiltração pode ser alterado (FARIA, 1997). Isso acontece, sobretudo, em nascentes alimentadas pela água acumulada nos solos (aquífero raso e livre) e que ocorrem em canais erosivos. Faria (1997) cita alguns trabalhos que já relataram movimentação sazonal de nascentes por longas distâncias, como na Inglaterra (entre 3 e 7 km) e no estado do Espírito Santo (cerca de 3 km). Felippe (2013) evidenciou movimentação sazonal de nascentes na Serra do Cipó (MG) em distâncias superiores a 2 km.

Diante do exposto, fica evidente a complexidade do sistema-nascente. Sua caracterização vai muito além da água exfiltrada, perpassando aspectos geomorfológicos que integram sua fisiografia. Cinco parâmetros básicos são essenciais para se conhecerem as nascentes: morfologia, tipo de exfiltração, mobilidade, vazão e sazonalidade (ver Figura 4.6). No entanto, outras variáveis são muito bem-vindas em estudos específicos, como aquelas relacionadas à integridade da vegetação, para estudos de cunho ambiental, ou aspectos socioculturais, para discussões acerca da gestão das nascentes.

4.3. Tipos de nascentes

4.3.1. Classificação de Bryan (1919)

Apesar do avanço que os estudos de nascentes apresentaram nas últimas décadas, a classificação proposta por Kirk Bryan, em 1919, continua sendo extensivamente utilizada. Com base em aspectos hidrogeológicos qualitativos e tendo o foco nas formações rochosas que fornecem água para as nascentes, Bryan agrupou as nascentes em duas grandes classes: não gravitacionais e gravitacionais.

As nascentes não gravitacionais, associadas a águas profundas, termais ou não, estão associadas a sistemas aquíferos que promovem confinamento e, portanto, menor variação sazonal. Essas nascentes podem ser subdivididas em nascentes vulcânicas e nascentes fissurais, de acordo com o aquífero de origem.

As nascentes gravitacionais são formadas por águas meteóricas (ocasionalmente com participação de águas mais profundas), movimentando-se como águas subterrâneas freáticas. Por esse motivo, flutuam muito com a variação das chuvas. Dentro desse grupo, há nascentes de depressão (quando a superfície corta o nível freático em materiais porosos), nascentes de contato (quando a exfiltração ocorre no contato de materiais porosos sobrepostos a rochas impermeáveis), nascentes artesianas (quando a camada aquífera se encontra presa entre duas camadas impermeáveis) e nascentes em material impermeável (que podem ser tubulares ou fraturadas, dependendo das características do material).

Os processos hidrogeológicos que levam à exfiltração da água subterrânea à superfície são a principal preocupação dessa classificação. De grande respaldo, é ainda hoje muito utilizada, ainda que com adaptações (TODD; MAYS, 2005). Porém, não há uma preocupação com a dinâmica das nascentes, tampouco com suas características geográficas e ecológicas

4.3.2. Classificação de Springer (2008)

A proposta do grupo estadunidense capitaneado por Abraham Springer e, provavelmente, a mais referenciada na literatura internacional na atualidade. A classificação surgiu de um inventário de nascentes em Unidades de

Conservação no Arizona, EUA, concluído em 2006 (STEVENS; MERETSKY, 2008). Springer *et al.* (2008) sistematizaram as informações e criaram uma chave de classificação que congrega aspectos geomorfológicos, hidrológicos e ecológicos das nascentes. No entanto, foi no trabalho de Springer e Stevens (2009) que essa classificação foi mais bem apresentada, incluindo ilustrações, fotografias, aspectos fisiográficos, entre outros.

A partir dos fluxos que originam as nascentes, a proposta de Springer apresenta a morfologia como elemento central. Além disso, possui uma clara preocupação com os ecossistemas que ocorrem nas nascentes. Contudo, assim como Bryan, Springer dá um maior foco para nascentes em aquíferos confinados e sob pressão, colocando em segundo plano nascentes que são originadas a partir do acúmulo de água no material intemperizado que recobre as rochas.

4.3.3. Classificação de Felippe (2009)

A proposta de Felippe (2009) parte da empiria na busca de uma tipologia multivariada para nascentes, utilizando-se de um algoritmo de máxima verossimilhança e parâmetros qualitativos. A partir de nove variáveis (morfologia, tipo de exfiltração, mobilidade, posição de afloramentos rochosos, profundidade das coberturas superficiais, vazão, razão de vazão, sazonalidade e contatos geológicos) selecionadas pela sua significância no modelo, o autor estabeleceu seis tipos de nascentes: freática, dinâmica, flutuante, sazonal erosiva, sazonal de encosta e antropogênica (FELIPPE, 2009). As principais características de cada tipo proposto são apresentadas na Tabela 4.1.

As nascentes dinâmicas representam sistemas de alta energia, originadas da erosão subsuperficial que viabiliza a exfiltração. Já as nascentes flutuantes e freáticas são sistemas de menor energia, com oscilação sazonal mais expressiva (a primeira, sua posição na vertente, e a segunda, sua vazão). Foram verificados dois tipos de nascentes intermitentes (chamadas de sazonais). As sazonais erosivas estão relacionadas a sulcos e ravinas que interceptam o nível freático no período úmido. Já as sazonais de encosta são caracterizadas por uma intensa variação do nível freático em mantos de intemperismo espessos e sem ocorrência de sulcos erosivos ou ravinas (FELIPPE, 2009). A Figura 4.7 apresenta um mosaico de tipologias de nascentes.

Tabela 4.1. Síntese das características de cada tipo de nascente, segundo a proposta de Felippe (2009).

Tipo	Morfologia do local de exfiltração	Tipo de exfiltração	Ocorrência de contato estratigráfico	Vazão média anual	Razão de vazão	Mobilidade	Manto de intemperismo	Afloramentos rochosos	Sazonalidade
Freática	Concavidade	Difusa	Sem contato	Baixa	Diminui a vazão no inverno	Indiferente	Profundo	Ausentes	Perene
Dinâmica	Afloramento ou duto	Múltipla ou pontual	Com contato	Indiferente	Aumenta a vazão no inverno	Fixa	Raso	Na nascente	Perene
Sazonal erosiva	Canal erosivo	Pontual	Indiferente	Baixa	Não mensurável (vazão nula no inverno)	Indiferente	Médio	Existente	Intermitente
Flutuante	Concavidade	Difusa	Com contato	Baixa a média	Estável	Móvel	Médio	Indiferente	Perene
Sazonal de encosta	Duto (vertical ou horizontal)	Pontual	Sem contato	Média a baixa	Não mensurável (vazão nula no inverno)	Indiferente	Profundo	Ausente	Intermitente
Antropogênica	As nascentes antropogênicas não possuem características padronizadas para quaisquer variáveis, pois são definidas exclusivamente pela antropogenia, podendo apresentar diversos contextos fisiográficos.								

Fonte: Adaptado de Felippe e Magalhães Jr. (2014).

Além desses cinco tipos estabelecidos pelo algoritmo de máxima verossimilhança, Felippe (2009) identificou que as nascentes que possuíam baixo ajuste ao modelo correspondiam a sistemas criados pela ação do homem como agente geomorfológico no Tecnógeno. Esse tipo de nascente foi chamado de antropogênico e apresenta características as mais incertas, típicas de um sistema com elevado grau de entropia.

4.4. Ocorrência de nascentes e evolução do sistema fluvial

Uma vez que a nascente é responsável pelo surgimento de um canal fluvial, sua ocorrência está diretamente ligada à evolução da rede de drenagem e de todo o sistema fluvial. As características da drenagem fluvial dependem de fenômenos geomorfológicos, hidrológicos e hidrogeológicos em uma perspectiva poligênica, ante grandes mudanças tectônicas, climáticas e/ou antrópicas. Knighton (1984) levanta dois principais desafios para a compreensão da origem dos rios: i) a determinação dos processos que concentram a água para exfiltração e iniciam a drenagem superficial; ii) a definição das condições para que a exfiltração se torne permanente e possua energia para escavar o canal. Montgomery e Dietrich (1989) afirmam que a gênese dos canais de drenagem está associada a três principais grupos de processos: i) incisão por fluxo superficial de saturação; ii) *seepage erosion*; iii) escorregamentos rasos.

Problematizando a conexão da água subsuperficial com a superfície, tanto Knighton (1984) quanto Montgomery e Dietrich (1989) indicam que a origem dos rios está associada à origem das nascentes. Assim, o que diferenciaria um sulco erosivo ou uma ravina de um rio (*stricto sensu*) seria o desenvolvimento de uma nascente, capaz de promover a exfiltração da água e iniciar os processos eminentemente fluviais.

Desde meados do século passado, a evolução da rede de drenagem é um tema caro à Geomorfologia. Após o desenvolvimento de modelos teóricos, porém, os pesquisadores pouco têm se debruçado sobre a gênese de um canal de drenagem. A maioria dos modelos de evolução da rede de drenagem baseia-se em processos investigados de jusante para montante e partem da existência de pelo menos um curso d'água anterior (KNIGHTON, 1984; STRAHLER; STRALER, 1992). O processo síntese é, portanto, a erosão remontante. Entretanto, diversas pesquisas recentes vêm obtendo resultados sobre o reordenamento e expansão da rede de drenagem por migração *top-down*, isto é, a partir das zonas de cabeceiras de drenagem. Alguns estudos demonstram, inclusive, efeitos de oscilações climáticas nos processos de migração de canais fluviais em zonas de cabeceiras e no tempo de resposta dos divisores (HURST *et al.*, 2012; MUDD, 2017).

Robert E. Horton desenvolveu um dos primeiros modelos científicos de evolução da rede de drenagem. A partir de mensurações geométricas consonantes ao quantitativismo em voga na época que transformava as Geociências, Horton (1945) desenvolveu uma linha do tempo de avanço da rede fluvial. Para tanto, relacionou os processos superficiais de escoamento da água com parâmetros morfométricos observados na composição de redes de drenagem padrões (ou ideais).

A proposta de Horton (1945), sintetizada na Figura 4.8, parte da formação de um canal principal perpendicular à inclinação principal da bacia (ver Figura 4.8A). O processo relacionado seria chamado de escoamento hortoniano (*hortonian flow*), que representa o fluxo superficial do excedente de chuva a partir da saturação do solo, ou seja, quando a capacidade de infiltração é superada. O acúmulo do escoamento superficial no exutório da bacia, quando sua área é grande o suficiente, promove a energia necessária para iniciar a incisão de um talvegue. Com a ampliação remontante do canal principal, altera-se o gradiente topográfico das vertentes e as linhas de fluxo superficiais gradativamente passam a se direcionar para o eixo maior da bacia, formando um novo canal afluente em cada margem do curso principal (ver Figura 4.8B). O terceiro estágio seria a reprodução desses processos em uma área menor, no caso, as sub-bacias formadas previamente. Assim, o desenvolvimento dos tributários dos afluentes de modo similar ao ocorrido com o principal, porém, desenvolvendo canais de menor expressão espacial (ver Figura 4.8C). Por fim, o processo seria repassado gradativamente aos canais recém-formados e suas respectivas bacias, até que se forme uma bacia cuja pequena extensão seja incapaz de concentrar energia para a erosão de um novo canal, predominando fluxos laminares (HORTON, 1945).

Duas principais críticas emergem ao modelo de Horton: i) os parâmetros apresentados são bem definidos apenas em uma bacia em formato de losango (*diamond-shape*), caso contrário, não há possibilidade de realizar os cálculos e definir qual o principal canal em cada estágio; ii) o modelo desconsidera os fluxos subterrâneos e subsuperficiais (KNIGHTON, 1984). Por esses motivos, o modelo hortoniano é mais bem aplicado em pequenas bacias com superfície desnuda de vegetação e com baixa capacidade de infiltração (SCHUMM, 2003).

Dunne (1980) apresentou um modelo qualitativo de evolução da drenagem a partir de processos subsuperficiais (ver Figura 4.9). Essa proposta tem como mecanismo predominante de formação de canais fluviais a exfiltração da água nas nascentes (KIGHTON, 1984). Partindo de uma superfície suavemente inclinada com uma sucessão de linhas de fluxo subterrâneo, preferencialmente paralelas, concordantes com a direção da vertente, ocorre uma perturbação, que pode ser ocasionada por processos erosivos (em duto, por exemplo), gerando uma nascente (ver Figura 4.9A). A partir daí, muda-se o direcionamento dos fluxos subterrâneos, concentrando-os e promovendo desnudação química e erosão subterrânea concomitantemente. No momento posterior (ver Figura 4.9B), a feição erosiva que abriga a nascente retrai, aumentando ainda mais a concentração dos fluxos, promovendo novos locais de exfiltração. A repetição dos processos (erosão superficial, subterrânea e exfiltração) leva ao surgimento de novos vales e à ramificação da rede de drenagem. A partir do momento em que a energia existente não é suficiente para a continuidade dos processos erosivos no meio subsuperficial, ocorre a estabilização da drenagem (DUNNE, 1980).

Também focado na interface de processos meteóricos e subterrâneos, Iida (1984) elaborou um modelo teórico de evolução dos canais a partir da convergência dos fluxos subsuperficiais. O autor trabalha em uma proposição similar à de Dunne (1980), com algumas especificidades. Assim, ocorreria o livre deslocamento da água nos poros do material intemperizado, forçando o movimento lateral da água. Aspecto relevante dessa proposta é que ela compreende a subsuperfície de modo análogo à superfície topográfica. Assim, a descarga das nascentes seria proporcional a suas áreas de contribuição.

Knighton (1984) apontou que os locais mais prováveis para a ocorrência do escoamento de saturação, e, portanto, mais propícios para o desenvolvimento de canais de drenagem, eram as baixas vertentes e concavidades. Nessas áreas, a topografia auxilia na concentração dos fluxos superficiais, promovendo maior acúmulo de água e, consequentemente, mais próximos ao nível de saturação.

Focado na gênese de canais por processos de movimentos de massa, Dietrich *et al.* (1986) verificaram que em encostas mais íngremes os escorregamentos são processos recorrentes, sendo assim, importantes na evolução da rede de drenagem. A partir de parâmetros morfométricos que traduzem os canais de drenagem, afirmam que o gradiente do local onde se inicia o canal possui relação inversa com o tamanho da área de contribuição e com o comprimento da vertente a montante do início do canal (DIETRICH *et al.*, 1986).

Fazendo o diálogo entre as assertivas de Knighton (1984) e Dietrich *et al.* (1986), os escorregamentos seriam responsáveis pela criação de feições côncavas, onde, com a convergência da água, os processos erosivos e desnudacionais se sucederiam, formando cabeceiras de drenagem. A dissecação vertical do relevo pela incisão do fluxo responderia pela formação de um sulco erosivo que originaria um canal de primeira ordem (MONTGOMERY e DIETRICH, 1989).

Contudo, enquanto a formação de canais por processos erosivos superficiais é relativamente bem trabalhada, a gênese por erosão subsuperficial não é bem explicada pelos modelos presentes na literatura, conforme afirmam Montgomery e Dietrich (1989).

A erosão em dutos (*piping*) é constantemente citada nessa perspectiva. Sabe-se que o *piping* é um dos processos geomorfológicos subterrâneos de maior energia devido à alta velocidade do fluxo, contribuindo com retirada significativa de material. Porém, um pré-requisito para a iniciação do processo é a presença de superfícies de permeabilidade limitada no interior do manto de alteração. De todo modo, essa mudança na permeabilidade em perfil promove o fluxo lateral da água com a remoção seletiva de sedimentos e a abertura gradual dos poros, formando dutos (KNIGHTON, 1984).

Outros processos menos trabalhados pela literatura também são associados à formação de um canal a partir dos fluxos subterrâneos, como o chamado *sapping*. Esse processo se assemelha ao *piping*, porém, não ocorre de forma concentrada em vazios tubulares, mas sim, através dos macroporos formados nas coberturas superficiais. Há também o *seepage erosion*, um processo lento e de baixa magnitude capaz de promover a retirada de partículas de pequeno tamanho e compostos químicos da subsuperfície. Sua ocorrência pode gerar anfiteatros ou concavidades suaves e aumentar a suscetibilidade do relevo a processos lineares de formação de canais (DUNNE, 1980; FOX *et al.*, 2007; ONDA, 1994).

Apesar das lacunas do conhecimento científico sobre esses fenômenos que promovem a interação entre águas meteóricas, subterrâneas e superficiais, "em vertentes de baixo gradiente em regiões úmidas, a erosão pelo escoamento de saturação e por exfiltração são os mecanismos mais comuns de inicialização dos canais" (MONTGOMERY; DIETRICH, 1989, p. 1914). Grande parte do Brasil se insere nesse contexto.

Contudo, não se pode afirmar que a gênese das nascentes se resume aos processos de formação dos canais fluviais ou à evolução da rede de drenagem, apesar de muitos mecanismos serem comuns a esses processos. Ainda que as nascentes não sejam responsáveis pela gênese dos canais fluviais *stricto sensu*, são elas que determinam a extensão do fluxo superficial permanente da água nos canais de primeira ordem.

Normalmente, os canais de primeira ordem podem ser divididos em segmentos perenes, intermitentes e efêmeros. A drenagem perene se inicia em uma nascente, por mais que possa haver a ocorrência de fluxos temporários a montante, como no caso de ravinas e fluxos não concentrados. A variação sazonal do nível freático pode, também, fazer flutuar as nascentes deslocando-as através do segmento intermitente do canal. Por fim, os segmentos efêmeros só possuem atividade nos eventos chuvosos, já que a exfiltração não se sustenta nesses trechos.

Referências

BERTRAND, G. Paisagem e geografia física global. Esboço metodológico. Raega — O Espaço Geográfico em Análise, Curitiba, v. 8, pp. 141-152, 2004.

CAILLEUX, A.; TRICART, J. Le problème de la classification des faits géomorphologiques. **Annales de Géographie**, [S.l.], v. 65, n. 349, p. 162-186, 1956.

CHARLTON, R. **Fundamentals of Fluvial Geomorphology**. Londres: Routledge, 2008. 234 p.

CHORLEY, R. J.; SUGDEN, D. E.; SCHUMM, S. A. **Geomorphology**. Londres: Methuen. 1985. 607 p.

DIETRICH, W. E.; WILSON, C. J.; RENEAU, S. L. Hollows, Colluvium, and Landslides in Soilmantled Landscapes. *In*: ABRAHAMS, A. D. (ed.). **Hillslope Processes**. Londres: Allen and Uwin, 1986. pp. 361-388.

DUNNE, T. Formation and Controls of Channel Networks. **Prog. Phys. Geogr.**, [S.l.], v. 4, n. 2, p. 211-239, 1980.

FARIA, A. P. A dinâmica de nascentes e a influência sobre os fluxos nos canais. **A Água em Revista**, Rio de Janeiro, v. 8, pp. 74-80, 1997.

FELIPPE, M. F. **Caracterização e tipologia de nascentes em unidades de conservação de Belo Horizonte com base em variáveis geomorfológicas, hidrológicas e ambientais.** 2009. 277 f. Dissertação (Mestrado em Geografia) — Instituto de Geociências, Universidade Federal de Minas Gerais, Belo Horizonte, 2009.

________. **Gênese e dinâmica de nascentes: contribuições a partir da investigação hidrogeomorfológica em região tropical.** 2013. 254 f. Tese (Doutorado em Geografia) — Instituto de Geociências, Universidade Federal de Minas Gerais, Belo Horizonte, 2013.

FELIPPE, M. F.; MAGALHAES JR., A. P. Conflitos conceituais sobre nascentes de cursos d'água e propostas de especialistas. **Geografias (UFMG)**, Belo Horizonte, v. 9, pp. 70-81, 2013.

________. Desenvolvimento de uma tipologia hidrogeomorfológica de nascentes baseada em estatística nebulosa multivariada. **Revista Brasileira de Geomorfologia**, São Paulo, v. 15, pp. 393-409, 2014.

________. Relação precipitação-vazão em nascentes no município de Lagoa Santa, MG. *In*: Simpósio Brasileiro de Recursos Hídricos, 20., 2013, Bento Gonçalves, RS. **Anais...** Bento Gonçalves: ABRH, 2013b.

FOX, G. A.; WILSON, G. V.; SIMON, A.; LANGENDOEN, E. J.; AKAY, O.; FUCHS, J. W. Measuring Streambank Erosion Due to Ground Water

Seepage: Correlation to Bank Pore Water Pressure, Precipitation and Stream Stage. **Earth Surface Processes and Landforms**, [S.l.], v. 32, n. 10, pp. 1558-1573, 2007.

HORTON, R. E. Erosional Development of Streams and Their Drainage Basins; Hydrophysical Approach to Quantitative Morphology. **Geological Society of America Bulletin**, [S.l.], v. 56, n. 3, pp. 275-370, 1945.

HURST, M. D.; MUDD, S. M.; WALCOTT, R.; ATTAL, M.; YOO, K. Using Hilltop Curvature to Derive the Spatial Distribution of Erosion Rates. **Journal of Geophysical Research**, 117(F2), 2012.

IIDA, T. A Hydrological Method of Estimation of the Topographic Effect on the Saturated Throughflow. **Japanese Geomorphological Union Transactions**, [S.l.], v. 5, n. 1, pp. 1-12, 1984.

KNIGHTON, D. **Fluvial Forms and Processes**. Londres: Edward Arnold, 1984. 218 p.

KOHLER, H. C. A escala na análise geomorfológica. **Revista Brasileira de Geomorfologia**, [S.l.] v. 3, n. 1, pp. 21-33, 2002.

MARQUES, L. O.; VIEIRA, A. T. ; FELIPPE, M. F. Monitoramento da dinâmica hidrológica de nascentes em três escalas temporais. *In*: Simpósio Nacional de Geomorfologia, 11., 2016, Maringá (PR). **Anais....** Maringá (PR): UEM, 2016.

MONTGOMERY, D. R.; DIETRICH, W. E. Source Areas, Drainage Density, and Channel Initiation. **Water Resources Research**, [S.l.], v. 25, n. 8, pp. 1907-1918, 1989.

MUDD, S. M. Detection of Transience in Eroding Landscapes. **Earth Surface Processes and Landforms**, 42(1), pp. 24-41, 2017.

ONDA, Y. Seepage Erosion and Its Implication to the Formation of Amphitheatre Valley Heads: A Case Study at Obara, Japan. **Earth Surface Processes and Landforms**, [S.l.], v. 19, n. 7, pp. 627-640, 1994.

PIÉGAY, H.; SCHUMM, S. A. System Approaches in Fluvial Geomorphology. *In*: KONDOLF, G.M., PIEGAY, H. (ed.). **Tools in Fluvial Geomorphology**. Chichester: Wiley, 2003. pp. 103-134.

SCHUMM, S. A. **The Fluvial System**. Caldwell, N.J.: Blackburn Press, 2003. 338 p.

SPRINGER, A. E.; STEVENS, L. E.; ANDERSON, D. E.; PARDELL, R. A.; KREAMER, D. K.; LEVIN, L.; FLORA, S. P. A Comprehensive Springs Classification System. *In*: STEVENS, L. E. (ed.). **Aridland Springs in North America: Ecology and Conservation.** University of Arizona Press, Tucson, 2008. Chapter 4.

SPRINGER, A. E.; STEVENS, L. E. Spheres of Discharge of Springs. **Hydrogeology Journal**, [S.l], v. 17, n. 1, pp. 83-93, 2009.

STEVENS, L. E.; MERETSKY, V. J. (eds.). **Aridland Springs in North America: Ecology and Conservation.** Tucson: University of Arizona Press, 2008.

STRAHLER, A.; STRAHLER, A. **Modern Physical Geography.** 4ª ed. Nova Iorque: John Wiley & Sons, 1992. 320 p.

TODD, D. K. **Hidrologia de águas subterrâneas.** São Paulo: E. Blucher, 1959. 319 p.

TODD, D. K.; MAYS, L. W. **Groundwater Hydrology.** 3ª ed. [Hoboken]: John Wiley & Sons, 2005. 656 p.

VALENTE, O. F.; GOMES, M. A. **Conservação de nascentes: hidrologia e manejo de bacias hidrográficas de cabeceiras.** Viçosa: Aprenda Fácil, 2005. 210 p.

5

Morfodinâmica fluvial

Antônio Pereira Magalhães Júnior
Luiz Fernando de Paula Barros
Guilherme Eduardo Macedo Cota

Os processos hidrossedimentológicos estão intimamente ligados ao ciclo da água. A maior parte dos processos fluviais (como erosão e transporte de sedimentos) ocorre no período das chuvas, quando as vazões e a energia dos fluxos aumentam significativamente e podem responder por 70 a 90% do trabalho fluvial (CARVALHO, 1994). Assim, as variáveis climáticas associadas às geológicas, ao tipo de solo e de uso ou cobertura da terra, além do quadro morfológico, exercem significativa importância no regime hidrossedimentológico dos cursos d'água.

Influenciado pelo quadro fisiográfico e características dos sedimentos, o escoamento superficial tende a remover e transportar os produtos do intemperismo e demais formações superficiais para as áreas de menor energia potencial gravitacional nas bacias hidrográficas, ou seja, os fundos de vales e, particularmente, os canais fluviais. Nos cursos d'água, os sedimentos assumem um comportamento de transporte diferenciado, determinado pelas condições de energia e turbulência dos fluxos concentrados. Já nos ambientes marginais de planícies de inundação, os fluxos tendem a apresentar menor energia, principalmente nos períodos de redução do nível d'água, favorecendo a deposição de finos.

Os sedimentos podem se tornar o principal poluente dos corpos d'água quando presentes em concentrações não naturais, podendo impactar a dinâmica dos fluxos e os processos hidrogeomorfológicos (MERTEN; POLETO,

2006; SIMPSON; BATLEY, 2016; WARD; ELLIOT, 1995). Também podem conter concentrações de elementos-traço entre 1.000 e 10.000 vezes maior que nas águas, já que os metais podem se associar ou combinar com alguns compostos minerais, aderindo aos sedimentos e, por vezes, precipitando-se nos sistemas fluviais (BAIRD, 2002).

Um aumento desproporcional de sedimentos em um corpo hídrico pode causar danos diretos na sua hidrodinâmica, na sua morfologia e, por consequência, nas biocenoses aquáticas e populações ribeirinhas. Enquanto a geometria de um canal fluvial é controlada basicamente pela descarga, a morfologia reflete, principalmente, a quantidade e o tamanho dos sedimentos transportados (SCHUMM, 1977; SUMMERFIELD, 2014). Desse modo, qualquer alteração no aporte sedimentar de um curso d'água pode levar a impactos em sua dinâmica erosiva e deposicional, forçando--o a buscar novas estratégias de estabilidade energética. Essas adaptações podem envolver aceleração da erosão das margens e do leito, abertura de ramificações, abandono de meandros, erosão de níveis deposicionais antigos e/ou a mudança do padrão fluvial, podendo impactar a disponibilidade dos recursos hídricos superficiais em quantidade e qualidade.

O excesso de sedimentos em suspensão causa, por exemplo, a diminuição da penetração da luz nos canais, o que pode alterar a temperatura e a taxa de oxigênio dissolvido na água. Também pode comprometer usos domésticos, industriais e recreativos, sobretudo na presença de possíveis poluentes adsorvidos por partículas coloidais, tornando maiores os custos de tratamento da água para o abastecimento humano. Por sua vez, os sedimentos acumulados em desequilíbrio nos leitos fluviais podem aumentar a possibilidade de inundações, devido à redução da seção fluvial, além de prejudicar a navegabilidade. O assoreamento afeta também a produção de energia elétrica, sobretudo no Brasil, tendo em vista que mais de 60% da energia produzida no país tem origem hídrica (ANEEL, 2019).

Nesse sentido, a compreensão dos processos de produção e escoamento de sedimentos em uma bacia hidrográfica não é apenas uma ferramenta de análise geomorfológica, mas também de planejamento do uso do solo, gestão territorial, proteção de sistemas hídricos e gestão de recursos hídricos em termos de qualidade e quantidade. Entretanto, a compreensão dos processos erosivos e deposicionais esbarra, muitas vezes, na complexidade dos fatores e variáveis envolvidos, tanto os de ordem física como humana.

5.1. A produção de sedimentos nas bacias hidrográficas

A carga sedimentar de um curso d'água inclui sedimentos erodidos pelos seus próprios fluxos e também os fornecidos por outras fontes. Significativa parte dos sedimentos é fornecida pelas vertentes, seja por erosão ou por movimentos gravitacionais de massa. A **erosão** pode ser compreendida como um conjunto de processos responsáveis pela desagregação, remoção, transporte e deposição dos fragmentos rochosos, partículas de solos ou depósitos superficiais inconsolidados, o que pode se dar de maneira lenta ou acelerada (MCCAN; FORD, 1996).

Entre os fatores condicionantes da erosão e dos movimentos gravitacionais de massa, podem ser destacados:

- a pluviosidade, principalmente no que se refere à **erosividade** (poder erosivo) da chuva, definida pela distribuição de seu volume no tempo e espaço;
- a presença e/ou o tipo de cobertura vegetal, dado que possibilita a proteção natural da superfície à ação direta da chuva, favorece a infiltração e reduz o escoamento superficial nas vertentes;
- o relevo, pois quanto mais extensas e declivosas são as encostas, maior tende a ser a energia do escoamento superficial e seu potencial erosivo;
- o tipo de solo, principalmente no que diz respeito à sua **erodibilidade** (suscetibilidade à erosão), influenciada por sua composição granulométrica, presença de matéria orgânica, tipo e organização de horizontes pedogenéticos, tipos de estruturas, entre outros fatores;
- o substrato rochoso, em termos de litologia e presença de estruturas (falhas, fraturas, planos de acamamento, entre outros, que representam descontinuidades);
- os usos da terra, pois podem expor e fragilizar a superfície, acelerando a erosão.

Os processos erosivos podem ter origem natural ou antrópica. A erosão e os movimentos gravitacionais de massa são processos naturais que podem levar a certo rejuvenescimento da cobertura pedológica e do modelado do relevo. Entretanto, praticamente todas as atividades humanas alteram os processos da dinâmica hídrica superficial, seja pela movimentação e desestruturação dos terrenos, alteração no escoamento dos fluxos superficiais e subsuperficiais, impermeabilização das superfícies ou remoção ou degradação da cobertura vegetal.

Nos ambientes tropicais úmidos, o agente erosivo mais comum é a água. A **erosão hídrica** em ambientes continentais é caracterizada pela desagregação e transporte de partículas do solo pela ação das águas pluviais, fluviais e subterrâneas. A erosão pluvial pode ocorrer sob a forma de **salpicamento** (efeito *splash*) — primeiro estágio do processo erosivo — e erosão por escoamento superficial, a qual pode ocorrer sob forma de escoamento difuso ou concentrado.

A Figura 5.1 ilustra o ciclo hidrológico à escala de uma bacia hidrográfica. Parte da precipitação é interceptada pela vegetação (e demais tipos de cobertura do solo), podendo ser prontamente evaporada (antes mesmo de tocar a superfície do terreno) ou atingir o solo após se acumular e escoar por folhas e troncos. Outra parte pode atingir diretamente o solo, promovendo a erosão por salpicamento. Esta tem impactos mais importantes em função do grau de exposição do solo, causando o destacamento de partículas que ficam sujeitas ao transporte e à selagem superficial (formação de uma espécie de "capa síltica"), reduzindo a capacidade de infiltração e, logo, aumentando o escoamento superficial (ver Figura 5.2A). Quanto maior a inclinação de um terreno, maior tende a ser a distância de transporte das partículas destacadas pelo salpicamento. Em áreas com cobertura vegetal arbórea, porém sem sub-bosque e/ou serrapilheira, os efeitos do salpicamento podem ser potencializados. A água da chuva pode se concentrar nas copas até que um limite crítico de acumulação seja atingido e a água se desprenda em direção ao solo sob forma de gotas maiores e de maior poder erosivo que as de incidência direta da chuva.

Parte da água que chega à superfície pode ser armazenada temporariamente nas microcavidades superficiais do solo (armazenamento superficial).

Uma fração dessa água pode infiltrar e percolar pelos poros do solo e atingir a zona saturada do aquífero, podendo ser armazenada em profundidade ou sofrer exfiltração nas nascentes e/ou ao longo dos canais de drenagem. Quando presentes, os *pipes* (cavidades erosivas alongadas resultantes da erosão subsuperficial) proporcionam uma rápida movimentação da água no solo, podendo apresentar taxas de fluxos comparáveis às dos canais superficiais. Podem, assim, atuar como uma extensão da rede de drenagem e permitir rápidas respostas aos incrementos de fluxos pluviais nas bacias (BERNATEK-JAKIEL, A.; POESEN, 2018; CHARLTON, 2008).

Outra parte do volume temporariamente armazenado em superfície pode escoar pelas vertentes. A velocidade da elevação do nível fluvial após um evento de precipitação depende da proporção entre escoamento subsuperficial e superficial, esse último geralmente mais rápido, o que está relacionado à capacidade de infiltração do solo. O **escoamento superficial pluvial** (*runoff*) se inicia quando a capacidade de armazenamento hídrico do solo (em termos de porosidade) e microcavidades superficiais é superada (*overland flow*) ou quando a taxa de infiltração é inferior à de precipitação (fluxo hortoniano). O **escoamento difuso** e o **escoamento em lençol** são fluxos não canalizados (ver Figura 5.2B) que podem ter consequências importantes em termos de remoção e transporte de sedimentos, principalmente finos. O escoamento em lençol está tradicionalmente associado a uma lâmina d'água mais ou menos uniforme e que recobre a superfície, tendendo a ocorrer em superfícies impermeáveis ou pouco permeáveis. Em áreas rurais de zonas tropicais, o escoamento em lençol praticamente não ocorre, com exceção de áreas de afloramentos rochosos ou superfícies desnudas muito compactadas. Já o escoamento difuso se configura em uma rede ramificada de pequenos canais que se interconectam e é gerado por fluxos pluviais efêmeros com duração limitada ao escoamento pluvial, durante e após as chuvas. A rede pluvial difusa não gera canais estáveis e permanentes, podendo ter o seu arranjo espacial alterado de um evento pluvial para outro.

O **escoamento concentrado**, por sua vez, caracteriza-se por fluxos canalizados em canais fixos e bem definidos. Esse tipo de escoamento só surge a partir de certa distância crítica dos interflúvios, necessária à organização e junção das linhas de escoamento que se tornam trajetórias preferenciais para a água. Canais podem surgir, portanto, onde o escoamento concentrado apresenta intensidade suficiente para escavar o substrato de modo sucessivo ao longo dos períodos chuvosos. Os fluxos concentrados podem ter origem pluvial e/ou subsuperficial em pontos de exfiltração, o que pode ocorrer em nascentes ou ao longo dos próprios canais.

Em qualquer uma das etapas mencionadas pode ocorrer evaporação de parte da água acumulada e/ou que flui nas superfícies, bem como evapotranspiração quando incorporado o papel da cobertura vegetal. Esses processos são importantes para a retroalimentação dos *inputs* hídricos por precipitação.

Podem ser distinguidos três tipos de formas erosivas decorrentes do escoamento concentrado nas vertentes: **sulcos (em um sentido genérico), ravinas** e **voçorocas** (ver Capítulo 2). Apesar do forte impacto visual e ambiental das voçorocas, em certos contextos, a erosão laminar gerada por fluxos não concentrados pode ser responsável por maior perda de solos que os voçorocamentos, dada a sua maior extensão areal (GUERRA *et al.*, 2017). Entretanto, a erosão laminar não é facilmente detectada pois não gera formas erosivas que sinalizem a sua atuação.

Por outro lado, os voçorocamentos podem ter forte impacto no comportamento hidrossedimentológico dos cursos d'água, pois, além do fornecimento de elevada carga sedimentar, também contribuem para alterações no regime de fluxo e, consequentemente, na competência e capacidade de transporte sedimentar. O trabalho de Costa e Bacellar (2007) em duas bacias contíguas e tributárias de um mesmo curso d'água mostrou que a que possuía uma voçoroca ocupando 42% de sua área apresentou menores taxas de fluxos de base (exfiltração de água subterrânea), mas maiores fluxos de cheia (durante os eventos chuvosos), porém em picos de curta duração. A voçoroca causou a erosão parcial do solo e a exposição da rocha sã, levando à perda de capacidade de armazenamento de água e regulação do regime hidrológico.

Nos **movimentos gravitacionais de massa** a água não é o agente principal de transporte, mas pode ter importante papel condicionante. Diversos tipos de movimentos de massa são descritos na literatura, tais como (ALCÁNTARA-AYALA; GOUDIE, 2014; GIANNINI; RICCOMINI, 2001): escorregamentos (rotacionais, translacionais e em cunha), movimentos de blocos (quedas, tombamentos, desplacamentos e rolamentos) e corridas ou fluxos (de terra, de lama e de detritos), alguns deles ilustrados na Figura 5.3. Esses processos podem fornecer grandes quantidades de sedimentos de diferentes granulometrias aos cursos d'água, podendo criar barramentos naturais aos fluxos e elevar, por entulhamento das calhas, níveis de base locais. A própria erosão fluvial pode favorecer a ocorrência de movimentos de massa a partir do solapamento da base das vertentes no processo de migração lateral ou mesmo da incisão vertical acelerada (encaixamento), que pode resultar em elevados graus de dissecação do relevo e fortes gradientes das encostas (ver Figura 5.4).

Uma das principais causas da erosão acelerada e dos movimentos de massa é a remoção da cobertura vegetal, pois torna o solo desprotegido frente à atuação dos agentes exógenos. A vegetação protege o solo dos impactos diretos dos agentes erosivos e reduz a velocidade e a quantidade dos fluxos superficiais por meio de sua estrutura física e da formação de coberturas mortas (serrapilheira). Em termos subsuperficiais as raízes conferem maior resistência dos solos à ação erosiva, freando a velocidade da percolação. A proteção contra a erosão também ocorre em termos de propriedades físicas e geoquímicas dos solos, pois a incorporação de matéria orgânica aumenta a capacidade de trocas catiônicas e a estruturação do solo e, por consequência, aumenta a porosidade, a permeabilidade e a capacidade de retenção hídrica. Por todos estes aspectos, a vegetação favorece a infiltração e a redução da velocidade e da quantidade do escoamento superficial, o qual tende a intensificar a erosão, aumentar a carga sedimentar dos cursos d'água e também gerar eventos de inundação.

A vegetação é um eficiente elemento protetor dos solos contra a erosão, mas não há consenso na literatura sobre os efeitos comparativos de tipos diferentes de formações vegetais (ANTONELI *et al.*, 2018; OLIVEIRA *et al.*, 2015). Conforme Sánchez (2008), quando florestas são substituídas por pastagens, as taxas de erosão podem atingir ordens de grandeza dez vezes maiores, mas quando ocorre a substituição por culturas, o processo erosivo pode ser três ordens de grandeza (mil vezes) mais intenso. Porém, as taxas de erosão variam muito de cultura para cultura e dependem também das práticas agrícolas usadas, como o plantio em curvas de nível, por exemplo.

A elevada perda de solo nesses casos se deve não só à supressão da vegetação original, mas também à compactação do solo associada à pecuária e à agricultura, seja pelo pisoteio animal ou pelo uso de maquinário agrícola. Em todo caso, devemos sempre ponderar que as variações das taxas de erosão em função do tipo de cobertura do solo dependem, também, dos diversos contextos físicos e ambientais.

5.2. Tipos de transporte sedimentar nos canais fluviais

O transporte fluvial de sedimentos pode ocorrer de várias maneiras e de acordo com diferentes contextos geomorfológico-ambientais que influenciam o balanço de energia de cada sistema. Há três tipos principais de **carga sedimentar fluvial: dissolvida, em suspensão e de leito** (BRIDGE, 2003; CHARLTON, 2008; CHRISTOFOLETTI, 1981; KNIGHTON, 1998) — ver Figura 5.5.

A carga **dissolvida** é transportada em solução química na água, compreendendo moléculas e íons derivados do intemperismo químico das rochas (carbonatos, sulfatos, óxidos, entre outros) e da decomposição de componentes biogênicos. Os elementos dissolvidos também podem englobar poluentes e contaminantes, como agroquímicos empregados na agropecuária. Segundo Stevaux e Latrubesse (2017), considera-se carga dissolvida o material que não é retido em um filtro de 0,45 μm, incluindo, além das soluções iônicas, os coloides húmicos.

Dessa forma, a composição química das águas varia de acordo com o substrato geológico, a vegetação e o tipo de uso do solo em cada bacia hidrográfica. Apenas como referência da diversidade possível, a matéria orgânica pode representar de 10 a 15% da carga dissolvida em climas úmidos e menos de 2% em climas áridos (CRICKMAY, 1974). Causas não associadas à desnudação (como emanações vulcânicas, gases atmosféricos e sais da atmosfera) também podem contribuir para a carga dissolvida total dos cursos d'água.

A capacidade de transporte de um canal tende a ser aumentada pela mistura de sedimentos de diferentes granulometrias. O tipo de transporte, no entanto, depende de fatores como a densidade e a geometria das partículas. Seixos elipsoidais imbricados[7] na direção da corrente oferecem, por exemplo, maior resistência ao transporte e, assim, contribuem mais para a estabilidade do leito do que seixos arredondados. As condições do fluxo e até o impacto das gotas de chuva no fluxo fluvial podem aumentar a sua capacidade de transporte.

No caso da carga fluvial em **suspensão**, incluindo finos orgânicos e inorgânicos (principalmente argila e silte), as partículas são sustentadas por forças eletrostáticas (coesão) e de turbulência (VERCRUYSSE *et al.*, 2017). A sua deposição ocorre em ambientes de baixa energia, como planícies fluviais e lagos, por precipitação gravitacional (decantação). Em alguns sistemas fluviais a carga em suspensão pode representar mais de 90% do material transportado (WARD; TRIMBLE, 2004). Sob suspensão, a velocidade média das partículas fica próxima à do escoamento. Os sedimentos em suspensão gerados pela erosão podem causar tanto impactos negativos, como a degradação da qualidade da água devido ao aumento da turbidez, quanto positivos, associados à renovação de sedimentos que transportam nutrientes e auxiliam a fertilização dos solos.

Cabe ressaltar que o transporte fluvial com abundância de carga em suspensão não é um estágio de transição, necessariamente, para um fluxo de lama, pois este é uma categoria de movimentos gravitacionais de massa. No entanto, um canal fluvial atingido por um fluxo de lama pode se comportar, por curtos períodos, como tal (CRICKMAY, 1974; WALLING; FANG, 2003; YANG, 1996). Nesse caso, a água e os sedimentos se movem de modo conjunto, como um único corpo viscoso, praticamente à mesma velocidade. Os sólidos podem abranger um percentual bastante elevado da carga sedimentar total. Quando o material é depositado, não há separação entre as fases sólida e líquida. Em muitos sistemas fluviais, a erosão natural não tende a fornecer quantidades significativas de carga argilosa, dada a resistência conferida pelas propriedades geoquímicas. Por outro lado, processos que conferem elevada turbulência aos fluxos (como quedas e tombamentos de margens), assim como processos de erosão acelerada,

---

7. O imbricamento se refere ao arranjo geométrico dado pela superposição parcial dos clastos nos leitos fluviais, o qual pode indicar o sentido de paleocorrentes.

podem fornecer elevada carga de sedimentos argilosos em suspensão aos cursos d'água.

Partículas de areia também podem ser transportadas em suspensão quando o grau de turbulência é relativamente elevado, porém por períodos mais curtos que as partículas mais finas. Por outro lado, a coesão entre partículas de argila pode formar agregados e sustentar grãos de areia por longos períodos. O transporte episódico de seixos em suspensão temporária é possível sob velocidades extremamente elevadas, por meio de forças macroturbulentas de sustentação (*lift forces*).

Por sua vez, o transporte de carga fluvial no leito pode ocorrer por meio de saltação e arraste (tração). Na **saltação** há projeção de partículas do leito (subcamada viscosa) na camada "*buffer*" ou na camada externa (fluxo turbulento). Ocorre a sustentação provisória das partículas pelas forças tangenciais, processo que atinge principalmente areia e grânulos. A formação de zonas de baixa pressão no topo de uma partícula em função da viscosidade do fluxo pode ser suficiente para desprendê-la do leito. No processo de **arraste** ou **tração** não há perda de contato dos sedimentos com o leito, envolvendo, sobretudo, grãos de areia, grânulos e seixos. Pode ocorrer rolamento ou escorregamento das partículas e clastos em função da forma e do grau de arredondamento. Em geral, a carga de leito é depositada quando o curso d'água perde capacidade e/ou competência de transporte, o que pode ocorrer em situações de redução do fluxo, redução do gradiente, elevação do nível de base ou por um aporte sedimentar incompatível. Em situações de redução da energia do fluxo, como em poços naturais ou represamentos, uma parte significativa da carga sedimentar mais grossa tende a ficar retida. Como consequência, a energia antes empregada no transporte da carga de fundo pode ficar disponível para outros processos e os fluxos liberados a jusante podem empregar tal energia na erosão acelerada do leito e margens.

5.3. Erosão e sedimentação fluvial

Um curso d'água é um sistema aberto e dinâmico. Sua configuração morfológica e seus processos são ajustados continuamente por um balanço de energia que envolve o fluxo e a carga sedimentar. Esse balanço é influenciado por fatores como gravidade, clima, tectônica e atividades humanas. A partir do balanço de energia, podemos compreender por que os sedimentos podem ser removidos, transportados ou depositados em um sistema fluvial e como interferências externas (ao sistema fluvial) podem comprometer ou potencializar os processos fluviais a partir, por exemplo, de variações na vazão ou na carga sedimentar.

Os processos de erosão e sedimentação fluvial estão entre os temas mais estudados da Hidrogeomorfologia (CONSTANTINESCU *et al.*, 2016; DEY, 2014; DINGMAN, 2009; ROWINSKI; RADECKI-PAWLIK, 2015; SILVA; YALIN, 2017; SILVA *et al.*, 2003). O tamanho das partículas sedimentares é um indicador da **competência** do fluxo, ou seja, da energia de transporte. Quanto maior a competência fluvial, maior será a granulometria dos sedimentos transportados. Portanto, a competência é determinada pelo maior diâmetro sedimentar transportado, o que está diretamente ligado à energia do fluxo. Já a quantidade de sedimentos transportados também é um indicador de energia de transporte em termos de **capacidade**. A capacidade se refere à quantidade de material passível de ser mobilizada por unidade de tempo, ou seja, corresponde à quantidade máxima de sedimentos, de determinada classe granulométrica, que um curso d'água pode transportar, o que depende diretamente das vazões e da energia dos fluxos.

Em relação aos materiais constituintes dos leitos, os cursos d'água podem ser classificados genericamente em canais de **leito aluvial** e de **leito rochoso**. Porém, em muitas circunstâncias há uma sucessão de segmentos com leitos diferentes, caracterizando canais mistos (*mixed bedrock-alluvial channels*). Os canais de leito rochoso tendem a apresentar maior gradiente e maior energia de transporte. Nesses casos, os processos de ajustes e transformações da geometria hidráulica tendem a exigir maior tempo devido à maior resistência do substrato.

Os processos fluviais podem ser genericamente divididos em processos de remoção e de deposição (ou sedimentação). No primeiro caso, as partículas são movimentadas quando as forças de turbulência do fluxo superam as forças contrárias de resistência exercidas na manutenção estacionária das partículas.

Os processos de remoção aluvial respondem às variações dos *inputs* e *outputs* energéticos a que cada curso d'água está sujeito, ou seja, refletem a energia do fluxo sobre os processos abrasivos. Dessa forma, a energia necessária para a remoção ou velocidade crítica de erosão determina se o canal fluvial irá favorecer processos de erosão ou de colmatação (STEVAUX; LATRUBESSE, 2017). A menor velocidade de fluxo necessária para que as partículas de dada granulometria sejam erodidas e transportadas é chamada **velocidade crítica de erosão.**

Não há um consenso sobre as condições de fluxo necessárias para colocar uma partícula em movimento e/ou para gerar sua deposição. Mesmo concebido em condições específicas e controladas em laboratório, o diagrama de Hjulström (1935) é bastante ilustrativo da relação entre o tamanho das partículas e a velocidade de fluxo necessária para sua retirada, transporte ou sedimentação (ver Figura 5.6). A partir da análise do gráfico, percebe-se que partículas nas frações areia fina a média (0,2 mm a 0,5 mm — Quadro 5.1) são as mais instáveis, pois demandam a menor velocidade de erosão. As demais frações demandam maiores velocidades para que ocorra erosão, mesmo as mais finas (argila e silte), nesse caso em razão da coesão entre as partículas. Stevaux e Latrubesse (2017, p. 114) exemplificam a leitura do diagrama do seguinte modo:

> (...) uma partícula de areia média (*D* = 0,25 mm a 0,5 mm) necessita de uma velocidade mínima de 13 cm s^{-1} para ser posta em movimento (erosão). Contudo, uma vez em movimento (campo do transporte), ela se manterá nessa condição mesmo que a velocidade do fluxo caia até 3 cm s^{-1}. Abaixo dessa velocidade, a partícula se depositará no leito do canal (campo da sedimentação). Por outro lado, imagine-se um fluxo com velocidade superior a 500 cm s^{-1}. Nesse caso, todas as partículas seriam arrancadas do fundo do canal. Se a velocidade de fluxo se reduzisse para 100 cm s^{-1}, partículas superiores a 10 mm se depositariam, ao passo que partículas entre 0,05 mm e 10 mm continuariam a ser erodidas e partículas inferiores a 0,05 mm, embora se mantendo em transporte, não seriam mais incorporadas ao fluxo (erodidas). Reduzindo-se a velocidade de fluxo para 10 cm s^{-1}, cessariam os processos erosivos do canal, sendo que as partículas acima de 1,5 mm se depositariam e as inferiores a esse valor permaneceriam em transporte.

Assim, a modelagem dos canais fluviais envolve um importante equilíbrio entre o poder erosivo do fluxo e a resistência à erosão oferecida pelos materiais de leito e das margens. Durante os grandes eventos de inundação, quando o poder erosivo do fluxo é significativamente maior, podem ocorrer mudanças dramáticas nas formas dos canais. Nessa perspectiva, cursos d'água em leitos rochosos (mesmo intemperizados) oferecem maior resistência à ação erosiva dos fluxos devido à maior rugosidade e rupturas de declive. Não obstante, em leitos aluviais, a mobilidade de sedimentos possibilita modificações mais frequentes na forma do leito em curto período (MONTGOMERY; BUFFINGTON, 1997). Os leitos aluviais arenosos são mais facilmente modelados pela maioria dos fluxos, devido à menor energia necessária para a remoção das partículas (ver Figura 5.6). Por outro lado, leitos com elevada proporção de argilas oferecem maior resistência e é comum que apenas eventos extremos sejam capazes de alterar os leitos formados por blocos e/ou matacões. Se os regimes climáticos vigentes favorecerem raros episódios de fluxos intensos, os ajustes mais significativos na geometria hidráulica destes canais ocorrem esporadicamente.

Quadro 5.1. Escala granulométrica dos sedimentos fluviais de Wentworth (1922).

INTERVALO GRANULOMÉTRICO (mm)	NOME	
> 256	Matacão	CASCALHO
256 a 64	Bloco ou calhau	
64 a 4,0	Seixo	
4,0 a 2,0	Grânulo	
2,0 a 1,0	Areia muito grossa	AREIA
1,0 a 0,50	Areia grossa	
0,50 a 0,250	Areia média	
0,250 a 0,125	Areia fina	
0,125 a 0,062	Areia muito fina	
0,062 a 0,031	Silte grosso	SILTE
0,031 a 0,016	Silte médio	
0.016 a 0,008	Silte fino	
0,008 a 0,004	Silte muito fino	
< 0,004	Argila	ARGILA

A energia necessária para desempenhar processos geomorfológicos em canais fluviais é fornecida, essencialmente, pelas vazões e pelo gradiente, ambos condicionantes da formação de células de circulação e de turbulência. Assim, qualquer incremento destas variáveis tende a gerar um ganho de energia e de potencial de ação geomorfológica. Porém, independentemente da erosão e do transporte de sedimentos, uma parcela significativa de energia é despendida no movimento do fluxo ao longo do canal, a partir da própria turbulência e da resistência oferecida por leitos, margens e pelo próprio ar (DEY, 2014; SILVA; YALIN, 2017). Certos estudos estimam, inclusive, que os cursos d'água utilizem um percentual mínimo de sua energia para a erosão e o transporte fluvial, sendo a maior parte convertida em calor devido à turbulência interna dos fluxos e à fricção entre a água e as paredes do canal (STEVAUX; LATRUBESSE, 2017). Deste modo, cerca de 95% da energia de um rio pode ser gasta na superação de resistências internas, restando apenas 5% da energia para a realização de processos geomorfológicos (CHARLTON, 2008).

Além da relação entre tamanho de partículas sedimentares e velocidade dos fluxos, características como tipo de substrato e forma, densidade e arranjo estrutural dos sedimentos influenciam diretamente as características de sua remoção e transporte. Podem ser destacados os seguintes processos de remoção de partículas (CHRISTOFOLETTI, 1981; HANCOCK *et al.*, 1998; KNIGHTON, 1998; LIMA, 2010; SPRINGER *et al.*, 2003; STEVAUX; LATRUBESSE, 2017):

- **Corrosão** — engloba todo e qualquer processo químico que se realiza por meio da reação entre a água e as rochas ou formações superficiais. Comumente, o termo corrosão é simplificado e restrito ao processo de dissolução.
- **Corrasão** ou **abrasão** — é o desgaste marcado pelo atrito mecânico dos sedimentos nas margens e/ou leitos, ou mesmo entre as próprias partículas, durante os processos de transporte. A abrasão pode ser classificada em (WHIPPLE, 2004): macroabrasão — lascamento e fraturamento das rochas do leito pelo impacto dos sedimentos em saltação; e microabrasão — efetuada grão por grão, inclusive pelas

partículas em suspensão. O processo conhecido como **evorsão** é um tipo de corrasão gerado pelo turbilhonamento da água com partículas sólidas em um leito rochoso, podendo gerar depressões circulares conhecidas como "marmitas". A redução do tamanho das partículas tende a ser inicialmente rápida à medida que partículas angulares se quebram ao longo dos planos de clivagem, porém, passa a diminuir gradualmente à medida que o processo atua sobre partículas menores e mais esféricas (KRUMBEIN, 1941; KONDOLF; LISLE, 2016).

- **Cavitação** — é um tipo de erosão fluvial que ocorre em condições de elevadas velocidades do fluxo e fortes variações de pressão nas paredes dos canais, facilitando a fragmentação das rochas. A cavitação é um processo típico de contextos de quedas repentinas de pressão, resultando na liberação de ondas de choque e microjatos altamente energéticos que causam o surgimento de altas tensões mecânicas e a elevação das temperaturas, provocando impactos na superfície atingida (CARLING *et al.*, 2016). Dessa forma, a cavitação também pode gerar marmitas e outras depressões nos substratos rochosos.
- **Arranque** (*plucking* ou *quarrying*) — é ocasionado pela força do fluxo fluvial que age no sentido de destacar fragmentos do leito e das margens. A erosão por arranque é facilitada pela presença de descontinuidades estruturais, tais como fraturas e planos de acamamento.

5.3.1. Cursos d'água de leito aluvial

Nos leitos aluviais os processos erosivos e sedimentares são, em geral, mais rápidos e eficientes na morfodinâmica fluvial, tanto na escala do leito quanto da planície de inundação. A hidrodinâmica do escoamento e os fluxos turbulentos permitem que, numa mesma seção fluvial transversal, ocorram processos erosivos nas margens côncavas, onde há convergência das linhas de fluxo, e deposicionais nas margens convexas, em razão da divergência dos fluxos e atenuação de sua energia (ver Figuras 5.7 e 5.8). Esse é um comportamento típico de cursos d'água meandrantes. Essa dinâmica permite que os cursos d'água em leito aluvial apresentem elevada sinuosidade e significativos processos migratórios laterais. Entretanto, além dos parâmetros hidrossedimentológicos internos dos sistemas fluviais, fatores como precipitação, cobertura vegetal e atividades antrópicas também merecem destaque na configuração de diferentes quadros de erosão marginal (ROWINSKI; RADECKI-PAWLIK, 2015; HUPP; OSTERKAMP, 1996; PETTS; FOSTER, 1985). Os mecanismos que envolvem a erosão marginal também são condicionados pelas dimensões, geometria e estrutura das margens, além do tipo de material que as compõem.

Estudos no Rio Paraná (FERNANDEZ, 1990) e no Rio das Velhas, em Minas Gerais (SANTOS *et al.*, 2008) identificaram o importante papel dos processos predominantemente rápidos de quedas, tombamentos gravitacionais e escorregamentos rotacionais na evolução de margens fluviais (ver Figura 5.9). As quedas resultam do excesso de peso do material, principalmente quando encharcado e submetido ao solapamento da base pelos fluxos (predomina, geralmente, em material arenoso de baixa coesão). Tombamentos resultam da desagregação de agregados de sedimentos, sem a necessidade de solapamento basal, acompanhado da formação de fendas de tensão na superfície (geralmente ligadas à contração de materiais argilosos). Por sua vez, escorregamentos rotacionais são movimentos rápidos comuns em margens saturadas com elevado percentual de silte e argila, cujo centro de gravidade se desloca para baixo e para o exterior da margem, ao longo de superfícies de tensão. O recuo das margens é intensificado nos períodos de cheia devido às maiores vazões, à sua maior energia, ao cisalhamento dos fluxos na base das margens e à saturação dos depósitos marginais.

Os mencionados autores destacam como principais técnicas para o estudo da erosão marginal as medições diretas em campo pela técnica de pinos e estacas, baseadas na exposição das bases (ver Figura 5.10), perfilagens sucessivas ou por levantamento fotográfico e medições indiretas por comparação entre imagens com datas distintas (Quadro 5.2). Atualmente, merece destaque a utilização de imagens de satélite com alta resolução temporal e espacial.

Quadro 5.2. Principais técnicas para estudos de erosão de margens.

Tipo de medição	Método	Descrição
Direta	Pinos	• Inserção horizontal de pinos na face das margens, cujo recuo é medido pelo seu grau de exposição. • As características dos pinos, como comprimento, diâmetro, tipo de material e distribuição espacial, são decorrentes do tipo e magnitude dos processos erosivos atuantes nas margens.
	Estacas	• Inserção vertical de estacas de madeira na superfície das margens. • Distância medida por trena. • Mais utilizado para registrar o recuo da borda da margem, pode ser empregado para auxiliar a técnica de pinos. • Não fornece informações sobre a evolução das faces das margens.
	Perfilagens Sucessivas	• Levantamento de perfis das margens monitoradas. Ilustra a evolução progressiva das faces das margens. • Pode ser eficiente no caso de deposição de materiais nas margens.
	Fotográficos	• Consiste no monitoramento da evolução do recuo de margens por meio de tomadas fotográficas sucessivas em tempos distintos.
Indireta	Fotografias Aéreas	• Quantificação da área do canal e posterior sobreposição de imagens aéreas com datas distintas. • Permite a quantificação da migração lateral do canal em escala temporal maior.
	Imagens de Satélites	• Considera o comportamento espectral da água; é feito o delineamento do canal fluvial e, posteriormente, se realiza o cálculo de variação de área, possibilitando uma comparação em diferentes períodos.

Fonte: Modificado de Fernandez (1990).

Santos *et al.* (2008) indicam ainda a importância das características morfológicas do leito como condicionantes dos processos de evolução das margens. As maiores taxas de recuo foram observadas em trechos de corredeiras, onde os fluxos são mais rápidos e com maior energia, enquanto em áreas de poços (*pools*) as taxas foram nulas ou quase nulas. Nas corredeiras, o maior turbilhonamento da água devido ao pavimento detrítico e ao maior gradiente do leito explicaria a maior probabilidade de recuo das margens em relação aos trechos de poços.

A rápida erosão marginal e o rompimento de diques marginais de planícies, durante eventos hidrológicos extremos, podem levar a processos de **avulsão fluvial** (ver Figura 5.11). Nestes, os fluxos fluviais são desviados para fora de um canal estabelecido, ocupando e/ou escavando um novo leito na planície de inundação (LORANG; HAUER, 2017; SLINGERLAND; SMITH, 2003). A avulsão é um processo típico de cursos d'água de planície e de sistemas fluviais distributários (como leques aluviais e deltas), podendo ser gerado por ajustamentos internos do sistema ou por fatores externos, como condicionamento tectônico e interferências antrópicas. Gradientes suaves em zonas de sedimentação nem sempre representam fatores determinantes para as avulsões. Fatores locais como a composição do substrato e a morfologia das planícies, incluindo a ocorrência e o arranjo espacial de canais, podem ser mais importantes (ASLAN *et al.*, 2005; PHILLIPS, 2011).

Phillips (2009) e Morais e Rocha (2016) destacam que a extensão de canais secundários gerados por avulsão está relacionada à ocorrência prévia de unidades geomórficas como paleocanais, lagos e bacias de inundação em planícies. Um estudo desses últimos autores no baixo Rio do Peixe (SP) mostrou o exemplo de uma avulsão que gerou um canal secundário de 14,5 km de extensão em antigas unidades geomórficas que foram reocupadas (ver Figura 5.12).

Entretanto, cursos d'água em ambientes secos comumente sofrem avulsão por mecanismos diferentes do rompimento abrupto de diques marginais (NORTH *et al.*, 2007). A ocorrência de eventos hidrológicos extremos nos climas áridos fortemente sazonais pode, gradualmente, criar novos canais nas áreas inundadas. Assim, os processos podem ocorrer a partir de sucessivos eventos de cheias e inundações pela lenta expansão dos canais na planície de inundação até que se tornem extensos o suficiente para capturar fluxos de margens plenas. Desse modo, o termo avulsão (com suas conotações inerentes a bruscas alterações hidrogeomorfológicas) seria inadequado para descrever esse processo, o qual é referido por North *et al.* (2007) como *channel obtrusion*. Essa diferenciação está possivelmente relacionada ao fato de que os diques marginais em cursos d'água entrelaçados de ambientes áridos ou semiáridos são, em geral, mais modestos e descontínuos. Nesses ambientes, os diques marginais não são facilmente formados e (quando presentes) são facilmente erodíveis devido à falta de coesão e resistência dos sedimentos (pobres em matéria orgânica e argilas) e à falta de uma proteção vegetal eficiente. Desta forma, as vantagens dos baixos gradientes podem não ser suficientes para a formação e rompimento de diques marginais. Além disso, a diferença entre as velocidades de fluxo nos canais e nas planícies é, em geral, pequena, em parte devido à maior presença de vegetação nos canais entrelaçados do que nas zonas marginais, já que concentram maior umidade em um período de tempo maior. Desse modo, as inundações podem não gerar intensa deposição de sedimentos, desfavorecendo o desenvolvimento de diques.

5.3.1.1. Encouraçamento de leitos fluviais (*bed armouring*)

A literatura, de maneira geral, descreve os processos de encouraçamento fluvial em termos da formação de um pavimento detrítico em leitos de cursos d'água que, por alterações na capacidade e/ou competência do fluxo, mantêm seus grãos imóveis ou temporariamente imóveis (ALMEDEIJ; DIPLAS, 2005; BRIDGE, 2003; FRINGS, 2008; GOUDIE, 2004; VERICAT *et al.*, 2006). O pavimento detrítico que recobre o leito fluvial limita e/ou impede que processos abrasivos ocorram, cessando, mesmo que parcialmente, as taxas de incisão vertical do canal (ver Figura 5.13). Os leitos fluviais encouraçados tendem a dispensar a sua energia se expandindo ou migrando lateralmente (BARROS, 2010; XU, 1996).

Nos estudos sobre encouraçamento e gênese de couraças ferruginosas pleistocênicas de origem fluvial no Quadrilátero Ferrífero, Magalhães Júnior *et al.* (2008), Barros (2010) e Barros *et al.* (2016) destacam que a alta presença de ferro dissolvido das formações ferríferas bandadas (*Banded Iron Formations — BIFs*) e sua posterior precipitação em ambientes de fundos de vale pela oscilação do nível freático favorecem a cimentação ferruginosa do material mais grosso. Assim, o encouraçamento não é compreendido apenas pelos sedimentos "soltos", porém imóveis sobre o leito, mas também pela cimentação ferruginosa destes materiais, que ficam mais resistentes à ação do fluxo (ver Figura 5.14).

Charlton (2008) e Curran e Tan (2010) destacam que o fenômeno de encouraçamento está associado a uma redução das vazões por períodos estendidos, tornando o fluxo incapaz de transportar os materiais de granulometria mais grossa (seixo e cascalho). Quando esse material é depositado na calha, há aumento da rugosidade do leito e diminuição da força erosiva do fluxo, o que decorre do seu atrito com as partículas. Associadas às irregularidades do canal, essas partículas requerem maior energia para o seu transporte (CHARLTON, 2008; CURRAN; TAN, 2010; HEAYS, 2011). Esses depósitos imóveis em ambiente de calha geram *clusters*, identificados como agrupamentos de sedimentos de granulometria variada que permanecem imóveis no leito fluvial (BILLI, 1988; CURRAN; TAN, 2010).

A gênese dos processos de encouraçamento é abordada em poucos trabalhos (BARROS, 2010; COTA *et al.*, 2018; GOUDIE, 2004). Conquanto, uma parte significativa se preocupa com aspectos hidrológicos para definir as condições de fluxo necessárias para garantir o equilíbrio dos pavimentos detríticos e para romper a camada de sedimentos imóveis do leito (EMMETT; WOLMAN, 2001; LARONNE *et al.*, 1994; VERICAT *et al.*, 2006; WILCOCK; DETEMPLE, 2005). Desse modo, há uma subvalorização dos processos geomorfológicos e suas relações com as alterações hidrossedimentológicas e consideração de aspectos puramente hidrológicos.

Não obstante, reflexões sobre a gênese dos pavimentos detríticos apontam possíveis alterações nos níveis de base como responsáveis por alterar a dinâmica erosiva e deposicional dos sistemas fluviais, favorecendo a dissecação ou processos agradacionais. Benn e Erskine (1994) e Vericat *et al.* (2006) demonstram que a alteração de níveis de base é característica de cursos d'água com represas, já que o barramento impede o transporte de sedimentos grossos e retém uma parte dos finos para jusante. O controle da vazão defluente nas barragens diminui a capacidade e competência dos cursos d'água, favorecendo processos de agradação e de formação de um pavimento detrítico no leito fluvial.

Alterações nas condições de fluxo responsáveis pelo transporte e deposição de materiais podem ser geradas por rebaixamento do nível de base, dando um *input* energético ao sistema. Em uma lógica inversa, onde há um soerguimento do nível de base, há a tendência de perda de energia no sistema fluvial, favorecendo processos de agradação. Um soerguimento a montante também pode gerar um incremento na carga de sedimentos a jusante, tendo em vista o avanço remontante da vaga erosiva gerada. Outros fatores, como perda ou ganho de áreas por capturas fluviais, variações climáticas e perturbações tectônicas, podem, por sua vez, alterar a capacidade e competência dos cursos d'água.

Variações no fornecimento de material sedimentar para os cursos d'água podem promover alterações nas taxas de transporte de material de leito. Cursos d'água com elevado aporte sedimentar podem não ser capazes de mobilizar toda a carga fornecida. Desse modo, é possível inferir que, durante um momento de maior agradação de um vale fluvial, pode ocorrer o entulhamento da seção do canal com sedimentos mais grossos do que a capacidade e a competência do curso d'água, favorecendo a ocorrência de processos de encouraçamento. Esses processos são predominantes em regiões montanhosas, onde há o fornecimento de carga de leito grossa e mal classificada (GOUDIE, 2004; LEOPOLD *et al.*, 1964). Por sua vez, vales com encostas íngremes e com ausência de vegetação podem concentrar processos mecânicos, sobretudo no transporte de cascalho e areia para os fundos de vale.

Em ambientes úmidos, no entanto, mesmo em condições de encostas íngremes, a maior presença de vegetação dificulta a erosão mecânica e a deposição nos fundos de vale. Assim, o entulhamento das calhas fluviais atuais em ambientes úmidos pode estar relacionado a paleoambientes mais secos. Esse processo parece ter ocorrido no Quadrilátero Ferrífero (MG), com a agradação de fundos de vales em períodos mais secos com depósitos fluviais expressivos de cascalho e areia (BARROS *et al.*, 2016).

A erosão de antigos níveis deposicionais aluviais, mais precisamente das fácies de sedimentos grossos (cascalhos), também pode fornecer material detrítico para os fundos de vale. Esse processo é mais intenso em regiões tropicais devido à maior atuação da erosão pluvial e de movimentos de massa (OLIVEIRA, 2012). Contudo, há que se separar o fornecimento de material mais grosso de um nível aluvial elevado em relação à calha atual, da erosão dos finos de um nível aluvial no mesmo nível da calha atual, deixando os materiais grossos como "resíduos" (ver Figura 5.15).

No que tange à escala temporal para formação dos pavimentos detríticos, diversos trabalhos associam sua ocorrência a uma diminuição da vazão fluvial durante períodos secos, quando não há competência para carregar sedimentos grossos (CHARLTON, 2008; CURRAN; TAN, 2010; GOMEZ, 1983). Sob essa lógica, seria possível associar os processos de encouraçamento à variação sazonal no regime pluviométrico. No entanto, Billi (1988) mostra que não é possível estabelecer uma temporalidade precisa para a ocorrência de processos de encouraçamento, pois mesmo durante eventos de inundação, os *clusters* formados podem não se alterar. Ele ainda afirma que a taxa de destruição e (re)construção dos *clusters* não permanece igual a cada evento de inundação.

Deste modo, a identificação de trechos encouraçados em campo é um desafio complexo. A associação do encouraçamento com sedimentos imóveis no leito não pode ser realizada sem um monitoramento temporalmente significativo, que contemple a dinâmica hídrica sazonal e os eventos extremos com tempos de recorrência variados. Torna-se necessária uma análise acerca da estabilidade dos *clusters* ao longo do tempo. Não obstante, mesmo não havendo uma escala temporal específica para determinar se um leito está encouraçado ou não, certos autores afirmam que os sedimentos devem permanecer imóveis durante os baixos fluxos. Porém, como destaca Billi (1988), trechos encouraçados podem permanecer inertes mesmo em períodos de maior fluxo.

Numa tentativa de associar leitos encouraçados às mudanças na morfologia dos canais, é possível pensar em uma escala temporal mais ampla para a estabilidade dos pavimentos detríticos. Nesse caso, além das condições de fluxo, transporte, deposição e descarga sedimentar, também devem ser consideradas outras variáveis, como o material constituinte das margens que, por sua vez, determina sua capacidade de coesão e a atuação dos processos de acresção lateral (SCHUMM; KAHN, 1972). No entanto, não há nenhum postulado metodológico para determinação de trechos encouraçados a partir de mudanças na morfologia do canal.

Em seu estudo sobre a formação de agrupamentos de sedimentos, Strom *et al.* (2005) e Hendrick *et al.* (2010) identificaram diversos tipos de *clusters* de sedimentos nos leitos fluviais. Heays (2011) afirma que esses agrupamentos de sedimentos são gerados pelo transporte seletivo que caracteriza os pavimentos detríticos, sendo mais estáveis que os materiais circundantes e gerando diversas microformas deposicionais nos leitos. Consoante, é possível inferir que, ao menos espacialmente, trechos encouraçados podem estar associados à ocorrência destas microformas. A presença destes *clusters*, portanto, fomenta os processos de oscilação da energia dos fluxos na medida em que promove sua convergência e posterior divergência a jusante dos mesmos (FERNANDEZ, 2009). Esse processo vai de encontro à ideia de Montgomery e Buffington (1997) relativa ao fato de essa oscilação de fluxos ser responsável pela configuração de sequências de poço-corredeira (*pool-riffle*) e que esse tipo de leito, comumente, encontra-se encouraçado.

A configuração espacial desses *clusters*, portanto, está associada a células de fluxos internos (convergência nos *rifles* e divergência nos *pools*). Para explicar esse fenômeno, Keller (1971) *apud* Fernandez *et al.* (2002) estabeleceu a hipótese da reversão da velocidade do fluxo. Partindo do pressuposto que, sob vazões reduzidas, a velocidade do fluxo é maior nas corredeiras que nos poços, em condições de maior vazão essa lógica se inverte, tornando a velocidade do fluxo maior nos poços do que nas corredeiras. Consoante, sob vazões reduzidas predomina o transporte seletivo de material típico dos processos de encouraçamento nas corredeiras e a deposição dos materiais de granulometria mais fina nos poços. Durante os períodos de maior fluxo, quando há a reversão da velocidade, ocorre maior remoção de material nos poços do que nas corredeiras, gerando incisão do canal nesses locais (FERNANDEZ *et al.*, 2002). Apesar de essa hipótese não ser consensualmente aceita, Fernandez *et al.* (2002) afirmam que o fenômeno da reversão da velocidade do fluxo já foi incorporado por vários cientistas e pode ser entendido como um postulado para posteriores investigações.

Sob essa ótica, leitos encouraçados não precisam necessariamente estar associados a materiais imóveis *in situ*, como destacam Bridge (2003), Almedej e Diplas (2005), Vericat *et al.* (2006), Goudie (2004) e Frings (2008), mas, sim, a uma morfologia de leito que caracterize segmentos encouraçados.

Montgomery e Buffington (1997), Magalhães Júnior *et al.* (2008) e Messias e Magalhães Júnior (2014) corroboram essa afirmação ao associarem a ocorrência de processos de encouraçamento a leitos com morfologia de poço-corredeira.

5.3.2. Cursos d'água de leito rochoso

Há certa concentração dos estudos sobre leitos fluviais em leitos de constituição aluvial. Porém, tem ocorrido, nas últimas décadas, um aumento do interesse pelos cursos d'água de leitos rochosos e mistos devido à sua importância para os estudos hidrogeomorfológicos e de evolução da paisagem (FERGUSON *et al.*, 2017; LIMA, 2010).

Em geral, a largura de leitos rochosos aumenta proporcionalmente ao aumento da área drenada, em situações de litologia homogênea e onde predomina a erosão por arranque (*plucking*) em relação aos segmentos em que predomina a abrasão (FINNEGAN *et al.*, 2005; HANCOCK *et al.*, 1998; MONTGOMERY; GRAN, 2001; WOHL; ACHYUTHAN, 2002). Apesar de sofrer ações erosivas e deposicionais, a morfologia dos canais rochosos é marcada, principalmente, por processos erosivos, uma vez que, com mais frequência, as condições de energia não são favoráveis à sedimentação. O principal processo de erosão em leitos rochosos é a abrasão gerada pela carga de fundo (fração areia ou superior), a qual pode desgastar os leitos e contribuir para o encaixamento dos cursos d'água. As partículas de areia também são eficientes agentes abrasivos e podem ser transportadas, pelo menos temporariamente, em suspensão, erodindo as margens dos canais (SKLAR; DIETRICH, 2004). Estruturas geológicas, como falhas e fraturas, tendem a fragilizar as rochas diante da ação abrasiva dos sedimentos, facilitando o surgimento de cavidades erosivas como marmitas (ver Figura 5.16).

As marmitas são muito comuns em leitos rochosos no Brasil. São depressões geradas pela ação de fluxos turbulentos que levam à formação de vórtices com eixos verticais ou horizontais. Essas espirais turbilhonares de energia concentrada nos fluxos surgem a partir das irregularidades dos leitos e são responsáveis pelo transporte de sedimentos detríticos abrasivos que escavam os leitos e geram marmitas e outras cavidades de diferentes formas e dimensões (RICHARDSON; CARLING, 2005). Processos de cavitação podem contribuir para o aumento das irregularidades dos leitos e, portanto, para a formação destes vórtices. Como lembram Whipple *et al.* (2000), blocos nos leitos fluviais podem favorecer o turbilhonamento e a formação de marmitas.

Os processos de abrasão, cavitação e arranque nos leitos fluviais rochosos são fortemente condicionados pelo substrato litológico, densidade e espaçamento de estruturas geológicas (ver Figura 5.17), vazões, regime de fluxos e granulometria dos sedimentos transportados. Quanto mais coeso o substrato, maior tende a ser o papel da abrasão; do contrário, destacar-se-á o arranque (LIMA, 2010).

5.4. Avaliação da produção e escoamento de sedimentos em bacias hidrográficas

A quantidade de carga sedimentar transportada por um curso d'água pode ser calculada a partir de diferentes fórmulas (ver em SILVA; WILSON Jr., 2007). Para a carga sólida de leito as fórmulas se baseiam principalmente na vazão sólida de arraste (Fórmula de Meyer-Peter), na energia do escoamento (Fórmula de Bagnold) e na natureza probabilística do transporte por arraste (Fórmula de Einstein, Fórmula de Sayre e Hubbell). Para o cálculo da carga sólida em suspensão se destacam as propostas de Einstein e de Bagnold e, no caso da carga sólida total (arraste e suspensão), destacam-se os métodos de Einstein, Bagnold, Toffaleti e Yang.

Entretanto, há outras maneiras práticas de se avaliar a produção e o escoamento de sedimentos em bacias hidrográficas, como os parâmetros de qualidade da água (PIVELI; KATO, 2005). A categoria dos sólidos em suspensão envolve, geralmente, uma gama variada de partículas geradas pela erosão ou pelo lançamento de efluentes nos cursos d'água. No primeiro caso, partículas nas frações argila, silte ou mesmo areia fina podem ser desagregadas de formações superficiais inconsolidadas de diferentes origens: eluviais, coluviais, aluviais e, inclusive, materiais antropogênicos. Por outro lado, os sólidos em suspensão também podem abranger algas e compostos orgânicos associados a efluentes domésticos e industriais e, nesse caso, há a possibilidade da presença de compostos tóxicos e organismos patogênicos passíveis da transmissão de doenças (SPERLING, 2005).

A turbidez é um dos principais parâmetros de qualidade da água capaz de refletir as alterações na dinâmica hidrossedimentar em uma bacia como consequência da erosão. Ela indica o nível de interferência que a luz sofre ao passar pela água (seja por sua absorção ou dispersão) como reflexo da quantidade de material em suspensão. A medição é feita, preferencialmente, em turbidímetros nefelométricos automáticos, que permitem elevada precisão na definição das Unidades Nefelométricas de Turbidez (UNT) das amostras. Outras maneiras envolvem o uso de fotocolorímetros ou a comparação com base em uma escala visual, porém essa técnica é pouco precisa, sendo possível apenas a determinação em intervalos de valores. É necessário estar atento ao fato de que diversas características dos canais e das águas fluviais podem afetar as taxas de turbidez. Como exemplo, a espessura da lâmina d'água e o grau de exposição do leito em relação à vegetação ciliar afetam a temperatura da água e podem favorecer o crescimento de algas. Assim, deve-se atentar para o fato de que a turbidez de uma amostra indica uma realidade momentânea do fluxo que passa na seção monitorada. A turbidez pode variar bastante de um momento a outro, assim como a própria dinâmica temporal do uso e da cobertura do solo, das fontes de poluição e dos eventos pluviométricos. Em climas marcados por forte sazonalidade pluviométrica, como o tropical, essas variações podem ser ainda mais marcantes. Dessa forma, somente um processo de monitoramento da turbidez ao longo do tempo pode fornecer resultados mais confiáveis.

Segundo APHA (2005), a medição da turbidez deve ser feita preferencialmente em campo, imediatamente após a coleta, tendo em vista que melhores resultados são obtidos quando as amostras têm suas características originais de pH e temperatura preservadas. Caso não seja possível, a preservação da amostra para análise em laboratório deve ser feita por refrigeração a 4°C, a fim de minimizar a decomposição microbiológica dos sólidos. Outras importantes orientações específicas para a amostragem e os procedimentos de análise da turbidez são dadas por Bartram e Balance (1996).

Outro parâmetro útil para a análise da carga sedimentar é o Resíduo Seco, que indica a quantidade de partículas suspensas e dissolvidas deixada em um recipiente após a evaporação da água da amostra sob secagem em estufa ou forno a uma temperatura definida, sendo dado em gramas por litro (g/L). Para a obtenção de valores relativos apenas aos sedimentos suspensos, calcula-se a diferença de peso de um filtro antes e após a filtragem e secagem da amostra em estufa.

As taxas de turbidez e as análises de resíduo seco contabilizam apenas a carga sedimentar em suspensão e/ou dissolvida. Entretanto, em alguns locais, os maiores impactos na dinâmica hidrossedimentar dos cursos d'água são causados pelo aporte descontrolado de sedimentos grossos de calha. Porém, a quantificação da carga sedimentar de leito é um desafio nos estudos hidrológicos e geomorfológicos. A maior parte das técnicas de medição da carga de leito são qualitativas e passam, geralmente, pela classificação granulométrica e pela descrição mineralógica, petrográfica e/ou do grau de arredondamento das partículas. Essas abordagens são relevantes em várias situações, podendo, por exemplo, revelar áreas-fonte dos sedimentos. A avaliação qualitativa da carga de leito pode ser realizada por meio da técnica de *pebble count*, proposta por Wolman (1954), ou outras (como estimativas visuais e grade fotográfica) discutidas por Kondolf *et al.* (2013). Entretanto, tais abordagens não permitem uma quantificação da carga de leito.

Abordagens quantitativas são mais comuns em estudos hidrológicos, como no caso do cálculo da descarga sólida, que se refere à quantidade de sedimentos em movimento. Segundo Carvalho *et al.* (2000), a quantificação da descarga sólida envolve a medida da descarga líquida (vazão), a amostragem de sedimentos em suspensão e de leito, medida da temperatura da água, medida da declividade do gradiente energético da linha-d'água, entre outras medições.

Coletores de carga de fundo também podem ser empregados para análises qualitativas e/ou quantitativas, mas sua aplicação depende da profundidade do leito. Desse modo, mesmo nos estudos hidrológicos, as medições de descarga em suspensão são mais comuns, em razão da sua maior facilidade e menor custo de aplicação.

Macedo *et al.* (2017) apresentam um aplicativo construído no *software* Microsoft Excel para computar o transporte de carga fluvial de fundo. O aplicativo é baseado no modelo matemático de Van Rijn e é apropriado para rios de leito arenoso em regime de fluxo subcrítico. O aplicativo foi testado pelos autores no Rio Paraná e os resultados dos cálculos foram considerados consistentes com dados obtidos em trabalho de campo.

Uma maneira alternativa de se avaliarem os processos de transporte e sedimentação de carga de leito é a partir do processo de **assoreamento**. Esse é um processo geomorfológico resultante da erosão acelerada e consequente fornecimento sedimentar aos cursos d´água, mas também pode ser considerado um processo resultante de poluição por excesso de sedimentos ou materiais sólidos, como lixo ou resíduos de construção (BRIERLEY; FRYIRS, 2005). Quando gerado pelo excesso de sedimentos, o assoreamento deriva, geralmente, da intensificação dos processos erosivos na bacia hidrográfica. Desse modo, uma quantidade maior de sedimentos atinge o corpo d'água, o qual não tem sua capacidade e/ou competência aumentada na mesma proporção. Portanto, sem conseguir transportar toda a carga fornecida, o corpo d'água tem seu leito gradualmente entulhado por sedimentos, reduzindo o espaço útil para o escoamento das águas.

O padrão de distribuição dos segmentos fluviais assoreados pode revelar a(s) fontes(s) dos sedimentos, bem como os condicionantes de sua acumulação, permitindo a distinção entre os segmentos mais condicionados por fatores de ordem natural, como o contexto morfotectônico e litoestrutural, daqueles cuja sedimentação anômala é mais influenciada pelas interferências humanas.

Barros *et al.* (2010) aplicaram o Índice RDE (ver Capítulo 7) na bacia do Rio Maracujá, afluente do Alto Rio das Velhas na região de Ouro Preto (MG), revelando segmentos com diferentes graus de anomalias. A recorrência de segmentos com anomalia de primeira ordem na porção central da bacia sugere uma perturbação tectônica. Um comportamento diferencial de blocos tectônicos poderia estar ligado à origem da concentração de voçorocamentos nessa porção da bacia e consequente aporte anormal de sedimentos, dado que nessa área se concentra quase a totalidade dos segmentos assoreados que foram mapeados (ver Figura 5.18). Por outro lado, ao longo do rio principal, o assoreamento parece estar mais ligado às atividades antrópicas, tendo em vista os danos do garimpo e/ou mineração nas cabeceiras. Outros trabalhos na região do Quadrilátero Ferrífero ilustram as relações de certos contextos de uso e cobertura do solo com a elevação de taxas de turbidez (Salgado e Magalhães Júnior, 2006; Raposo *et al.*, 2010).

As interferências antrópicas em termos de assoreamento podem ser indiretas — derivadas de alterações do uso e da cobertura do solo — ou diretas nos cursos d'água. Um adequado mapeamento da dinâmica espaço-temporal dos usos e coberturas do solo e de trechos assoreados pode ser, assim, uma importante técnica de análise do peso das atividades humanas na produção e escoamento de sedimentos. A definição das categorias a serem mapeadas deve levar em conta sua potencial interferência no fornecimento de sedimentos. Nesse sentido, ao categorizar as coberturas vegetais, por exemplo, deve-se optar por uma diferenciação pelo porte (herbáceo, arbustivo, arbóreo), associado ao grau de proteção do solo, e não necessariamente pela variação de espécies. No Quadro 5.3 (ver encarte) são apresentados alguns exemplos de categorias a serem mapeadas, com ilustrações representativas de campo. Subclasses também podem ser criadas, como, por exemplo, os tipos de cultura de acordo com o porte dos cultivares ou com o tipo de manejo, facilitando uma compreensão pormenorizada do papel da referida categoria na produção de sedimentos. A título de ilustração, a Figura 5.19 apresenta diferentes tipos de voçorocas, definidas de acordo com a sua estabilidade, tendo por critério o seu grau de colonização vegetal.

Os impactos dos usos do solo na produção de sedimentos podem ser mais bem compreendidos a partir da análise da situação das Áreas de Preservação Permanente (APP). Segundo define a Lei Federal nº 12.651, de 25 de maio de 2012, APP é

> a área protegida, coberta ou não por vegetação nativa, com a função ambiental de preservar os recursos hídricos, a paisagem, a estabilidade geológica e a biodiversidade, facilitar o fluxo gênico de fauna e flora, proteger o solo e assegurar o bem-estar das populações humanas. (BRASIL, 2012; Art. 3º, parágrafo II.)

A Lei estabelece como APP as faixas marginais (30-500 m) de qualquer curso d'água natural; as áreas no entorno das nascentes e dos olhos--d'água perenes; as encostas ou partes destas com declividade superior a

45°, equivalente a 100%; os topos de elevações com altura mínima de 100 m e inclinação média maior que 25°, entre outros. A proteção da cobertura vegetal nas APP é relevante não apenas em termos geomorfológicos, ao coibir a erosão acelerada e equilibrar a produção de sedimentos, como também em termos de gestão de recursos hídricos, pois são decisivas para a manutenção da saúde ambiental dos corpos d'água. A vegetação é um elo vital do ciclo hidrológico, facilitando a infiltração da água e contribuindo para os processos de recarga dos aquíferos, conferindo maior equilíbrio térmico para os cursos d'água, reduzindo o escoamento superficial e controlando as taxas de erosão e de geração de sedimentos.

O desrespeito à integridade das APP certamente contribui para a aceleração da produção de sedimentos e, consequentemente, para a degradação dos cursos d'água. A ocupação em topos de elevações, zonas preferenciais de recarga de aquíferos, compromete a qualidade ambiental das nascentes e a perenização de corpos d'água. A degradação da vegetação ribeirinha tende a favorecer o transporte e o entulhamento dos leitos fluviais por sedimentos removidos pela erosão hídrica, sobretudo a laminar. A ocupação em áreas muito declivosas pode favorecer a concentração dos fluxos pluviais e propiciar o surgimento de focos de erosão acelerada.

Assim, a retirada da cobertura vegetal pode levar a sérios impactos nos sistemas hídricos, pois a redução da infiltração pode implicar o aumento do escoamento superficial, surgimento de focos de erosão acelerada, rebaixamento do nível freático e desaparecimento de nascentes. As coberturas superficiais inconsolidadas são, muitas vezes, eficientes meios de percolação e transmissão de água para os aquíferos mais profundos. Portanto, as perdas de solo devem ser vistas como processos de perda da capacidade de retenção e armazenamento de água. Quando o escoamento superficial é intensificado, os maiores volumes de água que atingem os canais fluviais tendem a provocar picos de cheia mais intensos (mais rápidos e mais elevados), como reflexo da redução do tempo de concentração das águas. Como resultado, podem ocorrer inundações, devido à incapacidade das seções fluviais para comportarem os volumes hídricos recebidos. Os sedimentos disponibilizados pela erosão acelerada podem ser depositados nos leitos fluviais, causando o assoreamento, ou podem ser mantidos em suspensão, aumentando a turbidez.

A preservação da vegetação ripária deve ser uma iniciativa transversal nos processos de gestão de sistemas hídricos. As matas ciliares exercem um importante papel na proteção dos cursos fluviais, pois funcionam como barreiras físicas aos fluxos pluviais e fluviais e, consequentemente, à erosão e transporte de sedimentos e agroquímicos presentes nos solos e que podem ser carreados em direção aos cursos d'água.

Além da barreira física que a parte aérea da cobertura vegetal representa ao *input* de sedimentos e poluentes para os cursos d'água, as raízes e a cobertura morta (serrapilheira) protegem os solos e as margens fluviais da erosão. Por seu lado, a incorporação de matéria orgânica tende a aumentar a resistência dos solos à erosão e pode ter, especialmente no caso das zonas ribeirinhas, um importante papel de filtro natural, dado que é capaz de fixar diversos tipos de poluentes orgânicos e metais tóxicos (TOMAZ, 2006). Como constataram Copper *et al.* (1987), a geração de sedimentos em áreas agrícolas pela erosão superficial é retida em cerca de 80 a 90% por matas ribeirinhas devidamente preservadas.

Referências

ALCÁNTARA-AYALA, I.; GOUDIE, A. S. **Geomorphological Hazards and Disaster Prevention**. Cambridge University Press, 2014. 304 p.

ALMEDEIJ, J.; DIPLAS, P. Bed Load Sediment Transport in Ephemeral and Perennial Gravel Bed Streams. **American Geophysical Union Transactions**, [S.l.], v. 86, n. 44, pp. 429-434, 2005.

ANEEL — Agência Nacional de Energia Elétrica. BIG — Banco de Informações de Geração. **Capacidade de Geração do Brasil**. Disponível em: <http://www.aneel.gov.br/aplicacoes/capacidadebrasil/capacidadebrasil.asp>. Acesso em: 12 Nov 2019.

ANTONELI, V.; REBINSKI, E. A.; BEDNARZ, J. A.; RODRIGO-COMINO, J.; KEESSTRA, S. D.; CERDÀ, A.; FERNÁNDEZ, M. P. Soil Erosion Induced by the Introduction of New Pasture Species in a Faxinal Farm of Southern Brazil. **Geosciences**, 8 (5), 166, 2018.

APHA — AMERICAN PUBLIC HEALTH ASSOCIATION. **Standard Methods For the Examination of Water and Wastewater.** Washington, D. C.: [s.n.], 21ª ed., 2005.

ASLAN, A.; AUTIN, W. J.; BLUM, M. D. Causes of River Avulsion: Insights from the Late Holocene Avulsion History of the Mississippi River, U.S.A. **Journal of Sedimentary Research**, [Tulsa], v. 75, n. 4, pp. 650-664, 2005.

ASSINE, M. L.; PADOVANI, C. R.; ZACHARIAS, A. A.; ANGULO, R. J.; SOUZA, M. C. Compartimentação geomorfológica, processos de avulsão fluvial e mudanças de curso do Rio Taquari, Pantanal Mato-Grossense. **Revista Brasileira de Geomorfologia**, São Paulo, v. 6, n. 1, pp. 97-108, 2005.

BAIRD, C. **Química Ambiental.** 2ª ed. Porto Alegre: Bookman, 2002. 622 p.

BARROS, L. F. P.; COE, H. H. G.; SEIXAS, A. P.; MAGALHÃES JR., A. P.; MACARIO, K. C. D. Paleobiogeoclimatic Scenarios of the Late Quaternary Inferred from Fluvial Deposits of the Quadrilátero Ferrífero (Southeastern Brazil). **Journal of South American Earth Sciences**, v. 67, pp. 71-88, 2016.

BARROS, L. F. P.; MAGALHÃES JR., A. P.; RAPOSO, A. A. Fatores condicionantes da produção e escoamento de sedimentos na bacia do Rio Maracujá — Quadrilátero Ferrífero/MG. **Geografias**, Belo Horizonte, v. 6, pp. 102-117, 2010.

BARROS, L. F. P.; MAGALHÃES JR., A. P. Registros deposicionais do Quaternário Tardio no vale do ribeirão Sardinha, Quadrilátero Ferrífero/MG. *In*: Simpósio Nacional de Geomorfologia, 9., 2012, Rio de Janeiro. **Anais do IX Simpósio Nacional de Geomorfologia.** Rio de Janeiro: [s.n.], 2012.

BARROS, P. H. C. A. **Processos de encouraçamento de calhas fluviais: Panorama teórico-conceitual e o exemplo do Rio Conceição (Quadrilátero Ferrífero-MG).** 2010. Monografia (Graduação em Geografia) — Instituto de Geociências, Universidade Federal de Minas Gerais, Belo Horizonte, 2010.

BARTRAM, J., BALANCE, R. **Water Quality Monitoring**: A Practical Guide to the Design and Implementation of Fresh Water Quality Studies Londres: E. and F. N. Spon., 1996. 383 p.

BENN, P. C.; ERSKINE, W. D. Complex Channel Response to Flow Regulation: Cudgegong River Below Windamere Dam, Australia. **Applied Geography**, [S.l.] v. 14, n. 2, pp. 153-168, 1994.

BERNATEK-JAKIEL, A.; POESEN, J. Subsurface Erosion by Soil Piping: Significance and Research Needs. **Earth-Science Reviews**, Elsevier, v. 185, pp. 1107-1128, 2018.

BILLI, P. A Note on Cluster Bedform Behavior in a Gravel-Bed River. **Catena**, v. 15, n. 5, pp. 473-481, 1988.

BRASIL. Lei nº 12.651, de 25 de maio de 2012. **Código Florestal**. Brasília, DF: Presidência da República, Casa Civil, 2012.

BRIDGE, J. S. **Rivers and Floodplains**. Oxford, UK: Blackwell Science, 2003. 492 p.

BRIERLEY, G.; FRYIRS, K. A. **Geomorphology and River Management**: Applications of the River Styles Framework. Malben: Blackwell Publishing, 2005. 398 p.

CARLING, P. A.; PERILLO, M.; BEST, J.; GARCIA, M. H. The Bubble Bursts for Cavitation in Natural Rivers: Laboratory Experiments Reveal Minor Role in Bedrock Erosion. **Earth Surface Processes and Landforms**. John Wiley & Sons, v. 42 (9), pp. 1308-1316, 2016.

CARVALHO, N. O. **Hidrossedimentologia Prática**. Rio de Janeiro: CPRM, 1994. 372 p.

CARVALHO, N. O.; FILIZOLA JÚNIOR, N. P.; SANTOS, P. M. C.; LIMA, J. E. F. W. **Guia de práticas sedimentométricas**. Brasília: ANEEL, 2000. 154 p.

CHAKRABORTY, T.; KAR, R.; GHOSH, P.; BASU, S. **Kosi megafan**: Historical Records, Geomorphology and the Recent Avulsion of the Kosi River. **Quaternary International**, [S.l.], v. 227, n. 2, pp. 143-160, 2010.

CHARLTON, R. **Fundamentals of Fluvial Geomorphology**. Londres: Routledge, 2008. 234 p.

CHRISTOFOLETTI, A. **Geomorfologia Fluvial**. São Paulo: Edgar Blucher, 1981. 313 p.

CONSTANTINESCU, G.; GARCIA, M.; HANES, D. (eds.). **River Flow 2016**. CRC Press, 1ª ed., 2016. 856 p.

COPPER, J. R.; GILLIAM, J. W.; DANIELS, R. B.; ROBARGE, W. P. Riparian Areas as Filters for Agriculture Sediment. **Soil Science Society of America Journal**, [S.l.], v. 51, n. 2, pp. 416-420, 1987.

COSTA, F. M.; BACELLAR, L. A. P. Analysis of the Influence of Gully Erosion in the Flow Pattern of Catchment Streams, Southeastern Brazil. **Catena**, [S.l.], v. 69, pp. 230-238, 2007.

COTA, G. E. M.; MAGALHÃES JR., A. P.; BARROS, L. F. P. Processos de encouraçamento de leitos fluviais: sistematização de bases teóricas e estudo de caso na Serra do Espinhaço Meridional, MG. **Revista Brasileira de Geomorfologia**, São Paulo, v. 19, n. 4, pp. 777-791, 2018.

CRICKMAY, C. H. **The Work of the River**. Nova Iorque: American Elsevier Publ., 1974. 272 p.

CURRAN, J. C.; TAN, L. An Investigation of Bed Armouring Process and the Formation of Microclusters. *In*: Joint Federal Interagency Conference, 2., 2010, Las Vegas (EUA). **Anais ...** Las Vegas: [s.n.], 2010.

DINGMAN, L. **Fluvial Hydraulics**. Oxford University Press, 1, 2009. 559 p.

EMMET, W. W.; WOLMAN, M. G. Effective Discharge and Gravel-Bed Rivers. **Earth Surface Processes and Landforms**, John Wiley & Sons, v. 26, n. 13, pp. 1369-1380, 2001.

FERGUSON, R. I.; SHARMA, B. P.; HODGE, R. A.; HARDY, R. J.; WARBURTON, J. Bed Load Tracer Mobility in a Mixed Bedrock/Alluvial Channel. **Journal of Geophysical Research: Earth Surface**, John Wiley & Sons, 122 (4), pp. 807-822, 2017.

FERNANDEZ, O. V. Q. Discriminação de habitats aquáticos no Córrego Guavirá, Marechal Cândido Rondon (PR). **Geografias**, Belo Horizonte, v. 5, n. 1, pp. 22-36, 2009.

________. **Mudanças no canal fluvial do Rio Paraná e processos de erosão das margens da região de Porto Rico, PR**. 1990. 85 f. Dissertação (Mestrado em Geografia) — Instituto de Geociências e Ciências Exatas — Universidade Estadual de São Paulo/UNESP, Rio Claro, 1990. 86 p.

FERNANDEZ, O. V.; Q. SANDER, C.; REBELATTO, G. E. Sequência de soleiras e depressões no Córrego Guavirá, Marechal Cândido Rondon, região oeste do Paraná. **Revista Brasileira de Geomorfologia**, [S.l.], v. 3, n. 1, pp. 49-57, 2002.

FINNEGAN, N. J.; ROE, G.; MONTGOMERY, D. R.; HALLET, B. Controls on the Channel Width of Rivers: Implications for Modeling Fluvial Incision of Bedrock. **Geology**, [S.l.] v. 33, n. 3, pp. 229-232, 2005.

FRINGS, R. M. Downstream Fining in Large Sand-Bed Rivers. **Earth--Science Reviews**, Elsevier, v. 87, n. 1-2, pp. 39-60, 2008.

GIANNINI, P. C. F.; RICCOMINI, C. Sedimentos e processos sedimentares. *In*: TEIXEIRA, W. *et al.* **Decifrando a Terra**. São Paulo: Oficina de Textos, 2001. cap. 9, pp. 167-190.

GUERRA, A. J. T. O início do processo erosivo. *In*: GUERRA, A. J. T.; SILVA, A. S.; BOTELHO, R. G. M. (orgs.). **Erosão e conservação de solos**: conceitos temas e aplicações. 1ª ed. Rio de Janeiro: Bertrand Brasil, 1999. pp. 15-55.

GOMEZ, B. Temporal Variations in Bedload Transport Rates: The Effect of Progressive Bed Armouring. **Earth Surface Processes and Landforms**, John Wiley & Sons, v. 8, n. 1, pp. 41-54, 1983.

GOUDIE, A. S. **Encyclopedia of Geomorphology**. Londres: Routledge, 2004. 1156 p.

GUERRA, A. J. T.; FULLEN, M. A.; JORGE, M. C. O.; BEZERRA, J. F. R.; SHOKR, M. S. Slope Processes, Mass Movement and Soil Erosion: A Review. **Pedosphere**, v. 27, 1, pp. 27-41, 2017.

HANCOCK, G. S.; ANDERSON, R. S.; WHIPPLE, K. X. Beyond Power: Bedrock River Incision Process and Form. *In*: TINKLER, K.; WOHL, E. E. (eds.). **Rivers Over Rock**: Fluvial Processes in Bedrock Channels. Washington: American Geophysical Union, 1998. pp. 35-60.

HEAYS, K. G. **Cluster Formation and Stream-bed Armouring: A Photogrammetric Study**. 2011. 274f. Tese (Doutorado em "Philosophy in Engineering") — The University of Auckland, Auckland (Nova Zelândia), 2011.

HENDRICK, R. R.; ELY, L. L.; PAPANICOLAU, A. N. The Role of Hydrologic Processes and Geomorphology on the Morphology and Evolution of Sediment Clusters in Gravel-Bed Rivers. **Geomorphology**, [S.l.], v. 114, n. 3, pp. 483-496, 2010.

HJULSTRÖM, F. Studies of the Morphological Activity of Rivers as Illustrated by the River Fyris. **Bulletin of the Geological Institute**, [Uppsala], v. 25, pp. 221-527, 1935.

HOLBROOK, J., SCHUMM, S.A. Geomorphic and Sedimentary Response of Rivers to Tectonic Deformation: A Brief Review and Critique of a Tool for Recognizing Subtle Epeirogenic Deformation in Modern and Ancient Setting. **Tectonophysics**, [S.l.] v. 305, n. 1, 287-306, 1999.

HOWARD, A. D. Long Profile of Development of BedRock Channels: Interactions of Weathering, Mass Wasting, Bed Erosion and Sediment Transport. **Geophysical Monograph**, [S.l.], v. 107, pp. 297-319, 1998.

HUPP, C. R.; OSTERKAMP, W. R. Riparian Vegetation and Fluvial Geomorphic Processes. **Geomorphology**, n. 14, pp. 277-295, 1996.

KELLER, E. A. Areal Sorting of Bed Load Material: the Hypothesis of Velocity Reversal. **Bulletin of the Geological Society of America**, [Boulder], v. 82, n. 3, pp. 753-756, 1971.

KNIGHTON, D. **Fluvial Forms and Processes**: A New Perspective. Nova Iorque: Oxford University Press Inc., 1998. 383 p.

KONDOLF, G. M.; LISLE, T. E.; WOLMAN, G. M. Measuring Bed Sediment. *In*: KONDOLF, G. M.; PIEGAY, H. (eds.). **Tools in Fluvial Geomorphology**. John Wiley & Sons, pp. 278-305, 2016.

KRUMBEIN, W. C. Measurement and Geological Significance of Shape and Roundness of Sedimentary Particles. **Journal of Sedimentary Research**, [Tulsa], v. 11, n. 2, pp. 64-72, 1941.

LARONNE, J. B.; REID, I.; YITSHAK, Y.; FROSTICK L. E. The Non-Layering of Gravel Streambeds Under Ephemeral Flood Regimes. **Journal of Hydrology**, [S.l.], v. 159, n. 1-4, pp. 353-363, 1994.

LEOPOLD, L. B.; WOLMAN, M. G.; MILLER, J. P. **Fluvial Processes in Geomorphology**. San Francisco: Freeman and Company, 1964. 522 p.

LIMA, G. A. Rios de leito rochoso: aspectos geomorfológicos fundamentais. **Ambiência**, Guarapuava, v. 6, n. 2, pp. 339-354, 2010.

LORANG, M. S.; HAUER, R. Fluvial Geomorphic Processes. *In*: HAUER, R.; LAMBERTI, G. A. **Methods in Stream Ecology**. Academic Press, v. 1, 3ª ed., pp. 89-107, 2017.

MAGALHÃES JR., A. P.; SANTOS, G. B.; CHEREM, L. F. S. Processos de Encouraçamento da Calha do Alto Rio das Velhas e seus Reflexos na Dinâmica Fluvial Moderna, Quadrilátero Ferrífero, MG. *In*: Simpósio

Nacional de Geomorfologia e Encontro Latino-Americano de Geomorfologia, 7/2, 2008, Belo Horizonte. **Anais ...** Belo Horizonte: Tec Art, 2008. v. 1, pp. 120-130.

McCANN, S. B; FORD, D. C. (eds.). **Geomorphology — Sans Frontiéres.** Chichester: John Wiley & Sons, 1996. 245 p.

MERTEN, G. H., POLETO, C. **Qualidade dos sedimentos.** Porto Alegre: ABRH. 2006. 397p.

MESSIAS, R. M.; MAGALHÃES JR., A. P. Níveis deposicionais aluviais no vale do Córrego do Rio Grande, Depressão de Gouveia — MG. **Revista Geonorte,** [S.l.], v. 5, n. 20, pp. 379-384, 2014.

MONTGOMERY, D. R.; BUFFINGTON, J. M. Channel-Reach Morphology in Mountain Drainage Basins. **Geological Society of America Bulletin,** [S.l.], v. 109, n. 5, pp. 596-611, 1997.

MONTGOMERY, D. R.; GRAN, K. B. Downstream Variations in the Width of Bedrock Channels. **Water Resources Research,** [S.l.], v. 37, n. 6, pp. 1841-1846, 2001.

MORAIS, E. S.; ROCHA, P. C. Formas e processos fluviais associados ao padrão de canal meandrante: o baixo Rio do Peixe, SP. **Revista Brasileira de Geomorfologia,** São Paulo, v. 17, n. 3, 431-449, 2016.

NORTH, C.P.; NANSON, G.C.; FAGAN, S.D. Recognition of the Sedimentary Architecture of Dryland Anabranching (Anastomosing) Rivers. **Journal of Sedimentary Research,** [Tulsa], v. 77, n. 11, 925-938, 2007.

OLIVEIRA, L. A. F. de. **A dinâmica fluvial quaternária e a configuração do modelado do relevo no contato entre a Depressão do Rio Pomba e o Planalto de Campos das Vertentes — Zona da Mata de Minas Gerais.** 2012. 224f. Dissertação (Mestrado em Análise Ambiental) — Instituto de Geociências, Universidade Federal de Minas Gerais, Belo Horizonte, 2012.

OLIVEIRA, P. T. S.; NEARING, M. A.; WENDLAND, E. Orders of Magnitude Increase on Soil Erosion Associated with Land Use Change from Native to Cultivated Vegetation in a Brazilian Savannah Environment. **Earth Surface Processes and Landforms,** John Wiley & Sons, v. 40 (11), pp. 1524-1532, 2015.

PETTS, G. E., FOSTER, D. L. **Rivers and Landscape**. Londres: Edward Arnold, 1985. 274 p.

PHILLIPS, J. D. Avulsion Regimes in Southeast Texas Rivers. **Earth Surface Processes and Landforms**, John Wiley & Sons, v. 34, n. 1, pp. 75-87, 2009.

________. Universal and Local Controls of Avulsions in Southeast Texas Rivers. **Geomorphology**, Elsevier, v. 130, n. 1-2, pp. 17-28, 2011.

PIVELI, R. P.; KATO, M. T. **Qualidade das águas e poluição: aspectos físico-químicos**. São Paulo: ABES, 2005. 285 p.

RAPOSO, A. A.; BARROS, L. F. de P.; MAGALHÃES JR., A. P. O uso de taxas de turbidez da bacia do alto Rio das Velhas — Quadrilátero Ferrífero/MG — como indicador de pressões humanas e erosão acelerada. **Revista de Geografia**, Recife, v. 27, n. 3 (Esp), pp. 34-50, 2011.

RICHARDSON, K.; CARLING, P. A. **A Typology of Sculpted Forms in Open Bedrock Channels**. Estados Unidos da América: Geological Society of America, 2005. 108 p. (Special Paper, v. 392).

ROWINSKI, P.; RADECKI-PAWLIK, A. (eds.). **Rivers — Physical, Fluvial and Environmental Processes**. Springer International Publishing, GeoPlanet Earth and Planetary Sciences Series, 1, 2015. 613 p.

SALGADO, A. A. R.; MAGALHÃES JR., A. P. Impactos da silvicultura de eucalipto no aumento das taxas de turbidez das águas fluviais: o caso de mananciais de abastecimento público de Caeté, MG. **Geografias**, Belo Horizonte, pp. 47-57, 2006.

SÁNCHEZ, L. E. **Avaliação de impacto ambiental**: conceitos e métodos. São Paulo: Oficina de Textos, 2008. 495 p.

SANTOS, G. B.; MAGALHAES JR., A. P.; LOPES, F. W. A. Taxas e processos de evolução de margens fluviais no Alto Rio das Velhas, Quadrilátero Ferrífero, MG. *In*: Simpósio Nacional de Geomorfologia e Encontro Latino-Americano de Geomorfologia, 7./2., 2008, Belo Horizonte. **Anais...** Belo Horizonte: Tec Art, 2008. v. 1. pp. 240-250.

SCHUMM, S.A. **The Fluvial System**. Caldwell: The Blackburn Press, 1977. 338 p.

SCHUMM, S.A.; ETHRIDGE, F. G. Origin, Evolution and Morphology of Fluvial Valleys. *In*: Dalrymple, R.W.; Boyd, R.; Zaitlin, B.A. (eds.).

Incised-Valley Systems: Origin and Sedimentary Sequences, SEPM, Special Publication 51, pp. 11-27, 1994.

SCHUMM, S. A.; KAHN, H. Experimental Study of Channel Patterns. **Bulletin of the Geological Society of America**, [S.l.], v. 83, n. 6, pp. 1755-1770, 1972.

SILVA, A. M.; SCHULZ, H. E.; CAMARGO, P. B. **Erosão e hidrossedimentologia em bacias hidrográficas.** São Carlos: RiMa, 2003. 114 p.

SILVA, R. C. V.; WILSON JR., G. **Hidráulica Fluvial.** Rio de Janeiro: COPPE--UFRJ, vol. I. 2ª ed., 2007. 306 p.

SIMPSON, S.; BATLEY, G. (eds.). **Sediment Quality Assessment — A Practical Guide.** CSIRO Publishing, 2ª ed., 2016. 360 p.

SKLAR, L. S.; DIETRICH, W. E. A Mechanistic Model for River Incision into Bedrock by Saltating Bed Load. **Water Resources Research**, [S.l.], v. 40, n. 6, 21 p., 2004.

SLINGERLAND, R.; SMITH, N. D. River Avulsions and their Deposits. **Annual Review of Earth and Planetary Sciences**, Annual Reviews, v. 32, n. 1, pp. 257-285, 2004.

SPERLING, M. V. **Noções de qualidade da água.** *In*: ______. Introdução à qualidade das águas e ao tratamento de esgotos. 3ª ed. Belo Horizonte: SEGRAC, 2005. Cap. 1.

SPRINGER, G. S.; WOHL, E. E.; FOSTER, J. A.; BOYER, D. G. Testing for Reachscale Adjustments of Hydraulic Variables to Soluble and Insoluble Strata: Buckeye Creek and Greenbrier River, West Virginia. **Geomorphology**, [Logroño], v. 56, n. 1, pp. 201-217, 2003.

STEVAUX, J. C.; LATRUBESSE, E. M. **Geomorfologia Fluvial.** São Paulo: Oficina de Textos, 2017. 336 p.

STROM, K. B.; PAPANICOLAU, A. N.; BILLING, B.; ELY, L. L.; HENDRICKS, R. R. Characterization of Particle Cluster Bedforms in a Mountain Stream. *In*: World Water and Environmental Resources Congress, 2005, Anchorage, Alaska, United States. **Anais....** [s.l.]: [s.n], 2005, p. 1-12.

SUMMERFIELD, M. A. **Global Geomorphology: An Introduction to the Study of Landforms.** 2ª ed. Londres/Nova Iorque: Routledge, 2014, 537 p.

TOMAZ, P. **Poluição Difusa**. São Paulo: Navegar Editora, 2006. 227 p.
TUROWSKI, J. M.; HOVIUS, N.; WILSON, A.; HORNG, M. Hydraulic Geometry, River Sediment and the Definition of Bedrock Channels. **Geomorphology**, [S.l.], v. 99, n. 1-4, pp. 26-38, 2008.
VERCRUYSSE, K.; GRABOWSKI, R. C.; RICKSON, R. J. Suspended Sediment Transport Dynamics in Rivers: Multi-Scale Drivers of Temporal Variation. **Earth-Science Reviews**, Elsevier, v. 166, pp. 38-52, 2017.
VERICAT, D.; BATALLA, R. J.; GARCIA, C. Breakup and Reestablishment of the Armour Layer in a Large Gravel-Bed River Below Dams: The Lower Ebro. **Geomorphology**, Elsevier, v. 76, n. 1, pp. 122-136, 2006.
WALLING, D. E.; FANG, D. **Recent Trends in the Suspended Sediment Loads of the World's Rivers.** Global Planetary Change 39, pp. 111-126. 2003.
WARD, A. D.; ELLIOT, W. J. (eds.). **Environmental Hydrology**. Boca Raton: CRC Press, 1995. 462 p.
WARD, A. D.; TRIMBLE, S. W. **Environmental Hydrology**. Boca Raton: Lewis Publishers, 2ª ed., 2004. 475 p.
WENTWORTH, C. K. A Scale of Grade and Glass Terms for Clastic Sediments. **Journal of Geology**, [S.l.], v. 30, pp. 377-392, 1922.
WHIPPLE, K. X. Bedrock Rivers and the Geomorphology of Active Orogens. **Annual Reviews of Earth and Planetary Science**, Annual Reviews, v. 32, pp. 151-185, 2004.
WHIPPLE, K. X.; HANCOCK, G. S.; ANDERSON, R. S. River Incision into Bedrock: Mechanics and Relative Efficacy of Plucking, Abrasion, and Cavitation. **Geological Society of America Bulletin**, [S.l.], v. 112, n. 3, pp. 490-503, 2000.
WILCOCK, P. R.; DETEMPLE, B. T. Persistence of Armor Layers in Gravel--Bed Streams. **Geophysical Research Letters**, [S.l.], v. 32, n. 8, pp. 1-4, 2005.
WOHL, E. E.; ACHYUTHAN, H. Substrate Influences on Incised-Channel Morphology. **Journal Geology**, [S.l.], v. 110, n. 1, pp. 115-120, 2002.
WOLMAN, M. G. A Method of Sampling Coarse River-Bed Material. **Transactions American Geophysical Union**, [S.l.], v. 35, pp. 951-956, 1954.

XU, J. Underlyng Gravel Layers in Large Sand Bed River and their Influence on Downstream-Dam Channel Adjustment. **Geomorphology**, [S.l.], v. 17, n. 4, pp. 351-359, 1996.

YANG, T. C. **Sediment Transport Theory and Practice.** Nova Iorque: McGraw–Hill Companies, 1996. 395 p.

6

Morfogênese fluvial

Luiz Fernando de Paula Barros
Antônio Pereira Magalhães Júnior

Os cursos d'água têm grande poder de transformação do relevo e organização da paisagem. Entretanto, alguns processos de modificação dos sistemas fluviais ocorrem em tempo longo, envolvendo uma escala temporal de milhares a milhões de anos. Alguns desses processos são discutidos neste capítulo.

6.1. Rearranjos de drenagem

Processos de rearranjo da rede hidrográfica implicam a transferência de parte ou todo o fluxo de um curso d'água para outro, podendo ocorrer em diferentes escalas espaciais. Os determinantes envolvidos nesses processos não são óbvios, podendo incluir implicações climáticas, tectônicas, litoestruturais, de nível de base e hidrossedimentares (JAMES, 1995; MATHER, 2000; DUMONT *et al.*, 2006; BENVENUTI *et al.*, 2008; LAVARINI *et al.*, 2016; SORDI *et al.*, 2018; STOKES *et al.*, 2018). Mudanças de nível de base estão entre as causas mais comuns, permitindo a fusão de sistemas fluviais antes desconectados ou a divisão ou desvio de um sistema existente.

Conforme Bishop (1995), os rearranjos da rede hidrográfica resultam na transferência de áreas de uma bacia hidrográfica para outra, podendo ou não haver preservação das linhas de drenagem. Os processos ascendentes (*bottom-up*) levam à interceptação e subtração ativa de um sistema fluvial por outro adjacente, como na retração de cabeceiras. Já os processos descendentes (*top-down*) levam ao deslocamento de um curso d'água em direção a outra bacia, sendo, nesse caso, a drenagem desviada ativa no processo, podendo resultar de migração de canal, tectonismo ou vazões extremas.

A depender do tipo de processo atuante, a identificação dos rearranjos de drenagem é uma tarefa difícil, em função da escassez ou ausência de registros impressos na paisagem. Autores como Bishop (1995), Mather (2000) e Maher *et al.* (2007) destacam alguns tipos de evidências:

- *Cotovelos de captura (elbows of capture):* ocorrem sob forma de mudanças bruscas de direção de cursos fluviais (curvas acentuadas). Entretanto, podem estar associados a estruturas geológicas.
- *Canais residuais (misfit streams):* esse termo é usado para cursos d'água cujo tamanho e forma são incompatíveis com os vales onde se encontram, ou seja, não teriam a capacidade de tê-los esculpido. Entretanto, podem ser relacionados a mudanças climáticas favoráveis à redução da descarga fluvial, de modo que o curso d'água não teria mais condições de manter sua dinâmica erosiva e de transporte, deixando de construir o seu vale do modo como fazia com as vazões anteriores.
- *Colos ou vales mortos, secos ou abandonados (cols* ou *wind gaps):* são vales fluviais, porém não apresentam um curso d'água, evidenciando a captura de segmentos fluviais e o abandono de outros. A presença de sedimentos aluviais pode ser um indicador deste tipo de registro.
- *Seixos aluviais (fluviatile gravels):* o imbricamento dos seixos pode indicar direções sindeposicionais diferentes das direções atuais do canal, podendo evidenciar rearranjos. As litologias dos seixos também podem indicar rearranjos caso sejam incompatíveis com as rochas existentes atualmente na bacia hidrográfica, ou seja, a desconexão de determinadas áreas de drenagens pode implicar a perda de áreas-fonte de litologias específicas.
- *Rupturas de declive:* desnivelamentos ao longo dos perfis longitudinais dos canais podem evidenciar rearranjos. São casos em que os cursos d'água envolvidos drenam compartimentos de relevo muito distintos e os fluxos ainda não foram capazes de atenuar tais rupturas.

- *Aspectos morfológicos diversos:* podem ser apontados, ainda, a desproporção entre a grande área de captação da bacia hidrográfica e a capacidade reduzida de escoamento da calha dos cursos d'água e a dimensão do vale em trechos inferiores, bem como a desproporção entre áreas de leques aluviais e suas áreas de captação. Trechos rebaixados dos divisores de drenagem também podem ser um indicador relevante.

Os processos de rearranjo de drenagem incluem capturas, desvios e decapitações, podendo ser significativos para a evolução da paisagem, fornecimento sedimentar e distribuição de biótopos (BISHOP, 1995; TAGLIACOLLO *et al.*, 2015). Os **desvios** ocorrem quando há o redirecionamento da drenagem para uma bacia adjacente, por meio de mecanismos de ruptura do divisor, como no caso de migração de canal, tectonismo (basculamento, formação de domos etc.) ou avulsão brusca devido a fluxos extremos (ver Figura 6.1). Trata-se, portanto, de um tipo de rearranjo descendente (*top-down*). Os desvios envolvem a transferência de área de uma bacia para outra com a preservação de linhas de drenagem. A partir de um modelo teorético, Humphrey e Konrad (2000) postulam que o fluxo de sedimentos do rio e a taxa de soerguimento são as variáveis que vão definir se um rio irá incidir num bloco em soerguimento ou desviar em torno do mesmo, enquanto outros autores defendem que o poder de fluxo seria o fator determinante.

No caso da **decapitação** ocorre a apropriação ou subtração de área de drenagem de um curso d'água para outro adjacente, sem a preservação das linhas de drenagem prévias da bacia subtraída (ver Figura 6.2). Trata-se de um processo do tipo ascendente (*bottom-up*), sendo típico de escarpamentos que coincidem com divisores, sobretudo, quando a drenagem de ambas as bacias é preferencialmente perpendicular ao divisor.

Por sua vez, a **captura fluvial** é o processo de rearranjo de drenagem mais comum na literatura. Desde o século XIX as capturas fluviais (*river capture* ou *stream piracy*) vêm atraindo a atenção de geomorfólogos. Segundo Summerfield (2014), uma captura ocorre quando uma cabeceira de drenagem intercepta outro curso d'água e se apropria de sua área de drenagem a montante (ver Figura 6.3). Assim, trata-se de um processo do tipo ascendente (*bottom-up*).

Capturas fluviais envolvem, portanto, a expansão de uma drenagem em detrimento de outra, incluindo três tipos de cursos d'água ou segmentos fluviais (ver Figura 6.4): canais captores (aqueles que estendem sua drenagem capturando segmentos de outros cursos d'água), segmentos ou canais fluviais capturados (aqueles que passam a pertencer a outros sistemas de drenagem) e canais decapitados (aqueles que perdem drenagem a montante do ponto de captura e passam a apresentar novas cabeceiras, mais a jusante).

Para que um curso d'água seja potente o suficiente para desviar as águas de outro, os fatores que influenciam as taxas de erosão mecânica do fluxo são determinantes. Em relação ao canal capturado, o canal captor deve apresentar, por exemplo: maior gradiente de energia ou maiores descargas (o que pode ser reflexo de fatores climáticos diferenciados em cada uma das vertentes de um divisor comum) — ver Figura 6.5, substrato rochoso menos resistente (ver Figura 6.6), além da existência de um divisor pouco elevado entre os dois cursos d'água envolvidos. As capturas fluviais de maiores dimensões tendem a ocorrer quando a drenagem instalada num compartimento superior de relevo é, mais ou menos, paralela ao divisor e a drenagem de um compartimento inferior é perpendicular (ver Figura 6.3A).

Mather (2000) cita diversos trabalhos com exemplos de efeitos de capturas fluviais na rede de drenagem e no relevo (ver Figura 6.7), os quais podem incluir: (i) a reorganização das redes de drenagem, (ii) a evolução diferenciada do relevo em sistemas fluviais adjacentes, (iii) variações na morfologia de meandros, (iv) reorganização do fornecimento de sedimentos, incluindo alterações de áreas-fonte, (v) mudanças na biota do curso d'água, (vi) mudanças nos níveis de base locais e regionais, e (vii) alterações nos regimes de fluxo.

O processo de anexação das antigas cabeceiras do Rio Tietê pelo Paraíba do Sul é considerado um dos exemplos nacionais mais ilustrativos de captura fluvial, sendo seu estudo clássico o elaborado por Ab'Saber (1957). O Rio Paraíba do Sul inverteu completamente o seu curso (passou a correr em direção a N) a partir da captura do alto curso do atual Rio Tietê. Assim, o trecho atual do Rio Paraíba do Sul a montante de Guararema teria pertencido ao atual Rio Tietê. O local de inflexão do Rio Paraíba do Sul se assemelha a um cotovelo de captura. Conforme Riccomini *et al.* (2010), essa captura ocorreu por influência de causas tectônicas, provavelmente relacionadas ao soerguimento de blocos ao longo de falhas NW-SE no Mioceno.

Do ponto de vista geomorfológico, o Brasil oriental abrange um grande escarpamento que divide extensas bacias interioranas de bacias menores e mais erosivas que ocupam posição costeira, tendo sua gênese relacionada à tectônica mesocenozoica, que afetou essa porção do território brasileiro (MARENT; VALADÃO, 2015). Nesse contexto se inserem os planaltos escalonados do sudeste, havendo uma configuração geomorfológica regional em degraus que coincide com a organização da rede hidrográfica, sendo que (ver Figura 6.8): as grandes bacias do São Francisco e Paraná drenam em direção ao interior continental e integram um mesmo degrau; as bacias menores do Doce e do Paraíba do Sul constituem degraus distintos que drenam diretamente para o oceano, sendo o degrau do Paraíba do Sul mais rebaixado. Grande parte das capturas fluviais já estudadas no Brasil se encontra localizada nesse contexto, pois, em geral, essas capturas estão associadas à morfogênese de margem passiva com controle do nível de base geral (o oceano).

Os cursos d'água que drenam a frente das escarpas têm, geralmente, maior energia que os cursos d'água que drenam seu reverso, resultando numa integração de ambientes de mais alta e mais baixa energia ao longo de um mesmo interflúvio. Assim, as cabeceiras dos cursos d'água que drenam a frente das escarpas avançam sobre as cabeceiras dos cursos d'água de menor energia que drenam os planaltos superiores, permitindo a ocorrência de capturas fluviais de grande importância na esculturação das escarpas.

Nesse contexto, Cherem *et al.* (2013) analisaram três grandes capturas situadas em diferentes bordas interplanálticas e as propuseram como uma sequência evolutiva do processo de captura para a evolução da escarpa (ver Figura 6.9). As capturas de Vilas-Boas, Carandaí e São Vicente estão localizadas, respectivamente, no Degrau de Cristiano Otoni (entre os interflúvios das bacias dos Rios São Francisco e Doce), no Degrau de Barbacena (entre as bacias dos Rios Paraná e Doce) e no Degrau de São Geraldo (entre os Rios Doce e Paraíba do Sul). Segundo os autores, (i) em Vilas-Boas, em estágio inicial pós-captura, as alterações se limitam a 1 km do ponto de captura; (ii) em Carandaí, em estágio intermediário, englobam os trechos proximais do canal capturado e do canal desajustado, sendo que o ponto de captura foi rebaixado em 100 m e a crista da escarpa recuou 2,5 km; e (iii) em São Vicente, em estágio de amadurecimento, as alterações englobam amplas extensões desses canais e o ponto de captura foi rebaixado em 250 m e já se encontra no planalto inferior, sendo o recuo da escarpa de 3,5 km. Como consequência, a linha de crista da escarpa tem sua sinuosidade aumentada à medida que a área de influência da captura se estende e a frente da escarpa recua com a incisão do canal capturado, sendo acompanhada da abertura dos vales e do recuo das vertentes. A regressão das escarpas em forma de degrau no relevo faz com que as bacias que ocupam a porção inferior da escarpa aumentem sua área em detrimento daquelas que se localizam na parte superior. Desse modo, a Bacia do Paraíba do Sul se apropria de áreas da Bacia do Doce e esta bacia, por sua vez, se apodera de áreas das bacias do São Francisco e do Paraná.

Apesar de os processos de captura serem mais comuns no divisor entre as bacias interioranas e as costeiras, Rezende *et al.* (2018) mostram, por meio de um baixo divisor anômalo, um cotovelo de drenagem, uma garganta e um antigo eixo de soerguimento, que o alto curso do Rio Grande (bacia hidrográfica do Rio Paraná) encontrava-se previamente direcionado para o norte, rumo ao Cráton São Francisco e à bacia homônima. Segundo os autores, o rompimento do divisor ancestral e a consequente captura fluvial (envolvendo dezenas de milhares de km^2) provavelmente ocorreram após um soerguimento generalizado no Mioceno Médio, responsável pela superimposição da drenagem e a abertura de depressões.

Processos mais locais de captura fluvial podem ocorrer, inclusive, dentro de uma mesma bacia interiorana. Magalhães Jr. *et al.* (2010) sinalizam um processo de rearranjo de drenagem no Quadrilátero Ferrífero (MG) no qual parte da alta bacia do Rio Maracujá está sendo capturada por um afluente da bacia do Ribeirão do Mango, estando ambos os cursos d'água inseridos na bacia do Alto Rio das Velhas, um dos principais afluentes do Rio São Francisco em Minas Gerais. A bacia do Ribeirão do Mango tem maior poder erosivo, em razão de um gradiente altimétrico maior, enquanto a alta bacia do Rio Maracujá é controlada pela escarpa gerada no contato das rochas supracrustais com as do embasamento cristalino, comportando-se como nível de base intermediário (ver Figura 6.10).

Assim, o processo de captura nesse caso se assemelha ao modelo teórico ilustrado na Figura 6.6. Embora as grandes unidades litoestratigráficas sejam as mesmas, no vale do Rio Maracujá a transição para o médio curso é feita em quartzitos e itabiritos (formações ferríferas bandadas), de alta resistência às intempéries, enquanto no vale do Ribeirão do Mango essa transição ocorre sobre xistos, filitos e dolomitos, de resistência igual ou inferior aos gnaisses, migmatitos e granitoides do embasamento (VARAJÃO *et al.*, 2009). A perda de parte das cabeceiras do Rio Maracujá para bacias vizinhas é sugerida, inclusive, pela forma estreita e alongada da alta bacia. Processos como esse de perda de áreas de drenagem pelo do Rio Maracujá podem ter impactado suas características de capacidade e competência em sua dinâmica quaternária, conforme indica a análise dos registros estratigráficos de seus terraços (MAGALHÃES JR. *et al.*, 2010).

6.2. Drenagens transversas ou discordantes

Cortes ou gargantas entalhadas em elevações morfológicas são mencionadas na literatura inglesa como *water gaps*. Trata-se de aberturas no relevo realizadas pela rede de drenagem. As *water gaps* ocorrem em elevações com rochas resistentes que, normalmente, não seriam substratos favoráveis à permanência de eixos hidrográficos. Portanto, uma ou mais causas incomuns explicariam o fato de os cursos d'água não terem aberto vales paralelos à estrutura rochosa, e sim transversalmente à mesma. As causas geralmente levantadas são antecedência, superimposição, transbordamento ou capturas fluviais.

A explicação mais simples para a drenagem transversa (ou discordante) está ligada à erosão remontante ao longo de falhas transversas, uma variação do mecanismo de capturas fluviais. A título de exemplo, Saadi (1995) ressalta o controle litoestrutural evidente nas imponentes cachoeiras da região da Serra do Espinhaço Meridional, em Minas Gerais, associadas a drenagens transversas. Nesse caso, os cursos d'água se aproveitam de falhas transcorrentes perpendiculares às cristas quartzíticas — orientadas conforme falhas de empurrão regionais — para dissecação acelerada, promovendo capturas fluviais e a configuração de drenagens transversas (ver Figura 6.11).

No processo de **antecedência**, o traçado do curso d'água é anterior ao da estrutura geológica gerada pela atividade tectônica que, ao mesmo tempo, deformou o substrato e deu energia para a dissecação fluvial (ver Figura 6.12). Nesse caso, o curso d'água experimentou energia erosiva superior às taxas de soerguimento para se manter no mesmo trajeto. Se ocorrer o contrário (maiores taxas de soerguimento), desvios ou represamentos podem ocorrer.

Nos casos de **superimposição**, os eixos de drenagem escoam por uma cobertura (rochas mais friáveis ou sedimentos inconsolidados) que encobre rochas relativamente mais resistentes e deformadas tectonicamente (ver Figura 6.12). Com a continuidade dos processos de entalhe fluvial e encaixamento na cobertura, os quais podem ser acelerados por *inputs* tectônicos de energia, o canal atinge o substrato mais resistente e tem seu recuo erosivo desacelerado até que a soleira seja rompida. Como a drenagem é o próprio nível de base para os processos de vertente, ao longo do tempo, o entorno do substrato mais resistente é "esvaziado" mais rapidamente (desnudação diferencial), de modo que a litologia menos erodível pode sustentar cristas que se mantêm elevadas em função da maior resistência às intempéries e são cortadas transversalmente em uma garganta pelo canal superimposto.

Esse processo é também denominado de epigenia (e as *water gaps* de gargantas epigênicas) por certos autores, alguns deles associando as gargantas ao encaixamento da drenagem a partir de uma superfície de aplainamento. Conforme Summerfield (2014), nesse caso, o sistema de drenagem desenvolvido sobre uma superfície erosiva (sem cobertura sedimentar) é rejuvenescido e disseca as estruturas subjacentes, discordantes em relação à orientação da **drenagem herdada**. As gargantas epigênicas dos Rios das Velhas ("Fecho de Sabará") e Paraopeba ("Fecho do Funil") no Quadrilátero Ferrífero são exemplos de feições associadas a esse processo (ver Figura 6.13). Nesse caso, ambos correm de SE para NW, respondendo a um antigo binômio de soerguimento da borda sul do Cráton São Francisco/subsidência da bacia do Grupo Bambuí (MEDINA *et al.*, 2005). Desse modo, esses cursos d'água atravessam, grosso modo, perpendicularmente à Serra do Curral, modelada numa estrutura *hogback* com mergulho das rochas para sul e extensão SW-NE, em resposta à deformação orogenética do ciclo transamazônico.

Os casos de formação de gargantas transversais por **transbordamento** exigem que o canal transversal seja instalado posteriormente à exposição da estrutura rochosa elevada. Nesse caso, um curso d'água seria represado em um lago, o qual transbordaria no local mais rebaixado da bacia. O transbordamento é comumente acompanhado da formação de *knickpoints*, que posteriormente retraem por erosão regressiva e permitem que o canal recém-integrado entalhe uma garganta transversal.

Cabe destacar que o termo *percées* é adotado para se referir aos cortes transversais atravessados pelos maiores afluentes de cursos d'água instalados nas grandes bacias intracratônicas. Souza e Perez Filho (2016) mencionam, por exemplo, o caso da *percée* do Rio Tietê, afluente do Rio Paraná no estado de São Paulo, quando o mesmo rompe a Serra Geral a partir da Depressão Periférica Paulista.

Referências

AB'SABER, A.N. O problema das conexões antigas e da separação da drenagem do Paraíba e do Tietê. **Boletim Paulista de Geografia**, [S.l.], n. 26, pp. 38-49, 1957.

BENVENUTI, M., BONINI, M., MORATTI, G., RICCI, M., TANINI, C. Tectonic and Climatic Controls on Historical Landscape Modifications: The Avulsion of the Lower Cecina River (Tuscany, Central Italy). **Geomorphology**, [S.l.], v. 100, n. 3-4, pp. 269-284, 2008.

BISHOP, P. Drainage Rearrangement by River Capture, Beheading and Diversion. **Progress in Physical Geography**, [S.l.] v. 19, n. 4, pp. 449-473, 1995.

CHEREM, L. F. S.; VARAJÃO, C. A. C.; MAGALHÃES JR., A. P.; VARAJÃO, A. F. D. C.; SALGADO, A. A. R.; OLIVEIRA, L. A. F.; BERTOLINI, W. Z. O papel das capturas fluviais na morfodinâmica das bordas interplanálticas do sudeste do Brasil. **Revista Brasileira de Geomorfologia**, [S.l.], v. 14, n. 4, pp. 299-308, 2013.

DOUGLASS J.; MEEK N.; DORN R. I.; SCHMEECKLE M. W. A Criteria-Based Methodology for Determining the Mechanism of Transverse Drainage Development, with Application to the SouthWestern United

States. **Geological Society of America Bulletin**, [S.l.], v. 121, n. 3-4, pp. 586-598, 2009.

DUMONT, J. F.; SANTANA, E.; VALDEZ, F.; TIHAY, J. P.; USSELMANN, P.; ITURRALDE, D.; NAVARETTE, E. Fan Beheading and Drainage Diversion as Evidence of a 3200-2800 BP Earthquake Event in the Esmeraldas-Tumaco Seismic Zone: A Case Study for the Effects of Great Subduction Earthquakes. **Geomorphology**, [S.l.], v. 74, n. 1-4, pp. 100-123, 2006.

HUMPHREY, N. F.; KONRAD, S. K. River Incision or Diversion in Response to Bedrock Uplift. **Geology**, [S.l.], v. 28, n. 1, pp. 43-46, 2000.

JAMES, L.A. Diversion of the Upper Bear River: Glacial Diffluence and Quaternary Erosion, Sierra Nevada, California. **Geomorphology**, [S.l.], v. 14, n. 2, pp. 131-148, 1995.

LAVARINI, C.; MAGALHÃES JR., A. P.; OLIVEIRA, F. S.; CARVALHO, A. Neotectonics, River Capture and Landscape Evolution in the Highlands of SE Brazil. **Mercator**, Fortaleza, v. 15, n. 4, pp. 95-119, 2016.

MAGALHÃES JR., A. P. ; BARROS, L. F. P. ; RAPOSO, A. A. ; CHEREM, L. F. S. Eventos deposicionais fluviais quaternários e dinâmica recente do vale do Rio Maracujá–Quadrilátero Ferrífero, MG. **Revista Brasileira de Geografia Física**, [S.l.], v. 3, n. 2, pp. 78-86, 2010.

MAHER, E.; HARVEY, A. M.; FRANCE, D., The Impact of a Major Quaternary River Capture on the Alluvial Sediments of a Beheaded River System, the Rio Alias SE Spain. **Geomorphology**, [S.l.], v. 84, n. 3-4, pp. 344-356, 2007.

MARENT, B. R.; VALADÃO, R. C. Compartimentação geomorfológica dos planaltos escalonados do sudeste de Minas Gerais - Brasil. **Revista Brasileira de Geomorfologia**, São Paulo, v. 16, n. 2, pp. 255-270, 2015.

MATHER, A. E. Adjustment of a Drainage Network to Capture Induced Base-Level Change: An Example from the Sorbas Basin, SE Spain. **Geomorphology**, [S.l.], v. 34, n. 3-4, pp. 271-289, 2000.

MEDINA, A. I.; DANTAS, M. E.; SAADI, A. Geomorfologia. *In*: **Projeto APA Sul RMBH** — Estudos do Meio Físico. Belo Horizonte: CPRM/ SEMAD/CEMIG, 2005. v. 6.

REZENDE, E. A.; SALGADO, A. A. R.; CASTRO, P. T. A. Evolução da rede de drenagem e evidências de antigas conexões entre as bacias dos rios grande e São Francisco no sudeste brasileiro. **Revista Brasileira de Geomorfologia**, São Paulo, v. 19, n. 3, pp. 483-501, 2018.

RICCOMINI, C.; GROHMANN, C. H.; SANT'ANNA, L. G.; HIRUMA, S. T. A captura das cabeceiras do Rio Tietê pelo Rio Paraíba do Sul. *In*: MODENESI-GAUTTIERI, M. C.; BARTORELLI, A.; MANTESSO--NETO, V.; CARNEIRO, C. D. R.; LISBOA, M. A. L. (orgs.). **A obra de Aziz Nacib Ab'Sáber**. São Paulo: Beca Editores, 2010. pp. 157-169.

SAADI, A. A geomorfologia da Serra do Espinhaço em Minas Gerais e de suas margens. **Geonomos**, Belo Horizonte, v. 3, n. 1, pp. 41-63, 1995.

SORDI, M. V.; VARGAS, K. B.; FORTES, E. MECANISMOS CONTROLADORES DO REARRANJO FLUVIAL: O caso da captura do ribeirão Laçador pelo ribeirão Laçadorzinho, Faxinal (PR). **Revista Continentes**, v. 7, n. 12, pp. 146-173, 2018.

SOUZA, A. A. O.; PEREZ FILHO, A. Mudanças na dinâmica fluvial da bacia hidrográfica do ribeirão Araquá: eventos tectônicos e climáticos no Quaternário. **Geousp — Espaço e Tempo** (On-line), v. 20, n. 3, p. 636-656, 2016. Disponível em: <http://www.revistas.usp.br/geousp/article/view/103953> Acesso em 19 out. 2018.

STOKES, M. F.; GOLDBERG, S. L.; PERRON, J. T. Ongoing River Capture in the Amazon. **Geophysical Research Letters**, v. 45, n. 11, pp. 5545-5552, 2018.

SUMMERFIELD, M. A. **Global Geomorphology: An Introduction to the Study of Landforms**. 2ª ed. Londres/Nova Iorque: Routledge, 2014, 537 p.

TAGLIACOLLO, V. A.; ROXO, F. F.; DUKE-SYLVESTER, S. M.; OLIVEIRA, C.; ALBERT, J. S. Biogeographical Signature of River Capture Events in Amazonian Lowlands. **Journal of Biogeography**, v. 42, n. 12, pp. 2349-2362, 2015.

VARAJÃO, C. A. C.; SALGADO, A.A.R.; VARAJÃO, A. F. D. C.; BRAUCHER, R.; COLIN, F.; NALINI JR., H. A. Estudo da evolução da paisagem do Quadrilátero Ferrífero (Minas Gerais, Brasil) por meio da mensuração das taxas de erosão (^{10}Be) e da pedogênese. **Revista Brasileira de Ciência do Solo**, [S.l.], v. 33, pp. 1409-1425, 2009.

7

Análise morfométrica em bacias hidrográficas

Luis Felipe Soares Cherem
Sérgio Donizete Faria
Márcio Henrique de Campos Zancopé
Michael Vinícius de Sordi
Elizon Dias Nunes
Lucas Espíndola Rosa

7.1. Introdução

Nas análises geomorfológica e ambiental, a bacia hidrográfica é o recorte de análise mais adequado de investigação por integrar os processos de vertentes aos de planícies e cursos fluviais, tratando-os por sistemas subsequentes (CHRISTOFOLETTI, 1999). Entretanto, conforme observam Alves e Castro (2003), grande parte dos trabalhos científicos acerca de bacias hidrográficas evidenciam apenas qualitativamente os aspectos geométricos, o que é, em geral, insuficiente para a identificação de homogeneidades no relevo. Nesse sentido, uma das principais maneiras de avaliar quantitativamente a interação dos processos e condicionantes geomorfológicos em uma bacia hidrográfica é por meio da análise morfométrica.

O desenvolvimento de métodos quantitativos em Geomorfologia intensificou-se a partir das décadas de 1940 e 1950 com os esforços pioneiros de Robert E. Horton (1945) e Arthur N. Strahler (1952a, b). Esses e outros pesquisadores — como Stanley A. Schumm (1956) e Richard J. Chorley (1962) — foram responsáveis por dar um caráter mais objetivo e matemático à análise de bacias hidrográficas. Nesse período foram também estabelecidas as leis matemáticas iniciais sobre o funcionamento e a dinâmica dos rios e de suas bacias de drenagem, denominados parâmetros morfométricos.

As análises quantitativas na Geomorfologia têm por objetivo caracterizar os aspectos geométricos e altimétricos das bacias, estabelecendo indicadores relacionados à forma, ao arranjo estrutural e à composição integrada entre os elementos. O cálculo desses parâmetros pode revelar anomalias e alterações na paisagem, seja por fatores tectônicos, estruturais, climáticos ou, até mesmo, antrópicos. A análise morfométrica explica como os fatores geométricos se inter-relacionam em diferentes escalas espaço-temporais e controlam o comportamento hidrológico e erosivo das bacias hidrográficas. Afinal, as variáveis integradas para realizar a análise morfométrica são definidas a partir de medidas de elementos componentes das redes de drenagem e das próprias bacias hidrográficas. O significado das correlações entre parâmetros morfométricos da rede de drenagem revela a atuação dos processos geomorfológicos nas bacias hidrográficas, pois os canais e a rede hidrográfica são os elementos da paisagem com ações morfogenéticas mais ativas na superfície terrestre.

O avanço tecnológico teve papel crucial para o desenvolvimento e divulgação das análises morfométricas de bacias hidrográficas por disponibilizar bases de dados para toda a superfície terrestre continental e plataformas computacionais amigáveis (*hardware* e *software*) que dão maior velocidade ao processamento de dados espaciais. Assim, as análises morfométricas passaram a ser realizadas em Sistema de Informações Geográficas (SIG), com uso de dados vetoriais e matriciais obtidos por dispositivos sensores (como, por exemplo, os sensores orbitais) e conversores de bases de dados analógicas em digitais. Utilizando-se dessas ferramentas, a análise morfométrica tem avançado desde os anos 2000, muito embora persistam perguntas relativas à qualidade das análises conduzidas com o uso dessas novas bases de dados.

Entretanto, a oferta de modelos digitais de elevação (MDE) a partir dos anos 2000 não se traduziu diretamente em estudos geomorfológicos de alta qualidade. Grande parte desses estudos continuou a calcular os parâmetros morfométricos clássicos, sem avaliar suas relações espaciais e, nem mesmo, verificar a representatividade dos dados obtidos dos MDE. De modo geral, o que se observou nessa época foi apenas a automatização de processos que antes eram realizados de forma manual, a partir de cartas topográficas. Desenvolvidas a partir da década de 1970, as técnicas automáticas de cálculo de parâmetros morfométricos e a obtenção de variáveis das redes de drenagem fluviais foram potencializadas a partir de 2000, com o lançamento de produtos derivados de sensores orbitais de resoluções com detalhes maiores e levaram ao crescimento da produção brasileira de estudos morfométricos de bacias hidrográficas. Castro (2006) relatou que, no VI Simpósio Nacional de Geomorfologia (SINAGEO), realizado em Goiânia em 2006, essas foram, respectivamente, a terceira e a quarta especialidades temáticas com o maior número de trabalhos nos anais, indicando a tendência dos estudos geomorfológicos no Brasil.

Silva *et al.* (2016), ao consultarem os anais dos SINAGEO de 2006, 2010, 2012 e 2014, constataram que 14% dos trabalhos referem-se à análise de bacias hidrográficas, terceiro maior enfoque temático do período. Identificaram, ainda, que os métodos de maior especificidade observados entre os trabalhos foram:

> análise morfométrica, análise hipsométrica, análise topológica, relação declividade x extensão (RDE), índice de sinuosidade e índice de rugosidade, todos preferencialmente aplicados aos estudos em bacias hidrográficas, canais fluviais e demais estudos sobre padrões de drenagem e hierarquia fluvial. Entre as técnicas de interpretação [...], sobressaíram-se os produtos do geoprocessamento e do sensoriamento remoto (SILVA *et al.*, 2016).

Os parâmetros morfométricos podem ser aplicados a diversas escalas (espaço-temporais) de análise intimamente relacionadas (SCHUMM; LICHTY, 1965; STEVAUX; LATRUBESSE, 2017). Nesse sentido, parâmetros morfométricos podem ser aplicados às análises hidrológicas e à gestão ambiental, que estão associadas a escalas de pequena dimensão, por exemplo, para fins de abastecimento ou planejamento territorial frente a assoreamentos, enchentes e inundações (PATTON; BAKER, 1976). Da mesma forma, a análise morfométrica é aplicável a estudos de escalas de grande dimensão espacial e temporal, como compartimentação do relevo e a análise estrutural e evolutiva da paisagem e da rede hidrográfica (CHEN *et al.*, 2015; COUTO *et al.*, 2012; ETCHEBEHERE *et al.*, 2004; FUJITA *et al.*, 2011; SEEBER; GORNITZ, 1983; SORDI *et al.*, 2018). Nesse contexto, este capítulo apresenta, em sua primeira parte, os parâmetros morfométricos lineares, zonais e altimétrico mais utilizados, desde os clássicos até os mais modernos. Em seguida, são discutidos os usos e as limitações de bases cartográficas geralmente utilizadas nas análises morfométricas. Por fim, são apresentadas aplicações de ponta na análise morfométrica em estudos ambientais e estudos da dinâmica da paisagem.

7.2. Parâmetros morfométricos

Os primeiros parâmetros morfométricos foram definidos por Horton (1945) e correspondem às leis de composição de bacias hidrográficas, que têm, por princípio, definir um comportamento ideal, onde há crescimento geométrico entre os valores calculados para as sucessivas ordens hierárquicas em uma bacia hidrográfica. As leis fundamentais de composição de bacias hidrográficas de Horton (1945) são:

- **lei do número de canais** — o número de segmentos de ordens sucessivamente inferiores de uma dada bacia tende a formar uma progressão geométrica, que começa com o único segmento de ordem mais elevado e cresce segundo uma taxa constante de bifurcação;
- **lei do comprimento de canais** — o comprimento médio dos segmentos de ordens sucessivas tende a formar uma progressão geométrica cujo primeiro termo é o comprimento médio dos segmentos de primeira ordem e tem por razão uma relação de comprimento constante;
- **lei da declividade de canais** — em uma determinada bacia, há uma relação definida entre a declividade média dos canais de certa ordem e a dos canais de ordem imediatamente superior, geometricamente inversa, na qual o primeiro termo é a declividade média dos canais de primeira ordem e a razão é a relação entre os gradientes dos canais; e
- **lei da área da bacia de canais** — as áreas médias das bacias de segmentos de canais de ordem sucessiva tendem a formar uma progressão

geométrica cujo primeiro termo é a área média das bacias de primeira ordem e a razão de incremento constante é a taxa de crescimento da área.

Os parâmetros morfométricos foram definidos a partir dessas primeiras leis e começaram a ser aplicados em estudos geomorfológicos cujos objetos de estudos são as bacias hidrográficas. Esses parâmetros são divididos em três classes: parâmetros lineares, zonais e hipsométricos. Essa divisão é condicionada pela natureza dos dados necessários para geração desses parâmetros e, consequentemente, pelo tipo de interpretação possível de ser realizada. Os parâmetros lineares estão associados à rede de drenagem e ao seu arranjo espacial dentro da bacia. Em linhas gerais, a unidade de medida desses parâmetros é linear, quando quantificam o arranjo espacial, ou adimensional para parâmetros que tratam das relações entre aspectos da rede de drenagem. Os parâmetros zonais indicam as relações entre a rede de drenagem e seu arranjo espacial na bacia e são, na maioria das vezes, representados em relação à área da bacia. Os parâmetros hipsométricos representam, via de regra, a tridimensionalidade da bacia ao incluírem a variação altimétrica e não têm uma unidade de medida característica (CHRISTOFOLETTI, 1980). A seguir são apresentados os parâmetros para cada uma das três classes.

7.2.1. Classe Linear

Os parâmetros lineares quantificam a rede de drenagem por meio de seus atributos (comprimento, número, hierarquia) e da relação entre eles, sendo dados por: hierarquia fluvial, magnitude fluvial, relação de bifurcação, relação entre o comprimento médio dos canais de cada ordem, relação entre os gradientes dos canais e índice de sinuosidade dos canais, os quais são descritos a seguir.

Hierarquia fluvial (Hf) — corresponde à ordenação dos canais fluviais dentro de uma bacia hidrográfica. Existem dois tipos de hierarquização da rede de drenagem. A primeira, de Strahler (1952a), considera que os canais de primeira ordem são aqueles que não apresentam tributários, isto é, são canais de cabeceiras de drenagem, conforme ilustrado na Figura 7.1A. Os canais de segunda ordem são os canais subsequentes à confluência de dois canais de primeira ordem, e assim sucessivamente, sendo que a confluência com canais de ordem hierárquica menor não altera a hierarquização da rede. O segundo tipo de hierarquização, de acordo com Horton (1945), também considera os canais de primeira ordem os que não apresentem tributários, isto é, correspondem aos canais de cabeceiras de drenagem. Entretanto, não são todas as cabeceiras que correspondem aos canais de primeira ordem, visto que os canais de maior hierarquia estendem-se até a cabeceira de maior extensão, conforme ilustrado na Figura 7.1B. Em ambas as classificações, os segmentos de canais (trechos entre confluências) contíguos (para montante ou jusante) podem ter a mesma ordem, conforme ilustrado na Figura 7.1 (CHRISTOFOLETTI, 1970).

Magnitude fluvial (Mf) — a magnitude também envolve o ordenamento de canais, assim como a hierarquia fluvial, entretanto, os canais de cabeceira sempre assumem a mesma ordem hierárquica: 1, para Shreve (1966), e 2, para Scheidegger (1965). O aumento de ordem dos canais corresponde à soma das ordens dos canais a montante da confluência; assim, o canal principal tem ordem igual ao somatório de todos os canais de primeira ordem, conforme ilustrado na Figura 7.2. O que distingue a hierarquia fluvial da magnitude é a consideração dos princípios hidrológicos na segunda, visto que a cada confluência as características dos canais são alteradas (CHRISTOFOLETTI, 1970).

Relação de bifurcação (R_b) — parâmetro definido primeiramente por Horton (1945) e reformulado por Strahler (1952a), é a razão entre o número total de canais de certa ordem e o número total de canais de ordem imediatamente superior. O índice está relacionado ao estágio evolutivo da rede de drenagem, ao comportamento hidrológico das coberturas superficiais e ao controle estrutural (STRAHLER, 1952b; FRANÇA, 1968). Isso significa que a rede de drenagem de uma bacia que tem um comportamento com aumento logarítmico rumo a montante está em equilíbrio, pois não há anomalias na organização entre canais de ordens diferentes. Por outro lado, oscilações entre canais de ordens diferentes indicam anomalias que impedem o comportamento esperado. A Equação 7.1 representa a Relação de bifurcação.

$$R_b = \frac{N_u}{N_{u+1}}, \quad (7.1)$$

em que N_u é o número total de canais de determinada ordem e N_{u+1} corresponde ao número total de canais de ordem imediatamente superior (Horton, 1945).

Relação entre o comprimento médio dos canais de cada ordem (RL_m) — refere-se à relação de normalidade em uma bacia hidrográfica (HORTON, 1945). O comprimento médio dos canais se ordena segundo uma série geométrica direta, cujo primeiro termo é o comprimento médio dos canais de primeira ordem, e a razão é a relação entre os comprimentos médios. A Equação 7.2 representa a RL_m.

$$RL_m = \frac{L_{m_u}}{L_{m_{u-1}}}, \quad (7.2)$$

em que L_{m_u} é o comprimento médio dos canais de determinada ordem e $L_{m_{u-1}}$ é o comprimento médio dos canais de ordem imediatamente inferior (Horton, 1945).

Relação entre os gradientes dos canais (R_{gc}) — é a representação matemática da terceira lei de Horton, apresentada na introdução deste capítulo, e verifica o grau de normalidade de uma dada bacia hidrográfica. É a razão entre declividade média dos canais de uma ordem com a declividade dos canais de ordem imediatamente superior (CHRISTOFOLETTI, 1980). A R_{gc} é dada pela Equação 7.3.

$$R_{gc} = \frac{G_{c_u}}{G_{c_{u+1}}}, \quad (7.3)$$

em que G_{c_u} é a declividade média dos canais de determinada ordem e $G_{c_{u+1}}$ é a declividade média dos canais de ordem imediatamente superior (Horton, 1945).

Esse parâmetro possibilita a leitura isolada da normalidade da declividade dos canais de uma dada bacia por ordem e pode servir para correlacionar o grau de normalidade entre bacias adjacentes.

Índice de sinuosidade do canal (Is) — parâmetro apresentado inicialmente por Horton (1945), relaciona o comprimento total do canal com a menor distância entre a nascente e a foz, ou confluência com um canal de ordem maior. A Equação 7.4 representa o Is.

$$Is = \frac{L}{d_v}, \tag{7.4}$$

em que L é o comprimento do canal principal medido em seu eixo geométrico e d_v é a distância vetorial do vale, medida também ao longo de seu eixo geométrico (HORTON, 1945).

Valores de sinuosidade abaixo de 1,05 representam canais retilíneos, enquanto valores entre 1,05 e 1,5 correspondem a canais sinuosos. Índices acima de 1,5 são classificados como meandrantes (BRICE, 1964; LEOPOLD; WOLMAN, 1957). De modo geral, canais retilíneos se associam a elevado controle estrutural e/ou alta energia, enquanto valores acima de 2 são típicos de canais com baixa energia, sinuosos. Ou seja, quanto menos sinuoso é o canal mais rápido é o fluxo d'água (FELTRAN FILHO; LIMA, 2007). Portanto, o índice de sinuosidade sofre influência da carga sedimentar e da compartimentação litológica e estrutural (ALVES; CASTRO, 2003).

7.2.2. Classe Zonal

Os parâmetros zonais quantificam os atributos da bacia hidrográfica correlacionando-os a valores ideais e à rede de drenagem da mesma área de estudo, sendo dados por: índice de circularidade, densidade de drenagem, densidade hidrográfica, relação entre área de bacias e coeficiente de manutenção.

O coeficiente de compacidade (Kc), o fator de forma (Kf) e o índice de circularidade (Ic) são abordagens quantitativas da geometria da bacia, comparando-a a formas geométricas como o círculo (índice de compacidade) e um retângulo (Fator de Forma). A forma da bacia está diretamente associada à hidrodinâmica: bacias com formas mais arredondadas tendem a concentrar mais rapidamente as precipitações, assim são mais suscetíveis a cheias. Bacias mais estreitas e alongadas (mais retangulares), são menos suscetíveis a cheias, pois as contribuições afluentes ocorrem em vários pontos do canal (HORTON, 1932). Ou seja, a geometria está relacionada ao tempo de concentração da bacia, isto é, se lento ou rápido. Desse modo, também pode ser utilizado como indicador da eficiência do escoamento da bacia. Os índices são apresentados a seguir:

Coeficiente de compacidade ou índice de Gravelius (Kc) — Esse parâmetro é dado pela Fórmula 7.5 (CHRISTOFOLETTI, 1980):

$$Kc = \frac{0{,}282 \times P}{\sqrt{A}}, \qquad (7.5)$$

em que P é o perímetro e A é a área. O Kc > ou = a 1. Se o Kc for igual a 1, a área tem forma de círculo, ou seja, quanto mais próximo de 1, mais circular é a bacia. Disso, pode-se interpretar que quanto maior o valor obtido, mais propensa a inundações.

Fator de forma, coeficiente de forma ou índice de conformação (Kf) — Esse parâmetro é dado pela Equação 7.6 (CHRISTOFOLETTI, 1980):

$$Kf = \frac{A}{L^2}, \qquad (7.6)$$

sendo A a área, e L, o comprimento do curso de água mais longo desde a seção de referência até a cabeceira mais distante. Valores de Kf próximos ou maiores que 1 indicam áreas mais arredondadas, e menores que 1 indicam bacias estreitas e alongadas.

Índice de circularidade (Ic) — esse índice foi proposto por Miller em 1953 (CHRISTOFOLETTI, 1980) e, assim como o comprimento vetorial do canal, o valor de Ic correlaciona um valor ideal a um mensurado, sendo obtido pela Equação 7.7:

$$Ic = \frac{A}{Ac}, \qquad (7.7)$$

em que A é a área da bacia e Ac é a área de um círculo que tenha o perímetro idêntico ao da bacia considerada, sendo o valor máximo considerado igual a 1,0 (em caso de uma bacia totalmente circular).

Conforme mostra a Figura 7.3, bacias mais circulares, com índice de circularidade mais próximo de 1, tendem a favorecer cheias e inundações devido ao menor raio e ao menor tempo de concentração das águas nas calhas fluviais. Em bacias mais alongadas, por sua vez, as contribuições pluviais ocorrem desconcentradas ao longo da rede hidrográfica, desfavorecendo as cheias e inundações.

Densidade de rios (Dr) ou densidade hidrográfica (Dh) — estabelece a relação entre o número de cursos d'água e a área de uma dada bacia (HORTON, 1945). É calculada pela Equação 7.8:

$$Dh = \frac{N}{A}, \tag{7.8}$$

sendo N o número total de rios, e A, a área da bacia.

A Dh expressa, portanto, o número de canais existentes em cada quilômetro quadrado, indicativo do potencial hídrico em dada região. Tal índice permite comparar a frequência ou quantidade de canais em uma determinada área padrão — em 1 km^2, por exemplo (FELTRAN FILHO; LIMA, 2007). A maior ou menor concentração de canais tem relação direta com os processos de escoamento que, por sua vez, estão relacionados com as características ambientais — especialmente de geologia e clima — da área analisada.

Densidade de drenagem (Dd) — estabelece a relação entre o comprimento total dos canais de drenagem e a área de drenagem (ver Figura 7.4), sendo calculada pela Equação 7.9 (CHRISTOFOLETTI, 1980):

$$Dd = \frac{L_t}{A}, \tag{7.9}$$

sendo L_t o comprimento total dos canais, e A, a área total da bacia.

Sob contexto climático homogêneo, esse parâmetro reflete o comportamento hidrológico, especificamente as capacidades de infiltração e de formação de canais superficiais, que são definidas pela litologia e estrutura geológica (CHRISTOFOLETTI, 1970). Além de refletir a transmissibilidade (grau de infiltração) do terreno, a densidade de drenagem pode ser um indicativo da suscetibilidade à erosão (MILANI; CANALI, 2000). Dessa forma, áreas com índices elevados de densidade de drenagem são resultantes da baixa transmissibilidade do terreno e, portanto, mais sujeitas à erosão.

Deste modo, a densidade de drenagem (Dd) se contrapõe à densidade hidrográfica (Dh), visto que quanto mais canais existirem, menos extensos serão (CHRISTOFOLETTI, 1980). A Dd apresenta relação inversa com a extensão do escoamento superficial. Trata-se, portanto, de um indicador da eficiência da drenagem na área da bacia fluvial. Embora apresente grande variação de acordo com o clima e a geologia local, Villela e Mattos (1975) apontam que índices de cerca de 0,5 são típicos de drenagem esparsa e valores próximos a 3,5 indicam bacias muito bem drenadas.

Relação entre as áreas das bacias (Ra) — representa a razão entre o tamanho médio das bacias em determinada ordem e das bacias na ordem sucessivamente inferior e representa matematicamente a quarta lei de Horton, apresentada na introdução deste capítulo. Esse parâmetro expressa o grau de normalidade da composição da bacia (HORTON, 1945; SCHUMM, 1956), sendo definido pela Equação 7.10:

$$Ra = \frac{A_u}{A_{u-1}}, \tag{7.10}$$

em que A_u é a área média das bacias de uma determinada ordem e A_{u-1} é a área média das bacias da ordem imediatamente inferior.

Coeficiente de manutenção (Cm) — constitui a razão inversa da densidade de drenagem (Dd) e corresponde à área necessária para manter perene cada metro de canal de drenagem. Esse parâmetro é dado pela Equação 7.11 (CHRISTOFOLETTI, 1980):

$$Cm = \frac{1}{Dd} x 1.000, \tag{7.11}$$

em que *Dd* é a densidade de drenagem.

7.2.3. Classe Hipsométrica

Os parâmetros hipsométricos correlacionam a variação altimétrica à área e à rede de drenagem de uma mesma bacia. Alguns dos parâmetros comuns são a curva hipsométrica ou integral hipsométrica, o índice de rugosidade e a declividade.

Curva hipsométrica (Ch) e integral hipsométrica (Ih) — descrevem a distribuição areal das diferentes elevações (PEREZ-PEÑA *et al.*, 2009; SCHUMM, 1956; STRAHLER, 1952b). A curva hipsométrica representa a área proporcional relativa abaixo (ou acima) de uma dada elevação em um gráfico cartesiano (x, y) em que as abscissas correspondem às áreas acumuladas, e as ordenadas, à altimetria (STRAHLER, 1952b). Por sua vez, a área sob essa curva no plano cartesiano é determinada por uma função matemática, uma integral (ver Figura 7.4). A integral hipsométrica, portanto, é a função que determina a área abaixo da curva hipsométrica, dependendo da forma da curva (KELLER; PINTER, 2002; PIKE; WILSON, 1971).

A hipsometria é afetada principalmente pela tectônica, litologia e fatores climáticos, que vão determinar, em última análise, a dissecação e evolução de um determinado relevo (PEREZ-PEÑA *et al.*, 2009). Por isso Strahler (1952b) utilizou curvas e integrais hipsométricas como indicativos do estágio evolutivo de uma bacia, o que foi posteriormente questionado — maiores discussões podem ser encontradas em Willgoose e Hancock (1998) e Perez-Peña *et al.* (2009). A integral hipsométrica (Hi) é influenciada por parâmetros da bacia hidrográfica tais como a geometria da bacia, a área de drenagem e a amplitude altimétrica (HURTREZ *et al.*, 1999; LIFTON; CHASE, 1992; MASEK *et al.*,1994).

Índice de rugosidade (Ir) — expressa um número adimensional, o qual, segundo Strahler (1958), representa aspectos da declividade e comprimento da vertente por meio do contrabalanço da amplitude altimétrica à densidade de drenagem. Esse parâmetro é dado pela Equação 7.12:

$$Ir = H \times Dd, \qquad (7.12)$$

sendo H a amplitude altimétrica, e Dd, a densidade de drenagem.

O Ir foi aprimorado por Strahler (1958), que observou que os valores da rugosidade do relevo aumentam quando a amplitude topográfica ou a densidade de drenagem apresentam valores elevados, ou seja, quando as vertentes forem longas e íngremes. Portanto, um aumento da densidade de drenagem (Dd) sob uma amplitude altimétrica constante significa uma diminuição na distância horizontal média entre a divisória e os canais adjacentes, *i.e.*, aumento na declividade das vertentes. Se, ao contrário, a amplitude altimétrica aumenta e a densidade drenagem se mantém constante, aumentarão a declividade e as diferenças altimétricas entre o interflúvio e os canais (CHRISTOFOLETTI, 1980).

Bacias hidrográficas com valor elevado têm maior potencial para ocorrência de cheias, visto que são bacias de alta energia (dada a elevada amplitude altimétrica) e/ou são bacias com alta transmissividade hidráulica, já que todos os pontos da bacia estão mais próximos da rede de drenagem, convertendo o fluxo de vertente em fluxo fluvial em menor tempo.

Declividade média (Dm) — expressa a energia e a intensidade de atuação dos processos morfogenéticos, incluindo a dinâmica dos escoamentos superficiais concentrados e difusos (laminar) nas vertentes. Quando associada à declividade máxima, possibilita comparações sobre energia máxima e média dentro das bacias hidrográficas.

Gradiente do canal principal (Gcp) — é a relação entre a diferença máxima de altitude entre o ponto de origem e o término do segmento fluvial (amplitude altimétrica do canal principal) com o comprimento do mesmo (CHRISTOFOLETTI, 1980). Esse parâmetro reflete o potencial de energia no canal fluvial, haja vista que sua finalidade é indicar a declividade dos cursos d'água, podendo ser medido para o rio principal e para todos os segmentos de qualquer ordem. O Gcp é expresso graficamente pelo perfil longitudinal do canal e pode ser obtido por meio da Equação 7.13:

$$Gcp = \frac{Acp \times 1.000}{Ccp}, \qquad (7.13)$$

em que *Acp é* a amplitude altimétrica do canal e *Ccp* é o comprimento do canal. O número 1.000 representa a unidade de transformação de metros em quilômetros.

Relação declividade-extensão (RDE) — O índice RDE se baseia no *gradient index*, o qual representa a razão entre a variação altimétrica e a extensão, por isso também denominado índice declividade-extensão (HACK, 1973). Pode ser calculado tanto para segmentos específicos quanto para canais inteiros (ETCHEBEHERE *et al.*, 2004; HACK, 1973; SEEBER; GORNITZ, 1983). O índice RDE consiste basicamente na análise do perfil longitudinal do rio, por trechos, relacionando a declividade e a extensão do canal com possíveis anomalias no perfil do curso d'água (ver Figura 7.5). O índice permite mapear áreas de anomalias geológico-geomorfológicas e desequilíbrios no perfil longitudinal dos cursos d'água (COUTO *et al.*, 2013; ETCHEBEHERE *et al.*, 2004; FUJITA *et al.*, 2011; SEEBER; GORNITZ, 1983). Tal relação é calculada de acordo com a geometria dos perfis total e segmentos (ver Figura 7.6) e a partir das equações 7.14 a 7.16:

$$RDEs = \frac{\Delta h}{\Delta l} \times L, \quad (7.14)$$

$$RDE = \frac{\Delta H}{\Delta L}, \quad (7.15)$$

$$RDE = \frac{RDEs}{RDEt}, \quad (7.16)$$

sendo Δh a diferença na elevação entre as duas extremidades do trecho considerado, Δl é a extensão do segmento considerado, L, a distância entre o ponto mais a montante do segmento (cabeceira de maior altitude) e a foz do rio, ΔH, a diferença entre a elevação da nascente e da foz do rio, e ΔL, a extensão total do canal.

Em um caso ideal, o perfil longitudinal descreve a forma côncava com diminuição suave da declividade e valores de RDE homogêneos. Em caso de anomalias, o perfil apresenta descontinuidades, rupturas de declive. A determinação de setores anômalos é feita por meio da razão entre o RDEs (segmento) e RDEt (total), sendo possível identificar três comportamentos ao longo do perfil (SEEBER; GORNITZ, 1983):

- RDE menor que dois indica que o trecho está em equilíbrio;

- RDE entre 2 e 10 indica a presença de anomalia de 2ª ordem menos intensa no trecho;
- RDE maior do que 10 indica uma anomalia de 1ª ordem mais intensa no trecho.

Essas anomalias no RDE podem ser resultantes de controle estrutural e da presença de *knickpoints* ou características geológicas locais, transição de litologias, grandes confluências ou mesmo atividade neotectônica (COUTO *et al.*, 2012; QUEIROZ *et al.*, 2015; SORDI *et al.*, 2012; SORDI *et al.*, 2015).

Fator de assimetria de bacia de drenagem (FABD) — é a razão entre a área da margem direita de uma bacia hidrográfica e a área total da mesma (HARE; GARDNER, 1985). Valores próximos a 50 indicam que não houve migração lateral do canal significativa e valores próximos de zero ou de 100 indicam migração significativa do canal. Tal parâmetro possibilita a identificação de assimetrias nas áreas localizadas nas margens opostas de uma bacia hidrográfica, conforme a Equação 7.17:

$$FADB = 100 \times \left(\frac{Ar}{At} \right), \tag{7.17}$$

sendo Ar a área da bacia localizada na margem direita do canal, e At, a área total da bacia hidrográfica. A assimetria verificada pode resultar da migração do canal, e pode refletir fatores estruturais, reorganização fluvial, tectonismo e/ou processos aluviais (HARE; GARDNER, 1985; SALAMUNI *et al.*, 2004; SORDI *et al.*, 2018).

Fator de simetria topográfica transversal (FSTT) — mensura o deslocamento lateral do canal principal em relação à linha média da bacia hidrográfica. Os valores variam de 0 (drenagem simétrica) a 1 (assimetria extrema). O índice é calculado por meio da Equação 7.18:

$$FSTT = \frac{Da}{Dd}, \tag{7.18}$$

em que Da é a distância da linha média do eixo longitudinal da bacia até o principal meandro ativo (ou até a linha média do cinturão de meandros ativos) e *Dd* é a distância da linha média do eixo longitudinal da bacia ao divisor perpendicular.

Esse parâmetro avalia o grau de assimetria de um curso d'água em uma bacia e como essa assimetria varia em termos de configuração espacial e extensão (COX, 1994). O FSTT pode ser aplicado em cada segmento do canal analisado, permitindo verificar trechos assimétricos específicos ou anomalias locais. Da mesma forma que o FABD, pode refletir fatores tectônicos e estruturais ou condições fluviais e aluviais específicas.

Índice de concavidade do canal (θ) — é obtido pela regressão linear da correlação entre a declividade e a área acumulada (PEREZ-PEÑA *et al.*, 2017). A morfologia de um canal pode contar muito sobre sua história evolutiva. Por exemplo, muitos dos perfis longitudinais em áreas estáveis tectonicamente e de substrato homogêneo são côncavos devido à erosão progressiva dos leitos rochosos nas áreas de cabeceiras e suas características a jusante: aumento na descarga e largura do canal, diminuição na granulometria do leito. Em geral, perfis retilíneos e côncavos são típicos de cursos d'água em equilíbrio com seus níveis de base. Por outro lado, a convexidade remete a perfis em desequilíbrio com seus níveis de base.

Fator de declividade normalizado (Ksn) — permite identificar setores de declividade anômala na rede de drenagem, ou seja, quebras de equilíbrio no perfil que podem, ou não, constituir *knickpoints*. Uma série de ferramentas têm sido construídas para mapear de modo automatizado as quebras de declive ao longo dos canais, como, por exemplo, o *Kinckpoint Finder* (QUEIROZ *et al.*, 2015) e o *Knickpoint Extraction Tool* (ZAHRA *et al.*, 2017). O fator de declividade normalizada é definido pela Equação 7.19:

$$S = Ksn \times A \times \theta, \qquad (7.19)$$

em que S corresponde à declividade, A, à área a montante do trecho analisado, e θ, ao índice de concavidade (m/n). Geralmente, o θ de referência para canais com leito rochoso varia entre 0,4 e 0,5 (ANDREANI *et al.*, 2015; CHEN *et al.*, 2015; KIRBY; WHIPPLE, 2001).

Índice de reorganização fluvial (χ, *Chi*) — esse parâmetro consiste na linearização do perfil longitudinal do canal a partir de um valor obtido pelo cálculo da declividade pela área acumulada para a bacia. O valor θ consiste no perfil de equilíbrio ideal. Ou seja, o χ relaciona um perfil de equilíbrio ideal ao perfil longitudinal real do canal. Esse parâmetro morfométrico tem sido amplamente utilizado no estudo de evolução a longo termo das bacias hidrográficas. (PERRON; ROYDEN, 2013; SORDI *et al.*, 2018; WILLET *et al.*, 2014).

Utiliza-se o χ para identificar áreas sob processo de reorganização fluvial, pois ele permite identificar bacias hidrográficas que estão ganhando ou perdendo área de drenagem (ver Figura 7.6) — ou seja, quais são as bacias hidrográficas agressoras (*agressor*, do inglês) e vítimas (*victim*, do inglês) no processo de reorganização fluvial. Se os valores de χ forem semelhantes em ambos os lados do divisor, a bacia está em equilíbrio, ou seja, não há migração do divisor. Por outro lado, valores contrastantes de χ mostram que há processos de reorganização e o divisor está migrando. A migração dos divisores ocorrerá em direção aos maiores valores de χ (ou seja, a bacia agressora será aquela com valores de χ mais baixos).

A questão que envolve a utilização desses parâmetros morfométricos é que eles foram inicialmente desenvolvidos para áreas tectonicamente ativas. A aplicação desses índices para áreas de estruturação muito antiga e de notável quiescência tectônica, a exemplo do território brasileiro, tem ressalvas por seus resultados não permitirem interpretações precisas (SORDI *et al.*, 2018).

7.3. Base cartográfica: usos e limitações

A análise morfométrica de bacias hidrográficas depende primordialmente da existência de uma base cartográfica de boa qualidade que tenha sua escala cartográfica compatível à escala geográfica da análise proposta, pois a generalização dos elementos representados pode reduzir a qualidade do resultado (MARQUES; GALO, 2009). Isso se deve ao fato da classificação e da representação das feições geográficas serem afetadas pela generalização cartográfica, que envolve as operações de seleção, simplificação, omissão, combinação, exagero e deslocamento (CHEREM *et al.*, 2009; CHORLEY, 1995; MARQUES; GALO, 2009; MENEZES; CRUZ, 1996; ZANATA *et al.*, 2011). Portanto, ao se conduzir uma análise morfométrica, a seleção de uma base cartográfica adequada faz toda a diferença para se chegar a resultados consistentes e condizentes com a realidade, pois a representação cartográfica das feições geográficas por símbolos em um mapa é fruto da generalização cartográfica, que deve ser sempre compatível com a escala de análise geográfica pretendida.

Os principais fenômenos geográficos com representação cartográfica necessários à análise morfométrica são a rede de drenagem e o relevo — curvas de nível e aspecto (IBGE, 1999), uma vez que deles derivam todos os índices e parâmetros calculados nessa análise (CHRISTOFOLETTI, 1980). A rede de drenagem pode ser obtida por três processos: (i) restituição a partir de pares estereoscópicos de fotografias aéreas, (ii) interpretação visual a partir de imagens de satélites de alta e média resolução espacial, com *pixel* menor do que 100 metros (BOSQUILIA *et al.*, 2016; CHEREM *et al.*, 2010; COELHO FILHO, 2007; FURTADO *et al.*, 2015), e (iii) extração automática — ou semiautomática — a partir de modelos digitais de elevação. Os produtos resultantes de cada uma dessas metodologias têm sempre alta qualidade quando os procedimentos são aplicados corretamente (SANTANA *et al.*, 2017). Por outro lado, a aplicação feita sem considerar as limitações de cada metodologia pode conduzir os pesquisadores a interpretações incompletas ou, até mesmo, equivocadas (BOSQUILIA *et al.*, 2016; CHEREM *et al.*, 2010).

No primeiro caso (restituição de pares estereoscópicos), as fotografias de voos aerofotogramétricos fornecem produtos cartográficos de mesma escala. Por outro lado, novos levantamentos aerofotogramétricos, entretanto, são caros e demorados, muito embora já existam mapeamentos topográficos de semidetalhe digitalizados para todo o território nacional (1:250.000), que são as folhas topográficas da Carta do Brasil — 1:250.000, produzidas pelo IBGE e DSG. Regionalmente, algumas unidades da federação possuem seus próprios levantamentos aerofotogramétricos em maior detalhe. Os avanços tecnológicos abriram a possibilidade do uso de veículos aéreos não tripulados (VANTs) para geração de dados do relevo, embora ainda não se tenham resultados contundentes.

No segundo caso (interpretação de imagens de satélites), a rede de drenagem obtida por interpretação visual (vetorização da rede de drenagem) a partir das imagens depende de dois aspectos: (i) resolução espacial e espectral

Quadro 5.3 Chave de interpretação para o mapeamento de usos e coberturas do solo.

Acervo dos autores.

Categoria	Imagem de campo
Vegetação herbáceo-arbustiva Áreas de cerrado e campos	
Vegetação de porte arbóreo Capões de mata, mata ciliar, mata estacional semidecidual	
Atividades minerárias Minerações, pilhas de estéril e rejeitos, dragagens do leito e depósito de materiais aluviais dragados	
Usos agropastoris Áreas de cultivo e de pastagens	
Usos urbanos e industriais Cidades, vilas, povoados, loteamentos e empreendimentos industriais	

(Continua)

(Continuação)

Acervo dos autores.

Categoria	Imagem de campo
Vias de acesso Rodovias, estradas rurais e linhas férreas	
Áreas de solo exposto Áreas degradadas, áreas preparadas para cultivo e áreas de solo exposto em geral	
Focos de erosão acelerada Voçorocas	
Trechos assoreados Trechos fluviais nos quais a maior parte do leito é ocupada por sedimentos, mesmo na estação chuvosa	

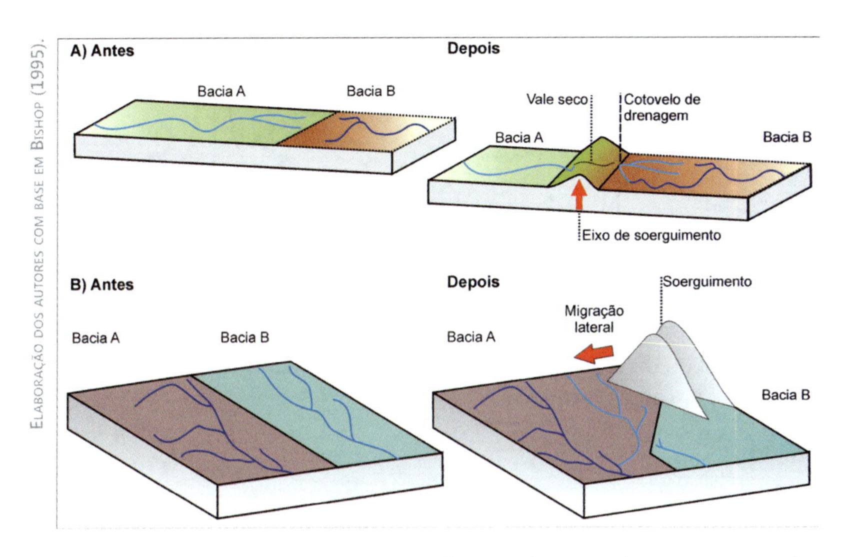

Figura 6.1 Processos de desvio resultantes de tectonismo (A) e/ou migração lateral (B), envolvendo a preservação das linhas de drenagem e transferência das áreas de drenagem entre bacias.

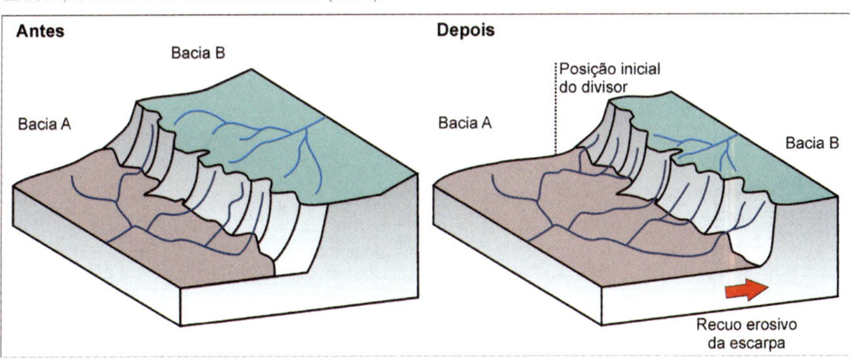

Figura 6.2 Processo de decapitação envolvendo transferência de áreas de drenagem entre bacias, porém sem a preservação das linhas de drenagem.

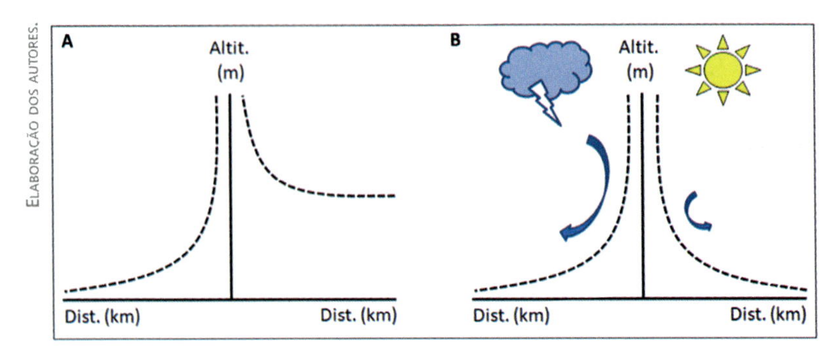

Elaboração dos autores.

Figura 6.3 Exemplos de rearranjo da drenagem por meio de capturas fluviais. A) Capturas por extensão da cabeceira, seja do curso d'água principal ou de um de seus afluentes. B) Captura por meio de migração lateral por causas tectônicas.

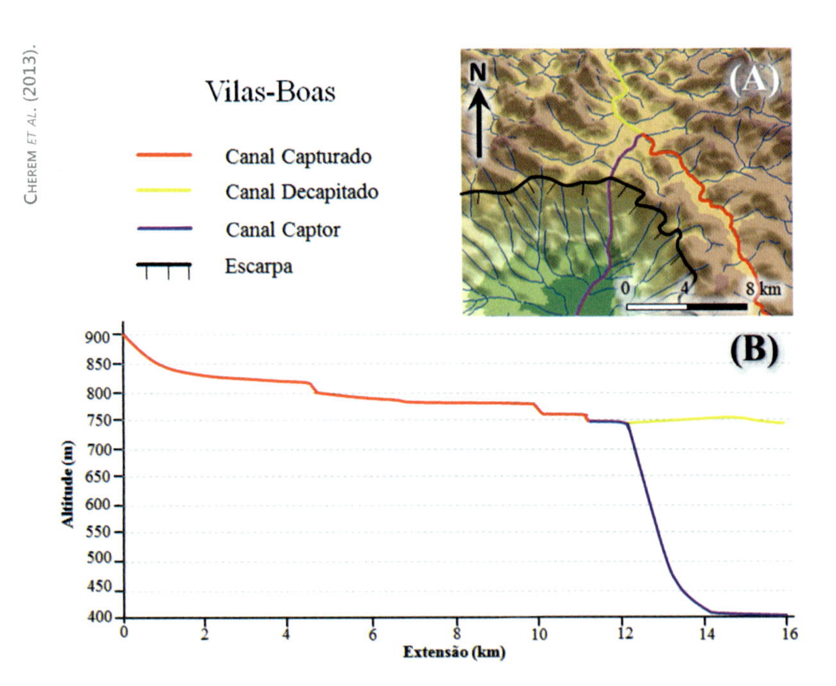

Cherem *et al.* (2013).

Figura 6.4 Relações entre canal captor, canal capturado e canal decapitado em processo de captura fluvial no divisor hidrográfico das bacias dos rios Doce (mais elevada) e Paraíba do Sul (mais rebaixada). A) Modelo digital de terreno da área de captura. B) Perfis longitudinais dos canais envolvidos.

Elaboração dos autores com base em Bishop (1995).

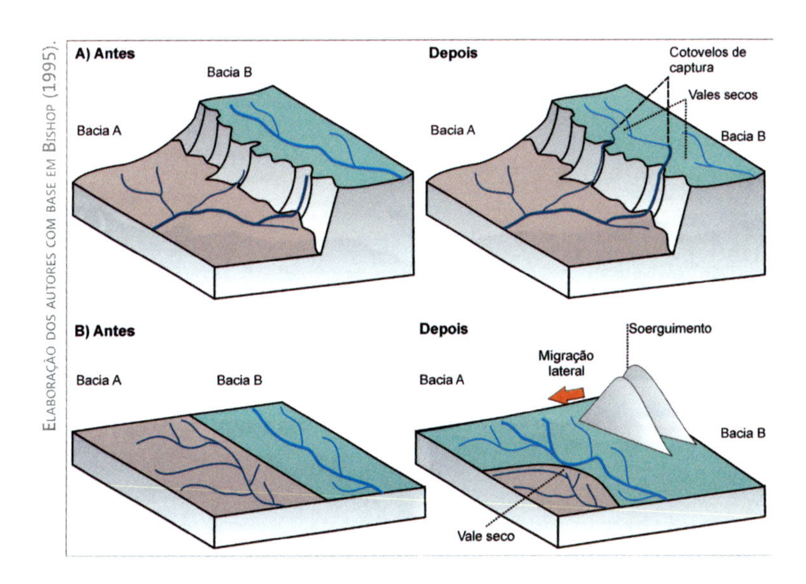

Figura 6.5 Diferenças de gradiente e de descarga como condicionantes do processo de captura fluvial. A) O curso d'água à direita do divisor tem menor energia (relação desnível altimétrico *versus* comprimento do canal) que o curso d'água adjacente e, por isso, tende a perder áreas de drenagem. B) Os canais possuem o mesmo gradiente, entretanto, o canal à esquerda do divisor tem maiores descargas, devido às características climáticas locais, o que lhe dá maior poder erosivo que o canal à direita, que tende a ser capturado.

Elaboração dos autores com base em Summerfield (2014).

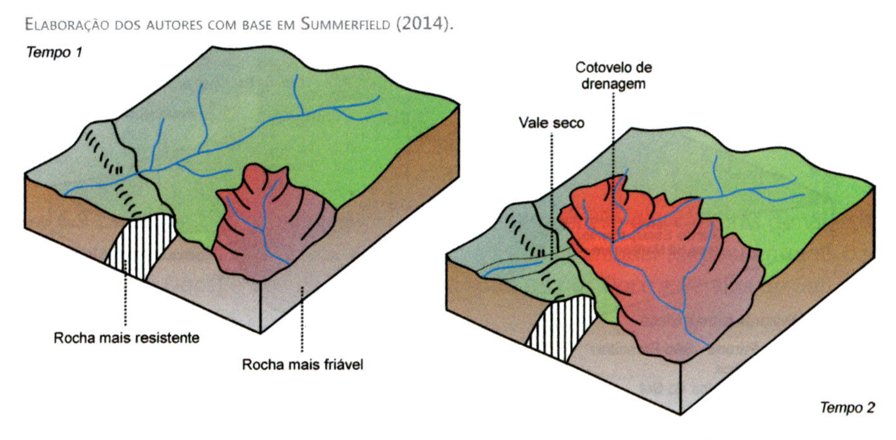

Figura 6.6 Controle litoestrutural no processo de captura fluvial. Neste caso, o canal captor flui sobre uma litologia mais frágil, o que lhe permite rebaixar seu leito mais rapidamente que o canal capturado da bacia adjacente. Este atravessa perpendicularmente litologias mais resistentes, as quais se constituem como níveis de base intermediários mais persistentes.

Acervo dos autores.

Figura 9.3 Barra detrítica erosiva e barra arenosa deposicional.

Acervo dos autores.

Figura 9.4 Barra detrítica erosiva (sedimentos residuais) no leito do Rio das Velhas (alta bacia do Rio São Francisco, MG).

Acervo dos autores.

Figura 9.5 Planície de inundação em período de estiagem (A) e durante um evento de inundação (B).

Acervo dos autores.

Figura 9.6 Planície arenosa do Rio Itabirito — bacia do alto Rio São Francisco, MG.

Acervo dos autores.

Figura 9.7 Segmento fluvial sem planície de inundação — Rio das Velhas, MG.

Elaboração dos autores com base em Knighton (1998).

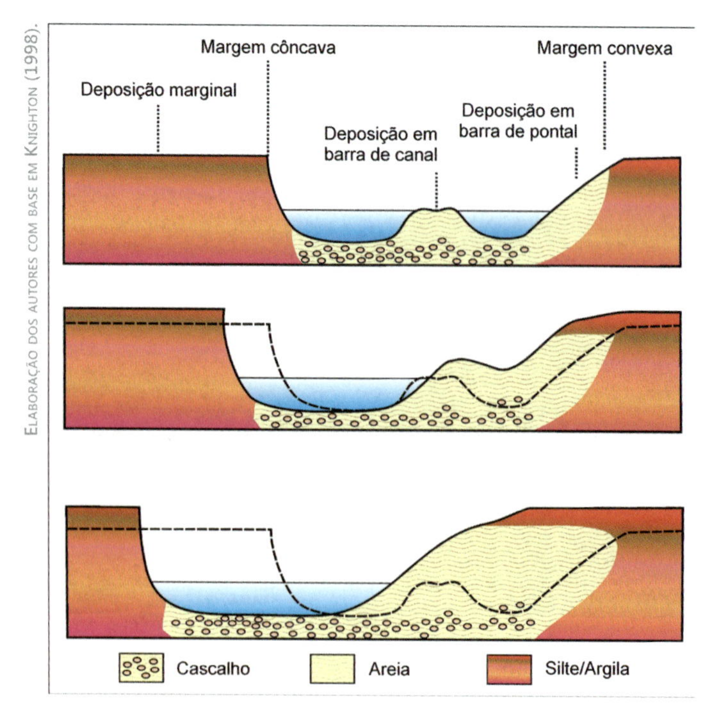

Figura 9.8 Representação esquemática dos estágios de construção de uma planície de inundação.

Elaboração dos autores com base em Marriot (2004).

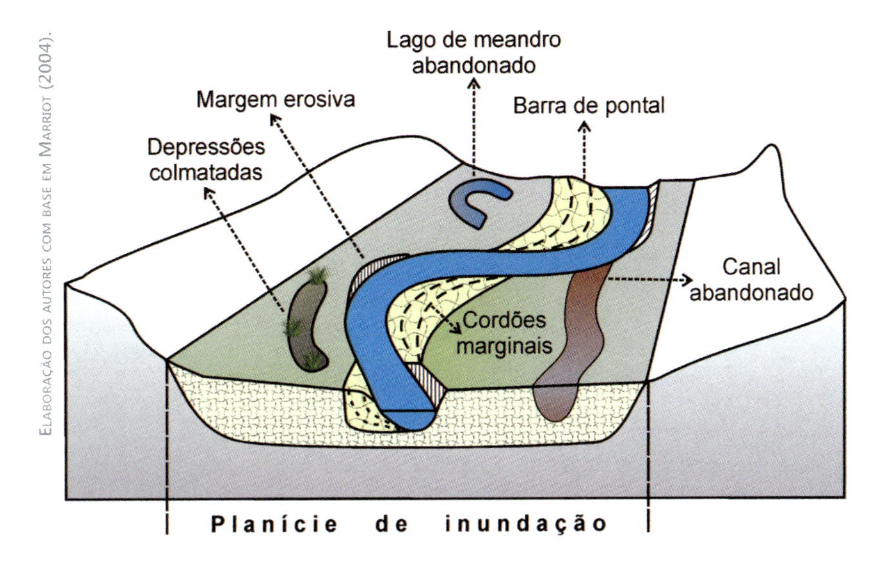

Figura 9.9 Planície de inundação e alguns subsistemas: barra de pontal, antiga lagoa marginal ou pântano, lagoa marginal, margem erosiva, canal abandonado, cordões marginais.

Acervo dos autores.

Figura 9.10 Contato lateral entre planície de inundação e terraço inferior de afluente do alto Rio São Francisco. Apesar da diferença em termos sedimentares, perceptível em campo, o desnível pouco marcado pode dificultar a individualização dos níveis deposicionais por meio de imagens.

Morais e Rocha (2016).

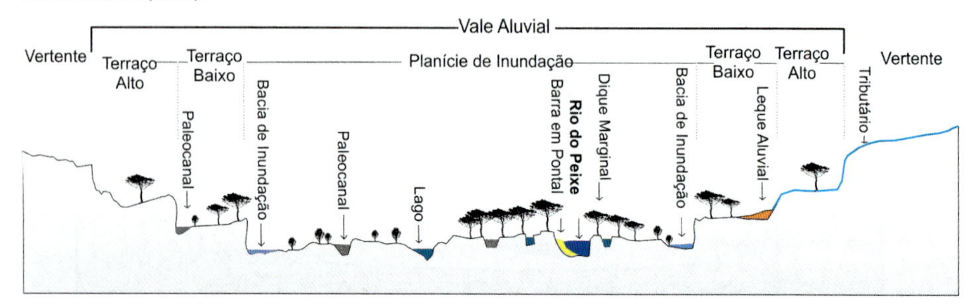

Figura 9.11 Perfil esquemático do vale aluvial do baixo curso do Rio do Peixe (afluente do Rio Paraná, em São Paulo).

Acervo dos autores.

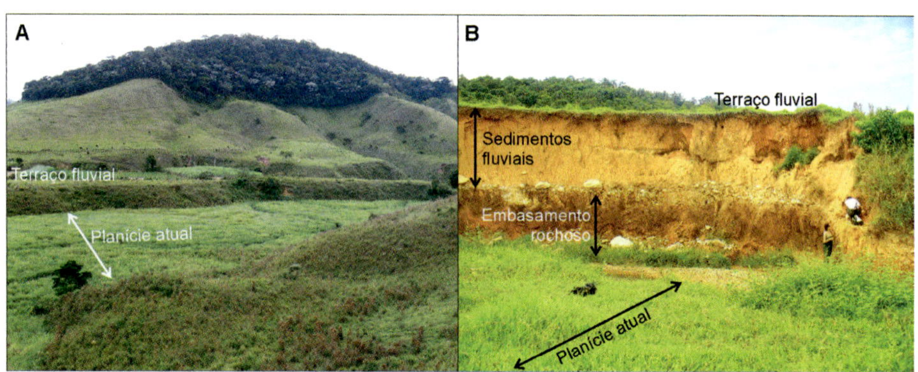

Figura 9.12 A) Visualização de um terraço fluvial por meio de um patamar bem marcado acima da planície de inundação. B) Exposição natural em um corte de meandro de um terraço fluvial.

da imagem da qual é extraída a drenagem; e (ii) habilidade e conhecimento de interpretação visual de cada usuário. Considerando-se que as imagens estejam todas ortorretificadas e georreferenciadas, deve-se escolher a escala de análise geográfica para que se tenha uma escala cartográfica apropriada, sendo muito comum o uso em análises morfométricas de pequenas bacias hidrográficas (até 10^3 km^2 de extensão). Em geral, opta-se por imagens de satélite que estejam disponíveis gratuitamente na internet, sendo as mais comuns aquelas dos sistemas LANDSAT 8, SPOT 5 e QuickBird, conforme analisa Bosquilla *et al.* (2016). Segundo ele, num estudo comparativo, as imagens que permitem melhor restituição cartográfica são as do sistema QuickBird. O satélite QuickBird (da Digital Globe, disponível na base de dados do Google Earth) tem resolução espacial de 0,7 m e fornece rede de drenagem que pode chegar à escala cartográfica de 1:10.000 com melhores valores de parâmetros morfométricos (densidade de drenagem, número de nascentes e comprimento de drenagem), mais próximos aos valores calculados para a drenagem das cartas topográficas oficiais do Brasil (BOSQUILIA *et al.*, 2016).

No terceiro caso (extração automática de MDE), a obtenção de dados da rede de drenagem depende da disponibilidade de dados de elevação obtidos por sistemas de radares, por interferometria em radares de abertura sintética (InSar, sigla do inglês Interferometric Synthetic Aperture Radar). A Shuttle Radar Topography Mission (SRTM) foi pioneira em obter dados globais. Esse projeto foi um esforço coletivo entre a National Aeronautics and Space Administration — NASA e a National Geospatial-Intelligence Agency (agências espaciais norte-americanas), a Deutsches Zentrumfür Luftund Raumfahrt — DLR (agência espacial alemã) e a Agenzia Spaziale Italiana — ASI (agência espacial italiana) e teve seu voo inaugural em 11 de fevereiro de 2000 (FARR *et al.*, 2007). Os dados SRTM V3.0 (FARR; KOBRICK, 2000; FARR *et al.*, 2007), também chamados de SRTM *Plus*, foram disponibilizados pela NASA em novembro de 2013.

Posteriormente, foi lançado pela NASA, em parceria com o Ministério de Comércio, Indústria e Economia do Japão (METI), em junho de 2009, o ASTER GDEM — do inglês *Global Digital Elevation Model* (ABRAMS *et al.*, 2010; ERSDAC, 2009), com cobertura entre as latitudes 83° N e 83° S e resolução espacial de ≈ 30 m. A segunda versão do ASTER GDEM foi lançada em outubro de 2011 (TACHIKAWA *et al.*, 2011). Há também os dados do satélite ALOS (Advanced Land Observing Satellite), lançado em 2006 pela Japan Aerospace Exploration Agency — JAXA. Esse sistema é dotado de três sensores. O PALSAR é responsável por extrair os dados de elevação da superfície terrestre entre as latitudes 87,8° N e 75,9° S. Atualmente, os dados disponibilizados possuem resolução espacial de 12,5 m e podem ser acessados pela internet (ARS DAAC, 2015).

A utilização de modelos numéricos nesse contexto recai principalmente sobre a obtenção de variáveis derivadas da altimetria — como a declividade, a orientação e a curvatura, por exemplo. A obtenção dessas variáveis é feita principalmente com operações de vizinhança e, em alguns casos, funções de conectividade, como, por exemplo, o comprimento de rampa e a área de captação (VALERIANO, 2005). A rede de drenagem derivada dos MDE de diversos sistemas de radar (SRTM, ASTER, GDEM e ALOS *Prism*, por exemplo), por sua vez, guardam limitações relativas à qualidade dos dados matriciais (*raster*), bem como à resolução espacial (tamanho do *pixel*). A conversão da superfície terrestre, com variação contínua, em unidades discretas cria uma superfície na qual o nível de detalhamento depende do tamanho do *pixel* e da acurácia altimétrica e planimétrica do sistema de radar e das correções aplicadas pós-aquisição (SANTOS *et al.*, 2016). Um *pixel*, seja ele de 200 m de lado, ou de 30 m, representa a altitude média de toda sua área interna, não sendo a superfície de fato. E essa questão é indispensável para entender os problemas do uso desses modelos na geração da rede de drenagem. Dessas bases de dados, em um estudo realizado por Santos *et al.* (2016), testando 4 opções, o SRTM-X foi melhor. A partir da banda X do SRTM com resolução espacial de 30 m podem-se gerar produtos cartográficos até a escala cartográfica de 1:100.000 na classe de A do Padrão de Exatidão Cartográfica — PEC, conforme avaliado por Santos *et al.* (2016) e Orlandi (2016).

Os problemas observados especificamente na geração da rede de drenagem a partir de MDE são associados à largura do canal e ao tamanho do *pixel* (SANTOS *et al.*, 2016). Em canais que tenham largura inferior ao tamanho do *pixel*, o canal não é representado, mas sim a média da altitude da planície, ou até mesmo das baixas encostas adjacentes. Já em canais que tenham a largura superior ao tamanho do *pixel*, o canal também não é representado, pois corpos d'água não refletem as ondas de radar, havendo, assim, *pixels* sem valores numéricos. Para corrigir esses problemas, são utilizados algoritmos.

Um dos algoritmos corrige as inconsistências hidrológicas na drenagem, preenchendo vazios (áreas com corpos d'água maiores que o *pixel*) e retirando estrangulamentos (ou por planícies muito estreitas ou por cobertura do canal pelo dossel fechado) ao longo dos talvegues, cujas limitações estão associadas à geração de talvegues com planimetria ou altimetria falsas, respectivamente. Outro algoritmo define a direção e a concentração de fluxos superficiais, cujas limitações são herdadas do algoritmo anterior. Outro algoritmo define o número mínimo de *pixels* a montante para que se inicie um canal (nascente), cujo principal problema é a generalização de condições necessárias para ocorrência de nascentes na encosta. Por fim, é utilizado outro algoritmo que converte a rede de drenagem matricial em vetores hidrologicamente consistentes. O produto final é uma rede de drenagem com alta generalização morfológica (Figura 7.7), conforme aponta CHEREM *et al.* (2010). Detalhando a análise morfológica da rede de drenagem gerada por esses algoritmos, observa-se que há uma grande discrepância e erro em todos os valores dos índices de Horton (1945) para a drenagem derivada do MDE-SRTM, quando comparado aos índices mensurados para a rede de drenagem mapeada nas folhas da Carta do Brasil — 1:50.000.

As bases cartográficas obtidas por esses processos apresentam limitações específicas em sua adequação à escala de análise geográfica, consistência hidrológica, exatidão planimétrica e exatidão altimétrica, que podem ser indicadas ao se adotar o PEC, dando melhor classificação e maior precisão à análise morfométrica que pode ser conduzida. Assim, caso não sejam utilizadas as bases cartográficas das folhas topográficas oficiais, deve-se ter em conta que os potenciais problemas serão: seleção, simplificação, omissão, combinação, exagero ou descolamento.

7.4. Aplicações da análise morfométrica em bacias hidrográficas

7.4.1. Análise individual e comparativa de bacias hidrográficas

A análise morfométrica pode ser realizada sobre bacias individuais ou comparando duas ou mais bacias. Cada tipo de análise requer um nível de detalhamento adequado à escala, sendo que a análise de bacias individuais requer discussão mais aprofundada sobre o que os valores dos parâmetros indicam, sendo também necessária a comparação dos valores obtidos para cada parâmetro de bacias hidrográficas de mesma ordem. Para análises de duas ou mais bacias, a metodologia mais comumente aplicada é a geração de agrupamentos definidos segundo o comportamento de seus parâmetros morfométricos.

Esse tipo de análise gera um gráfico de conglomerados (*clusters*), os quais são sucessivamente agrupados de acordo com o grau de semelhança estatística. Hott e Furtado (2004) e Pissarra *et al.* (2004) usam essa técnica para agrupar as bacias como objetos semelhantes sem considerar sua distribuição espacial. Essa correlação não espacial foi pioneiramente utilizada na literatura nacional por Christofoletti (1970), ao analisar as bacias que compõem o Planalto de Poços de Caldas. O autor aplica o coeficiente de Spearman, que trata os dados no espaço da frequência.

A técnica aplicada por Hott (2007) e Pissarra *et al.* (2004) faz o agrupamento por meio da análise hierárquica (*Hierarchical Clustering Analyses* — HCA). Nesse método, as bacias são agrupadas por pares, utilizando análise estatística multivariada. Para isso, as bacias são consideradas elementos pontuais e sua organização espacial não é considerada. Pissarra *et al.* (2004) utilizam a mesma técnica para agrupar microbacias de segunda ordem de magnitude e verificar se essas bacias apresentam similaridade morfológica entre si e também se há correlação entre as características morfométricas e a distribuição dos solos dessas bacias. Os autores identificam dois grandes grupos: um, composto por bacias que drenam sobre latossolos, e outro, sobre argissolos (PISSARRA *et al.*, 2004). Com base nesses resultados, os autores propõem os tipos de ocupação e manejo do solo adequados a cada porção dessa bacia.

Marques Neto e Viadana (2006) realizaram a análise de uma bacia individual para fornecer subsídios ao estudo morfotectônico da bacia do Rio Vermelho, em São Tomé das Letras, MG. Os autores aplicam parâmetros morfométricos específicos para esse tipo de estudo, os quais são propostos por Rubin (1999) com o mesmo objetivo. Marques Neto e Viadana (2006) observam que os índices utilizados — fator de simetria topográfica transversal (FSTT) e fator de assimetria da bacia de drenagem (FABD) — apresentaram resultados que demonstram que a bacia está sob o efeito de processos neotectônicos, os quais são observados nas cristas quartzíticas da região.

Outra possibilidade de aplicação de análises morfométricas é a apresentada por Martinez *et al.* (2005). Os autores utilizam os índices sobre fontes de dados topográficos de diferentes escalas para uma mesma área. O objetivo é verificar se há perda na representação de atributos geomorfológicos e hidrológicos em MDE de diferentes resoluções obtidos de cartas topográficas e imageamento de satélite. Os parâmetros aplicados foram: área, diferença altimétrica, integral hipsométrica, hierarquia de canais, índice de bifurcação, índice de declividade, índice de comprimento de canal e convergência de rede hidrográfica. Os autores aplicaram esses índices em duas áreas de estudo diferentes com diferentes escalas geográficas, sendo que em uma foram avaliados três MDEs, e na outra, foram dois. Os resultados indicam que para bacias hidrográficas de menor escala de análise os MDEs devem ter resolução superior a 90 m, e para bacias de menor escala não há essa necessidade (MARTINEZ *et al.*, 2005).

Feltran Filho e Lima (2007) realizam a análise morfométrica para a bacia do Rio Uberabinha, em Minas Gerais, segmentando a bacia em média e alta e individualizando duas sub-bacias. Os autores utilizam os parâmetros apresentados por Christofolleti (1980) e apresentam suas discussões direcionadas a um foco geomorfológico no qual a correlação dos parâmetros gera a compartimentação da bacia em quatro regiões homogêneas. Esse estudo é um exemplo didático do uso de parâmetros morfométricos voltados à classificação geomorfológica de bacias hidrográficas, pois suas sub-bacias apresentam características distintas visualmente interpretáveis.

7.4.2. Aplicação em estudos ambientais

Horton (1945) e pesquisadores contemporâneos concentraram seus esforços em estabelecer as correlações entre os parâmetros morfométricos das redes de drenagem e as características hidrológicas das bacias hidrográficas. O próprio Horton (1945) sugere que os parâmetros área da bacia, gradiente dos canais e a densidade de drenagem possuem correlação positiva forte com a cheia das bacias hidrográficas. Do mesmo modo, Souza (2005) confirma que o débito fluvial é função da área, do comprimento total dos canais, da frequência dos canais de 1ª ordem hierárquica, do gradiente do canal principal, da circularidade da bacia e da taxa do relevo. Sendo assim, depreende-se que não são os valores absolutos dos índices e parâmetros morfométricos, mas o significado das correlações entre eles e as características hidrológicas que revela a atuação dos processos geomórficos sobre a superfície terrestre.

Outro destaque é que, na maioria dos estudos sobre análise morfométrica de bacias, as interpretações geomorfológicas das correlações entre os parâmetros morfométricos das redes de drenagem e as características hidrológicas das bacias são estabelecidas a partir de um número muito limitado de parâmetros. Souza (2005) atribui essa limitação à dificuldade de determinar os intervalos de classe de valores dos parâmetros que são significativos ao objetivo do estudo morfométrico e à elevada complexidade de análise conjunta de várias bacias hidrográficas, associando os valores absolutos dos diversos parâmetros.

A relação entre a ordem hierárquica e a largura das planícies de inundação verificada por Perez Filho e Christofoletti (1977) é um exemplo de estudos deste tipo. Ao investigarem a bacia hidrográfica do Rio São José dos Dourados (norte do estado de São Paulo), os autores determinaram a hierarquia da rede de drenagem de acordo com Strahler (1952a) e mediram a largura do fundo dos vales dos cursos d'água, utilizando estereoscopia de fotos aéreas verticais de escala 1:25.000. Calcularam, em seguida, a média, o desvio padrão, o grau de assimetria, a curtose e o grau do momento de curtose (medida de dispersão que caracteriza o "achatamento" da curva da função de distribuição dos dados) de modo a estabelecer os intervalos de classes e analisar a distribuição de frequência das larguras das planícies para cada ordem hierárquica da bacia estudada. Seus resultados apontaram o aumento progressivo da largura da planície com o aumento da ordem hierárquica da bacia. Perez Filho e Christofoletti (1977) consideraram que esse resultado comprova a correlação positiva entre a largura das planícies de inundação e o comportamento hidrológico da bacia, visto a interdependência entre a vazão, a área da bacia e a ordem hierárquica, amplamente conhecida em estudos precedentes. Assim, os autores concluíram que a magnitude e a frequência das cheias são as principais responsáveis pela largura das planícies de inundação dos cursos d'água.

Além da finalidade geomorfológica do comportamento hidrológico das bacias hidrográficas, a análise morfométrica de redes de drenagem pode ser aplicada para outros fins. O estudo de Meliani (2006) sobre a bacia do Rio Jeribucassu — em Itacaré, no litoral central do estado da Bahia — é um exemplo de análise morfométrica de redes de drenagem não aplicada para fins geomorfológicos, muito embora ainda empregue um número limitado de parâmetros, como a maioria dos estudos morfométricos. O objetivo de Meliani (2006) foi classificar as sub-bacias do Jeribucassu quanto ao potencial para captação de água. Para tanto, determinou a área (A), o comprimento total de canais (L), a densidade de drenagem (Dd), o coeficiente de manutenção (Cm) e o índice de circularidade (Ic) para as sub-bacias de 3ª e 4ª ordens hierárquicas. Adotou esses parâmetros morfométricos por se correlacionarem à magnitude, à frequência e ao tempo de permanência das vazões. Partiu da premissa de que as sub-bacias cujos parâmetros A, L, Dd e Ic, que se destacam acima dos valores médios, e Cm, abaixo dos valores médios, apresentam maior potencial para captação de água. Para cada parâmetro de cada sub-bacia foi calculado a média aritmética, o desvio, a variância e o desvio padrão, de modo a determinar estatisticamente a quantidade de classes e o intervalo de valores de cada classe.

Os resultados indicaram quatro classes de potencial para captação de água, sendo duas classes acima da média (alto e muito alto) e duas classes abaixo da média (médio e baixo) para A, L, Dd e Ic; enquanto para Cm, duas classes acima de média (médio e baixo) e duas classes abaixo da média (alto e muito alto). Em suas conclusões, ele ressalta que das 11 sub-bacias analisadas, nenhuma apresentou potencial de captação acima da média em todos os parâmetros morfométricos, ao passo que apenas duas sub-bacias não apresentaram potencial acima da média em pelo menos um parâmetro. Um ponto importante a destacar é a sua recomendação na escolha dos parâmetros para análises morfométricas de bacias hidrográficas:

> [...] uma análise apenas dos parâmetros absolutos pode não ser identificado o potencial [para] uma sub-bacia de menor ordem que tenha uma importância relativa na captação de águas. Ao contrário, se considerarmos apenas os parâmetros relativos, sub-bacias de maior ordem podem ser subestimadas apesar do tamanho [elevado] de suas superfícies e redes hidrográficas (MELIANI, 2006, p. 134).

Ao final, Meliani (2006) indica as sub-bacias que merecem atenção quanto à preservação e à recuperação ambiental, devido a apresentarem quantidade maior de parâmetros morfométricos com potenciais mais elevados, embora essa combinação não pareça ser muito clara.

Souza (2005) propôs um método semiqualitativo para verificar a suscetibilidade de enchentes e inundações em bacias hidrográficas. Para tanto, propôs o conceito de suscetibilidade morfométrica como "a parcela de responsabilidade do comportamento geométrico das bacias no desencadeamento de inundações" (SOUZA, 2005, p. 52). O método estabelece que a suscetibilidade morfométrica é função da ordem hierárquica, da forma da bacia, do fator de forma da bacia, do comprimento do canal principal, da área da bacia, do perímetro da bacia, da frequência dos canais, da frequência dos canais de 1ª ordem, da declividade média do canal principal, da densidade hidrográfica e da densidade de confluências.

O teste da metodologia de suscetibilidade morfométrica de Souza (2005) foi aplicado em 32 bacias de hierarquia igual ou superior à 3ª ordem do litoral norte do estado de São Paulo. Os dados morfométricos foram obtidos a partir de cartas topográficas em escala 1:50.000. Uma vez calculados todos os parâmetros morfométricos para cada bacia, os valores foram classificados devido a seu grau relativo de suscetibilidade em intervaladas de valores, divididos em três classes: alto, médio e baixo; sendo cada classe submetida a uma pontuação. Por exemplo: bacias circulares são mais suscetíveis a inundações, desse modo foram classificadas como de suscetibilidade alta, recebendo três pontos; enquanto as bacias retangulares são menos suscetíveis a inundação (baixa suscetibilidade), recebendo um ponto apenas. As bacias quadradas e triangulares foram classificadas de suscetibilidade média, recebendo dois pontos. Cada bacia teve as pontuações de cada parâmetro morfométrico somadas e classificadas em três intervalos de valores (alto, médio, baixo) quanto ao grau de suscetibilidade a inundações.

Além de indicar quais as bacias com maior suscetibilidade a inundações, os resultados da análise morfométrica permitiram a Souza (2005) concluir que os valores mais elevados dos parâmetros morfométricos corresponderam às bacias de alta suscetibilidade, enquanto os valores menores, às bacias de suscetibilidade baixa. Outro destaque foi que os parâmetros morfométricos relativos ao tamanho das bacias (ordem, área, perímetro e comprimento do canal principal) são importantes no grau de suscetibilidade: "as bacias de alta suscetibilidade morfométrica são as maiores, enquanto as de baixa suscetibilidade são as menores" (SOUZA, 2005, p. 59). Por fim, Souza (2005) sugere que os parâmetros que mais controlam as variações de suscetibilidade morfométrica são: as densidades hidrográfica e de confluências, a declividade média do canal principal, as frequências de canais de 1ª ordem e de canais total e os relativos ao tamanho das bacias (ordem, área, perímetro e comprimento do canal principal).

Zancopé *et al.* (2015) trazem outro exemplo de análise morfométrica de rede de drenagem. Com o objetivo de classificar as sub-bacias goianas das cabeceiras do alto Rio Araguaia quanto à capacidade de transporte de carga sedimentar, eles associam quatro parâmetros morfométricos da rede de drenagem: densidade de drenagem (Dd), densidade hidrográfica (Dh), extensão do percurso superficial (Eps) e gradiente do canal principal (Gd). Justificaram a escolha desses parâmetros porque Dd, Dh e Eps estão associados à quantidade de cursos d'água da rede de drenagem, e Gd, à energia da corrente fluvial, ambas as características necessárias ao transporte da carga sedimentar. Desse modo, propuseram o conceito de potencial de transferência de sedimentos (PTS), definida como a capacidade de uma rede de drenagem transportar sua carga sedimentar através do exutório. Partiram da premissa de que uma sub-bacia cuja rede de drenagem possui um PTS baixo tem capacidade baixa de transporte, estando suscetível a depositar sua carga sedimentar ao longo dos cursos d'água; enquanto uma sub-bacia com PTS alto tem capacidade elevada de fornecer sua carga ao curso d'água receptor.

Uma vez calculados os parâmetros morfométricos de cada sub-bacia, Zancopé *et al.* (2015) determinaram estatisticamente a quantidade de classes e o intervalo de valores das classes. Os resultados indicaram quatro classes de valores para cada parâmetro morfométrico: baixo, médio, alto e muito alto. O PTS de cada sub-bacia foi determinado associando os valores relativos dos parâmetros morfométricos, seguindo a matriz de avaliação do PTS da Figura 7.8.

A associação dos parâmetros morfométricos realizada por Zancopé *et al.* (2015) para as cabeceiras do alto Rio Araguaia apontou três sub-bacias com PTS médio-baixo, três sub-bacias com PTS médio, duas com PTS médio-alto e quatro sub-bacias com PTS alto. Faquim *et al.* (2017) adaptaram a metodologia de Zancopé *et al.* (2015) para classificar as sub-bacias a montante das cavernas do Parque Estadual de Terra Ronca (nordeste do estado de Goiás) quanto ao potencial de transferência de sedimentos (PTS). Utilizando os mesmos parâmetros morfométricos e partindo da mesma premissa, eles apontaram as cavernas mais suscetíveis para receber os sedimentos produzidos nas escarpas areníticas da Serra Geral de Goiás, por constituírem-se como exutórios das redes de drenagem com maior quantidade de sub-bacias com PTS maiores. Faquim *et al.* (2017) determinaram os parâmetros morfométricos para 863 sub-bacias de 2ª ordem, 194 de 3ª ordem e 37 sub-bacias de 4ª ordem hierárquica. Em ambiente SIG, processaram as variáveis e calcularam os valores, estabelecendo cinco classes de intervalo de valores dos parâmetros (muito alto, alto, médio, baixo e muito baixo). A associação entre os valores dos parâmetros foi realizada entre as bacias de mesma ordem hierárquica seguindo três etapas, conforme o esquema da Figura 7.9.

A associação entre os parâmetros morfométricos realizada por Faquim *et al.* (2017) mostrou que as bacias a montante do sistema cárstico apresentaram um potencial médio a baixo para fornecer sedimentos às cavernas. Concluíram isso, pois, entre todas as bacias analisadas, 17 sub-bacias apresentaram potencial de transferência de sedimentos (PTS) muito alto, 95 com PTS alto, 395 sub-bacias com PTS médio, 464 com PTS baixo e 123 sub-bacias com PTS muito baixo. Destacaram ainda que a maior quantidade de sub-bacias com PTS mais elevado foi entre as de 3ª ordem hierárquica, enquanto as de 2ª ordem tiveram PTS mais moderados (ver Figura 7.10).

Em todos esses estudos, os valores relativos ou o resultado da associação entre os parâmetros morfométricos de bacias hidrográficas permitiram a interpretação dos seus significados geomorfológicos. Todavia, esses estudos utilizaram um número limitado de parâmetros ou somente aqueles que melhor representam os processos que pretendiam analisar.

7.4.3. Aplicação em estudos urbanos

As cidades se constituem em ambientes onde é possível perceber as maiores modificações dos aspectos naturais, cuja expansão para ambientes frágeis, por vezes, está fortemente associada à vulnerabilidade socioeconômica das populações. Podem ser caracterizadas como ambientes de processos intensos, em especial sob a ótica das relações socioeconômicas, uso intenso dos recursos ambientais e principalmente mudanças na estrutura e funcionamento da paisagem. Isso resulta em acentuadas transformações, cuja resultante se traduz em maior pressão antrópica sobre os sistemas naturais, o que marca a gênese dos problemas ambientais e urbanos.

Entre as principais causas dessa intensidade, pode-se destacar o aumento da população e a densidade demográfica, os quais influenciam fortemente o crescimento das cidades. Tal crescimento pode ocorrer mediante dois mecanismos: (i) um corresponde à expansão dos limites das áreas já urbanizadas para suas adjacências, (ii) outro trata do adensamento de edificações, bem como à expansão destas para áreas menos favoráveis ou com restrições à ocupação em regiões já urbanizadas. Essa segunda forma ocorre fortemente associada ao crescimento populacional e, principalmente, à densidade demográfica. Nesse sentido, devido à ocupação se desenvolver até mesmo sobre áreas inapropriadas, a exposição de um grande número de pessoas acaba por transformar esses ambientes em áreas de risco a perdas socioeconômicas e, até mesmo, de vidas.

Nas últimas décadas, alguns dos impactos mais frequentes, nesses ambientes expostos a essa maior ocupação, têm sido as enchentes e as inundações. Tais fenômenos decorrem da convergência de fatores naturais, tais como características do substrato geológico, características dos solos, configuração do relevo e das bacias; e antrópicos, tais como mudanças na cobertura e no uso, bem como ocupação de áreas inapropriadas, ambos associados à duração, frequência e intensidade dos eventos meteorológicos. Com relação aos ambientes urbanos, a sinergia entre esses fatores pode ser potencializada por ocupações antrópicas em áreas inapropriadas, tais como planícies fluviais, a jusante de bacias com características propícias à ocorrência de enchentes.

Como exemplo da aplicação de parâmetros morfométricos em ambientes urbanos podem-se citar os estudos de Cavalcanti *et al.* (2008), aplicados ao entendimento dos casos de enchentes na cidade histórica de Goiás, antiga capital do estado homônimo. Foi fundada ainda no início do século XVIII, em um momento em que a facilidade de se encontrar ouro definia novos locais de ocupação. Dessa forma, a cidade foi sendo edificada basicamente nas bordas da planície de inundação do Rio Vermelho. Em boa parte da porção central da cidade a ocupação ocorre por edificações históricas e o rio drena sobre leito rochoso. O adensamento de edificações nos séculos seguintes passou a impedir qualquer tentativa de aumento da seção transversal, a fim de aumentar o volume de escoamento no leito fluvial. Dessa forma, para a cidade de Goiás existe um histórico de enchentes que periodicamente proporcionam situações adversas, especialmente nos meses de dezembro e janeiro.

No dia 31 de dezembro de 2001 uma forte enchente atingiu a cidade, causando a destruição de boa parte do centro histórico, cujas edificações haviam sido tombadas pelo Instituto do Patrimônio Histórico e Artístico Nacional (IPHAN). Foi um dos eventos mais noticiados, justamente por ter ocorrido no mesmo ano do tombamento da cidade como Patrimônio Mundial da Humanidade. Sob essa influência, vários órgãos e, principalmente, veículos de comunicação lançaram-se na busca por razões acerca do ocorrido. Desde o início, a degradação do ambiente natural pela ação antrópica em suas diversas faces passou a ser a principal linha de investigação.

Entretanto, embora se saiba que ao longo dos últimos dois séculos a bacia do Rio Vermelho tenha passado por processo de antropização, especialmente nas margens fluviais e que o processo de adensamento de edificações nas margens do Rio Vermelho impede a eventual expansão do curso para a planície, o que se constata é que, em sua maior parte, os eventos de inundações estão relacionados a aspectos naturais da bacia. Entre esses é possível destacar a ocorrência de rochas metamórficas, tais como gnaisses e quartzitos. Associados a essas litologias, predominam solos preferencialmente jovens, tais como Cambissolo e Neossolo Litólico. Além de uma cobertura pedológica com baixa capacidade de retenção de água, predominam também afloramentos rochosos, que, associados a elevadas precipitações — cujos totais acumulados podem chegar até 450 mm nos meses mais chuvosos —, elevam o potencial de ocorrência de cheias em segmentos específicos da bacia. Um desses segmentos é justamente onde está localizada a cidade de Goiás, em especial boa parte do seu núcleo histórico. Soma-se a esses aspectos o fato de a bacia possuir índice de circularidade igual a 0,85 a montante do segmento considerado.

Com essa configuração, e considerando o comprimento dos canais de ambas as margens da bacia, é perceptível a tendência de todos os fluxos possuírem tempos de concentração muito semelhantes. Isso faz com que haja uma tendência à convergência de fluxo a montante da cidade de Goiás, cujo volume resultante passa a chegar ao mesmo tempo na área urbana. Outro aspecto importante a ser destacado é o gradiente altimétrico, que não passa de 22 m no segmento de 2 km que corta a cidade, deixando o leito fluvial pouco propício ao rápido fluxo hídrico.

Em outro estudo de caso envolvendo análise morfométrica de bacias urbanas, Marinho e Silva (2016) analisaram a morfometria de áreas afetadas por inundações em Manaus. Entre as análises realizadas, destacam-se o Índice de Sinuosidade do canal principal, o Índice de Circularidade, o Coeficiente de Compacidade, o Fator de Forma, a Amplitude Altimétrica e a Declividade Média. Para as duas bacias analisadas, o fator de forma variou de 0,22 a 0,42, ao passo que o Coeficiente de Compacidade variou de 1,67 a 1,42, indicando bacias com tendência mediana à ocorrência de enchentes. Entretanto, os autores atribuem os sucessivos eventos de enchentes às mudanças na cobertura e uso do solo, bem como à ocupação de áreas impróprias, inclusive na forma de elevada densidade populacional.

Nesse sentido, em se tratando de ambiente urbano, várias implicações se somam no sentido de acentuar os efeitos proporcionados pelos parâmetros morfométricos apresentados e discutidos. Considerando o exposto, conclui-se que além da suscetibilidade natural proporcionada pela configuração das bacias, tais como índice de circularidade, as alterações antrópicas podem potencializar a ocorrência de situações adversas principalmente por meio de substanciais mudanças na cobertura e uso. Desse processo, pode-se destacar a compactação e a impermeabilização dos solos, que influenciam na redução dos coeficientes de escoamento superficial e consequentemente aumento das velocidades. Nesse sentido, pode ocorrer que bacias com índice de circularidade muito alto tenham também seu tempo de concentração reduzido em decorrência das mudanças na cobertura e uso do solo.

Referências

ABRAMS, M.; BAILEY, B.; TSU, H.; HATO, M. The ASTER Global DEM. **Photogrammetric Engineering and Remote Sensing**, [S.l.], v. 76, n. 4, pp. 344-348, 2010.

ALVES, J. M. P.; CASTRO, P. T. A. Influência de feições geológicas na morfologia da bacia do Rio Tanque (MG) baseada no estudo de parâmetros morfométricos e análise de padrões de lineamentos. **Revista Brasileira de Geociências**, [S.l.], v. 33, n. 2, pp. 117-127, 2003.

ANDREANI, L.; STANEK, K. P.; GLOAGUEN, R.; KRENTZ, O.; DOMÍNGUEZ-GONZÁLEZ, L. DEM-Based Analysis of Interactions between Tectonics and Landscapes in the Ore Mountains and Eger Rift (East Germany and NW Czech Republic). **Remote Sensing**, [S.l.], v. 6, n. 9, pp. 7971-8001, 2014

ARS DAAC. **ALOS PALSAR Radiometric Terrain Corrected High Res. Includes Material** ©, 2015. Disponível em: <https://www.asf.alaska.edu/doi/105067/z97hfcnkr6va/> Acesso em 27 out. 2018.

BOSQUILIA, R. W. D.; FIORIO, P. R.; DUARTE, S. N.; BARROS, P. P. S.; Diferentes imagens de satélite no mapeamento visual de drenagens e nascentes em amostras circulares. **INTERCIÊNCIA**, [S.l.], v. 41, n. 4, pp. 254-259, 2016.

BRICE, J. C. **Channel Patterns and Terraces of the Loup Rivers in Nebraska.** Washington: US Government Printing Office, 1964. 41 p. (Geologycal Survey Professional Paper, n. 422-D).

CASTRO, S. S. VI Simpósio Nacional de Geomorfologia e Regional Conference on Geomorphology. **Boletim Goiano de Geografia**, Goiânia, v. 26, n. 2, pp. 169-177, 2006.

CAVALCANTI, M. A.; LOPES, L. M.; PONTES, M. N. C. Contribuição ao entendimento do fenômeno das enchentes do Rio Vermelho na cidade de Goiás, GO. **Boletim Goiano de Geografia**, Goiânia, v. 28, n. 1, pp. 167-186, 2008.

CHEN, Y. W.; SHYU, J. B. H.; CHANG, C. P. Neotectonic Characteristics Along the Eastern Flank of the Central Range in the Active Taiwan Orogen Inferred from Fluvial Channel Morphology. **Tectonics**, [S.l.], v. 34, n. 10, pp. 2249-2270, 2015.

CHEREM, L. F. S. **Análise Morfométrica da Bacia do Alto Rio das Velhas, MG.** 2008. 111f. Dissertação (Mestrado em Análise e Modelagem de Sistemas Ambientais) — Instituto de Geociências, Universidade Federal de Minas Gerais. Belo Horizonte, 2008.

CHEREM, L. F. S.; FARIA, S. D.; MAGALHÃES JR., A. P. Comparação da rede de drenagem extraída de MDE-original, MDE-krigado e de base cartográfica do IBGE: avaliação para uso em análise morfométrica de bacias hidrográficas. *In*: Congresso Brasileiro de Cartografia, 24., 2010 **Anais...** Aracaju: [s.n.], 2010. pp. 65-74.

CHEREM, L. F. S.; MAGALHÃES JR., A.P.; FARIA, S. D. Análise morfológica da rede de drenagem extraída de MDE-SRTM. *In*: Simpósio Brasileiro de Sensoriamento Remoto, 14., 2009, Natal. **Anais...** Natal: Monferrer, 2009. pp. 7251-7258.

CHORLEY, R. J. Classics in Physical Geography Revisited. **Progress in Physical Geography**, [S.l.], v. 24, n. 4, pp. 563-578, 2000.

________. **Geomorphology and General Systems Theory**. Washington, D. C.: US Government Printing Office, 1962.

CHRISTOFOLETTI, A. A variabilidade espacial e temporal da densidade de drenagem. **Notícia Geomorfológica**, Campinas, v. 42, n. 21, pp. 3-22, 1981.

________. **Análise de Sistemas em Geografia.** São Paulo: Editora da Universidade de São Paulo, 1979. 106 p.

________. **Análise morfométrica das bacias hidrográficas do Planalto de Poços de Caldas.** 1970. 215 p. Tese (Livre Docência). Faculdade de Filosofia, Universidade Estadual de São Paulo, Rio Claro, 1970.

________. Análise morfométrica de bacias hidrográficas. **Notícia Geomorfológica**, Campinas, v. 18, n. 9, pp. 35-64, 1969.

________. **Geomorfologia.** 2ª ed. São Paulo: Edgard Blücher, 1980. 188 p.

________. **Geomorfologia Fluvial.** São Paulo: Edgard Blucher, 1981. 313 p.

COELHO FILHO, L. C. T.; BRITO, J. N. **Fotogrametria Digital.** 1ª ed. Rio de Janeiro: EdUERJ, 2007. 196 p.

COUTO, E. V.; FORTES, E.; SORDI, M. V.; MARQUES, A. J.; CAMOLEZI, B. A. Seppômen Maps for Geomorphic Developments Analysis: The Case of Paraná Plateau Border, Faxinal, State of Paraná, Brazil. **Acta Scientiarum. Technology**, Maringá, v. 34, n.1, pp. 71-78, 2012.

COUTO, E. V.; FORTES, E.; FERREIRA, J. H. D. Índices geomorfológicos aplicados à análise morfoestrutural da zona de falha do rio Alonzo — PR. **Revista Brasileira de Geomorfologia**, [S.l.], v. 14, n. 4, pp. 287-297, 2013.

COX, R. T. Analysis of Drainage-basin Symmetri as a Rapid Technique to Identify Areas of Possible Quaternary Tilt-Block Tectonics: An Example from the Mississipi Embayment. **Geological Society of American Bulletin**, [S.l.], v. 106, n. 5, pp. 571-581, 1994.

DER-SP — DEPARTAMENTO DE ESTRADAS DE RODAGEM DO ESTADO DE SÃO PAULO. **Manual Básico de Estradas e Rodovias Vicinais — Volume III.** São Paulo, 2012. 224 p.

ERSDAC — **Earth Remote Sensing Data Analysis Center. ASTER Global Digital Elevation Model.** 2009. (acessado em 05 de Maio, 2018).

ETCHEBEHERE, M. L.; SAAD, A. R.; FULFARO, V. J.; PERINOTTO, J. A. de J. Aplicação do índice "Relação declividade-extensão — RDE" na bacia do rio do Peixe (SP) para detecção de deformações neotectônicas. **Geologia USP** — Série Científica, São Paulo, v. 4, n. 2, pp. 43-56, 2004.

FAQUIM, A. C. S.; ZANCOPÉ, M. H. C.; CHEREM, L. F. S. Potencial de transferência de sedimentos das bacias contribuintes do sistema cárstico Terra Rona. **Boletim Goiano de Geografia**, Goiânia v. 37, n.3, pp. 448-485, 2017.

FARR, T. G. *et al.* The Shuttle Radar Topography Mission. **Review of Geophysics**, [S.l.], v. 45, n. 2, p. RG2004, 2007.

FARR, T. G.; M. KOBRICK. Shuttle Radar Topography Mission produces a wealth of data **American Geophysical Union Transactions**, [S.l.] v. 81, n. 48, pp. 583-585, 2000.

FELTRAN FILHO, A.; LIMA, E. F. Considerações morfométricas da bacia do rio Uberabinha — Minas Gerais. **Sociedade & natureza**, [S.l.], v. 19, n. 1, pp. 65-80, 2007.

FERREIRA, M. V.; TINÓS, T. M.; PINTON, L. G.; CUNHA, C. M. L. A dissecação horizontal como parâmetro morfométrico para avaliação do relevo: proposta de técnica digital automática. **Revista Brasileira de Geomorfologia**, São Paulo, v. 15, n. 4, pp. 585-600, 2014.

FRANÇA, G. V. **Interpretação fotográfica de bacias e de redes de drenagem aplicada a solos da região de Piracicaba.** 1968. 151 f. Tese (Doutorado), Universidade de São Paulo, Piracicaba, 1968.

FUJITA, R. H.; GON, P. P.; STEVAUX, J. C.; SANTOS, M. L.; ETCHEBEHERE, M. L.C. Perfil longitudinal e a aplicação do índice de gradiente (RDE) no rio dos Patos, bacia hidrográfica do rio Ivaí, PR. **Revista Brasileira de Geociências**, [S.l.], v. 4, n. 41, pp. 597-603, 2011.

FURTADO, T. V.; OLIVEIRA, M. E.; SOUZA, J. M. Comparação entre restituição estereoscópica e extração automática da hidrografia. *In*: SBSR 2015 — Simpósio Brasileiro de Sensoriamento Remoto, 17., 2015, João Pessoa. **Anais...** 2015. João Pessoa: INPE, pp. 866-873. 2015.

GOERL, R. F.; KOBIYAMA, M; SANTOS, I. Hidrogeomorfologia: princípios, conceitos, processos e aplicações. **Revista Brasileira de Geomorfologia**, [S.l.], v. 13, n. 2, pp. 103-112, 2012.

HACK, J. T. Stream-Profile Analysis and Stream-Gradient Index. **Journal of Research of the U.S. Geological Survey**, v. 1, n. 4, pp. 421-429, 1973.

HARE, P. W.; GARDNER, I. W. Geomorphic Indicators of Vertical Neotectonism along Converging Plate Margins. *In*: Annual Binghamton

Geomorphology Symposium, 15., Boston. **Proceedings...** Boston: Allen and Unwin, 1985. pp. 123-134.

HORTON, R. E. Drainage-Basin Characteristics. **Eos, Transactions American Geophysical Union.** v. 13, n. 1, pp. 350-361, 1932.

________. Erosional Development of Streams and their Drainage Basins: Hydrophysical Approach to Quantitative Morphology. **Geological Society of America Bulletin,** [S.l.]. v. 56, n. 3, pp. 275-370, 1945.

HOTT, M. C.; FURTADO, A. L. S. **Metodologia para a determinação automática de parâmetros morfométricos de bacias hidrográficas.** Campinas: EMBRAPA Monitoramento por satélite, 2004. 25 p.

HURTREZ, J. E.; SOL, C.; LUCAZEAU, F. Effect of Drainage Area on Hypsometry from an Analysis of Small-Scale Drainage Basins in the Siwalik Hills (Central Nepal). **Earth Surface Processes and Landforms,** [S.l.], v. 24, n. 9, pp. 799-808, 1999.

IBGE. Instituto Brasileiro de Geografia e Estatística. **Noções Básicas de Cartografia.** Rio de Janeiro: Centro de Documentação e Disseminação de Informações-CDDI, 1999. (Manuais Técnicos em Geociências, n. 8).

KELLER, E. A.; PINTER, N. **Active Tectonics, Earthquakes, Uplift and Landscape.** 2ª ed., Upper Saddle River: Prentice Hall, 2002. 362 p.

KIRBY, E.; WHIPPLE, K. Quantifying Differential Rock-Uplift Rates via Stream Profile Analysis. **Geology,** [S.l.], v. 29, n. 5, pp. 415-418, 2001.

LEOPOLD, L. B.; WOLMAN, M. G. **River Channel Patterns, Braided, Meandering and Straight.** Washington: US Government Printing Office, 1957. 50 p. (Geologycal Survey Professional Paper, n. 282-B)

LIFTON, N. A.; CHASE, C. G. Tectonic, Climatic and Lithologic Influences on Landscape Fractal Dimension and Hypsometry: Implications for Landscape Evolution in the San Gabriel Mountains, California. **Geomorphology,** [S.l.], v. 5, n. 1-2, pp. 77-114, 1992.

MARINHO, R. R.; SILVA, E. C. M. Análise morfométrica de áreas afetadas por inundação urbana em Manaus (AM). **Revista Caminhos de Geografia,** Uberlândia, v. 17, n. 59, pp. 162-176, 2016.

MARQUES, A. J.; GALO, M . L. T. Escala Geográfica e Escala Cartográfica: Distinção Necessária. **Revista Boletim de Geografia,** Maringá, v. 26/27, n. 1, pp. 47-55, 2008/2009.

MARQUES NETO, R.; VIADANA, A. G. Morfotectônica na bacia do ribeirão Vermelho (São Tomé das Letras): avanços nos estudos neotectôniocs no setor meridional do Estado de Minas Gerais. **Estudos Geográficos**, Rio Claro v. 4, n. 1, pp. 67-77, jun. 2006.

MARTINEZ, C.; HANCOCK, G. R.; EVANS, K. G.; MOLIERE, D. R. A Catchment Based Assessment of the 3-Arc Second SRTM Digital Elevation Data Set. *In*: MODSIM 2005 — International Congress on Modelling and Simulation. 2005. **Proceedings...** [S.l.]: Modelling and Simulation Society of Australia and New Zealand, pp. 1409-1415, 2005.

MARTINEZ, M. **Aplicação de parâmetros morfométricos de drenagem na bacia do Rio Pirapó: o perfil longitudinal.** 2005. 96f. Dissertação (Mestrado em Geografia) — Departamento de Geografia do Centro de Ciências Humanas, Letras e Artes, Universidade Estadual de Maringá, Maringá, 2005.

MASEK, J. G.; ISACKS, B. L.; GUBBELS, T. L.; FIELDING, E. J. Erosion and Tectonics at the Margins of Continental Plateaus. **Journal of Geophysical Research: Solid Earth**, [S.l.], v. 99, n. B7, pp. 13941-13956, 1994.

MELIANI, P. F. Mapeamento da rede hidrográfica e análise dos parâmetros da densidade de drenagem aplicados ao estudo ambiental: o caso da bacia do Rio Jeribucassu, Itacaré, Bahia. **Geografia**, Rio Claro, v. 31, n. 1, pp. 119-136, 2006.

MENEZES, P. M. L.; CRUZ, C. B. M. Considerações cartográficas em geoprocessamento: a problemática atual. *In*: Seminário Estadual de Geoprocessamento, 1996, Rio de Janeiro. **Anais...** Rio de Janeiro: [s.n.], 1996. 6 p.

MILANI, J. R.; CANALI, N. E. O sistema hidrográfico do Rio Matinhos: uma análise morfométrica. **Revista RA'EGA**, Curitiba, v. 4, pp. 139-152, 2000.

ORLANDI, A. G. **Avaliação da acurácia vertical do Modelo SRTM para o Brasil.** 2016. 54 f. Dissertação (Mestrado em Geografia), Instituto de Ciências Humanas, Universidade de Brasília, Brasília-DF, 2016.

PATTON, P. C. Drainage Basin Morphometry and Floods. *In*: BAKER, V. R.; KOCHEL, R. C. PATTON, P. C. (eds.). **Flood Geomorphology.** Chichester: Willey, 1988. pp. 51-65.

PATTON, P. C.; BAKER, V. R. Morphometry and Floods in Small Drainage Basin Subject to diverse Hydrogeomorphic Controls. **Water Resources Research**, [S.l.], v. 12 n. 5, pp. 941-952, 1976.

PEREZ FILHO, A.; CHRISTOFOLETTI, A. Relacionamento entre ordem e largura de planície de inundação em bacias hidrográficas. **Notícia Geomorfológica**, Campinas, v. 17, n. 34, pp. 112-119, 1977.

PEREZ-PEÑA, J. V.; AL-AWABDEH, M.; AZAÑÓN, J. M. SWATHPROFILER and NPROFILER: Two New ArcGIS Add-Ins for the Automatic Extraction of Swath and Normalized River Profiles. **Computers & Geosciences**, [S.l.], v. 104, pp. 135-150, 2017.

PEREZ-PEÑA, J. V. *et al.* Spatial Analysis of Stream Power Using GIS: SLk Anomaly Maps. **Earth Surface Processes and Landforms**, [S.l.], v. 34, n. 1, pp. 16-25, 2009.

PERRON, J. T.; ROYDEN, L. (2012): An Integral Approach to Bedrock River Profile Analysis. **Earth Surface Processes And Landforms**, [S.l.], v. 38, n. 6, pp. 570-576, 2013.

PIKE, R. J.; WILSON, S. E. Elevation-Relief Ratio, Hypsometric Integral, and Geomorphic Area-Altitude Analysis. **Geological Society of America Bulletin**, [S.l.], v. 82, n. 4, pp. 1079-1083, 1971.

QUEIROZ, G. L.; SALAMUNI, E.; NASCIMENTO, E. R. Knickpoint finder: A Software Tool that Improves Neotectonic Analysis. **Computers & Geosciences**, [S.l.], v. 76, n. pp. 80-87, 2015.

SALAMUNI, E.; EBERT, H. D.; HASUI, Y. Morfotectônica da bacia sedimentar de Curitiba. **Revista Brasileira de Geociências**, [S.l.], v. 34, n. 4, pp. 469-478, 2004.

SANTOS, A. P.; MEDEIROS, N. G.; SANTOS, G. R.; RODRIGUES, D. D. Avaliação da acurácia posicional planimétrica em modelos digitais de superfície com o uso de feições lineares. **Boletim de Ciências Geodésica**, [S.l.], v. 22, n. 1, pp. 157-174. 2016.

SCHEIDEGGER, A. E. The Algebra of Stream-Order Numbers. **United States Geological Society Professional Paper**, n. 56, pp. 18-189, 1965.

SCHREVE, R. L. Statistical Law of Stream Numbers. **Journal of Geology**, [S.l.], v. 74, n. 1, pp. 17-37, 1966.

SCHUMM, S. A. Evolution of Drainage Systems and Slopes in Badlands at Pert Amboy, Nova Jersey. **Geological Society of America Bulletin**, [S.l.], v. 67, n. 5, pp. 597-664, 1956.

SCHUMM, S. A.; LITCHY, R. W. Time, Space and Causality in Geomorphology. **American Journal of Science**, [S.l.], v. 263, n. 2, pp. 110-119, 1965.

SEEBER, L.; GORNITZ, V. Rivers Profiles along the Himalayan Arc as Indicators of Active Tectonics. **Tectonophysics**, [S.l.], v. 92, n. 4, pp. 335-367, 1983.

SILVA, F. J. L. T.; RIBEIRO, K. V.; AQUINO, C. M. S. Panorama da produção geomorfológica no âmbito do Simpósio Nacional de Geomorfologia — SINAGEO (2006, 2010, 2012 e 2014). *In*: SIMPÓSIO NACIONAL DE GEOMORFOLOGIA, 11. Maringá, 2016. **Anais...** Maringá: UEM, 2016. Disponível em: <http://www.sinageo.org.br/2016/trabalhos/5/5-103-1476.html>. Acesso em: 17/02/2018.

SORDI, M. V.; VARGAS, K. B.; SANTO, T. D.; NASCIMENTO, P. B. Análise morfométrica do ribeirão Laçador Faxinal, Paraná. **Revista Geonorte**, [S.l.], v. 3, n. 5, pp. 150-160, 2012.

SORDI, M.V.; SALGADO A. A. R.; PAISANI, J. C. Evolução do relevo em áreas de tríplice divisor de águas regional — o caso do Planalto de Santa Catarina: uma análise morfoestrutural. **Revista Brasileira de Geomorfologia**, São Paulo, v. 16, n. 4, pp. 579-592, 2015.

SORDI, M. V.; SALGADO, A. A. R.; SIAME, L.; BOURLÈS, D.; PAISANI, J. C.; LÉANNI, L.; BRAUCHER, R.; DO COUTO, E. V.; AND ASTER TEAM. Implications of Drainage Rearrangement for Passive Margin Escarpment Evolution in Southern Brazil. **Geomorphology**, [S.l.], v. 306, n. 1, pp. 155-169, 2018.

SOUZA, C. V. F.; RANGEL, R. H. O.; CATALDI. M. Avaliação numérica da influência da urbanização no regime de convecção e nos padrões de precipitação da Região Metropolitana de São Paulo. **Revista Brasileira de Meteorologia**, Rio de Janeiro, v. 32, n. 4, pp. 495-508, 2017.

SOUZA, C. R. G. Suscetibilidade morfométrica de bacias de drenagem ao desenvolvimento de inundações em áreas costeiras. **Revista Brasileira de Geomorfologia**, [S.l.], v. 6, n. 1, pp. 33-44, 2005.

SANTANA, T. A.; SALES, V. F.; SANTIL, F. L. P.; GALLIS, R. B. A. Avaliação dos operadores de generalização geométrica, simplificação e suavização no processo de comunicação cartográfica: análise da representação hidrográfica nas cartas topográficas. **Revista Brasileira de Geomática**, Curitiba, v. 5, n. 4, pp. 484-503, 2017.

STEVAUX, J. C.; LATRUBESSE, E. M. **Geomorfologia Fluvial**. São Paulo: Oficina de Textos, 2017. 336 p.

STRAHLER A. N. The Dynamic Basis of Geomorphology. **Geological Society of America Bulletin**, [S.l.], v. 63, n. 9, pp. 923-925, 1952a.

________. Hypsometric (Area-Altitude) Analysis of Erosional Topography. **Geological Society of America Bulletin**, [S.l.], v. 63, n. 11, pp. 1117-1142, 1952b.

________. Quantitative Geomorphology of Drainage Basins and Channel Networks. *In*: CHOW, V. T. (ed.). **Handbook of Applied Hydrology**. Nova Iorque: McGraw Hill, 1964. cap. 4, pp. 39-76.

TACHIKAWA, T.; HATO, M.; KAKU, M.; IWASAKI, A. Characteristics of ASTER GDEM Version 2. *In*: IEEE International Geoscience and Remote Sensing Symposium (IGARSS). 2011, Vancouver (CAN). **Proceedings...** [S.l.: s.n.], 2011. pp. 3657-3660.

VALERIANO, M. M. Modelo digital de variáveis geomorfométricas com dados SRTM para o território nacional: o projeto TOPODATA. 2005. *In*: Simpósio Brasileiro de Sensoriamento Remoto, 12., 2005, Goiânia. **Anais...** São José dos Campos: INPE, 2005. pp. 3595-3602.

VESTENA, L. R.; CHECCHIA, T.; KOBIYAMA, M. Análise morfométrica da bacia hidrográfica do Caeté, Alfredo Wagner/SC. *In*: SIMPÓSIO NACIONAL DE GEOMORFOLOGIA REGIONAL — CONFERENCE ON GEOMORPHOLOGY, 6., 2006, Goiânia. **Anais/Actes...** v. II, Goiânia: União da Geomorfologia Brasileira / International Association of Geomorphologists, 2006.

VILLELA, S. M.; MATTOS, A. **Hidrologia aplicada**. São Paulo: Mc Graw-Hill do Brasil, 1975. 245 p.

WILLGOOSE, G.; HANCOCK, G. Revisiting the Hypsometric Curve as an Indicator of Form and Process in Transport-limited Catchment.

Earth Surface Processes and Landforms: The Journal of the British Geomorphological Group, [S.l.], v. 23, n. 7, pp. 611-623, 1998.

WILLETT, S. D.; MCCOY, S. W.; PERRON, J. T.; GOREN, L.; CHEN, C. Y. Dynamic Reorganization of River Basins. **Science**, [S.l.], v. 343, n. 6175, pp. 1248765-1-1248765-9, 2014.

ZAHRA, T.; PAUDEL, U.; HAYAKAWA, Y. S.; OGUCHI, T. Knickzone Extraction Tool (KET) — A New ArcGIS Toolset for Automatic Extraction of Knickzones from a DEM Based on Multi-Scale Stream Gradients. **Open Geosciences** (Online), [S.l.], v. 9, n. 1, pp. 73-88, 2017. Disponível em: <https://www.degruyter.com/view/j/geo.2017.9.issue-1/geo-2017-0006/geo-2017-0006.xml?format=INT> Acesso em 12 nov. 2018.

ZANATA, M.; PISSARRA, T.; ARRAES, C.; RODRIGUES, F.; CAMPOS, S. Influência da escala de análise morfométrica de microbacias hidrográficas. **Revista Brasileira de Engenharia Agrícola e Ambiental**, [S.l.], v. 15, n. 10, pp. 1062-1067, 2011.

ZANCOPÉ, M. H. C.; GONÇALVES, P. E.; BAYER, M. Potencial de transferência de sedimentos e suscetibilidade a assoreamentos da rede hidrográfica do alto rio Araguaia. **Boletim Goiano de Geografia**, Goiânia, v. 35, n. 1, pp. 115-132, 2015.

8

Classificação de sistemas fluviais

Antônio Pereira Magalhães Júnior
Luiz Fernando de Paula Barros
Guilherme Eduardo Macedo Cota

Os cursos d'água podem ser classificados de diferentes maneiras, sendo dominantes as classificações com base no padrão de drenagem (arranjo espacial da rede de canais) ou no comportamento desta em relação ao substrato, na morfologia dos canais e nos materiais do leito. Em relação ao substrato rochoso (ver Figura 8.1), os cursos d'água podem ser classificados em três tipos fundamentais (CASSETI, 2005):

- **Anaclinais**: quando o escoamento ocorre em direção contrária ao mergulho das camadas do substrato;
- **Cataclinais**: quando o escoamento acompanha o mergulho das camadas;
- **Ortoclinais**: quando o escoamento é perpendicular ao mergulho.

Os cursos d'água anaclinais também são chamados de obsequentes, e os cataclinais, de consequentes. Davis (1954) considerou também os cursos d'água subsequentes, ressequentes e insequentes. Os cursos d'água subsequentes são aqueles cujo curso é controlado por descontinuidades geológicas, como falhas, juntas e rochas menos resistentes. Também chamados de cataclinais de reverso, os cursos d'água ressequentes fluem na mesma direção dos cursos d'água consequentes, porém nascem em níveis topográficos mais baixos — em geral, no reverso de escarpas — e desembocam em cursos d'água subsequentes, tributários do curso d'água consequente principal. Por sua vez, os cursos d'água insequentes não apresentam controle geológico visível na espacialidade da drenagem, sendo comuns em áreas de substrato rochoso mais homogêneo — como rochas sedimentares com camadas horizontais e rochas cristalinas.

Os cursos d'água podem ser ainda classificados segundo o critério de constância do escoamento como **perenes, intermitentes e efêmeros.** Os efêmeros apresentam fluxo com ausência de nascentes e de calhas fixas e estáveis, sendo ativados apenas durante e/ou logo após os eventos chuvosos. Os cursos d'água intermitentes apresentam fluxo temporário, geralmente sazonal (ver Figura 8.2) e nascentes que podem mudar de posição em função das oscilações do nível d'água subterrâneo. O fluxo que pereniza os canais é originário do nível subterrâneo (escoamento de base), o qual pode variar em função do regime pluviométrico e dos processos de recarga dos aquíferos.

Em ambientes úmidos predominam canais fluviais perenes, mas fluxos temporários ocorrem nos ravinamentos, considerados canais de ordem zero. Em climas secos e ambientes áridos ou semiáridos podem ser encontradas redes de drenagem organizadas, mas com escoamento temporário ou efêmero. Nesse caso, há água suficiente para preencher e ativar o leito apenas durante eventos raros (às vezes extremos) de precipitação, que podem ocorrer com períodos de intervalo de vários anos (SCHEFFERS *et al.*, 2015).

Os cursos d'água podem ser ainda classificados em **efluentes**, quando são alimentados pelo nível de água subterrâneo (o nível freático intercepta os leitos fluviais, de modo permanente ou sazonal), e **influentes**, quando alimentam o referido nível (os leitos posicionam-se acima do nível freático). Assim, os cursos d'água influentes são mais comuns em zonas áridas e semiáridas em que os fluxos fluviais são majoritariamente temporários e o nível de água subterrâneo tende a não interceptar os canais, e podem estar associados a drenagens endorreicas (ver Capítulo 2), em parte devido às elevadas taxas de evaporação e infiltração das águas superficiais.

Um dos mais antigos e tradicionais modos de classificação de canais fluviais envolve a separação entre **rios de zonas montanhosas** e **rios de planícies** (DANA, 1850; ERGENZINGER; SCHMIDT, 2014; POWELL, 1875), cada conjunto com processos e dinâmicas hidrossedimentológicas específicas.

Enquanto os primeiros são predominantemente erosivos e, geralmente, confinados em vales estreitos e profundos, os segundos têm uma dinâmica deposicional mais intensa e tendem a apresentar vales amplos e de fundo chato. É relativamente comum que ambos os tipos ocorram em uma mesma bacia hidrográfica. Na do Rio Amazonas, por exemplo, os afluentes de cabeceira estão associados ao contexto montanhoso da Cordilheira dos Andes e experimentam intensa dissecação, enquanto os afluentes do médio e baixo cursos apresentam amplas planícies aluviais e passam por intensa agradação.

Com uma perspectiva semelhante, Schumm (1963, 1977) propôs a classificação dos leitos fluviais em **leitos estáveis, leitos sob erosão e leitos sob agradação** (Tabela 8.1), estando relacionados com o tipo de carga sedimentar dominante (suspensão, mista ou de leito). Focado nos materiais, Howard (1980, 1987) classificou os cursos d'água em **leito rochoso** ou em **leito aluvial**, estes últimos apresentando as classes de **leitos aluviais arenosos** ou **leitos aluviais de seixos**. A granulometria é, nesse caso, um indicativo do substrato das áreas-fonte de sedimentos, da energia de transporte e do regime fluvial. Nem sempre cursos d'água com elevado gradiente altimétrico apresentam leitos aluviais detríticos, pois isso depende também das características das áreas fonte. Fragmentos de quartzitos, por exemplo, podem ser pouco resistentes ao transporte no leito e serem rapidamente desagregados em areia. Nesse caso, leitos arenosos não seriam indicadores de menor energia em relação a cursos d'água com leitos com seixos, por exemplo.

Entretanto, é na morfologia e nos padrões hidrossedimentológicos dos canais que estão embasadas as principais classificações difundidas na literatura. Leopold e Wolman (1957) estudaram critérios quantitativos para separar canais **retilíneos, meandrantes** e **entrelaçados**, principalmente as relações entre declividade e vazões. Essas relações foram posteriormente complementadas por outros autores, como Rust (1978), Schumm (1985), Ferguson (1987), Church (1992), Thorne (1997) e Alabyan e Chalov (1998), com destaque para a inclusão de novos tipos de parâmetros e padrões fluviais como o **anastomosado** (KNIGHTON; NANSON, 1993; MAKASKE, 2001; SMITH; SMITH, 1980) e o **ramificado** (NANSON; KNIGHTON, 1996).

Com base nas características da carga de leito, Schumm (1968) propôs classes de padrões fluviais reconhecidas em estudos experimentais de laboratório: retilíneo (*straight*), meandrante (*meandering*), sinuoso (*wandering*), entrelaçado (*braided*) e anastomosado (*anastomosed*). Os estudos de Schumm demonstraram que os canais com predomínio de carga de leito tendem a possuir elevada relação entre largura e profundidade, enquanto os canais com predomínio de carga suspensa tendem a ser estreitos e profundos.

Em uma perspectiva mais moderna, entretanto, deve-se contextualizar que há padrões de canais que são essencialmente geométricos/morfológicos, como o retilíneo e o sinuoso, enquanto os padrões entrelaçado, meandrante e anastomosado envolvem não apenas a geometria dos canais mas também a dinâmica fluvial em termos de processos hidrogeomorfológicos específicos.

Tabela 8.1. Carga sedimentar e estabilidade dos canais fluviais.

Modo de transporte sedimentar	% de sedimentos	Carga de leito (%)	Estabilidade do canal		
			Estável	Agradação (excesso de sedimentos)	Erosão (deficiência de sedimentos)
Carga em suspensão	> 20	> 3	Canal estável de carga em suspensão. Relação largura-profundidade < 10; sinuosidade geralmente > 2; gradientes suaves.	Canal agradacional de carga em suspensão. Deposição predominante nas margens causa estreitamento do canal; pouca deposição no leito.	Canal erosivo de carga em suspensão. Predomínio da erosão do leito. Pequeno alargamento pela erosão lateral.
Carga mista	5-20	3-11	Canal estável de carga mista. Relação largura-profundidade > 10 e < 40; sinuosidade geralmente < 2 e > 1.3; gradientes moderados.	Canal agradacional de carga mista. Deposição predominante nas margens acompanhada de erosão do leito.	Canal erosivo de carga mista. Erosão predominante no leito, mas acompanhada de erosão lateral (alargamento).
Carga de leito	< 5	> 11	Canal estável de carga de leito. Relação largura-profundidade > 40; sinuosidade geralmente < 1.3; gradientes elevados.	Canal agradacional de carga de leito. Formação de ilhas.	Canal erosivo de carga de leito. Pequena erosão do leito; predomínio de alargamento do canal por erosão lateral.

Fonte: Adaptado de Schumm (1963, 1977).

8.1. Padrões hidrossedimentológicos de cursos d'água

A classificação mais tradicional e conhecida de padrões fluviais resulta da associação entre diversos fatores hidrogeomorfológicos: morfologia dos canais, regime fluvial, processos erosivos e deposicionais, tipo de carga sedimentar e contextos geológicos e ambientais nos quais ocorrem. Essa associação de variáveis e condicionantes torna essa classificação mais rica para a maioria dos objetivos da Geomorfologia Fluvial, não ficando restrita à geometria dos canais. Nessa perspectiva, são frequentemente citados os padrões **meandrante, entrelaçado** e **anastomosado.** O tipo retilíneo não é efetivamente um padrão fluvial em termos de processos, sendo apenas um padrão geométrico/morfológico dos canais, geralmente associado a um marcante controle litoestrutural e/ou tectônico. Segundo Makaske (2001), rios retilíneos são aqueles com índice de sinuosidade abaixo de 1,3, porém há propostas com diferentes valores, conforme mostrado a seguir. A energia disponível por unidade de comprimento do canal é máxima em canais retilíneos. Canais meandrantes ou entrelaçados tendem a ter gradientes mais reduzidos e maior capacidade de dissipação de energia.

Vários fatores interferem nos processos físicos dos canais fluviais e, consequentemente, em sua morfologia, com destaque para o contexto climático e geológico, o volume e o tempo de escoamento dos fluxos, as características dos sedimentos transportados, a cobertura vegetal, o uso e a ocupação do solo, bem como interferências humanas diretas na morfologia dos canais que podem gerar alterações nos processos hidrogeomorfológicos (CHURCH, 1992; CHARLTON, 2008; DEY, 2014; STEVAUX; LATRUBESSE, 2017).

O padrão morfológico de um curso d'água pode ser compreendido a partir da integração de quatro variáveis: o regime fluvial espaço-temporal, o balanço de energia, o conjunto de processos erosivos e sedimentares envolvidos na dinâmica fluvial e a configuração morfológica dos canais (variável resultante das conexões entre as demais). A classificação e identificação de padrões fluviais podem ser auxiliadas a partir de parâmetros morfométricos dos cursos d'água (sinuosidade, grau de entrelaçamento, relação entre largura e profundidade etc.), conforme detalhado no Capítulo 7, e estão intimamente ligados ao regime hidrossedimentológico e ao contexto tectônico.

Estudos mostram que a largura dos canais fluviais é controlada essencialmente pelo regime de vazões e de transporte de sedimentos, enquanto a geometria e a forma estão relacionados principalmente à quantidade e à granulometria da carga sedimentar (LEOPOLD *et al.*, 1995; SHUMM, 1977; SILVA; YALIN, 2017; SUMMERFIELD, 2014). Nesse sentido, as sinuosidades resultam mais do tipo de sedimentos transportados do que da descarga fluvial. Nesse sentido, Schumm (1981) assume que os três padrões fundamentais de canal são retilíneo, meandrante e entrelaçado (ver Figura 8.3), relacionando-os, principalmente, com a carga sedimentar predominante (suspensa, mista e de leito).

8.1.1. Cursos d'água meandrantes

Os cursos d'água meandrantes são formados por canais individuais com elevada sinuosidade, baixos gradientes e margens geralmente coesas e estáveis (ver Figura 8.4). Podem ocorrer em diferentes contextos fisiográficos mas são típicos de áreas de climas úmidos com condições favoráveis para a perenidade dos fluxos e desenvolvimento de planícies, abundância de sedimentos finos (transportados em suspensão), morfologias com suaves declividades e estabilidade tectônica. Desta forma, o padrão meandrante é favorecido por fatores que conferem maior estabilidade aos cursos d'água em termos de energia dos fluxos e de processos hidrogeomorfológicos. O curso d'água meandrante clássico possui uma sequência de meandros resultantes da migração lateral dos canais e, simultaneamente, formação de barras de pontal, progressivamente incorporadas às planícies (BRIDGE, 2003; LEOPOLD *et al.*, 1995; PETTS; FOSTER, 1985). Em geral, os meandros se tornam mais espaçados em canais de maiores dimensões (CHARLTON, 2008).

A circulação helicoidal tende a ser um fator determinante dos processos de meandramento. O movimento dos fluxos é acompanhado por correntes secundárias helicoidais que aumentam a sua velocidade em proporção à curvatura do leito, o que estimula a erosão das margens côncavas (HOWARD, 2009). A formação das barras de pontal por acreção lateral resulta deste padrão de circulação do fluxo, havendo a formação de zonas de mais baixa energia e divergência de fluxos nas margens convexas (GUNERALP *et al.*, 2012; DEY, 2014; GUINASSI *et al.*, 2019). Entretanto, os processos de meandramento resultam de um conjunto de fatores hidrossedimentológicos. A principal característica do padrão meandrante não é elevado índice de sinuosidade do canal e, sim, a sua dinâmica deposicional marcada pelo predomínio de processos erosivos e sedimentares em margens distintas. Os fluxos tendem a apresentar velocidades mínimas nas margens convexas, com consequente favorecimento aos processos de sedimentação. A convergência de linhas de fluxo nas margens côncavas (forças centrífugas) leva à superelevação da água e ao aumento de seu poder erosivo nos ápices dos meandros devido aos vetores compressionais (JULIEN, 2010; CONSTANTINESCU *et al.*, 2016). Esse processo cria um gradiente superficial marcado por fluxos direcionais que "mergulham" próximo ao meio do canal. Meandros assimétricos podem surgir em seções fluviais largas e rasas onde a erosão concentra-se logo a jusante do ápice dos meandros (CHITALE, 1970). Portanto, nem toda sinuosidade é um meandro do ponto de vista hidrogeomorfológico relacionado ao padrão fluvial. Os meandros se caracterizam pela referida dinâmica de erosão e sedimentação em margens distintas que levam à migração dos canais. A migração também é condicionada por processos de atrito superficial, erosão subsuperficial e colapsos de margens (quedas).

A circulação secundária (transversal) é considerada essencial aos processos de meandramento e formação de barras de canal (DINGMAN, 2009; SHAHOSAINY *et al.*, 2019). O número de células secundárias reflete a relação largura-profundidade do canal. Canais mais estreitos e profundos favorecem o meandramento por meio da manutenção de uma seção propícia à circulação secundária baseada em células duplas. À medida que um canal se alarga e se torna menos profundo, o número de células tende a aumentar, desfavorecendo o meandramento.

Com a migração dos meandros e canais fluviais podem ocorrer processos de cortes e abandono de meandros nas planícies. Há dois processos fundamentais de geração de meandros abandonados: *neck cutoff* e *chute cutoff* (ver Figura 8.5). O *neck cutoff* é um processo mais lento, derivado da evolução natural dos meandramento a partir dos processos de acreção lateral. O corte do meandro ocorre quando há a aproximação de duas margens côncavas (erosivas). Por sua vez, o *chute cutoff* é um processo mais rápido, que ocorre durante períodos de maior energia e vazões elevadas, quando parte do fluxo passa a circular nas planícies e escavar um novo canal mais eficiente em termos de escoamento (CONSTANTINE *et al.*, 2010; FINNEGAN; DIERAS, 2013; DIETRICH, 2011; HOOKE, 2004; MIALL, 2006; POSAMENTIER; WALKER, 2006).

Quanto mais fechado o meandro, menor a seção em que a força total é exercida, e, consequentemente, maior a força por unidade de área. O meandramento é um mecanismo de equilíbrio, no sentido de distribuição espacial, da energia fluvial disponível (STØLUM, 1996). As sinuosidades dissipam a energia por meio do aumento da rugosidade nas curvaturas. A evolução dos meandros e o crescimento da sua amplitude tendem a ocorrer até que a própria resistência das curvaturas dissipe o "excesso" de energia, inibindo a migração. Por outro lado, os meandros continuam a migrar mesmo após essa dissipação, pois a erosão prossegue com o choque dos fluxos na margem côncava (SHULITS, 1955; EEKHOUT; HOITINK, 2015).

Em termos concretos, a resposta de um canal ao excesso de gradiente e energia não é exatamente o meandramento, mas sim os processos de erosão e sedimentação que levam ao meandramento. Em outras palavras, a formação de meandros é a resposta natural da relação entre fluxos, erosão e transporte aluvial (CRICKMAY, 1974; KNIGHTON, 1998). Experimentos de laboratório indicam que um canal só se torna meandrante após o fornecimento de sedimentos argilosos, pois sob carga arenosa o canal tende a se alargar devido à pouca coesão das margens. Dessa forma, cursos d'água com abundância de sedimentos de leito e pouca carga sedimentar de finos (suspensa) não tendem a desenvolver o padrão meandrante (DADE, 2000; PEAKALL *et al.*, 2007; SCHUMM; KAHN, 1972).

Cursos d'água confinados e, às vezes, em vales profundos podem cortar rochas resistentes e apresentar formas semelhantes às de rios meandrantes em planícies fluviais (ver Figura 8.6). Esse padrão "meandrante encaixado" (ou de vale meândrico) deriva, geralmente, de rios com meandros livres em antigas planícies que foram afetadas por soerguimento tectônico, levando a processos de incisão dos meandros, mas com a preservação das formas (PARKER, 1976; SCHEFFERS *et al.*, 2015). A sinuosidade por ser reflexo também da adaptação do curso d'água à litoestrutura e, em alguns casos, a sinuosidade do curso d'água representa uma ferramenta sensível para o reconhecimento da atividade neotectônica (ZÁMOLYI *et al.*, 2010).

8.1.2. Cursos d'água entrelaçados

Os cursos d'água entrelaçados (*braided*) são formados por um canal de elevada razão largura/profundidade (geralmente maior que 40 e podendo comumente exceder 300), contendo um conjunto de linhas de fluxo (separadas por barras sedimentares detríticas) que se interconectam sucessivamente em ramificações (Figura 8.7) de pequena extensão (BEST; BRISTOW, 1993; BRIDGE, 1993; CHARLTON, 2008; SMITH, 1974). As barras são feições deposicionais de leito ativas, instáveis e com diferentes dimensões e posições nos canais. Podem ser destacados como fatores favoráveis ao desenvolvimento de canais entrelaçados: fortes gradientes, abundância de carga de leito, instabilidade dos talvegues, regimes fluviais com fortes oscilações de descarga (elevada sazonalidade) e margens pouco coesas (MIALL, 1977; PETTS; FOSTER, 1985; SMITH *et al.*, 2008). O padrão entrelaçado predomina em domínios áridos ou semiáridos, bem como em áreas úmidas muito antropizadas (que favoreçam processos de erosão acelerada e assoreamento). No primeiro caso, é comum que cursos d'água entrelaçados estejam associados a sistemas de leques aluviais, como apresentado no Capítulo 2 (BOWMAN, 2018; BULL, 1977; HARVEY *et al.*, 2005).

O padrão entrelaçado ocorre comumente em áreas com forte variação sazonal de vazões e carga sedimentar, com consequentes mudanças na capacidade e competência de transporte. A partir do momento em que os fluxos não são mais capazes de mover os sedimentos transportados, inicia-se um novo ciclo de deposição nos leitos, formação de barras de canal, divergência dos fluxos e surgimento de novos talvegues (ASHMORE, 1991; WALSH; HICKS, 2002).

Em escala de bacia de contribuição, a cobertura vegetal exerce importante efeito no escoamento superficial, já que tende a aumentar a infiltração e a estabilizar os sedimentos. Também contribui com a resistência das margens, o que faz diminuir o *input* de carga sedimentar para as calhas (GRAN; PAOLA, 2001; HUPP, OSTERKAMP, 1996). Portanto, a retirada da vegetação pode contribuir para o entrelaçamento de um curso d'água. Cursos d'água largos e rasos com margens pouco coesas tendem a se tornar entrelaçados, pois favorecem o surgimento de múltiplas células de circulação secundária e de barras de canal nos pontos de convergência do fluxo em profundidade. As barras divergem o fluxo superficial, causando erosão das margens e aumento da largura do canal, com consequente redução das velocidades e formação de novas barras.

O entrelaçamento reflete a ocorrência de fluxos cuja energia não é suficiente para o transporte sedimentar, pelo menos em parte do tempo, resultando na deposição de sedimentos nos leitos. Desse modo, quanto maior a granulometria dos sedimentos, maior deve ser a energia capaz de transportá-los. A existência de vários talvegues implica um quadro hidraulicamente menos eficiente que a presença de um só, pois ocorre a dissipação dos fluxos e da energia de transporte (NANSON; HUANG, 1999). A largura combinada dos múltiplos talvegues é maior que em um único talvegue, enquanto a profundidade combinada é menor. Desse modo, o entrelaçamento pode ser visto como um mecanismo de dissipação de energia. A manutenção da energia necessária ao transporte sedimentar demanda aumento do gradiente e o ajuste de múltiplas variáveis hidráulicas, compensando a redução dos fluxos à medida que surgem novos talvegues (MURRAY; PAOLA, 1994; SMITH *et al.*, 2008).

Desse modo, a eficiência do transporte de carga de fundo, a sua granulometria e os processos de formação de barras de canal são fatores condicionantes do desenvolvimento do padrão entrelaçado.

8.1.3. Cursos d'água anastomosados

Os cursos d'água anastomosados são típicos de regiões úmidas e alagadas com elevada carga sedimentar em suspensão, apresentando um complexo de canais com fluxos de baixa energia, estáveis, interconectados e separados por ilhas alongadas e comumente vegetadas (KNIGHTON; NANSON, 1993; NANSON, 2013; SMITH; PUTNAM, 1980; SMITH; SMITH, 1980). Possuem, portanto, múltiplos canais, enquanto os cursos d'água entrelaçados possuem um canal único com múltiplos talvegues.

Os canais anastomosados apresentam baixa razão largura/profundidade, margens coesas (devido à abundância de argilas e matéria orgânica), elevada sinuosidade e baixos gradientes. Os processos de intenso entulhamento sedimentar dos canais e ambientes marginais são típicos de áreas de subsidência tectônica, onde ocorre elevada acumulação sedimentar de finos e matéria orgânica (BRIDGE, 2003; CHARLTON, 2008; MAKASKE, 2001). O anastomosamento surge, geralmente, a partir de avulsões, ou seja, do surgimento de novos canais pelo desvio dos fluxos nas planícies (ANDERSON *et al.*, 1999; SLINGERLAND; SMITH, 2004). Os processos de avulsão tendem a ocorrer em zonas com sedimentação intensa onde ocorrem processos de entulhamento da calha e de zonas marginais, podendo ocorrer o rompimento de diques marginais e o estabelecimento de novos canais nas planícies (JONES; SHUMM, 1999). Após uma avulsão, o curso d'água original tende a reduzir a sua largura, podendo formar segmentos abandonados. Canais anastomosados estão associados a extensas áreas alagadas com lagos, pântanos e turfeiras, formando um contínuo ambiente de acumulação (ver Figura 8.8).

Esse padrão fluvial é caracterizado por estabilidade dos processos de migração lateral, dada a resistência oferecida pelas margens. Por outro lado, os processos de incisão vertical são tênues, já que os cursos d'água sofrem principalmente processos de entulhamento das calhas. Observações de campo e estudos experimentais demonstram que a estabilidade dos canais do sistema anastomosado é fortemente condicionada pela cobertura vegetal. A resistência das margens à erosão pode ser 20.000 vezes maior que no caso das margens sem vegetação (SMITH, 1976).

8.1.4. Cursos d'água ramificados (anabranching)

Como visto, os sistemas anastomosados ocorrem em contextos específicos, com peculiaridades geomorfológicas, tectônicas e climáticas, o que é considerado pouco frequente no mundo (PETTS; FOSTER, 1985). Nesse sentido, não é raro que autores associem o padrão anastomosado ao padrão ramificado ou *anabranching* (HERITAGE *et al.*, 2001; NANSON, 2013; NANSON; KNIGHTON, 1996; NORTH *et al.*, 2007; ROSGEN, 1994). O reconhecimento do padrão fluvial ramificado não é consensual na literatura sendo, por vezes, considerado sinônimo do padrão anastomosado ou também do entrelaçado, ou ainda sendo referido como uma categoria mais abrangente que englobaria cursos d'água anastomosados, meandrantes e/ou entrelaçados (MIALL, 1996; NANSON; GIBLING, 2003; NANSON; GIBLING, 2004; RUST, 1978) — ver Figura 8.9.

Carling *et al.* (2014) fornecem uma retrospectiva histórica e reflexiva sobre a evolução dos termos e conceitos referentes aos cursos d'água com múltiplos canais, discutindo as interfaces e diferenças entre os padrões anastomosado, entrelaçado e ramificado na literatura. Na concepção mais morfológica da drenagem ramificada, os cursos d'água com esse padrão podem ocorrer em qualquer ambiente, desde contextos de alta energia em leitos de cascalho até deltas pantanosos. O termo "ramificado" se refere à subdivisão da drenagem em uma rede de múltiplos canais que se interconectam por entre ilhas estáveis ou barras de canal, principalmente durante os períodos de estiagem. Os processos de ramificação podem derivar de avulsões, no caso de cursos d'água com margens estáveis, de baixa energia e elevada carga sedimentar fina, como os anastomosados, ou pelo corte e desvio de barras de canal, no caso de cursos d'água com regimes fortemente sazonais e predomínio de carga de leito, como no caso dos rios entrelaçados (NANSON; HUANG, 1999; HUANG; NANSON, 2007; JANSEN; NANSON, 2010).

Com base na energia dos fluxos, granulometria da carga sedimentar e características morfológicas, seis tipos de cursos d'água ramificados foram reconhecidos por Nanson e Knighton (1996), sendo os tipos 1 a 3 os de menor energia e os tipos 4 a 6 os de maior energia (ver Figura 8.10). O Tipo 1 (*Cohesive sediment anabranching rivers — anastomosing rivers*) envolve cursos d'água com predomínio de sedimentos finos (argilas orgânicas) de elevada coesão e estão associados ao padrão anastomosado. O Tipo 2 (*Sand--dominated, island-forming system*) abrange cursos d'água dominados por carga arenosa que geram ilhas, e o Tipo 3 (*mixed load laterally active system*) refere-se a cursos d'água com carga sedimentar mista (finos e carga detrítica de leito) e processos de meandramento ativos.

O Tipo 4 (*sand-dominated, ridge-forming system*) também se refere a cursos d'água dominados por carga de leito arenosa mas que formam barras alongadas e paralelas entre os canais. O Tipo 5 (*Gravel-dominated, laterally active system*) se refere a sistemas dominados por carga de leito (cascalho), com importante atividade de migração lateral e que representam uma interface entre canais meandrantes e entrelaçados em regiões montanhosas. Por fim, o Tipo 6 (*gravel-dominated stable system*) representa sistemas fluviais com canais estáveis e dominados por carga de leito (cascalho), ocorrendo em bacias pequenas e relativamente íngremes. Em planta, os canais lateralmente inativos apresentam formas retilíneas e sinuosas, ao passo que os ativos mostram formas meandrantes e entrelaçadas (ver Figura 8.11).

8.1.5. Critérios de classificação

Em termos gerais, até meados da década de 1970, a literatura brasileira classificava os canais fluviais em anastomosados (*anastomosed/braided*), meandrantes (*meandering*) e retilíneos (*straight*). A partir dos anos 1980, consolidou-se a separação entre canais entrelaçados (*braided*) e anastomosados (*anastomosed*).

Um dos critérios de separação entre os padrões morfológicos fluviais é o grau de sinuosidade dos canais, compreendido como o grau com que o curso d'água se afasta de uma linha reta. Deve-se salientar que um canal sinuoso não é necessariamente meandrante, conforme é evidente nos cursos d'água de tipo "meandrante encaixado". O *índice de sinuosidade* é calculado com base na relação entre a extensão do curso d'água e a extensão do seu vale (relação entre o comprimento do vale e o comprimento do talvegue). A sinuosidade tende a aumentar com o aumento da resistência das margens (com exceção de margens em rochas "duras") e tende a diminuir com o aumento da declividade. A vegetação favorece as sinuosidades por contribuir para a estabilização das margens e aumentar a resistência à erosão lateral.

Vários índices de sinuosidade e meandramento são propostos na literatura, como os de Leopold e Wolman (1957), Schumm (1963), Brice (1964) e Leopold *et al.* (1995). Comumente, esses índices propõem que canais retilíneos possuem índice de sinuosidade igual a um, canais sinuosos apresentam valores próximos a 1,3 e canais meandrantes possuem valores superiores a 1,3. Os canais retilíneos são, portanto, aqueles cujo comprimento não excede em 10 vezes a sua largura. Baseando-se nos trabalhos pioneiros, diversos autores discutem e/ou propõem novos índices e critérios de classificação dos canais (FRIEND; SINHA, 1993; HOSSEIN *et al.*, 2016; ROBERTSON--RINTOUL; RICHARDS, 1993).

Alguns índices avaliam a sinuosidade e a morfologia dos canais a partir do grau de entrelaçamento. O índice de entrelaçamento de Brice (1964) é calculado conforme a Equação 8.1:

$$IE = 2\,l\,/\,m, \tag{8.1}$$

sendo: l = soma do comprimento de ilhas ou barras em dada extensão; m = distância entre as margens. Valores maiores que 1,5 representam canais entrelaçados.

Por sua vez, o parâmetro de entrelaçamento de Rust (1978) é calculado com base no número de ramificações de dado segmento dividido pelo comprimento de onda do canal medido ao longo do talvegue. As ramificações são as linhas medianas dos canais que bordejam cada barra. As Tabelas 8.2 e 8.3 ilustram os estudos de Rust (1978) sobre a separação de padrões fluviais.

Tabela 8.2. Grau de entrelaçamento e sinuosidade.

Grau de entrelaçamento	*Sinuosidade*	
	Baixa (< 1,5)	Alta (> 1,5)
< 1 (canal único)	Retilíneo	Meandrante
< 1 (canais múltiplos)	Entrelaçado	Anastomosado

Fonte: Adaptado de Rust (1978).

Tabela 8.3. Relação entre largura e profundidade.

Tipo	**Morfologia**	**Razão largura--profundidade**
Retilíneo	Canais individuais com barras longitudinais	< 40
Entrelaçado	Dois ou mais canais com barras de canal	> 40, chegando frequentemente a > 300
Meandrante	Canais individuais	< 40
Anastomosado	Dois ou mais canais com ilhas estáveis	Em geral, < 10

Fonte: Adaptado de Rust (1978).

Todo evento ou processo em uma bacia de drenagem, como as formas de ocupação, repercutem direta ou indiretamente nos cursos d'água, podendo alterar fatores hidrodinâmicos como vazão, velocidade de fluxo, forma do canal, carga de sedimentos e processos de sedimentação e erosão. Nesse sentido, interferências que levem a alterações no regime hidrossedimentológico em uma bacia podem levar também a mudanças no padrão morfológico e deposicional. Deste modo, as atividades antrópicas indutoras de erosão acelerada, principalmente a partir da exposição do solo, podem levar à mudança do grau de sinuosidade de um canal e dos padrões fluviais (GREGORY, 2006; SAPKALE, 2014). É o caso de cursos d'água meandrantes que passam a tender ao padrão entrelaçado quando barras de canal se tornam abundantes e denotam desequilíbrio entre a carga sedimentar fornecida e a capacidade e/ou competência de transporte (ver Figura 8.12). Deste modo, padrões intermediários são comuns em áreas onde a forte antropização eleva significativamente a carga sedimentar dos cursos d'água.

Dessa forma, a morfologia dos canais depende de certa estabilidade temporal entre os processos de erosão e deposição. Situações de relativo desequilíbrio na dinâmica hidrossedimentar tendem a forçar os canais a buscarem o reajustamento de suas variáveis morfológicas rumo à adaptação a novos cenários (ver Figura 8.13). Esse tipo de ajustamento pode demandar períodos muito diferentes em função do grau de interferências nas vazões e na carga sedimentar. Mudanças de longo prazo (centenas e milhares de anos) têm relação com eventos em macroescala, como mudanças climáticas ou movimentações tectônicas, enquanto as de médio prazo (anos) estão frequentemente relacionadas às atividades humanas. Finalmente, as de curto prazo (horas ou dias) se relacionam a eventos de grande magnitude (eventos extremos), como inundações naturais ou induzidas (FERNANDEZ, 1990).

8.2. Leitos fluviais: tipologia, feições e processos

Podem ocorrer diversos tipos de variações entre os padrões fluviais ao longo de bacias hidrográficas e ao longo de um mesmo curso d'água. Desse modo, há vários padrões intermediários entre os clássicos meandrante, entrelaçado e anastomosado. Experimentos laboratoriais indicam que tais mudanças podem ocorrer de forma abrupta, controladas por fatores como sinuosidade, declividade ou carga sedimentar. Assim, apesar de representarem um guia norteador para a análise de sistemas fluviais, os padrões morfológicos discutidos na seção anterior são uma simplificação da variedade de possibilidades que podem ser encontradas.

Os leitos fluviais apresentam particularidades comumente associadas aos aspectos morfológicos (gradiente do leito, sinuosidade, geometria, largura/profundidade) e/ou hidrossedimentológicos (carga de calha, composição das margens, descarga sedimentar, regime de fluxo). Esses são os principais critérios de classificação de leitos fluviais na literatura (KONDOLF, 1995; MONTGOMERY; BUFFINGTON, 1997). Consoante, diversos autores se apropriam de uma ou mais variáveis morfológicas e/ou hidrossedimentológicas para elaborar propostas de classificação de leitos, o que remonta ao século XIX (PLAYFAIR, 1802; POWELL, 1875; DAVIS, 1899). Com o avanço da cartografia e das técnicas de análise morfológica e hidrossedimentológica, diversos trabalhos foram publicados sobre o tema (BRADLEY, 1993; CHURCH, 1992; DOWNS, 1995; HAWKES, 1975; KELLERHALS *et al.*, 1976; LEOPOLD; MIALL, 2006; MOSLEY, 1987; NAIMAN *et al.*, 1992; RUST, 1978; SCHUMM, 1963; SCHUMM, 1977; WHITING; THORNE, 1997; WOLMAN, 1957).

Todavia, não há propostas que sejam aplicáveis transversalmente a diferentes escalas espaciais e temporais e, tampouco, que sejam capazes de fornecer uma perspectiva precisa das condições históricas de estabilidade dos canais (JURACEK; FITZPATRICK, 2003). Considerando a complexidade inerente aos processos fluviais, principalmente no que tange à dinâmica espaço-temporal e às dificuldades de análise dos impactos de perturbações dos sistemas, é compreensível que as propostas de classificação de leitos fluviais sejam desafios específicos de cada realidade. Há, nesse sentido, variadas propostas de classificação de leitos fluviais que servem a contextos específicos, como a de Sutfin *et al.* (2014) para ambientes árido e montanhoso, e a de leitos arenosos, de Stevaux & Latrubesse (2017). Como trabalhos de destaque adotados em pesquisas de cunho geomorfológico acerca de classificações de leitos fluviais, podem ser apontados os de Rosgen (1994), Montgomery e Buffington (1997) e Brierley e Fryirs (2005).

8.2.1. Classificação de leitos fluviais

A proposta de Montgomery e Buffington (1997) parte do princípio de que existem diferenças fundamentais entre cursos d'água em contextos montanhosos e de planície, apesar de suas conexões hidrogeomorfológicas. Assim, a proposta é focada na classificação de leitos fluviais de ambientes montanhosos, resultado de pesquisas sobre bacias hidrográficas nos Estados Unidos. São priorizadas variáveis de declividade, material de calha e as formas derivadas, que, por sua vez, refletem os processos atuantes. A proposta pode ser entendida como uma expansão das ideias de Schumm (1977) sobre os compartimentos fluviais: áreas fonte de sedimentos, áreas de transferência de sedimentos e áreas de deposição. No entanto, além de identificar os processos predominantes em rios montanhosos, os autores fazem correlações com a morfologia dos canais.

A proposta reconhece três tipos principais de substratos de calha: rochoso, aluvial e coluvial. Os leitos aluviais são divididos em cinco categorias: em cascata, em degrau-poço, leito plano, em poço-corredeira, ondulado com dunas e *ripples*. Esses, somados aos leitos coluviais e rochosos, totalizam sete classes (ver Figura 8.14), conforme descrição a seguir, sendo parte delas representada também na Figura 8.15 por imagens de campo:

- **Leitos coluviais (*colluvial*)**: correspondem majoritariamente às áreas de cabeceiras com vertentes íngremes, em zonas de transição de predomínio de processos fluviais e de vertentes, limitando a identificação da gênese dos depósitos de calha. A elevada variedade de materiais (clastos, escombros lenhosos e a própria vegetação), reduz a capacidade e a competência de transporte. O transporte episódico por fluxo de detritos responde pela maior parte do material mobilizado.
- **Leitos rochosos (*bedrock*)**: há ausência de cobertura aluvial contínua, sendo normalmente confinados por encostas (ausência de planície) e apresentando gradiente maior que os leitos aluviais. Apesar de as condições de maior energia e maior capacidade de transporte permitirem uma ausência de material aluvial contínuo em ambientes montanhosos, podem ocorrer pequenos agrupamentos de sedimentos

no contato com obstruções do fluxo, tais como troncos de madeira, blocos e afloramentos rochosos.

- **Leitos em cascata (*cascade*)**: são confinados por encostas, apresentam fluxos marcados por elevada energia e há predomínio de blocos e matacões mal distribuídos longitudinalmente. Devido à abundância de material de granulometria grossa, mesmo em condições de elevado gradiente, o transporte sedimentar está limitado a eventos hidrológicos extremos.
- **Leitos em degrau-poço (*step-pool*)**: são leitos confinados por encostas com predomínio de blocos e matacões agrupados longitudinalmente. Diferenciam-se dos leitos em cascata por apresentarem morfologia longitudinal escalonada, o que possibilita que o fluxo intercale momentos de alta energia (degraus) e baixa energia (poços profundos). Ambos são condicionados pela presença de matacões, blocos, degraus rochosos ou troncos vegetais.
- **Leito plano (*plane-bed*)**: podem ser confinados ou não por encostas, sendo predominantemente compostos por cascalhos e blocos. Caracterizam-se pela ausência de poços e barras sedimentares, baixa relação largura/profundidade, gradientes moderados a íngremes e ausência de formas rítmicas nas calhas (*rhythmic bedforms*).
- **Leitos em poço-corredeira (*pool-riffle*)**: apresentam calhas onduladas com sequências de poços e corredeiras. Os sedimentos podem variar de areia a blocos, mas há predomínio de cascalhos. As sequências de poços e corredeiras decorrem de células de fluxos internos (divergência nos poços e convergência nas corredeiras). Esses leitos são associados a canais com gradientes moderados a baixos, com planícies não confinadas e bem desenvolvidas. Na literatura brasileira outros termos referem-se à morfologia poço-corredeira, ou similares, como soleiras-depressões (FERNANDEZ, 2009) e banco-poço (STEVAUX; LATRUBESSE, 2017).
- **Leitos ondulados com dunas e *ripples* (*dune-ripple*)**: possuem calhas com predomínio de areia, ocorrendo em vales abertos (não confinados) com planícies bem desenvolvidas. Apresentam variadas formas de leito (*ripples*, dunas, antidunas).

Essa classificação propõe que os canais de cabeceira de drenagem são majoritariamente coluviais, tendendo a transformar-se, para jusante, em canais aluviais com diversas subclassificações. Cada tipo de leito apresenta características específicas de declividade, granulometria dos sedimentos, cisalhamento (*shear-stress*) e rugosidade. A proposta considera que as morfologias dos canais aluviais refletem quadros específicos de rugosidade ajustados às magnitudes relativas do fornecimento sedimentar e da capacidade de transporte. Canais aluviais com leitos íngremes (cascata e degrau-poço) possuem elevada capacidade de transporte sedimentar e são resilientes às variações de fluxo. Já os canais de baixo gradiente (poço--corredeira e ondulado em dunas e *ripples*) possuem baixa capacidade de transporte e significativas e prolongadas respostas às variações de fluxo e de carga sedimentar.

As principais críticas em relação à classificação de Montgomery e Buffington (1997) decorrem da não consideração de um *continuum* de leitos fluviais e dos tipos intermediários das sete classes de leito identificadas, como, por exemplo: *riffle-bar* (*pool-riffle/plane-bed*), *riffle-step* (*plane-bed/step-pool*) e *cascade-pool* (*step-pool/cascade*). Desse modo, dependendo das características fisiográficas do curso d'água investigado, não é possível adotar integralmente a classificação, sendo necessária a adaptação e/ou criação de novas classes. Os próprios autores apontam essa limitação, justificando sua abordagem pela simplificação em sete tipos de leitos identificáveis em ambientes montanhosos, mesmo que estejam em um *continuum* de canais.

Por sua vez, Rosgen (1985) propôs uma classificação de cursos d'água baseada nos princípios de geometria hidráulica de Leopold e Madock (1953) e Leopold *et al.* (1964), bem como em seus estudos realizados nos Estados Unidos, Canadá e Nova Zelândia, ao longo da década de 1980. Tais estudos envolveram uma grande diversidade de ambientes, desde áreas de cabeceira em contextos montanhosos às planícies costeiras. A proposta inicial foi aprimorada em trabalhos subsequentes (ROSGEN, 1994, 1996), embasando diversos pesquisadores e gestores ambientais, principalmente nos Estados Unidos e no Canadá. A proposta é muito utilizada por agências governamentais de ambos os países para restauração ou reabilitação de cursos d'água (JURACEK; FITZPATRICK, 2003; FERNANDEZ, 2016), justamente por permitir um melhor enquadramento e sistematização dos tipos encontrados em campo.

A proposta de Rosgen possui quatro níveis de abordagem. O nível I permite uma ampla categorização morfológica dos fundos de vale, sendo descritos o grau de encaixamento (*entrenchment ratio*), o índice de sinuosidade, o gradiente do canal, a relação largura/profundidade e o padrão fluvial. O nível I resulta, portanto, em nove tipos de leitos fluviais (ver Figura 8.16). O nível I permite uma classificação abrangente e de aplicação rápida de um quadro inicial dos aspectos morfológicos dos cursos d'água. Desse modo, fornece bases para um entendimento geral das características fisiográficas dos sistemas fluviais estudados.

O ordenamento de nível II corresponde a duas etapas. Na primeira são feitas interpretações mais detalhadas relacionadas às seções fluviais transversais, aos perfis longitudinais e em relação ao material de calha dominante, dividindo os nove tipos definidos no nível I em 41 subtipos de leitos fluviais. A nomeação dos tipos de leito combina a letra correspondente ao seu enquadramento no nível I com o número que representa o seu material de leito dominante (1. Rocha; 2. Matacão; 3. Bloco; 4. Seixo; 5. Areia; 6. Silte/Argila), resultando em tipos como B2, C6, A3, entre outros. Na segunda etapa do ordenamento de nível II são definidos 94 subtipos, a partir da relação entre o padrão do canal, sinuosidade, largura/profundidade, tipo de canal (definido no nível I), declividade e material de fundo (considerando os 41 subtipos definidos anteriormente).

A classificação do nível III é balizada em uma avaliação da estabilidade dos canais, fazendo uma predição sobre o comportamento dos leitos fluviais do nível II à imposição de mudanças. No nível III é avaliado o padrão de deposição e de meandramento, o regime de fluxo, a presença de mata ciliar e a estabilidade das margens e dos leitos. As especificidades do nível III são colocadas em prática no nível IV, que envolve medições das condições de fluxo, do transporte de sedimentos e de outros estudos geomórficos. Rosgen (1994) apresenta mais detalhadamente os níveis I e II, descrevendo de maneira mais breve os níveis III e IV.

A proposta de Rosgen aporta a vantagem da mensuração de variáveis relacionadas a largura, profundidade, velocidade, descarga, gradiente do canal, rugosidade dos materiais do canal, carga e granulometria dos sedimentos. Não obstante, as dificuldades de mensuração são, justamente, as principais críticas à proposta.

Há também questionamentos sobre a aplicabilidade da proposta em variados ambientes, limitando a adoção de sua classificação, além de críticas relativas à validade dos procedimentos de medição adotados (JURACEK; FITZPATRICK, 2003; SIMON *et al.*, 2008). Não obstante, diversos autores compreendem a validade dos aspectos descritivos da classificação de Rosgen (FERNANDEZ, 2016; JURACEK; FITZPATRICK, 2003; MILLER; RITTER, 1996), principalmente quando relacionados aos níveis I e II. Contudo, os referidos autores mencionam que os níveis III e IV não permitem o estabelecimento de previsões acerca de mudanças na dinâmica fluvial. Essas limitações comprometem a sua aplicação em projetos de restauração fluvial, pois para se determinarem as condições de estabilidade dos canais é necessário compreender o comportamento dos sistemas fluviais ao longo do tempo e do espaço. Tais discussões acerca das possibilidades e impossibilidades de aplicação da classificação de Rosgen são amplamente levantadas por Simon *et al.* (2007, 2008) e pelo próprio Rosgen (2008).

Os tipos fundamentais de canais da proposta de Rosgen (1994) são:

- **Canal tipo Aa+:** Encostas íngremes; retilíneo; muito encaixado; estreito; elevada energia; transporte de sedimentos grossos; presença de rápidos e corredeiras; canais torrenciais; quedas-d'água.
- **Canal tipo A:** Encostas íngremes; retilíneo; muito encaixado; elevada energia; transporte de sedimentos grossos; encachoeiramento; sequência de *step-pools*; estabilidade dependente dos materiais do leito e margens.
- **Canal tipo B:** Gradientes moderados; encaixamento moderado; presença de *riffles*; raros *pools*; leitos e margens geralmente estáveis.
- **Canal tipo C:** Baixos gradientes; meandramento; barras de pontal; sequência *riffle-pools*; canais aluviais; planícies bem desenvolvidas.

- **Canal tipo D:** Baixos gradientes; canais entrelaçados; barras longitudinais e transversais; canais largos e pouco profundos; margens sob erosão; transporte de material grosso (carga de leito).
- **Canal tipo DA:** Baixos gradientes; canais anastomosados estreitos e profundos; ilhas longitudinais e transversais; planícies úmidas e bem desenvolvidas; margens estáveis; transporte de importante carga em suspensão.
- **Canal tipo E:** Baixos gradientes; baixa razão largura-profundidade; meandros com raios elevados; sequências *riffle-pools*; sedimentação pouco expressiva; canais estáveis e eficientes.
- **Canal tipo F:** Baixos gradientes; elevada razão largura-profundidade; meandros encaixados; sequências *riffle-pools*.
- **Canal tipo G:** Gradientes moderados; forte encaixamento; sequência *step-pool*; baixa razão largura-profundidade.

Já a proposta de classificação elaborada por Brierley e Fryirs (2005) foi baseada em estudos nas bacias costeiras da região da Nova Gales do Sul, Austrália. A proposta utiliza a técnica *River Styles*® (estilos fluviais), que consiste, basicamente, em modelos sucessivos (evolutivos) para avaliar a condição dos canais fluviais e seu potencial para ações de restauração.

Explicitamente construtivista, essa abordagem é baseada em duas etapas principais. Na primeira, busca-se estabelecer as características gerais dos cursos d'água (grau de confinamento dos vales, padrões de deposição e erosão, declividade, descarga, granulometria do material de calha, grau de sinuosidade e estabilidade das margens), elaborando-se uma "árvore" com as características gerais dos vales. É aberta ainda a possibilidade de utilização de novos elementos para a caracterização, dependendo das especificidades locais. A identificação dos aspectos morfológicos e de seus respectivos processos permite o estabelecimento de diferentes formas de fundo de vale e de seus processos dominantes, resultando na identificação dos estilos fluviais (Tabela 8.4).

Tabela 8.4. Exemplos de estilos fluviais de Brierley e Fryirs.

Estilo fluvial	Característica do vale/ambiente marginal	Características fluviais			Configuração fluvial
		Forma do canal	Unidades geomórficas	Material de leito	
Cabeceira de drenagem com elevado gradiente.	Confinado/ topos e porções superiores das encostas.	Canal individual e altamente estável.	Planície descontínua, poço--corredeira, ilhas vegetadas.	Leito rochoso com blocos, cascalho e areia.	Leito rochoso com unidades geomórficas heterogêneas. Favorável à retirada de sedimentos através de um vale confinado. Capacidade limitada de ajustes laterais.
Vale fortemente encaixado (*Gorge*).	Confinado/trechos escarpados.	Canal individual, retilíneo e altamente estável.	Ausência de planície, leito rochoso com presença de cascatas e poço--corredeira.	Leito rochoso com blocos.	Curso d'água com elevado gradiente e controlado por substrato rochoso. Sequência alternada de leito rochoso, poço-corredeira e em cascata. O canal não consegue se ajustar no vale confinado.
Vale confinado com planícies de inundação ocasionais.	Confinado/ elevações arredondadas.	Canal individual, retilíneo e altamente estável.	Planície descontínua, extensos afloramentos rochosos, camadas de areia, poços.	Leito rochoso com areia.	Vales estreitos cujos rios transportam sedimentos em barras arenosas. A ocorrência de poços-corredeiras e ilhas está associada à presença de leito rochoso e a segmentos com baixa disponibilidade de sedimentos.
Vale parcialmente confinado, com planície descontínua controlada pelo substrato rochoso.	Parcialmente confinado/ elevações arredondadas e bases de encostas escarpadas.	Canal individual em vale sinuoso, moderadamente estável.	Planície descontínua, barras de pontal, barras de canal, poço--corredeira, afloramentos rochosos.	Leito rochoso com areia.	Típicos de vales sinuosos, com acumulação de sedimentos e planícies inundáveis em trechos meandrantes. Erosão nas margens côncavas e deposição nas convexas. Formação de planícies nos períodos de inundação, com deposição de carga suspensa.
Leito fluvial de baixa sinuosidade e blocos.	Aluvial/bases de encostas escarpadas.	Segmento fluvial estável com múltiplos canais de baixo fluxo separados por ilhas detríticas (blocos).	Leques sedimentares espraiados nas margens fluviais. Ilhas rochosas, cascatas e *step-pools*.	Leito rochoso com blocos.	Blocos e cascalhos nos leitos. Os blocos são transportados somente em intensas inundações.

(continua)

(continuação)

Estilo fluvial	Característica do vale/ambiente marginal	Características fluviais			Configuração fluvial
		Forma do canal	Unidades geomórficas	Material de leito	
Fundo de vale aluvial dissecado por processos fluviais (*Channelized fill*).	Aluvial/bases de encostas escarpadas.	Canal individual, retilíneo e instável.	Fundos de vales entulhados, terraços fluviais, feições embutidas, lençóis arenosos, barras arenosas.	Areia.	Os fundos de vales aluviais com áreas úmidas são dissecados por processos fluviais, liberando elevada carga sedimentar que é retrabalhada no leito fluvial. Presença de barras de canal com dunas arenosas. O entulhamento do canal, associado à migração lateral, e sua subsequente reincisão, gera fundos de vales com perfil transversal escalonado.
Áreas úmidas sem fluxos canalizados (*Floodout*).	Aluvial/elevações arredondadas.	Sem canal fluvial.	Áreas úmidas pantanosas contínuas e intactas.	Argila e areia.	Formadas a jusante de canal que sofreu incisão vertical; áreas pantanosas recobertas por lóbulos sedimentares.
Leito fluvial de baixa sinuosidade e material de calha composto por areia.	Aluvial/planícies.	Macrocurso d'água com uma rede ramificada de múltiplos canais. Elevada instabilidade e potencial de avulsão.	Planície de inundação contínua e alagada, diques marginais, ilhas e barras arenosas.	Areia.	Vale aberto de baixo gradiente, onde o curso d'água sedimenta em amplas e contínuas planícies. Estas contêm diques marginais e áreas úmidas preenchidas com sedimentos finos. Presença de extensas barras arenosas nas calhas fluviais e ilhas vegetadas.

Fonte: Adaptado de Brierley e Fryirs (2005).

Na segunda etapa é feita uma avaliação das alterações geomórficas dos cursos d'água sob a ótica de evolução temporal da paisagem, investigando mudanças e tendências evolutivas. Esse procedimento permite a construção de prognósticos acerca de futuras alterações na configuração dos vales, sobretudo a partir de interferências antrópicas. Para tanto, podem ser investigados outros elementos que forneçam subsídios para a investigação de paleodrenagens, como, por exemplo, paleoníveis deposicionais.

Os principais questionamentos e críticas acerca da proposta de Brierley e Fryirs (2005) estão baseados na subjetividade do processo de classificação, podendo variar de acordo com o pesquisador e limitar comparações com outras classificações que utilizam o mesmo método. A estrutura *River Styles*® não é rígida ou prescritiva, ou seja, não apresenta classes universais de leitos fluviais nem prescreve quais métodos e interpretações devem ser utilizados para avaliar as formas e os processos fluviais (TADAKI *et al.*, 2014). Assim, diferentes pesquisadores podem adotar os mesmos critérios para definição de estilos fluviais e, mesmo analisando cursos d'água com formas e processos semelhantes, podem encontrar resultados distintos. Buffington e Montgomery (2013) afirmam que a abordagem de estilos fluviais descreve a morfologia com base em alterações históricas nas características gerais do canal, mas não apresenta os fatores morfogenéticos (suprimento de sedimentos, por exemplo) que condicionam determinado estilo fluvial.

Apesar dos apontamentos em torno das limitações da classificação de estilos fluviais, a proposta de Brierley e Fryirs (2005) se apresenta como a mais completa perante as outras abordagens descritas anteriormente. Além de considerar uma ampla gama de características fisiográficas e estar aberta à utilização de diferentes métodos, vislumbra a definição de modelos sucessivos para avaliar a condição dos canais e planejar ações de recuperação. O método *River Styles*® marca ainda uma retomada nos estudos sobre modelos de evolução de vales fluviais.

Conforme ressaltado, existem variadas classificações de leitos fluviais que servem a diferentes propósitos, sendo as três classificações apresentadas as mais adotadas no campo da Geomorfologia para ambientes (semi)úmidos. Sutfin *et al.* (2014), por exemplo, apresentam uma proposta de classificação geomorfológica para canais efêmeros em ambiente árido e montanhoso. Os autores se basearam na visão em planta, no grau de confinamento e na composição do material confinante para proposição de cinco tipos de cursos d'água (*piedmont headwater, bedrock, bedrock with alluvium, incised alluvium* e *braided channels*).

Vale destacar que os avanços nas ferramentas de geoprocessamento e na aquisição de dados por sensoriamento remoto, ambos cada vez mais precisos, abrem um leque de oportunidades de novas classificações de leitos fluviais, o que deve ser dinamizado nos próximos anos. A utilização de drones, por exemplo, pode ser ampliada na Geomorfologia, pois apresenta elevado potencial de aplicação no levantamento de informações sobre os sistemas fluviais.

8.3. Padrões de rede de drenagem

A rede de drenagem pode ser classificada de acordo com o seu padrão de escoamento (ver Capítulo 2) e com o arranjo espacial das artérias fluviais numa visão em planta (HOWARD, 1967; CHRISTOFOLETTI, 1980; SUMMERFIELD, 2014). A classificação baseada no arranjo espacial dos cursos d'água (comumente designado como padrão de drenagem) é alvo de debates e pesquisas dentro da literatura geológico-geomorfológica (HORTON, 1945; HOWARD, 1967; STRAHLER, 1952; DEFFONTAINES; CHOROWICZ, 1991; CHRISTOFOLETTI, 1980; SUMMERFIELD, 2014). Ao longo dos anos, diversos autores propuseram diferentes formas de classificação dos padrões de drenagem, distinguindo-se no grau de detalhamento relativo à disposição espacial dos cursos d'água com a presença de padrões transicionais entre unidades fundamentais de drenagem, além de padrões modificados.

Consoante, vale destacar que a disposição espacial dos cursos d'água pode evidenciar características morfogenéticas, morfotectônicas e morfoestruturais da área onde estão inseridos (CHRISTOFOLETTI, 1980; HOWARD, 1967). É o caso da associação de cursos d'água dispostos de maneira retilínea e paralela a lineamentos estruturais ou zonas de fraqueza (STRAHLER, 1987; ANDRADES FILHO, 2010; VARGAS, 2012; COSTA e FALCÃO, 2011; SILVA e MAIA, 2017), fornecendo evidências acerca da evolução geomorfológica da rede de drenagem.

Entre os diversos estudos relativos à classificação dos padrões de drenagem, destacam-se as contribuições de Howard (1967), que foi um dos pioneiros a postular variações dos padrões principais (padrões modificados). Contudo, há na literatura uma multiplicidade de classificações de padrões de drenagem (ALMEIDA, 1974; CAZABAT, 1969; CHRISTOFOLETTI, 1980; HORTON, 1945; HOWARD, 1967; STRAHLER, 1952) que utilizam diferentes critérios e/ou apresentam o mesmo padrão com uma nomenclatura diferente.

Nesse sentido, Andrades Filho (2010) baseou-se nas contribuições de Horton (1945), Howard (1967) e Soares e Fiori (1976) para sintetizar oito critérios de análise qualitativa das propriedades da rede de drenagem, as quais podem fornecer subsídios para uma possível classificação dos padrões de drenagem. São eles: grau de interação, grau de continuidade, tropia, sinuosidade e angularidade, além de grau de controle, densidade e assimetria, sendo alguns deles representados na Figura 8.17.

Howard (1967) e Christofoletti (1980) definem como padrões de drenagem básicos os arranjos estabelecidos com base em critérios geométricos, desconsiderando os elementos genéticos. Os padrões identificados são: dendrítico, treliça, retangular, paralelo, radial e anelar (ver Figura 8.18). O **padrão dendrítico** é semelhante à estrutura de uma árvore (arborescente), sendo o tronco correspondente do curso d'água principal, e os ramos, os seus tributários. Os segmentos fluviais apresentam direções variadas, sendo as confluências formadas por ângulos agudos sem, contudo, constituir ângulos retos. A ocorrência de ângulos retos deve ser investigada como uma possível anomalia, fator associado por Christofoletti (1980) à tectônica. Representa um padrão típico de áreas com ausência de forte controle estrutural e rochas de resistência uniforme, principalmente rochas cristalinas (CHRISTOFOLETTI, 1980) e rochas sedimentares horizontalizadas quando apenas um litotipo é aflorante.

Quatro padrões modificados são identificados a partir do padrão dendrítico: subdendrítico, pinado, anastomótico e distributário (HOWARD, 1967). O padrão subdendrítico apresenta controle estrutural mais evidente que o padrão dendrítico. O padrão pinado apresenta seus ramos dispostos de maneira predominantemente paralela com confluência em ângulos agudos. O padrão anastomótico constitui canais tortuosos que se bifurcam e se confluem de maneira aleatória, sendo característico de planícies de inundação ou áreas alagadas como pântanos. O padrão distributário corresponde a áreas de leques aluviais e deltas, onde o curso d'água principal diverge, apresentando ramificações. Nesse contexto, os cursos d'água distributários são derivados da ramificação do curso d'água principal.

O padrão em treliça está associado a terrenos com controle estrutural marcado pela diferente resistência das camadas inclinadas, presente em áreas caracterizadas por fraturas paralelas, estruturas sedimentares homoclinais e cristas anticlinais. Assim, a drenagem em treliça possui uma direção principal e uma secundária, perpendicular à primeira. Em áreas de relevo jurássico, por exemplo, os cursos d'água principais (subsequentes) correm de maneira paralela, seguindo o eixo das dobras, recebendo com ângulos retos seus afluentes (consequentes e obsequentes), que fluem pelas abas das sinclinais ou das anticlinais erodidas. Esse contexto é favorável à ocorrência de capturas fluviais, tendo em vista que os cursos d'água obsequentes (anaclinais) tendem a ser mais energéticos que os consequentes (cataclinais).

Howard (1967) caracteriza alguns padrões modificados para o padrão em treliça, distinguindo-os no tocante às diferenças do arcabouço estrutural subjacente. Fazem parte dos padrões modificados: o padrão em treliça direcional (quando os afluentes de uma margem são mais longos que na outra), em treliça junta (mais curto devido a lineamentos retilíneos e paralelos), em treliça falha (o espaçamento entre os canais paralelos é maior), em treliça recurvada (drenagem curva no "nariz" das dobras) e, por fim, subtreliça (maior continuidade da drenagem dominante e formas de relevo alongadas).

O padrão retangular é marcado pelo aspecto ortogonal dos canais, com mudanças bruscas no sentido dos cursos d'água principais e tributários. Essa disposição espacial dos cursos d'água é resultante da presença de falhas e/ou de um sistema de juntas, formando ângulos retos. Seu padrão modificado corresponde apenas ao padrão angular, onde os ramos formam ângulos agudos e obtusos ao invés de ângulo reto (HOWARD, 1967).

O padrão paralelo é caracterizado por cursos d'água que escoam por extensões significativas de maneira paralela uns aos outros, ocorrendo em áreas com declividade marcante e/ou arcabouço estrutural composto por falhas e lineamentos espaçados entre si de maneira paralela. Também ocorre em áreas com estruturas monoclinais, apresentando declividades moderadas a elevadas. Seus padrões modificados constituem o padrão subparalelo (quando não há uma linearidade do padrão paralelo por grandes extensões, mas uma semelhança na disposição geral) e o padrão colinear (canais paralelos que alternam entre a superfície e a subsuperfície, podendo ser intermitentes e correndo sobre lineamentos e materiais porosos).

No padrão radial os canais irradiam ao redor de um ponto central, havendo duas subcategorias: o padrão radial **centrífugo**, quando a drenagem diverge de uma área central mais elevada (como domos, cones vulcânicos ou relevos residuais), e o padrão radial **centrípeto**, quando a drenagem converge para uma área central rebaixada como crateras e caldeiras vulcânicas, dolinas ou bacias tectônicas (áreas em subsidência). Desse modo, sua terminação se dá comumente em sistemas lacustres. O padrão radial pode se desenvolver sobre diferentes tipos de embasamento ou arcabouço estrutural.

Por fim, o **padrão anelar** se assemelha a um anel, típico de áreas dômicas profundamente entalhadas em estruturas com camadas duras e frágeis alternadas. Os canais drenam sobre rochas menos resistentes, originando cursos d'água subsequentes (ortoclinais) entre as camadas mais resistentes, até desembocarem em cursos d'água cataclinais, que drenam para fora da estrutura dômica. Nesse sentido, é de considerar que sua configuração derive de um padrão radial precedente (ver Figura 8.19).

Conforme destacado, os padrões de drenagem apresentados representam apenas as principais classificações do arranjo espacial das artérias fluviais, havendo na literatura múltiplas propostas que seguem diferentes critérios. Essa diversidade deriva da própria complexidade inerente à configuração espacial dos padrões de drenagem e aos elementos geomorfológicos que os determinam. Os trabalhos de Howard (1967), Cazabat (1969) e Almeida (1974) evidenciam esse cenário ao apresentarem outros padrões de drenagem básicos (multibasinal, contorcido, complexo, palimpsesto), além de outros padrões modificados.

Referências

ALABYAN, A. M.; CHALOV. R. S. Types of River Channel Patterns and their Natural Controls. **Earth Surface Processes and Landforms.**, [S.l.], v. 23, n. 5, pp. 467-474, 1998.

ALMEIDA, L. F. G. A drenagem festonada e seu significado fotogeológico. *In*: Congresso Brasileiro de Geologia, 28., 1974, Porto Alegre. **Anais...** Porto Alegre: Sociedade Brasileira de Geologia, v. 7, 1974. pp. 175-197.

ANDERSON, M. G.; WALLING, D. E.; BATES, P. D. **Floodplain Processes.** Nova Iorque: John Wiley & Sons, 1999. 668 p.

ANDRADES FILHO, C. O. **Análise morfoestrutural da porção central da Bacia Paraíba (PB) a partir de dados MDE-SRTM e ALOS-PALSAR FBD.** 2010. Dissertação (Mestrado em Sensoriamento Remoto) — Instituto Nacional de Pesquisas Espaciais, São José dos Campos, 2010.

ASHMORE, P. E. How do Gravel-Bed Rivers Braid? **Canadian Journal of Earth Sciences**, NRC Research Press, 28, pp. 326-341, 1991.

BEST, J. L.; BRISTOW, C. S. (eds.). **Braided Rivers.** Londres: Geological Society, n. 75, 1993. 419 p.

BOWMAN, D. **Principles of Alluvial Fan Morphology**, Springer, 2018. 151 p.

BULL, W. B. The Alluvial Fan Environment. **Progress in Physical Geography**, 1: 222-270. 1977.

BRICE, J. E. **Channel Patterns and Terraces of the Loup Rivers in Nebraska.** Washington, D.C.: US Government Printing Office, 1994. 47 p. (United States Geological Survey Professional Papers, n. 422-D).

BRIDGE, J. S. The Interaction between Channel Geometry, Water Flow, Sediment Transport and Deposition in Braided Rivers. *In*: BEST, J. L.; BRISTOW, C. S. (eds.). **Braided Rivers.** Londres: The Geological Society, 1993. pp. 13-71. (Special Publication of the Geological Society of London, n. 75).

________. **Rivers and Floodplains.** Oxford: Blackwell Publishing, 2003. 491 p.

BRIERLEY, G. J.; FRYIRS, K. A. **Geomorphology and River Management:** Applications of the River Styles Framework. Oxford: Blackwell UK, 2005. 398 p.

BUFFINGTON, J. M.; MONTGOMERY, D. R. Geomorphic Classification of Rivers. *In*: SHRODER, J. F.; WOHL, E. (Ed.). **Treatise on Geomorphology**. San Diego, CA: Academic Press, 2013. pp. 730-767.

CARLING, P.; JANSEN, J.; MESHKOVA, L. Multichannel Rivers: their Definition and Classification. **Earth Surface Processes and Landforms**, John Wiley & Sons, v. 39 (1), pp. 26-37, 2014.

CASSETI, V. **Geomorfologia.** [2005]. Disponível em: <http://www.funape.org.br/geomorfologia/>. Acesso em: 21 jun 2018.

CAZABAT, C. L'interprétation des Photographies Aériennes. **Bulletin d' Information de l'Institut Géographique National**, [S.l.], v. 8, pp. 17-39, 1969.

CHARLTON, R. **Fundamentals of Fluvial Geomorphology**. Londres: Routledge, 2008. 234 p.

CHITALE, S. V. River Channel Patterns. Proceedings of American Society of Civil Engineers, **Journal of the Hydraulics Division**, [S.l.], v. 96, n. 1, pp. 201-221, 1970.

CHRISTOFOLETTI, A. **Geomorfologia.** 2ª ed. São Paulo: Edgar Blucher, 1980. 188 p.

CHURCH, C. Channel Morphology and Typology. *In*: CALLOW, P.; PETTS, G. E. (eds.). **The Rivers Handbook**: Hydrological and Ecological Principles. Oxford: Blackwell, 1992. pp. 126-143.

CONSTANTINE, J. A.; McLEAN, S.; DUNNE, T. A Mechanism of Chute Cutoff along Large Meandering Rivers with Uniform Floodplain Topography. **GSA Bulletin**, 122 (5-6): 855-869, 2010.

CONSTANTINESCU, G.; GARCIA, M.; HANES, D. (eds.). **River Flow 2016.** CRC Press, 1ª ed., 2016. 856 p.

COSTA, J. A. V.; FALCÃO, M. T. Compartimentação Morfotectônica e Implicações de Evolução do Relevo do Hemigráben do Tacutu no Estado de Roraima. **Revista Brasileira de Geomorfologia**, [S.l.], v. 12, n. 1, pp. 85-94, 2011.

CRICKMAY, C. H. **The Work of the River**. Nova Iorque: American Elsevier Publ., 1974. 271 p.

DANA, J. D. On Denudation in the Pacific. **American Journal of Science and Arts (1820-1879)**, New Haven, v. 9, n. 25, 48 p., 1850.

DAVIS, W. M. The Geographical Cycle. **The Geographical Journal**, [S.l.], v. 14, n. 5, 481-504, 1899.

________. **Geographical Essays.** 2ª ed. Nova Iorque: Dover Publications, 1954. 777 p.

DEFFONTAINES, B.; CHOROWICZ, J. Principles of Drainage Basin Analysis from Multisource Data: Application to the Structural Analysis of the Zaire Basin. **Tectonophysics**, [S.l.], v. 194, n. 3, pp. 237-263, 1991.

DEY, S. **Fluvial Hydrodynamics: Hydrodynamic and Sediment Transport Phenomena.** GeoPlanet: Earth and Planetary Sciences, Springer, book 3, 2014. 687 p.

DIERAS, P. **The Persistence of Oxbow Lakes as Aquatic Habitats: An Assessment of Rates of Change and Patterns of Alluviation.** Cardiff University (Ph.D. Thesis), 177 p., 2013.

DINGMAN, L. **Fluvial Hydraulics.** Oxford University Press, 2009. 559 p.

DOWNS, P. W. River Channel Classification for Channel Management Purposes. *In*: GURNELL, A. M.; PETTS, G. E. (eds.). **Changing River Channels.** Nova Iorque: John Wiley and Sons, 1995. pp. 347-365.

EEKHOUT, J. P. C.; HOITINK, A. J. F. Chute Cutoff as a Morphological Response to Stream Reconstruction: The Possible Role of Backwater. **Water Resources Research**, 51, 3339-3352, 2015.

ERGENZINGER, P.; SCHMIDT, K. H. **Dynamics and Geomorphology of Mountain Rivers.** Nova Iorque: Collection Lecture Notes in Earth Sciences, Springer-Verlag, 2014. 340 p.

FERGUSON, R. I. Hydraulic and Sedimentary Controls of Channel Pattern. *In*: RICHARDS, K. (ed.). **River Channels.** Oxford: Blackwell U.K., 1987. pp. 129-158.

FERNANDEZ, O. V. Q. Mudanças no canal fluvial do rio Paraná e processos de erosão nas margens; Região de Porto Rico-PR. 85 f. 1990. Dissertação (Mestrado em Geociências), Instituto de Geociências e Ciências Naturais, Universidade Estadual de São Paulo. Rio Claro, 1990.

________. Discriminação de habitats aquáticos no Córrego Guavirá, Marechal Cândido Rondon (PR). **Geografias**, Belo Horizonte, v. 5, n. 1, pp. 22-36, 2009.

________. A classificação fluvial de Rosgen aplicada em córregos da região oeste do estado do Paraná, Brasil. **Revista do Departamento de Geografia (USP)**, São Paulo, v. 31, n. 1, pp. 1-13, 2016.

FINNEGAN, N.; DIETRICH, W. E. Episodic Bedrock Strath Terrace Formation Due to Meander Migration and Cutoff. **Geology**, 39 (2), 143-146, 2011.

FRIEND, P. F.; SINHA, R. Braiding and Meandering Parameters. *In*: BEST, J. L.; BRISTOW, C. S. **Braided Rivers**, Geological Society Special Publications, 75, pp. 105-111, 1993.

GRAN, K.; PAOLA, C. Riparian Vegetation Controls on Braided Stream Dynamics. **Water Resources Research**, AGU100, Advancing Earth and Space Science, v. 37 (12), pp. 3275-3283, 2001.

GREGORY, K. J. The Human Role in Changing River Channels. **Geomorphology**, v. 79, 3-4, pp. 172-191, 2006.

GUINASSI, M.; COLOMBERA, L.; MOUNTNEY, N. P.; REESINK, A. J. H. (eds.). **Fluvial Meanders and their Sedimentary Record.** Wiley Blackwell, Special Publication, n. 48 of the International Association of Sedimentologists, 2019. 592 p.

GUNERALP, I.; ABAD, J. D.; ZOLEZZI, G.; HOOKE, J. Advances and Challenges in Meandering Channels Research. **Geomorphology**, Elsevier, v. 163-164, pp. 1-9, 2012.

HARVEY, A. M.; MATHER, A. E.; STOKES, M. Alluvial Fans: Geomorphology, Sedimentology, Dynamics — Introduction. A Review of Alluvial--Fan Research. **Geological Society**, London, Special Publications, 251, 1-7, 2005.

HAWKES, H. A. River Zonation and Classification. *In*: WHITTON, B. A. (ed.). **River Ecology**. Londres, UK: Blackwell, 1975. p. 312-374.

HOOKE, J. Cutoffs Galore! Occurrence and Causes of Multiple-Cutoffs on a Meandering River. **Geomorphology**, Elsevier, 6, 225-238, 2004.

HOSSEIN, R. M. M.; IRAJ, J.; NOOSHIN, P. A Study of Meandering, Braided and Anabranching Channel Plan Forms, Using Sinuosity and Braided Indexes in Gamasiab River. **Jornal of Watershed Management Research**, v. 7, 13, pp. 272-283, 2016.

HORTON, R. E. Erosional Development of Streams and their Drainage Basin: Hydrographical Approach to Quantitative Morphology. **Geological Society of American Bulletin**, [S.l.], v. 56, n. 3, pp. 275-370, 1945.

HOWARD, A. D. Drainage Analysis in Geologic Interpretation: A Summation. **American Association of Petroleum Geologists Bulletin**, [S.l.], v. 51, n. 11, pp. 2246-2259, 1967.

________. Thresholds in River Regimes. *In*: COATES, D. R.; VITEK, J. D. (eds.). **Thresholds in Geomorphology**. Londres: Allen & Unwin, 1980, pp. 227-258.

________. Modelling Fluvial Systems: Rock-, Gravel- and Sand-bed Channels. *In*: RICHARDS, K. (ed.). **River Channels**. Nova Iorque: Basil Blackwell, 1987. pp. 69-94.

________. How to Make a Meandering River. **PNAS**, 106 (41), pp. 17245-17246, 2009.

HUANG, H. Q.; NANSON, G. C. Why Some Alluvial Rivers Develop an Anabranching Pattern. **Water Resources Research**, American Geophysical Union, 43: W07441, 2007.

HUPP, C. R.; OSTERKAMP, W. R. Riparian Vegetation and Fluvial Geomorphic Processes. **Geomorphology**, n. 14, pp. 277-295, 1996.

JANSEN, J. D.; NANSON, G. C. Functional Relationships between Vegetation, Channel Morphology, and Flow Efficiency in an Alluvial(Anabranching) River. **Journal of Geophysical Research**, 115: F04030, 2010.

JONES, L. S.; SCHUMM, S. A. Causes of Avulsion: an overview. *In*: SMITH, N. D.; ROGERS. J. (eds.). **Fluvial Sedimentology**, Blackwell, VI, Special Publication Number 28, International Association of Sedimentologists, pp. 171-178, 1999.

JULIEN, P. Y. **Erosion and Sedimentation**. Cambridge University Press, 2ª ed., 2010. 371 p.

JURACEK, K. E.; FITZPATRICK, F. A. Limitations and Implications of Stream Classification. **Journal of the American Water Resources Association**, [S.l.], v. 39, n. 3, pp. 659-670, 2003.

KELLERHALS, R.; CHURCH, M.; BRAY, D. I. Classification and Analysis of River Processes. **Journal of the Hydraulics Division**, [S.l.], v. 102, n. 7, pp. 813-829, 1976.

KNIGHTON, A. D. **Fluvial Forms and Processes — A New Perspective.** London: Routledge, Hodder Arnold Publication, 2ª ed., 1998. 400 p.

KNIGHTON, A. D.; NANSON, G. C. Anastomosis and the Continuum of Channel Pattern. **Earth Surface Processes and Landforms**, John Wiley & Sons, 18 (7), pp. 613-625, 1993.

KONDOLF, G. M. Geomorphological Stream Channel Classification in Aquatic Habitat Restoration: Uses and Limitations. **Aquatic Conservation: Marine and Freshwater Ecosystems**, [S.l.], v. 5, n. 2, pp. 127-141, 1995.

LATRUBESSE, E. M. Large Rivers, Megafans and Other Quaternary Avulsive Fluvial Systems: A Potential "Who's Who" in the Geological Record. **Earth-Science Reviews**, v. 146, pp. 1-30, 2015.

LEOPOLD, L. B.; MADDOCK JR., T. **The Hydraulic Geometry of Stream Channels and Some Physiographic Implications.** Washington, D.C.: Government Printing Office, U.S. Geological Survey Professional Paper, n. 252, 1953. 57 p.

LEOPOLD, L. B.; WOLMAN, M. G.; MILLER, J. P. **Fluvial Processes in Geomorphology.** Nova Iorque: Dover Publications Inc., 1995. 522 p.

LEOPOLD, L. B.; WOLMAN, M. G. **River Channel Patterns:** Braided, Meandering, and Straight. Washington, D. C.: U. S. Government Printing Office, 1957. 85 p. (U. S. Geological Survey Professional Paper, n. 282-B)

MAKASKE, B. Anastomosing Rivers: A Review of their Classification, Origin and Sedimentary Products. **Earth-Science Reviews**, Elsevier, v. 53, n. 3-4, pp. 149-196, 2001.

MIALL, A. D. A Review of the Braided-River Depositional Environment. **Earth-Science Reviews**, Elsevier, 13, pp. 1-62, 1977.

________. **The Geology of Stratigraphic Sequences.** Berlin: Springer-Verlag, 1996. 433 p.

________. **The Geology of Fluvial Deposits** — Sedimentary Facies, Basin Analysis and Petroleum Geology. Springer-Verlag Inc., 2006. 582 p.

MILLER, J. R.; RITTER, J. B. An Examination of the Rosgen Classification of Natural Rivers. **Catena**, Elsevier, v. 27, n. 3-4, pp. 295-299, 1996.

MONTGOMERY, D. R.; BUFFINGTON, J. M. Channel-Reach Morphology in Mountain Drainage Basins. **Geological Society of America Bulletin**, v. 109, n. 5, p. 596-611, 1997.

MOSLEY, M. P. The Classification and Characterization of Rivers. *In*: RICHARDS, K. S. (ed.). **River Channels, Environment and Process.** Oxford: Basil Blackwell, 1987. pp. 295-320.

MURRAY, A. B.; PAOLA, C. A Cellular Model of Braided Rivers. **Nature**, 371, pp. 54-57, 1994.

NAIMAN, R. J.; LONZARICH, D. G.; BEECHIE, T. J.; RALPH, S. C. General Principles of Classification and the Assessment of Conservation Potential in Rivers. *In*: BOON, P. J.; CALOW, P.; PETTS, G. E. (eds.). **River Conservation and Management**. Nova Iorque: John Wiley and Sons, 1992. pp. 93-123.

NANSON, G. C. Anabranching and Anastomosing Rivers. *In*: WOHL, E. (eds.). **Treatise on Geomorphology**, Elsevier, v. 9, pp. 330-345, 2013.

NANSON, G. C.; CROKE, J. C. A Genetic Classification of Floodplains. **Geomorphology**, [S.l.], v. 4, n. 6, pp. 459-486, 1992.

NANSON, G. C.; GIBLING, M. R. Anabranching Rivers. *In*: MIDDLETON, G. V. (ed.). **The Encyclopedia of Sediments and Sedimentary Rocks**, Kluwer Academic Publishers, pp. 9-11, 2003.

________. Anabranching and Anastomosing River. *In*: GOUDIE, A. S. **Encyclopedia of Geomorphology**, Routledge, v. 1, 23-25, 2004.

NANSON, G. C.; HUANG, H. Q. Anabranching Rivers: Divided Efficiency Leading to Fluvial Diversity. *In*: MILLER, J. R.; GUPTA, A. (eds.). **Varieties of Fluvial Form**, John Wiley & Sons, pp. 477-494, 1999.

NANSON, G. C.; KNIGHTON, A. D. Anabranching Rivers: their Cause, Character and Classification. **Earth Surface Processes and Landforms**, John Wiley & Sons, v. 21, n. 3, pp. 217-239, 1996.

NORTH, C. P.; NANSON, G. C.; FAGAN, S. D. Recognition of the Sedimentary Architecture of Dryland Anabranching (Anastomosing) Rivers. **Journal of Sedimentary Research**, [S.l.], v. 77, n. 11, pp. 925-938, 2007.

OLIVEIRA, V.; ALVES, M. I. C. Morfologia e dinâmica fluvial do rio Neiva (NW de Portugal). **Estudos do Quaternário**, Braga, n. 7, pp. 41-59, 2011.

PARKER, G. On the Cause and Characteristic Scales of Meandering and Braiding in Rivers. **Journal of Fluid Mechanics**, 76: 457-480, 1976.

PEAKALL, J.; ASHWORTH, P. J.; BEST, J. L. Meander-Bend Evolution, Alluvial Architecture, and the Role of Cohesion in Sinuous River Channels: A Flume Study. **Journal of Sedimentary Research**, 77:197-212, 2007.

PETTS, G. E.; FOSTER, D. L. **Rivers and Landscape**. Londres: Edward Arnold, 1985. 274 p.

PLAYFAIR, J. **Illustrations of the Huttonian Theory of the Earth**. Edimburgo: William Creech, 1802. 560 p.

POSAMENTIER, H. W.; WALKER, R.G. (eds.) **Facies Models Revisited.** Soceity for Sedimentary Geology, 2006. 521 p.

POWELL, J. W. **Exploration of the Colorado River of the West and its tributaries:** Explored in 1869, 1870, 1871, and 1872, under the Direction of the Secretary of the Smithsonian Institution. Washington, D.C.: U.S. Government Printing Office, 1875. 466 p.

ROBERTSON-RINTOUL, M. S. E.; RICHARDS, K. S. Braided-Channel Pattern and Paleohydrology Using an Index of Total Sinuosity. **Geological Society Publications**, Special Publications, 75, pp. 113-118, 1993.

ROSGEN, D. L. A Stream Classification System. *In*: North American Riparian Conference. 1. 1985, Tucson, Arizona. **Riparian Ecosystems and their Management: Reconciling Conflicting Uses**. Tucson, Arizona: USDA Forest Service, 1985. pp. 91-95.

________. A Classification of Natural Rivers. **Catena**, [S.l.], v. 22, n. 3, pp. 169-199, 1994.

________. **Applied River Morphology**. Pagosa Springs (Colorado): Wildland Hydrology Books, 1996. 350 p.

________. Discussion: "Critical Evaluation of How the Rosgen Classification and Associated 'Natural Channel Design' Methods Fail to Integrate and Quantify Fluvial Processes and Channel Responses" by A. Simon, M. Doyle, M. Kondolf, F. D. Shields Jr., B. Rhoads, and M. McPhillips. **Journal of the American Water Resources Association,** [S.l.], v. 44, n. 3, pp. 782-792, 2008.

RUST, B. R. A Classification of Alluvial Channel Systems. *In*: MIALL, A. D. (ed.). **Fluvial Sedimentology**. Calgary, Alberta (Canada): Canadian Society of Petroleum Geologists, 1978. pp. 187-198.

SAPKALE, J. B. Human Interferences and Variations in Sinuosity Index of Tarali Channel, Maharashtra, India. **Indian Journal of Research,** Paripex, v. 3, 5, pp. 36-37, 2014.

SHAHOSAINY, M.; TABATABAI, M. R. M.; NADOUSHANI, S. M. Effect of Secondary Flow on Hydraulic Geometry in Meandering Rivers. **Iranian Journal of Science and Technology** — Transactions of Civil Engineering, v. 43, 1, pp. 357-369, 2019.

SCHEFFERS, A. M.; MAY, S. M.; KELLETAT, D. H. **Landforms of the World with Google Earth**: Understanding our Environment. 1ª ed. Dordrecht (HOL): Springer, 2015. 391 p.

SCHUMM, S. A. **A Tentative Classification of Alluvial River Channels.** Washington, D. C.: U. S. Geological Survey, 1963. 16 p. (Geological Survey Circular, n. 477)

________. Speculations Concerning Paleohydrologic Controls of Terrestrial Sedimentation. **Bulletin of the Geological Society of America,** [S.l.], v. 79, n. 11, pp. 1573-1588, 1968.

________. **The Fluvial System.** Caldwell: The Blackburn Press, 1977. 338 p.

________. Evolution and Response of the Fluvial System, Sedimentological Implications. *In*: Ethridge F.G., Flores, R. M. (eds.). Recent and Ancientnonmarine Depositional Enviroment: Models for Exploration. **Soc. Econ. Paleontol Mineral Spec. Publ**, [S.l.], v. 31 , pp. 19-29, 1981.

________. Patterns of Alluvial Rivers. **Annual Reviews Earth Planet Sciences,** Palo Alto, v. 13, pp. 5-27, 1985.

SCHUMM, S. A.; KAHN, H. Experimental Study of channel patterns. **Bulletin of the Geological Society of America,** [S.l.], v. 83, n. 6, pp. 1755-1770, 1972.

SHULITS, S. Graphical Analysis of Trend Profile of a Shortened Section of River. **Eos, Transactions American Geophysical Union**, [S.l.], v. 36, n. 4, pp. 649-654, 1955.

SILVA, M. B.; MAIA, R. P. Caracterização Morfoestrutural do Alto Curso da Bacia Hidrográfica do Rio Jaguaribe, Ceará-Brasil. **Rev. Bras. Geomorfol. (On-line)**, São Paulo, v. 18, n. 3, pp. 637-655, 2017.

SUTFIN, N. A.; SHAM, J. R.; WOHL, E. E.; COOPER, D. J. A Geomorphic Classification of Ephemeral Channels in a Mountainous, Arid Region, Southwestern Arizona, USA. **Geomorphology**, [S.l.], v. 221, pp. 164-175, 2014.

SIMON, A.; DOYLE, M.; KONDOLF, M.; SHIELDS JR., F. D.; RHOADS, B.; MCPHILLIPS, M. Critical Evaluation of How the Rosgen Classification and Associated "Natural Channel Design" Methods Fail to Integrate and Quantify Fluvial Processes and Channel Response. **Journal of the American Water Resources Association**, [S.l.], v. 43, n. 5, pp. 1117-1131, 2007.

________. Reply to Discussion by Dave Rosgen: "Critical Evaluation of How the Rosgen Classification and Associated 'Natural Channel Design' Methods Fail to Integrate and Quantify Fluvial Processes and Channel Responses." **Journal of the American Water Resources Association**, [S.l.], v. 44, n. 3, pp. 793-802, 2008.

SLINGERLAND, R.; SMITH, N. D. River Avulsions and their Deposits. **Annual Review of Earth and Planetary Sciences**, Annual Reviews, v. 32, n. 1, pp. 257-285, 2004.

SMITH, N. D. The Braided Stream Depositional Environment: Comparison of the Platte River with some Silurian clastic rocks: North-Central Appalachians. **Geological Society of America Bulletin**, v. 81, p. 2993-3041, 1974.

SMITH, D. G. The Effect of Vegetation on Lateral Migration of Anastomosed Channels of a Glacier Meltwater River. **Geological Society of America Bulletin**, v. 87, n. 6, pp. 857-860, 1976.

SMITH, D. G.; PUTNAM, P. E. Anastomosed rivers deposits — Modern and Ancient Examples in Alberta, Canada. **Canadian Journal of Earth Sciences**, v. 17, n. 10, pp. 1396-1406, 1980.

SMITH, D. G.; SMITH, N. D. Sedimentation in Anastomosed River Systems: Examples from Alluvial Valleys Near Banff, Alberta. **Journal of Sedimentary Research**, v. 50, n. 1, pp. 157-164, 1980.

SMITH, S.; GREGORY, H.; BEST, J. L.; BRISTOW, C. S.; PETTS, G. E. (eds.). **Braided Rivers: Process, Deposits, Ecology and Management.** Willey-Blackwell, International Association Of Sedimentologists Series, Book 5, 1, 2008. 396 p.

SOARES, P. C.; FIORI, A. P. Lógica e sistemática na análise e interpretação de fotografias aéreas em geologia. **Notícia Geomorfológica**, Campinas, v. 16, n. 32, pp. 71-104, 1976.

STEVAUX, J. C.; LATRUBESSE, E. M. **Geomorfologia Fluvial.** São Paulo: Oficina de Textos, 2017. 336 p.

STØLUM, H. H. River Meandering as a Self-Organization Process. **Science**, 271: 1710-1713, 1996.

STRAHLER, A. N. Hypsometric (Area-Altitude) Analysis and Erosional Topography. **Geological Society of America Bulletin**, [S.l.], v. 63, n. 11, pp. 1117-1142, 1952.

________. **Geología física.** Barcelona: Ediciones Omega S. A., 1987. 629 p.

SUMMERFIELD, M. A. **Global Geomorphology: An Introduction to the Study of Landforms.** 2ª ed. Londres/Nova Iorque: Routledge, 2014, 537 p.

TADAKI, M.; BRIERLEY, G.; CULLUM, C. River Classification: Theory, Practice, Politics. **Wiley Interdisciplinary Reviews: Water**, v. 1, n. 4, pp. 349-367, 2014.

THORNE, C. R. Channel Types and Morphological Classification. *In*: THORNE, C. R.; HEY, R. D.; NEWSON, M. D. (eds.). **Applied Fluvial Geomorphology for River Engineering and Management.** Nova Iorque: John Wiley and Sons, 1997, pp. 175-222.

VARGAS, K. B. **Caracterização morfoestrutural e evolução da paisagem na Bacia Hidrográfica do Ribeirão Água das Antas, PR.** 2012. 105 f. Dissertação (Mestrado em Geografia) — Centro de Ciências Humanas, Letras e Artes, Universidade Estadual de Maringá, Maringá, 2012.

WALSH, J.; HICKS, D. M. Braided Channels: Self-Similar or Self-Affine? **Water Resources Research**, American Geophysical Union, 38, 2002.

WHITING, P. J.; BRADLEY, J. B. A Process-Based Classification System of Headwater Steams. **Earth Surface Processes and Landforms**, [S.l.], v. 18, n. 7, 1993.

ZÁMOLYI, A.; SZÉKELY, B.; DRAGANITS, E.; TIMÁR, G. Neotectonic Control on River Sinuosity at the Western Margin of the Little Hungarian Plain. **Geomorphology**, Amsterdam, v. 122, pp. 231-243, 2010.

9

Depósitos fluviais e feições deposicionais

Antônio Pereira Magalhães Júnior
Luiz Fernando de Paula Barros

O desenvolvimento recente da Geomorfologia Fluvial é impulsionado, em grande parte, por questionamentos sobre como os rios vêm sendo alterados pela dinâmica natural e/ou por impactos decorrentes da ação humana, se estão sujeitos a riscos de ordem física e/ou química, como podem ser recuperados/restaurados e quais os cenários futuros relativos às mudanças ambientais (JACOBSON *et al.*, 2003). As respostas podem ser obtidas com a investigação da sequência e da magnitude dos eventos passados de transformação dos sistemas fluviais, as quais vêm sendo historicamente inferidas a partir da análise de depósitos fluviais. Esses são, algumas vezes, os únicos indícios da evolução morfodinâmica de uma área, constituindo-se em registros/respostas de eventos deposicionais e desnudacionais, exogenéticos e endogenéticos (SOMMÉ, 1990).

Os registros sedimentares são componentes essenciais para a construção de uma compreensão integrada da evolução dos sistemas fluviais, do relevo e das paisagens (BRIDGLAND; WESTAWAY, 2014; JACOBSON *et al.*, 2003). As investigações baseadas em registros sedimentares fluviais têm se concentrado em dois focos principais (PAZZAGLIA, 2013): um baseado nos processos que modelam o relevo, no qual os depósitos são adotados como evidências da história geomorfológica, e outro baseado na estratigrafia dos depósitos. No primeiro caso, pode-se investigar a distribuição espacial dos depósitos e dos níveis deposicionais ao longo dos vales, analisando-se condicionantes dos quadros físico e humano para cada configuração (ver Capítulo 10). Por outro lado, quando o foco é a estratigrafia, busca-se analisar e interpretar os registros deposicionais a fim de se reconstituírem processos morfodinâmicos e paleoambientes deposicionais (ver Capítulo 11). Assim, o estudo dos depósitos fluviais, baseado em modelos preestabelecidos, permite a caracterização dos processos hidrodinâmicos e a compreensão da evolução sedimentar dos sistemas fluviais.

9.1. Depósitos fluviais

Depósitos fluviais são constituídos por sedimentos transportados e depositados por cursos d'água, ou seja, por fluxos concentrados em canais de escoamento. Podem ocorrer basicamente em três ambientes deposicionais classificados de acordo com sua posição atual: leitos fluviais, planícies de inundação e níveis deposicionais inativos (incluindo terraços).

Os depósitos de leito fluvial ou depósitos de canal são aqueles que estão posicionados na calha atual, possuindo, geralmente, granulometria mais grossa (areia, cascalho ou maiores). São sedimentos geralmente transportados por meio de arraste, tração ou saltação (ver Capítulo 5). Podem ocorrer pavimentando o leito ou formando barras de canal subaéreas.

Os sedimentos depositados em planícies de inundação, por sua vez, tendem a ser mais finos, pois as planícies são ambientes de mais baixa energia que as calhas fluviais. A velocidade do fluxo tende a ser menor com o aumento da seção do canal. Nesse sentido, quando o fluxo transborda o leito menor e ocupa o leito maior ele perde velocidade e, logo, competência. Portanto, as planícies concentram sedimentos que são transportados em suspensão e depositados por decantação. Nessa categoria estão incluídos sedimentos argilosos, siltosos e a areia fina.

As diferentes linhas de interpretação estratigráfica (como aloestratigrafia, morfoestratigrafia, cronoestratigrafia, entre outras) constituem um conjunto potencialmente valioso para a reconstituição do passado geomorfológico dos ambientes fluviais a partir da interpretação de registros deposicionais fluviais (MACAIRE, 1990; MIALL, 1985, 1996, 1997; POSAMENTIER; WALKER, 2006; READING, 1980). Modelos e propostas de análise faciológica também vêm evoluindo rumo a subsidiar de modo mais eficiente a interpretação dos registros sedimentares (CATUNEANU, 2006; COLLINSON; LEWIN, 2009; MIALL, 1999). Propostas de análise estratigráfica presentes na literatura, como é o caso dos trabalhos de Miall, são referenciais relevantes para a interpretação faciológica de pacotes sedimentares. No entanto, a sua aplicação em depósitos aluviais de ambientes tropicais nem sempre é possível, uma vez que os registros sedimentares são rapidamente removidos pelos eficientes processos de meteorização mecânica e geoquímica e são, consequentemente, quase sempre incompletos. Desse modo, há vários desafios na aplicação das propostas e técnicas de caracterização e interpretação estratigráfica no Brasil (ver Capítulo 11).

9.2. Barras de canal e ilhas fluviais

As barras de canal são feições deposicionais aluviais de leito ativas, emersas ou submersas, que denotam sedimentação recente ou atual. São formadas primordialmente por carga detrítica de leito, particularmente areia e/ou cascalho, e migram acompanhando as variações do regime fluvial ao longo do tempo (CANT; WALKER, 1978; HOOKE, 1986; LANGBEIN; LEOPOLD, 1968; RICE *et al.*, 2009; SANTOS *et al.*, 2017; STEVAUX *et al.*, 1992). Em função de sua localização no canal, as barras podem ser do tipo lateral, central, longitudinal e transversal (ver Figura 9.1). As barras de canal são móveis em função de sua relativa instabilidade, migrando ao longo das variações de energia dos fluxos típicas de cada regime fluvial.

A deposição fluvial responsável pela formação das barras de canal indica capacidade e/ou competência de transporte dos fluxos aquém da carga sedimentar recebida. Esse "descompasso" pode ocorrer sazonalmente, em climas com fortes variações de propriedades hidrológicas e sedimentares, ou mesmo permanentemente, em áreas impactadas por atividades antrópicas, por exemplo. Portanto, nem sempre as barras indicam assoreamento, pois podem se formar naturalmente em função das condições de energia dos fluxos que condicionam a competência e a capacidade de transporte dos cursos d'água.

Ilhas fluviais também são formadas no leito menor dos cursos d'água (calhas), mas diferentemente das barras de canal, são feições estáveis que podem ter origem deposicional (aluviais) ou erosiva (OSTERKAMP, 1998; QUEIROZ *et al.*, 2018; WINTENBERGER *et al.*, 2017). A estabilidade das ilhas se refere à sua maior resistência e relativa imobilidade frente aos processos hidrogeomorfológicos ao longo das variações hidrológicas. Essa resistência é oferecida principalmente pela vegetação e por materiais agregantes como sedimentos argilosos e orgânicos (COULTHARD, 2005). As ilhas também podem ser geradas a partir de afloramentos rochosos, apresentando resistência natural à erosão.

Mesmo que as ilhas possam ser parcialmente erodidas ou aumentarem de tamanho por processos de deposição, permanecem relativamente imóveis no leito fluvial. Barras de canal podem se transformar em ilhas à medida que são estabilizadas. Por outro lado, planícies ou outras feições do sistema fluvial podem ser erodidas ao longo da dinâmica dos cursos d'água, resultando em fragmentos residuais preservados no leito. São, portanto, fragmentos estáveis e fixos, pelo menos até que sejam totalmente removidos (ver Figura 9.2). A presença de cobertura vegetal pode ser, dependendo de suas características, um indicador de estabilidade de feições deposicionais de calha e, por consequência, da existência de ilhas fluviais.

Em função de sua posição nos canais, as barras ou ilhas podem gerar confusão visual com a planície de inundação, particularmente quando situadas paralelamente às margens, em posição longitudinal (barras e ilhas laterais). Nesses casos, essas feições podem estar diretamente conectadas a barras de pontal, por exemplo, as quais são formadas nas margens convexas de cursos d'água meandrantes e integram as planícies. Porém, as barras de pontal são feições marginais aos canais, geradas por processos conjuntos de migração lateral e deposição de finos nas inundações, enquanto barras de canal e ilhas são formadas nas calhas (leito menor) e não integram os sistemas marginais de planícies.

No caso de contextos em que há o desmonte de fácies detríticas de níveis abandonados, os clastos podem ser carreados para o leito atual formando barras detríticas erosivas (ver Figuras 9.3 e 9.4). Nesse caso, a presença da barra de canal se deve à maior resistência do material mais grosso que pavimenta o leito, e não a processos de acumulação pelo regime hidrossedimentológico atual. O material detrítico é, portanto, residual, não tendo sido mobilizado pelos processos erosivos, como o foi a fácies fina superior. Esse processo de pavimentação e encouraçamento de leitos fluviais é discutido no Capítulo 5.

9.3. Planícies e terraços fluviais

9.3.1. Planícies de inundação

As planícies fluviais, ou planícies de inundação, são as mais ubíquas feições fluviais de acumulação (RITTER et al., 2002). Essas formas deposicionais são foco de estudo de diferentes profissionais e variadas abordagens. Isso se reflete em um amplo leque de definições, passando por concepções de abrangência espacial das inundações, que podem englobar todo o fundo de um vale com exceção do canal, e por critérios estatísticos particulares, tais como inundações com períodos de retorno de 100 ou de 500 anos (JACOBSON *et al.*, 2003). Nesse caso, *a zona de inundação da cheia padrão* é a área inundada adotada para um projeto, como, por exemplo, eventos hidrológicos com 100 anos de período de retorno.

Na Geomorfologia, no entanto, planície fluvial é definida, tradicionalmente, como uma forma deposicional ativa que bordeja um curso d'água, de topografia suavizada ou relativamente plana, gerada por inundações periódicas e configurada por sedimentos aluviais inconsolidados (BAKER *et al.*, 1988; KNIGHTON; NANSON, 1993; LEOPOLD *et al.*, 1964; RITTER *et al.*, 2002; BRIDGE, 2003). Como registros da atividade recente de um curso d'água, a morfologia das planícies de inundação e a composição dos depósitos correlatos estão intimamente ligadas com a configuração e o comportamento dos canais fluviais (ANDERSON *et al.*, 1999; CHARLTON, 2008). Assim, as definições mais recorrentes em Geomorfologia estão relacionadas a critérios hidromorfológicos.

Uma planície fluvial é, portanto, uma forma deposicional ativa no período atual, sendo gerada pela sedimentação aluvial durante os períodos de inundações das margens, particularmente em sistemas fluviais meandrantes e anastomosados (ver Figura 9.5). Nesse sentido, pode possuir sedimentos de diferentes texturas, mas essencialmente finos transportados em suspensão, como argila, silte e areia fina. Algumas planícies, inclusive, se constituem basicamente de areia fina em função das litologias das áreas-fonte dos sedimentos e da energia dos fluxos associada ao regime das vazões (ver Figura 9.6).

As feições suavizadas retratam os periódicos processos de sedimentação durante as inundações. Deve-se ressaltar, entretanto, que nem todo curso d'água apresenta planície de inundação, em sua totalidade ou em segmentos, fato que não indica situações de "desequilíbrio". Um curso d'água pode, naturalmente, apresentar-se em situação de concentração de sua energia no transporte de sedimentos e erosão de leitos e/ou margens. Há, por exemplo, canais ou segmentos de canais com elevada sinuosidade que são muito encaixados e não apresentam planícies (ver Figura 9.7).

A planície de inundação é formada a partir de uma combinação de processos de sedimentação nos ambientes marginais (KNIGHTON, 1998; LEOPOLD *et al.*, 1964; MARRIOTT, 2004; STEVAUX; LATRUBESSE, 2017). Apesar de sua forma ser modelada particularmente por depósitos de acreção vertical, a sua gênese também depende dos processos de migração lateral dos canais, sobretudo em áreas de climas úmidos. Estudos de Leopold *et al.* (1964), por exemplo, sugerem que, em certos casos, 60 a 80% dos sedimentos em sistemas com planícies podem ser depositados por processos de acreção lateral.

Os eventos de acumulação vertical ocorrem, sobretudo, por meio dos processos de extravasamento do escoamento. A queda na energia dos fluxos nos ambientes marginais responde à ampliação da seção de escoamento e à maior rugosidade dos ambientes marginais, potencializada pela vegetação (BAKER *et al.*, 1988; HUPP; OSTERKAMP, 1996). Os sedimentos finos depositados por acreção vertical tendem a recobrir sedimentos mais grossos transportados por arraste no leito, mas, igualmente, podem ocorrer acumulações de sedimentos de calha transportados por correntes secundárias nas planícies durante as inundações. Pequenos cursos d'água temporários podem se formar nas planícies e carrear depósitos detríticos que podem ficar preservados em colunas estratigráficas sob a forma de lentes (MIALL, 1997; 2006). A taxa de acreção vertical depende da frequência das inundações e do volume de carga sedimentar em suspensão em cada inundação. Eventos extremos de elevada energia e pouca carga sedimentar podem provocar a erosão das planícies ao invés de deposição (KNIGHTON, 1998). A relação dinâmica entre esses processos de construção e desmonte das planícies ao longo dos eventos hidrogeomorfológicos determina o grau de sua manutenção ou remoção ao longo do tempo.

Em sistemas fluviais meandrantes clássicos, os processos associados de migração lateral e construção de planícies ocorrem com base na erosão e deposição em margens opostas (ver Capítulo 8). As barras de pontal surgem como feições características das planícies ao longo destes processos de sedimentação nas margens convexas. Apesar de poderem apresentar constituições estratigráficas bastante diferentes, as barras de pontal tendem, portanto, a mostrar granodecrescência ascendente, com depósitos de calha grossos, como grânulos, areia grossa e/ou cascalho, recobertos por sedimentos mais finos, como areia fina, silte e argila (GUINASSI *et al.*, 2019; HOWARD, 2009; POSAMENTIER; WALKER, 2006; STØLUM, 1996) — ver Figura 9.8. Por outro lado, há planícies que são formadas apenas por acreção vertical de sedimentos, quando não há migração lateral do canal. É o caso de cursos d'água fortemente controlados por estruturas geológicas que mantêm as calhas relativamente imóveis por longos períodos.

A dinâmica dos processos hidrogeomorfológicos responsáveis pela formação das planícies pode gerar uma variedade de subambientes e depósitos correlativos, como os de diques marginais e os do seu rompimento (*crevasse splay*), preenchimento de canais ativos e abandonados, lagos de meandros abandonados, barras de pontal, cordões marginais (*meander scrolls*) e, inclusive, colúvios nas porções próximas às encostas (ANDERSON *et al.*, 1999; DEY, 2014; DIERAS, 2013; GUINASSI *et al.*, 2019; RITTER *et al.*, 2002) — ver Figura 9.9. No entanto, essa diversidade está presente apenas em planícies de grandes sistemas fluviais clássicos, já que nas de pequenos cursos d'água os depósitos tendem a ser mais facilmente removidos e alterados (LEOPOLD *et al.*, 1964).

É comum que cursos d'água de ambientes úmidos apresentem o padrão meandrante com significativas planícies de inundação. Como formas favoráveis ao armazenamento de água e sedimentos (principalmente em suspensão), as planícies também favorecem a recarga de aquíferos, a retenção de nutrientes e o desenvolvimento de ecossistemas específicos, o que é potencializado com o alargamento dos fundos de vales nos segmentos mais a jusante das cabeceiras. Atuando como ambientes atenuadores das inundações ("zonas tampão"), as planícies possuem importante papel hidrológico em variáveis como o tempo de retardamento dos picos de cheia, bem como a redução da energia dos fluxos e do seu potencial erosivo a jusante. Desse modo, contribuem para a estabilização das margens dos canais e do volume das vazões fluviais (RITTER *et al.*, 2002). Esse papel pode ser exemplificado por trabalhos como o de Aquino *et al.* (2005) no Rio Araguaia, onde a planície bem desenvolvida no médio curso amortece a variabilidade dos fluxos nos meses de cheias. À medida que flui e aumenta sua área de drenagem, o rio passa a apresentar, em certos pontos, vazões inferiores do que as de montante, fato explicado pelo armazenamento hídrico ao longo da planície fluvial, a qual possui um complexo sistema de lagos, e por uma derivação de parte dos fluxos para o Rio Javaés — um canal secundário gerado por avulsão.

Retendo sedimentos e nutrientes, as planícies se tornam ambientes potencialmente importantes para o desenvolvimento vegetal e de micro-organismos como bactérias. Os vegetais podem transformar os nitratos acumulados nas zonas mais profundas em nitrogênio orgânico, disponibilizando-o posteriormente para a mineralização e denitrificação na superfície. A relevância desse processo é aumentada pelo fato de os compostos nitrogenados não serem facilmente absorvidos pelos minerais, dada a sua elevada mobilidade. A denitrificação implica a transformação do nitrogênio na forma de nitratos (NO^{3-}) em gases (N_2O e N_2) e sua posterior eliminação na atmosfera, ocorrendo sob condições de redução favorecidas por acumulações de sedimentos anaeróbios, saturação hídrica do meio e proliferação de bactérias denitrificantes (BERNARD-JANNIN *et al.*, 2017; BURT *et al.*, 1999; PINAY *et al.*, 2000). Sob condições de saturação, e consequentemente baixa aeração e oxigenação, as planícies fluviais podem favorecer a formação de solos hidromórficos marcados pela lenta decomposição da matéria orgânica. Por outro lado, os processos de retenção geoquímica dos depósitos sedimentares nas planícies também podem envolver metais pesados derivados de atividades industriais e agroquímicos utilizados na agropecuária. Portanto, as planícies são ambientes frágeis do ponto de vista da poluição e contaminação das águas fluviais.

A delimitação e a classificação das planícies, em termos de área inundada e cotas de inundação, é um desafio frequente. A análise por critérios hidrológicos depende de dados topográficos e séries históricas de vazão, muitas vezes indisponíveis. Dessa forma, as evidências morfoestratigráficas, aliando a morfologia aos critérios de sedimentação atual, podem ser mais adequadas para a individualização das planícies que os critérios hidrológicos (LIMA *et al.*, 2012; WRIGHT; MARRIOTT, 1993). Entretanto, na prática, as técnicas de sensoriamento remoto e modelagem hidrológica são frequentemente aplicadas na identificação de planícies para fins de gestão e ordenamento territorial, particularmente nas iniciativas de prevenção de inundações em áreas urbanizadas/antropizadas (BEDIENT *et al.*, 2019; KLOTZ *et al.*, 2017; OLIVEIRA *et al.*, 2018; PONTES *et al.*, 2015). Tais técnicas não exigem, necessariamente, a realização de trabalhos de campo para a confirmação de informações *in loco*, facilitando e agilizando os procedimentos. Entretanto, trabalhos baseados somente em técnicas de gabinete podem apresentar significativos riscos de erros na identificação e individualização de níveis deposicionais fluviais.

Os processos de sedimentação podem apresentar diferentes períodos de recorrência (intra ou interanual), refletindo a distribuição temporal das inundações. Desse modo, a identificação de uma planície e a sua diferenciação de terraços não é sempre fácil, principalmente quando a morfologia é semelhante e os desníveis superficiais são pouco marcados (ver Figura 9.10). Deve-se atentar, porém, para o fato de as planícies serem ambientes deposicionais ativos e em construção. Nesse sentido, vários autores reforçam o componente hidrológico na definição da planície de inundação, afirmando que, para ser considerada parte da planície, de alguma forma a superfície e os sedimentos devem se relacionar com a atividade atual do curso d'água, uma vez que a planície é uma forma sujeita a inundações periódicas (JACOBSON *et al.*, 2003; RITTER *et al.*, 2002). Em termos hidrológicos, é aceito, com certa frequência, que a planície seja concebida como a área inundada com intervalos de recorrência inferiores a três anos (HUPP, 1988).

A regularidade topográfica da planície de inundação não deve ser entendida como absoluta. Diques marginais, canais ativos e abandonados, meandros abandonados e bacias de inundação, por exemplo, compõem o microrrelevo das planícies (ver Figura 9.11). Conforme demonstrado por Souza Filho (1993) e Andrade e Souza Filho (2011), esse microrrelevo tem íntima relação com a distribuição de diferentes estratos e tipos vegetais.

9.3.2. Terraços fluviais

A compreensão da gênese dos terraços fluviais pode ser facilitada a partir dos processos hidrogeomorfológicos incidentes nas planícies. Estas são formadas sob diferentes contextos e variáveis geológicas e bioclimáticas, pelo uso e ocupação do solo e por dimensões internas. Mudanças nas condições de energia que impactam certos limites podem resultar na construção ou abandono de uma planície, de acordo com as novas condições dominantes para a produção e escoamento de água e sedimentos (CHEETAM *et al.*, 2010; KNIGHTON, 1998).

Apesar de os terraços serem amplamente concebidos na literatura como planícies fluviais abandonadas (LEOPOLD *et al.*, 1964; SCHUMM, 1977; BRIDGE, 2003; JACOBSON *et al.*, 2003), isso não é uma regra. Os terraços também podem ser gerados pela migração lateral dos canais e pelo encaixamento das calhas no substrato rochoso ou em depósitos aluviais de leito, não havendo a obrigatoriedade da presença de uma planície preexistente. Os terraços são feições em que predominam processos de degradação, que tendem a se intensificar com o tempo, embora deposições ocasionais ainda possam ocorrer em eventos extremos (BRIDGE, 2003; JACOBSON *et al.*, 2003; LEOPOLD *et al.*, 1964; RITTER *et al.*, 2002; SCHUMM, 1977).

Assim, terraços fluviais são formas deposicionais fluviais suavizadas e inativas que apresentam, geralmente, sedimentos aluviais correlativos. Segundo Suguio (1998), terraço é uma superfície sub-horizontal encontrada nas porções marginais de mares, lagos, lagunas e rios, podendo ser erosivos (ou abrasivos) ou deposicionais (ou sedimentares). Dessa forma, o conceito é relacionado a uma forma observável na paisagem (ver Figuras 9.12 e 9.13). Em termos de ambientes deposicionais, os terraços podem resultar de sistemas fluviais clássicos, como os meandrantes, entrelaçados e anastomosados, ou de sistemas complexos, como os leques aluviais, nos quais ocorrem processos sedimentares fluviais e movimentos de massa.

Os terraços fluviais tendem a ser vistos na paisagem como uma superfície relativamente plana com certo caimento topográfico em direção ao centro do vale e na direção a jusante. Topograficamente, um terraço fluvial "clássico" se compõe de uma superfície (*tread*, *stair tread* ou *berm*) e uma rampa (*scarp*) que conecta a superfície à encosta ou a outros níveis deposicionais em posição inferior no vale (PAZZAGLIA, 2013). A morfologia dos terraços pode indicar mudanças importantes de variáveis hidrogeomorfológicas, com rupturas de períodos de relativa estabilidade nas condições de energia (PETTS; FOSTER, 1985; RITTER *et al.*, 2002).

Conforme a **Lei de Trowbridge de Ascendência** (JACOBSON *et al.*, 2003), as unidades deposicionais fluviais inativas, em posições altimétricas superiores, são mais antigas que as situadas em cotas mais baixas. Apesar de essa ideia parecer óbvia, essa lei se baseia na concepção de que os cursos d'água tendem a encaixar gradualmente ao longo do tempo, aprofundando os seus vales. Nesse contexto, a taxa de encaixamento é geralmente pequena o suficiente para permitir processos agradacionais de formação de planícies. Caso o encaixamento, no substrato rochoso ou em depósitos aluviais previamente acumulados, passe a dominar sobre a agradação, há dissecação e algumas porções residuais da paleossuperfície podem permanecer, configurando os terraços fluviais. Entretanto, sabe-se que há terraços fluviais que não são gerados por encaixamento dos cursos d'água, mas sim por causas como capturas fluviais ou outros processos que levem à redução de vazões. Deste modo, pode haver o abandono de planícies, ou parte delas, e a formação de novos níveis ativos embutidos nos terraços recém-formados (ver Capítulo 10).

Dois aspectos geomorfológicos são importantes no reconhecimento dos terraços:

- a sua concepção conceitual está relacionada à forma topográfica observável e não aos sedimentos. Ainda que o terraço seja modelado sobre alúvio de variadas espessuras, o depósito em si não é o terraço, e sim uma unidade estratigráfica (LEOPOLD *et al.*, 1964; RITTER *et al.*, 2002).

- um terraço é uma forma que não está mais em construção pelo regime ordinário do curso d'água, ou seja, em vez de estar sendo construído por processos de sedimentação tende, ao contrário, a ser erodido ao longo do tempo. Eventualmente, os terraços podem ser atingidos por inundações extremas mas a erosão tende a superar os processos de sedimentação em médio/longo prazo.

A incisão fluvial que origina certos tipos de terraços pode ser compreendida considerando, principalmente, os processos de mudanças na posição dos níveis de base, que controlam a energia e intensidade dos processos fluviais a montante, e em alterações hidrossedimentológicas relacionadas às vazões, ao regime fluvial e à carga sedimentar (CHEETAM *et al.*, 2010; KNIGHTON, 1998). Mudanças na posição de um nível de base podem estar associadas a movimentações tectônicas, variações eustáticas e isostáticas, bem como frentes erosivas em que há a propagação remontante de rupturas de declive — *knickpoints* (FRANKEL *et al.*, 2007; MERRITTS *et al.*, 2012). Respostas internas do sistema fluvial também podem levar ao encaixamento das calhas e à formação de terraços de extensão espacial relativamente limitada, sem a necessidade das variáveis externas mencionadas. Da mesma forma, variações nos balanços de energia dos canais, associadas a mudanças hidrológicas e/ou relativas à carga sedimentar, podem resultar em alterações nos perfis longitudinais e nas seções transversais, impulsionando processos de incisão. Nesse sentido, mudanças ou oscilações climáticas e processos de reorganização espacial da rede de drenagem, como capturas fluviais, são causas potenciais que podem impactar o regime hidrológico e sedimentar em diferentes escalas de tempo (BRIDGLAND; WESTAWAY, 2008).

Portanto, a formação de terraços pode ocorrer em contextos de degradação ou agradação, comandados por alterações no nível de base, regime tectônico ou hidrossedimentológico e/ou arranjos hidrogeomorfológicos internos. Como consequência, vales podem apresentar registros de vários níveis de terraços que sinalizam o histórico de sua escavação e abertura (CHEETAM *et al.*, 2010). A sequência de eventos responsável pelas feições observáveis em campo pode incluir vários períodos de agradação aluvial e de preenchimentos sedimentares. Frequentemente os múltiplos eventos de sedimentação não correspondem a níveis deposicionais diferentes, estando inseridos em um mesmo nível que não os diferencia em termos morfoestratigráficos (ver Figura 9.14). Deste modo, em função das circunstâncias, a morfologia dos terraços fluviais pode fornecer um quadro incompleto da sequência de eventos de erosão e deposição ocorridos em um vale (BRIDGE, 2003).

Fato aparentemente óbvio, mas por vezes esquecido, é que nem todos os vales fluviais contêm terraços. Portanto, estudos de estratigrafia e gênese de terraços são necessariamente inclinados para o subconjunto dos processos fluviais e contextos que favorecem a preservação de registros. Em geral, os terraços fluviais tendem a ser mais espessos e mais bem preservados nas confluências com tributários e em segmentos de vales de fundos mais amplos, dadas as condições relativamente mais baixas de energia dos fluxos. Nesses casos é necessário lembrar, entretanto, que as condições paleoambientais nas quais os terraços foram gerados podem ter sido diferentes das atuais.

O número de níveis de terraço pode diferir de forma significativa ao longo de um sistema fluvial e, em geral, os terraços estão ausentes ou limitados em áreas onde os cursos d'água cortam rochas resistentes, especialmente onde ocorrem cânions ou trechos profundamente dissecados (MARTINS *et al.*, 2009). Em segmentos de vales mais confinados e com maiores gradientes, os níveis deposicionais fluviais tendem a ser removidos com mais facilidade pelos processos erosivos. Nos processos de incisão vertical, o encaixamento e a migração lateral do rio principal eliminam parcial ou completamente a superfície original. O grau de sua destruição varia e, assim, os terraços remanescentes podem ser preservados de modo contínuo ao longo do vale, restarem apenas fragmentos isolados ou mesmo serem totalmente removidos após certo período de tempo.

9.4. Limitações conceituais

Grande parte dos estudos que tratam da sedimentação quaternária em vales fluviais se baseia na análise de terraços fluviais e planícies de inundação. No entanto, esses são conceitos ligados à morfologia expressa na paisagem, o que pode se tornar um complicador para a análise de registros de eventos de sedimentação fluvial mais antigos, particularmente em ambientes tropicais onde a remoção de registros paleodeposicionais é relativamente rápida.

A preservação de terraços fluviais depende de fatores como a magnitude do evento deposicional, a idade dos depósitos, o modo de migração do canal, a ocorrência de eventos tectônicos e as características do leito rochoso e das paredes do vale (JACOBSON *et al.*, 2003). Os processos dominantes nas encostas dos vales (erosão e movimentos gravitacionais de massa) desempenham papel decisivo na determinação do grau de preservação dos terraços (PAZZAGLIA, 2013), mas autores como, Jacobson *et al.* (2003) atribuem esse papel ao contexto regional e suas variáveis tectônicas.

Nos domínios intertropicais úmidos do globo, sobretudo em áreas com atividade tectônica mais significativa, os registros deposicionais fluviais são facilmente descaracterizados e homogeneizados. A sua preservação em vales de cursos d'água relativamente pequenos e em contextos serranos é ainda mais difícil, pois os corpos sedimentares são geralmente de pequena extensão e espessura, consequência da acumulação descontínua, muitas vezes, em alvéolos deposicionais fragmentados, separados por trechos de estreitamento dos vales que são, com frequência, gargantas de superimposição.

Nesse sentido, os terraços fluviais preservados geralmente são aqueles mais recentes e referentes a eventos deposicionais mais significativos (gerando depósitos mais extensos e espessos), estando os terraços mais antigos descaracterizados por erosão ou inumados por colúvios. Dessa forma, para se tratar dos registros sedimentares fluviais mais antigos, que não apresentam nenhuma forma específica associada, sugere-se o emprego do termo mais abrangente "**nível deposicional fluvial abandonado**" ou somente "**nível deposicional**", já que os depósitos remanescentes não apresentam, comumente, a forma original dos terraços.

Nessa concepção, um nível deposicional fluvial pode ser definido como um marco espaço-temporal da história evolutiva de um curso d'água, representando um momento erosivo-deposicional. Assim, um nível deposicional fluvial contém as informações de X (longitude), Y (latitude), Z (altitude) e T (idade) de uma determinada posição do curso d'água no espaço e tempo. Ele é marcado pelas discordâncias erosivas no substrato rochoso no contato com o alúvio (ou sucessão deposicional), que é um testemunho de sua ocorrência. Outra possível evidência de paleoníveis deposicionais é a presença de uma superfície ou descontinuidade erosiva gerada por processos fluviais, não devendo ser confundida com superfícies estruturais a partir da análise do tipo/organização do substrato.

Referências

ANDERSON, M. G.; WALLING, D. E.; BATES, P. D. **Floodplain Processes.** Nova Iorque: Wiley, 1999. 668 p.

ANDRADE, I. R. A.; SOUZA FILHO, E. E. Mapeamento de feições morfológicas da planície de inundação do alto rio Paraná, através do uso de produtos orbitais. **Revista Brasileira de Geomorfologia,** [S.l.], v. 12, n. 2, pp. 39-44, 2011.

AQUINO, S.; STEVAUX, J. C.; LATRUBESSE, E. M. Regime hidrológico e aspectos do comportamento morfohidráulico do Rio Araguaia. **Revista Brasileira de Geomorfologia,** [S.l.], v. 6, n. 2, pp. 29-41, 2005.

BRIDGE, J. S. **Rivers and Floodplains.** Oxford: Blackwell Science, 2003. 492 p.

BAKER, V. R.; KOCHEL, R. C.; PATTON, P. C. (eds.). **Flood Geomorphology.** Nova Iorque: John Wiley & Sons, Cap. 3, pp. 51-64. 1988.

BEDIENT, P. B.; HUBER, W. C.; VIEUX, B. E. **Hydrology and Floodplain Analysis.** Pearson Higher ed., 6ª ed., 2019. 832 p.

BERNARD-JANNIN, L.; SUN, X.; TEISSIER, S.; SAUVAGE, S.; SÁNCHEZ--PÉREZ, J.-M. Spatio-Temporal Analysis of Factors Controlling Nitrate Dynamics and Potential Denitrification Hot Spots and Hot Moments in Groundwater of an Alluvial Floodplain. **Ecologial Engineering,** v. 103, B, pp. 372-384, 2017.

BRIDGLAND, D., WESTAWAY, R. Climatically Controlled River Terrace Staircases: A Worldwide Quaternary Phenomenon. **Geomorphology,** v. 98, pp. 285-315, 2008.

_________. Quaternary Fluvial Archives and Landscape Evolution: A Global Synthesis. **Proceedings of the Geologists' Association,** [S.l.], v. 125, n. 5-6, pp. 600-629, 2014.

CATUNEANU, O. **Principles of Sequence Stratigraphy.** Amsterdam (HOL): Elsevier, 2006. 246 p.

BURT, T. P.; MATCHETT, L. S.; GOULDING, K. W. T.; WEBSTER, C. P.; HAYCOCK, N. E. Denitrification in Riparian Buffer Zones: The Role of Floodplain Hydrology. **Hydrological Processes**, v. 13, 10, 1451-1463, 1999.

CANT, D. J.; WALKER, R. G. Fluvial Processes and Facies Sequences in the Sandy Braided South Saskatchewan River, Canada. **Sedimentology**, v. 25, pp. 625-648, 1978.

CARLING, P. A.; DAWSON, M. R. (eds.). **Advances in Fluvial Dynamics and Stratigraphy**. Wiley-Blackwell, 1996. 546 p.

CHARLTON, R. **Fundamentals of Fluvial Geomorphology**. Londres: Routledge, 2008. 234 p.

CHEETHAM, M. D.; BUSH, R. T.; KEENE, A. F.; ERSKINE, W. D. Nonsynchronous, Episodic Incision: Evidence of Threshold Exceedance and Complex Response as Controls of Terrace Formation. **Geomorphology**, 123, pp. 320-329, 2010.

COLLINSON, J. D.; LEWIN, J. (eds.). **Modern and Ancient Fluvial Systems.** Wiley-Blackwell, 2009. 368 p.

COULTHARD, T. Effects of Vegetation on Braided Stream Pattern and Dynamics. **Water Resources Research**, v. 41, pp. 1-9, 2005.

DIERAS, P. **The Persistence of Oxbow Lakes as Aquatic Habitats: An Assessment of Rates of Change and Patterns of Alluviation**. Cardiff University (Ph.D. Thesis), 177 p., 2013.

FRANKEL, K. L.; PAZZAGLIA, F. J.; VAUGHN, J. D. Knickpoint Evolution in a Vertically bedded Substrate, Upstream-Dipping Terraces, and Atlantic Slope Bedrock Channels. **Geological Society of America Bulletin**; v. 119, n. 3-4, pp. 476-486, 2007.

KLOTZ, D.; STRAFACI, A.; HOGAN, A.; DIETRICH, K. (eds.). **Floodplain Modeling Using HEC-RAS**. Bentley Institut Press, 1, 2017. 1261 p.

GUINASSI, M.; COLOMBERA, L.; MOUNTNEY, N. P.; REESINK, A. J. H. (eds.). **Fluvial Meanders and their Sedimentary Record.** Wiley Blackwell, Special Publicaion, n. 48 of the International Association of Sedimentologists, 2019. 592 p.

HOOKE, J. M. **The Significance of Mid-Channel Bars in an Active Meandering River.** Sedimentology, John Wiley & Sons, 33 (6), pp. 839-850, 1986.

HOWARD, A. D. How to Make a Meandering River. **PNAS**, 106 (41), pp. 17245-17246, 2009.

HUPP, C. R. Plant Ecological Aspects of Flood Geomorphology and Paleoflood History. *In*: BAKER, V. R.; COCHEL, R. C.; PATTON, P. C. (eds.). **Flood Geomorphology**. Nova Iorque York: John Wiley & Sons, 1988. pp. 335-355.

HUPP, C. R.; OSTERKAMP, W. R. Riparian Vegetation and Fluvial Geomorphic Processes. **Geomorphology**, n. 14, pp. 277-295, 1996.

JACOBSON, R.; O'CONNOR, J. E.; OGUCHI, T. Surficial Geologic Tools in Fluvial Geomorphology. *In*: KONDOLF, G. M.; PIEGAY, H. (eds.). **Tools in Fluvial Geomorphology**. Chichester: Wiley, 2003. pp. 25-57.

KNIGHTON, D. **Fluvial Forms and Processes**: A New Perspective. Nova Iorque: Oxford University Press Inc., 1998. 383 p.

LANGBEIN, W. B.; LEOPOLD, L. B. **River Channel Bars and Dunes** — Theory of Kinematic Waves. Washington: Geological Survey Professional Paper, 422-L, Physiographic and Hydraulic Studies of Rivers, 1968.

LEOPOLD, L. B.; WOLMAN, M. G.; MILLER, J. P. **Fluvial Processes in Geomorphology**. San Francisco: Freeman and Company, 1964. 522 p.

LIMA, L. S.; Gonçalves, L.; Souza, A. H.; BARROS, L. F. P.; Felippe, M. F. Mapeamento de planícies fluviais: contribuição metodológica a partir do caso do Rio Paraibuna em Juiz de Fora, MG. *In*: Simpósio Nacional de Geomorfologia, 9, 2012, Rio de Janeiro. **Anais**... [S.l.:s.n.], 2012. Disponível em: <http://www.sinageo.org.br/2012/trabalhos/8/8-227-454.html>. Acesso em 26 out. 2018.

MACAIRE, J. J. L'Enregistrement du Temps dans Les Depôts Fluviatiles Superficiels: de La Géodynamique à La Chronostratrigraphie. **Quaternaire**, [S.l.], v. 1, n. 1, pp. 41-49, 1990.

MARRIOTT, S. B. Floodplain. *In*: GOUDIE, A. **Encyclopedia of Geomorphology**. Londres: Taylor & Francis Group, 2004.

MARTINS, A. A.; CUNHA, P. P.; HUOT, S.; MURRAY, A. S.; BUYLAERT, J.-P. Geomorphological Correlation of the Tectonically Displaced Tejo

River Terraces (Gavião-Chamusca Area, Central Portugal) Supported by Luminescence Dating. **Quaternary International**, [S.l], v. 199, pp. 75-91, 2009.

MERRITTS, D. J.; VINCENT, M. K.; WOHL, E. E. Long River Profiles, Tectonism, and Eustasy: A Guide to Interpreting Fluvial Terraces. **JGR Solid Earth**, AGU100 — Advancing Earth and Space Science, pp. 14031-14050, 2012.

MIALL, A. D. Architectural-Element Analysis: A New Method of Facies Analysis Applied to Fluvial Deposits. **Earth Science Reviews**, v. 22, n. 4, pp. 261-300, 1985.

________. **The Geology of Stratigraphic Sequences**. Berlim: Springer--Verlag, 1997. 433 p.

________. **Principles of Sedimentary Basin Analysis**. 3ª ed. Nova Iorque: Springer-Verlag Inc., 1999. 616 p.

________. **The Geology of Fluvial Deposits: Sedimentary Facies, Basin Analysis, and Petroleum Geology**. 4ª ed. Nova Iorque: Springer, 2006. 582 p.

MORAIS, E. S.; ROCHA, P. C. Formas e processos fluviais associados ao padrão de canal meandrante: o baixo rio do Peixe, SP. **Revista Brasileira de Geomorfologia**, São Paulo, v. 17, n. 3, pp. 431-449, 2016.

OLIVEIRA, G. G.; FLORES, T.; BRESOLIN JR., N. A.; HAETINGER, C.; ECKHARDT, R. R.; QUEVEDO, R. P. Modelagem hidrológica e geotecnologias para análise de suscetibilidade a inundações e enxurradas em locais com baixa disponibilidade de dados altimétricos e hidrológicos. **Geosciences**, 37, n. 2, pp. 437-453, 2018.

OSTERKAMP, W. R. Processes of Fluvial Island Formation, with Examples from Plum Creek, Colorado and Snake River, Idaho. **Wetlands**, v. 18, pp. 530-545, 1998.

PAZZAGLIA, F. J. Fluvial Terraces. *In*: WOHL, E. (ed.). **Treatise on Fluvial Geomorphology**. Nova Iorque: Elsevier, pp. 379-412, 2013.

PETTS, G. E.; FOSTER, D. L. **Rivers and Landscape**. Londres: Edward Arnold, 1985. 274 p.

PINAY, G.; BLACK, V. J.; PLANTY-TABACCHI, M.; GUMIERO, B.; DÉCAMPS, H. Geomorphic Control of Denitrification in Large River

Floodplain Soils. **Biogeochemistry**, Kluwer Academic Publishers, v. 50, 2, pp. 163-182, 2000.

PONTES, P. R. M.; COLLISCHONN, W.; FAN, F. M.; PAIVA, R. C. D.; BUARQUE, D. C. Modelagem hidrológica e hidráulica de grande escala com propagação inercial de vazões. **Revista Brasileira de Recursos Hídricos**, v. 20, n. 4, pp. 888-904, 2015.

POSAMENTIER, H. W.; WALKER, R. G. (eds.). **Facies Models Revisited.** Society for Sedimentary Geology, 2006. 521 p.

QUEIROZ, P. H. B.; PINHEIRO, L. S.; CAVALCANTE, A. A.; TRINDADE, J. M. R. Caracterização multitemporal de barras e ilhas fluviais no Baixo curso do rio Jaguaribe, Ceará-Brasil. **Revista Brasileira de Geomorfologia**, v. 19, nº 1, pp. 167-186, 2018.

READING, H. G. (ed.). **Sedimentary Environments and Facies.** Oxford, Blackwell Scientific Publications, 1980. 557 p.

RICE, S. P.; CHURCH, M.; WOOLDRIDGE, C. L. Morphology and Evolution of Bars in a Wandering Gravel-Bed River; Lower Fraser River, British Columbia, Canada. **Sedimentology**, v. 56, pp. 709-736, 2009.

RITTER, D. F.; KOCHEL, R. C.; MILLER, J. R. **Process Geomorphology.** Boston: McGraw Hill, 2002. 560 p.

SANTOS, V. C; STEVAUX, J. C.; ASSINE, M. L. Processos fluviais em barras de soldamento no alto rio Paraná, Brasil. **Revista Brasileira de Geomorfologia**, v. 18, n. 3, pp. 483-499, 2017.

SCHUMM, S. A. **The Fluvial System**. Caldwell: The Blackburn Press, 1977. 338 p.

SOMMÉ, J. Enregistrements: Reponses des Environnements Sedimentaires et Stratigraphie du Quaternaire — Exemples D Achenhéim (Alsace) et de La Grande Pile (Vosges). **Quaternaire**, [S.l.], v. 1, n. 1, pp. 25-32, 1990.

SOUZA FILHO, E. E. **Aspectos da geologia e estratigrafia dos depósitos sedimentares do rio Paraná entre Porto Primavera (MS) e Guaíra (PR)**. São Paulo, 1993. 180 f. Tese (Doutorado em Geologia Sedimentar), Instituto de Geociências, Universidade de São Paulo, São Paulo, 1993.

STEVAUX, J. C.; LATRUBESSE, E. M. **Geomorfologia Fluvial**. São Paulo: Oficina de Textos, 2017. 336 p.

STEVAUX, J. C.; SANTOS, M. L.; FERNANDEZ, O. V. Q. Aspectos morfogenéticos das barras de canal do rio Paraná, trecho Porto Rico, PR. **Boletim de Geografia**, n. 1, pp. 11-24, 1992.

STØLUM, H. H. River Meandering as a Self-Organization Process. **Science**, 271:1710-1713, 1996.

SUGUIO, K. **Dicionário de geologia sedimentar e áreas afins**. Rio de Janeiro: Bertrand Brasil, 1998. 1222 p.

WINTENBERGER, C. L.; RODRIGUES, S.; BRÉHÉRET, J.-G.; VILLAR, M. Fluvial Islands: Firtst Stage of Development from Nonmigrating (Forced) Bars and Woody-Vegetation Interactions. **Geomorphology**, v. 246, pp. 305-320, 2015.

WRIGHT, V. P.; MARRIOTT, S. B. The Sequence Stratigraphy of Fluvial Depositional Systems: The Role of Floodplain Sediment Storage: **Sedimentary Geology**, v. 86, pp. 203-210. 1993.

10

Identificação e classificação de níveis deposicionais fluviais

Luiz Fernando de Paula Barros
Antônio Pereira Magalhães Júnior

O levantamento e análise estratigráfica de níveis e sucessões deposicionais fluviais visam à caracterização e reconstituição dos eventos de transformação dos sistemas fluviais, bem como sua explicação. Possíveis alterações nos fatores controladores (tectônica, clima, antropismo etc.) ao longo da história do sistema fluvial podem ser, assim, reveladas. A elaboração de modelos de reconstrução de antigas paisagens, ecossistemas e processos é essencial para avaliar e medir modificações antropogênicas no espaço e no tempo, além de contribuir para a compreensão dos geossistemas e sua comparabilidade (DAMM *et al.*, 2010).

Essa abordagem requer a aplicação de uma ampla gama de técnicas, envolvendo sensoriamento remoto e modelagem computacional, análises de campo e de laboratório, devendo ser integradas quando possível e apropriado. Os níveis deposicionais fluviais de um vale são identificados, geralmente, a partir da relação de dados de sucessões deposicionais fluviais levantados em campo, tais como: altitude (cota altimétrica), altura (desnível em relação ao curso d'água atual), composição e sucessão de fácies, posição estratigráfica, relações laterais e verticais. Esses níveis são mais facilmente compreendidos a partir da representação de sua organização longitudinal e transversal ao vale, além da caracterização em perfis-síntese de sua sucessão deposicional correlativa, ou seja, da organização e expressão das fácies sedimentares.

Por não estar associada a nenhuma forma específica, o conceito de nível deposicional fluvial (ver Capítulo 9) pode ser aplicado na análise tanto de depósitos descaracterizados quanto à morfologia originalmente associada, como de depósitos ainda associados a uma morfologia reconhecível, por exemplo: nível deposicional superior, nível de terraço inferior, nível de planície de inundação etc. Assim, todo terraço fluvial é um nível deposicional fluvial, mas nem todo nível deposicional fluvial inativo se configura atualmente como um terraço fluvial, pois pode ter perdido sua forma devido à atuação dos processos desnudacionais.

Baseados em interpretações estratigráficas, os estudos de reconstituição em Geomorfologia Fluvial são facilitados quando referendados pela análise de um conjunto de perfis de um mesmo nível deposicional, ou seja, de um mesmo momento erosivo-deposicional específico da história do sistema fluvial. A individualização de níveis deposicionais em um vale fluvial pode ser feita a partir de critérios topográficos e morfológicos (com o auxílio de técnicas de geoprocessamento e de sensoriamento remoto — DEL POZO *et al.*, 2010; MEIKLE *et al.*, 2010; DEMIR *et al.*, 2012; DUARTE *et al.*, 2018) e de critérios de campo. As informações preliminares de gabinete devem ser utilizadas para complementar o levantamento detalhado de vários registros sedimentares em campo, permitindo a constatação de similaridades que definem um nível correlativo de um mesmo estágio temporal.

A análise topográfico-morfológica, no entanto, é pouco produtiva em relação a cursos d'água menores e de vales mais estreitos e profundos, pois os processos desnudacionais rapidamente desmontam os registros sedimentares de níveis fluviais inativos. Nesses casos, apenas a observação de perfis da subsuperfície é capaz de relevar a presença dos sedimentos fluviais como marcos da evolução dos sistemas fluviais. Assim, a investigação de exposições de perfis da subsuperfície em cortes naturais (como em meandros) ou construídos (como em estradas ao longo dos vales) podem ser estratégias valiosas. Ao se observarem rupturas de declive nas vertentes, podem ser abertas trincheiras. Porém, corre-se o risco de se encontrar apenas colúvio sobreposto ao material aluvial, sem que este seja alcançado. Mesmo em fundos de vale, a individualização de níveis deposicionais pode ser um desafio (ver Capítulo 9).

Os métodos de levantamento de campo para avaliar as alturas das bases e superfícies dos terraços acima do leito atual envolvem, geralmente, o uso de aparelhos receptores do Sistema de Posicionamento Global (GPS). Portáteis e baratos, geralmente fornecem dados de localização de boa qualidade, embora a altitude seja menos precisa. A obtenção deste dado pode ser aprimorada usando um GPS diferencial, embora mais caro e de configuração mais demorada (MADDY *et al.*, 2012).

Em geral, o objetivo da análise das sucessões deposicionais associadas aos níveis fluviais é fornecer informações sobre o estilo fluvial e as áreas de origem dos sedimentos. O registro detalhado de seções, usando análise de fácies e métodos de arquitetura aluvial complementados com abordagens de contagem de clastos, é uma técnica bem estabelecida usada para esses fins (ver Capítulo 11). A descrição de perfis estratigráficos deve envolver uma série de parâmetros, como granulometria, mineralogia, cor e espessura dos sedimentos, bem como a organização, geometria e tipo de contato entre as fácies sedimentares (WALKER, 1984). A ocorrência de discordâncias erosivas ou deposicionais também é importante para a identificação de hiatos entre os registros sedimentares. No caso de fácies cascalhosas, devem-se levantar as características da matriz e dos próprios clastos (dimensões, litologia e grau de arredondamento). Os clastos podem ser caracterizados a partir de técnicas de morfometria aplicadas a amostras dos leitos fluviais atuais ou pretéritos (por exemplo, o *pebble counting* e análises de imagem com o apoio de *softwares* — ver Capítulo 5). As estruturas sedimentares (plano-paralelas, cruzadas acanaladas etc.) podem revelar informações sobre a energia do ambiente deposicional e os padrões fluviais associados (ver Capítulo 11). Outras variáveis relevantes para descrição e interpretação incluem a presença de lentes,[8] cimentação, acumulação orgânica e bioturbação.

Também é importante a descrição, caso ocorram, de materiais manufaturados, como restos de construções, lixo ou quaisquer outros objetos criados/transformados pela ação humana, indicadores da origem tecnogênica dos

---

8. Deve-se estar atento às diferenças entre lentes e camadas. Estas são mais contínuas e expressivas, enquanto aquelas se inserem nas camadas principais e são, geralmente, variações localizadas.

registros. A Figura 10.1 sintetiza algumas informações passíveis de serem incorporadas em fichas de campo para levantamento de níveis deposicionais fluviais e sucessões sedimentares, e a Figura 10.2 traz um exemplo de preenchimento da mesma. Ressalta-se que a separação do material de granulometria igual ou inferior à areia é apenas uma aproximação possível de ser obtida em campo a partir do tato, não eliminando a necessidade de análises laboratoriais para estudos mais específicos, quando necessários. Em geral, a argila se diferencia do silte pela textura sedosa do último (semelhante ao talco). Além disso, diferente do silte, a argila, quando úmida (ou umedecida no momento da análise), tem comportamento mais plástico e pegajoso, e quando seca, dificilmente pode ser limpa da mão sem o uso de água, por exemplo. A areia, por sua vez, tende a ser abrasiva no tato. Entretanto, é preciso estar atento ao fato de que, em materiais pedogeneizados, agregados de argila também podem se parecer com grãos de areia ao tato se não destruídos.

Uma última estratégica para a identificação dos níveis deposicionais fluviais pode envolver a datação de sedimentos. A geocronologia é uma área que avançou significativamente nos últimos anos e sua aplicação na Geomorfologia Fluvial permite correlacionar depósitos e eventos (locais e regionais) de sedimentação (ver Capítulo 12). A datação permite ainda definir as escalas de tempo envolvidas no desenvolvimento da paisagem fluvial, permitindo que as taxas de mudança da paisagem e eventos específicos (tectônicos, climáticos etc.) de sua modelagem sejam estabelecidos e quantificados com precisão (STOKES *et al.*, 2012).

A organização, o arranjo espacial e os tipos dos níveis deposicionais e dos depósitos também devem ser observados. Devem ser valorizadas informações como desníveis topográficos e altura em relação ao curso d'água atual, tipos de contatos entre os registros deposicionais, afloramento do substrato rochoso (rocha sã ou intemperizada), tipologia dos terraços e planícies (como escalonado, embutido, encaixado, entre outros), posição nas vertentes ou fundo de vale, contatos entre fácies sedimentares e distribuição transversal e longitudinal no vale.

Os níveis deposicionais podem ser representados quanto à sua organização longitudinal (ver Figuras 10.3 e 10.4) e transversal (ver Figura 10.5) ao vale. O mapeamento também pode ser uma importante ferramenta para a compreensão da espacialização dos registros deposicionais, subsidiando a interpretação da sua origem, como a relação com níveis de base locais.

Além disso, podem ser elaborados perfis-síntese (ver Figura 10.6) dos depósitos de cada nível. Os perfis-síntese devem ser compreendidos como um sumário das seções relativas a certo nível deposicional. Eles não representam uma seção-tipo, reprodução fiel do perfil sedimentar mais significativo, de modo que não podem ser situados exatamente, pois refletem a superposição de dados.

Na representação dos perfis-síntese podem ser empregadas diversas técnicas de representação gráfica. A representação mais comum é feita em um gráfico, no qual o eixo X corresponde à granulometria do material, e o eixo Y, à espessura das fácies na sucessão deposicional. Como forma de representar a granulometria secundária, legendas podem ser criadas, utilizando-se cores ou texturas. Quando há contato abrupto entre as camadas, uma linha é representada na profundidade correspondente. Na representação das fácies cascalhosas pode ser feita a representação de diferentes clastos para ilustrar, por exemplo, o grau de arredondamento ou o grau de seleção do material, mesmo sendo o cascalho a granulometria primária.

10.1. Classificação de níveis deposicionais fluviais abandonados

A tipologia dos níveis deposicionais de um vale possui implicações geomorfológicas, indicando fases de agradação e degradação com controles de nível de base, tectônicos, climáticos e/ou antrópicos (STEVAUX, 2000; ETCHEBEHERE *et al.*, 2005; LATRUBESSE; FRANZINELLI, 2005; LATRUBESSE *et al.*, 2010; MAGALHÃES JR. *et al.*, 2011; BRIDGLAND; WESTAWAY, 2014; MARÇAL *et al.*, 2015; SOUZA; PEREZ FILHO, 2018; BARROS; MAGALHÃES JR., 2019). Ela não diz respeito à forma, e sim à organização dos registros sedimentares em relação uns aos outros e em relação ao substrato. As principais tipologias apresentadas na literatura são: pareados, não pareados, escalonados, encaixados (ou parcialmente embutidos), (integralmente) embutidos e recobertos. Ressalta-se que a organização dos níveis depocionais não necessariamente é a mesma ao longo de todo um vale, podendo haver controles tectônicos e de nível de base locais estabelecendo um comportamento em blocos.

10.1.1. Quanto à distribuição no vale

Os níveis deposicionais podem ser pareados ou isolados (CHARLTON, 2008; CHRISTOFOLETTI, 1981; LEOPOLD *et al.*, 1964; PAZZAGLIA, 2013; RITTER *et al.*, 2002; SUGUIO; BIGARELLA, 1979; SUMMERFIELD, 2014) — ver Figura 10.7. Os pareados são encontrados na mesma cota nas duas margens do canal, resultando de um expressivo aplanamento seguido por uma rápida incisão vertical. Para Charlton (2008), níveis não pareados são mais comumente encontrados, sendo gerados por uma incisão do canal sincrônica à sua migração lateral. Pode-se dizer que, enquanto níveis pareados são esperados em áreas sujeitas a pulsos de soerguimento, níveis isolados são esperados em áreas de soerguimento mais contínuo.

10.1.2. Quanto ao substrato

Os terraços rochosos (erosivos) são formados por uma base erosiva (*strath*) que pode ou não estar recoberta por alúvio. Em geral, os *bedrock strath terraces* são relacionados à abertura de amplas superfícies erosivas geradas pela migração lateral dos canais e alargamento do fundo dos vales, podendo haver controle litológico para o seu desenvolvimento (SCHANZ; MONTGOMERY, 2016). Explicações para a formação e abandono dessas superfícies erosivas fluviais envolvem tanto fatores climáticos, por meio do seu controle sobre a carga de sedimentos em relação à descarga fluvial, como tectônicos, por meio do seu controle do nível de base. Assim, esses níveis fluviais podem ser interpretados tanto como *proxies* paleoclimáticos como paleotectônicos em diferentes contextos (FINNEGAN; BALCO, 2013; SCHANZ *et al.*, 2018). Além desses controladores fundamentais, a ação antrópica também tem sido apontada como provável indutora para a formação de *bedrock strath terraces* devido ao seu papel como regulador do aporte sedimentar aos cursos d'água (SCHANZ *et al.*, 2018).

Por sua vez, os terraços aluviais (ou deposicionais) são gerados pela incisão fluvial em um pacote aluvial preexistente, assim, registram mudanças no fluxo de sedimentos e/ou vazão ao longo do tempo. Em muitos casos, essas mudanças estão relacionadas às condições glaciais-interglaciais ao longo do Quaternário, mesmo em áreas não afetadas diretamente pelas glaciações (TOFELDE *et al.*, 2017). Geralmente, considera-se que a agradação fluvial ocorreu durante os períodos glaciais (mais áridos), enquanto a incisão ocorreu durante os interglaciais (mais úmidos), embora fases climáticas mais curtas também possam ter exercido esse tipo de controle (BRIDGLAND; WESTAWAY, 2008a; BARROS *et al.*, 2016).

10.1.3. Quanto ao arranjo espacial

Os tipos escalonado, encaixado (ou parcialmente embutidos) e embutido (ou integralmente embutidos) são tradicionalmente reconhecidos na literatura nacional (CHRISTOFOLETTI, 1981; SUGUIO; BIGARELLA, 1979) e são definidos com base na relação topográfica de um nível deposicional mais jovem com o nível deposicional imediatamente anterior.

Os tipos escalonado e encaixado (ver Figura 10.8) podem ser entendidos como subtipos de níveis deposicionais erosivos ou rochosos, pois resultam da ação erosiva fluvial no substrato rochoso do leito. A superfície abrasiva se apresenta escavada no substrato rochoso, denotando incisão vertical em relação ao nível deposicional anterior.

Assim, tanto os níveis escalonados como os encaixados resultam do entalhe do curso fluvial no substrato rochoso (ver Figura 10.9). Porém, no caso dos níveis escalonados a dissecação de maiores proporções resulta na exposição do substrato rochoso (rocha sã ou alterada) entre o nível mais antigo e o mais recente. No caso dos níveis encaixados, a dissecação é menos expressiva, de modo que o pacote aluvial do nível mais recente recobre o substrato rochoso, não permitindo sua exposição entre o nível mais antigo e o mais recente (CHRISTOFOLETTI, 1981; SUGUIO; BIGARELLA, 1979).

Assim, a magnitude do encaixamento diferencia a origem dos terraços escalonados e encaixados. Comparando bacias adjacentes, por exemplo, encontrar níveis escalonados em uma e encaixados em outra poderia sugerir controles específicos da atividade fluvial no sentido de dar maior poder de incisão à drenagem de uma bacia em relação à outra: rochas mais friáveis, maior gradiente de energia, perturbações tectônicas?

Segundo Christofoletti (1981), níveis deposicionais escalonados denotam a predominância do entalhamento no transcurso da evolução do vale. Porém, os níveis escalonados e encaixados são formados após um longo período de migração e incisão lateral, abrindo o fundo de vale. Então, o curso d'água passa por um momento relativamente rápido de incisão vertical, abandonando o nível deposicional que estava sendo construído. A incisão vertical de um curso d'água é instável, ocorrendo em apenas uma pequena parte do tempo na história de desenvolvimento de um dado vale, o que pode ser retardado por um aumento na carga sedimentar (PAZZAGLIA, 2013) ou formação de couraças no fundo do vale (BARROS; MAGALHÃES JR., 2012) — ver Figura 10.10.

Níveis deposicionais encaixados podem não ser observados diretamente em campo, podendo ser facilmente tratados como escalonados. Entretanto, muitas vezes, sendo projetada a sucessão deposicional completa desses níveis, poder-se-ia perceber que o contato entre eles não permitiria a exposição do substrato rochoso entre ambos. Esses níveis deposicionais não são classificados como embutidos porque houve aprofundamento da calha entre um e outro, de modo que não compartilham a mesma posição de base na estrutura rochosa (SUGUIO; BIGARELLA, 1979).

Assim, níveis fluviais encaixados e escalonados são concebidos como indicativos de queda do nível de base (seja ele local ou global). Essa alteração do nível de base pode ser induzida por movimentações tectônicas (locais ou regionais), por rompimento de soleira geomorfológica ou por mudanças climáticas. Consequências destas, podem ser incluídas as variações eustáticas (regressão marinha), embora seus efeitos sejam limitados às áreas mais próximas da zona costeira.

Por sua vez, os níveis fluviais embutidos (ver Figura 10.11) podem ser entendidos como subtipos de níveis aluviais (ou deposicionais) e denotam um período de energia pouco eficiente para o encaixamento no substrato rochoso. O nível deposicional mais novo será do tipo embutido quando se formar compartilhando a mesma base do nível deposicional mais antigo (não há encaixamento no substrato) ou quando o nível deposicional mais novo ficar completamente envolto pelos depósitos do nível mais antigo (embutimento integral).

Na literatura internacional os terraços escalonados e encaixados são denominados de *cut-in-bedrock terraces* (EASTERBROOK, 1999; PAZZAGLIA, 2013). No caso dos níveis embutidos, o nível deposicional mais antigo que forma o preenchimento do fundo do vale pode ser chamado de nível deposicional "de preenchimento", sendo denominado na literatura internacional de *fill terrace*. Os níveis posteriores, embutidos, são conhecidos genericamente como *nested fill terraces* ou, quando há erosão sem acumulação de novos sedimentos, *cut-in-fill terraces* (EASTERBROOK, 1999). Tanto os terraços erosivos como os aluviais podem formar sequências às vezes chamadas de "escadarias" (*staircases*) — ver Figura 10.12, desde que haja uma tendência persistente de rebaixamento do nível de base (STOKES *et al.*, 2012). Comuns a muitos sistemas fluviais no mundo, as sucessões aluviais associadas às *staircases* abrangem períodos de várias dezenas a centenas de milhares de anos ou mais (BRIDGLAND; WESTAWAY, 2008b).

A Figura 10.12 também ilustra os desafios de individualização e classificação de níveis deposicionais adjacentes quando os seus limites são sutis e não há desníveis bem marcados, como ocorre entre a planície e o T1, e entre o T1 e o T2. Nesses casos, há que se buscarem análises estratigráficas e sedimentológicas aprimoradas. Essa questão também é apresentada no Capítulo 9 (vide Figura 9.10).

A formação de níveis deposicionais embutidos está ligada, em geral, a uma sucessão de fases com diferentes regimes hidrossedimentológicos, favorecendo ora a acumulação ora a erosão dos depósitos, sem que haja incisão no substrato rochoso entre elas. Entre as causas para o embutimento de um nível fluvial, destacam-se:

- Redução das vazões por causas climáticas (mudança para um clima mais seco) ou capturas fluviais (perda de área de drenagem na bacia): o curso d'água perde capacidade e competência, não sendo possível atingir as cotas anteriores e, aninhado entre os sedimentos mais antigos, desenvolvem-se novos depósitos, de acordo com suas novas características hidrodinâmicas (ROSSETTI *et al.*, 2014).

- Aumento das vazões por causas climáticas (mudança para um clima mais úmido), com redução da carga sedimentar: após um período de agradação e entulhamento do vale, o curso d'água ganha poder erosivo pelo aumento da vazão, sendo capaz de remobilizar parcialmente os sedimentos anteriormente acumulados e, ao mesmo tempo, desenvolver novos depósitos de acordo com suas novas características hidrodinâmicas. A manutenção do nível basal pode ser favorecida por processos como o encouraçamento, envolvendo ou não a formação de *duricrusts* (BARROS; MAGALHÃES JR., 2012) — ver Figura 10.13.
- Mudanças de nível de base (ROSSETTI *et al.*, 2014): após um período de entulhamento do vale, fases de degradação no alúvio previamente acumulado podem ser induzidas por rebaixamentos do nível de base, entre as quais novas fases de agradação podem ocorrer.
- Atividade humana (BUENO *et al.*, 1997; COSTA *et al.*, 2010): o ser humano pode contribuir para a formação de níveis embutidos ao reduzir as vazões e/ou carga sedimentar de modo direto (captações, desvios, operação de reservatórios etc.) ou indireto (desmatamento, perda de solo, rebaixamento do nível freático, impermeabilização).

OBSERVAÇÃO

A literatura brasileira também sugere a existência de "terraços de recobrimento". Os livros de Christofoletti (1980; 1981) disseminaram no país esse tipo de terraço, o qual se tornou corrente nas publicações de autores nacionais. Os terraços de recobrimento seriam terraços recobertos pelo nível da planície ou por um nível de terraço mais recente. Eles indicariam períodos de inundações mais intensas causadas por mudanças climáticas, influências tectônicas ou, ainda, influências humanas em termos de represamentos do canal a jusante ou assoreamento devido à intensificação da erosão acelerada nas encostas. Todas essas causas provocariam inundações que recobririam níveis sedimentares já inativos. No contexto brasileiro, provavelmente o efeito antrópico seja o principal indutor da formação desse tipo de organização nos fundos de vale atuais (MAGALHÃES JR. *et al.*, 2012; OLIVEIRA e QUEIROZ NETO, 2019).

Porém, visando à padronização da linguagem nacional com a internacional, essa categoria não deve ser considerada referente a terraços e sim planície. A literatura internacional considera que, caso um depósito sedimentar tenha sido abandonado e recoberto posteriormente por depósito do regime atual do curso d'água, isso transforma o referido nível deposicional em planície, pois o que vale é a dinâmica atual responsável pela forma visível em superfície (ver Figura 10.6A). O terraço de recobrimento acaba por gerar certa confusão ao englobar, em um só nível fluvial, um terraço e uma planície. Sendo ambas formas superficiais, como poderia uma ser sobreposta à outra? Assim, para fins conceituais o nível deposicional é uma planície, porém a mesma apresenta sedimentos referentes a processos atuais e pretéritos, ou seja, ela foi formada em mais de uma fase de sedimentação.

10.2. Desafios de investigação

Identificar e determinar as origens de níveis e sucessões deposicionais fluviais não é tarefa simples. Embora tenham sido indicadas linhas gerais para o reconhecimento de níveis deposicionais de diferentes origens nas seções anteriores, os registros da sedimentação fluvial se desenvolvem por uma variedade de possibilidades que desafiam a generalização (RITTER *et al.*, 2002).

Ademais, não se pode perder a noção de que os depósitos fluviais observáveis na paisagem representam apenas pequenas frações temporais da história deposicional. Ainda que bem preservados, os depósitos superficiais nunca representam a história geomorfológica completa de uma área. Um vale pode ter passado por vários períodos de acumulação sedimentar, inclusive se sobrepondo uns aos outros, e nenhum deles ter registros preservados (ver Figura 10.14). Além disso, mesmo considerando a sedimentação contínua nos vales fluviais, apenas com variações de intensidade, os hiatos deposicionais na paisagem são evidentes, devendo representar, pelo menos, períodos de total escoamento do material temporariamente depositado.

Pode ser citada ainda relativa escassez de bibliografia especializada para a realidade intertropical. Segundo Thomas (2008), vários estudos importantes em áreas temperadas do hemisfério norte fornecem grande parte do entendimento básico da resposta dos cursos d'água às mudanças ambientais. No entanto, as glaciações quaternárias provocaram grandes transformações da paisagem no hemisfério norte, onde elas atingiram áreas extensas. Desse modo, as paisagens em áreas não afetadas por essas glaciações tendem a ser controladas por fatores mais antigos que as áreas afetadas, onde um novo início pôde ser estabelecido para a evolução da paisagem (OLLIER, 1991).

Nesse sentido, o substrato, as estruturas herdadas (controle morfoestrutural) e a neotectônica (controle morfotectônico) são muitas vezes os principais condutores da evolução da paisagem no hemisfério sul (SAADI, 1993). Para Latrubesse *et al.* (2005) a geomorfologia dos sistemas fluviais tropicais precisa de mais atenção, pois poderia expor a fragilidade de alguns dos modelos existentes e dos conceitos criados a partir dos sistemas do hemisfério norte, muitas vezes, não adequados às condições tropicais sul-americanas. Ou seja, muitos são modelos com base em poucos exemplos tropicais, embora, inadvertidamente, sejam assumidos e utilizados como universais.

Referências

BARROS, L. F. P.; MAGALHÃES JR., A. P. Eventos sedimentares e evolução morfodinâmica do vale do rio Conceição — Quadrilátero Ferrífero, MG. **Revista Brasileira de Geomorfologia,** [S.l.], v. 13, pp. 323-336, 2012.

________. O papel da bacia do rio Doce na configuração geomorfológica do Quadrilátero Ferrífero, MG. **Boletim de Geografia,** [S.l.], v. 37, pp. 145-167, 2019.

________. Paleoambientes Deposicionais Fluviais e Dinâmica Atual do Vale do Rio Maracujá — Quadrilátero Ferrífero, MG. *In*: SIMPÓSIO BRASILEIRO DE RECURSOS HÍDRICOS, 18, 2009, Campo Grande. **Anais...** [S.n]. 1 CD ROM, 2009.

BARROS, L. F. P.; MAGALHÃES JR., A. P.; CHEREM, L. F. S.; SANTOS, G. B. OSL Dating of Sediments from a Mountainous River in Southeastern

Brazil: Late Cenozoic Tectonic and Climatic Implications. **Geomorphology**, v. 132, pp. 187-194, 2011.

BARROS, L. F. P.; COE, H. H. G.; SEIXAS, A. P.; MAGALHÃES JR., A. P.; MACARIO, K. C. D. Paleobiogeoclimatic Scenarios of the Late Quaternary Inferred from Fluvial Deposits of the Quadrilátero Ferrífero (Southeastern Brazil). **Journal of South American Earth Sciences**, v. 67, pp. 71-88, 2016.

BUENO, G. T.; TRINDADE, E. S.; MAGALHÃES JR., A. P. Paleociclos deposicionais e a moderna dinâmica fluvial do ribeirão do Chiqueiro — Depressão de Gouveia/Espinhaço Meridional, MG. **Geonomos**, Belo Horizonte, v. 5, n. 2, pp. 15-19, 1997.

BRIDGLAND, D.; WESTAWAY, R. Climatically Controlled River Terrace Staircases: A Worldwide Quaternary Phenomenon. **Geomorphology**, v. 98, pp. 285-315, 2008a.

________. Preservation Patterns of Late Cenozoic Fluvial Deposits and their Implications: Results from IGCP 449. **Quaternary International**, [S.l], v. 189, pp. 5-38, 2008b.

________. Quaternary Fluvial Archives and Landscape Evolution: A Global Synthesis. **Proceedings of the Geologists' Association**, [S.l.], v. 125, pp. 600-629, 2014.

CHARLTON, R. **Fundamentals of Fluvial Geomorphology**. Londres: Routledge, 2008. 234 p.

CHRISTOFOLETTI, A. **Geomorfologia**. São Paulo: Edgard Blucher, 1980. 186 p.

________. **Geomorfologia Fluvial**. São Paulo: Edgar Blucher, 1981. 313 p.

COSTA, A. T.; NALINI JR., H. A.; CASTRO, P. T. A.; TATUMI, S. H. Análise estratigráfica e distribuição do arsênio em depósitos sedimentares quaternários da porção sudeste do Quadrilátero Ferrífero, bacia do Ribeirão do Carmo, MG. **REM: Revista Escola de Minas**, Belo Horizonte, v. 63, n. 4, pp. 703-714, 2010.

DAMM, B.; TERHORST, B.; BORK, H.-R. Quaternary Landscape Formation: The Key to Understand Present Day Morphodynamics. **Quaternary International**, v. 222, n. 1-2, pp. 1-2, 2010.

DEL POZO, I. F. S.; FORNELOS, L. F.; PEIXOTO, M. N. O.; CORREIA, J. D.; MOURA, J. R. S. Mapeamento semiautomático de feições deposicionais quaternárias associadas a fundos de vale e reentrâncias de cabeceiras de drenagem em anfiteatro. *In*: SIMPÓSIO NACIONAL DE GEOMOROFOLOGIA, 8, Recife, 2010. **Sensitividade de Paisagens: a Geomorfologia no contexto das mudanças ambientais globais**, 2010. v. 1. pp. 1-16.

DEMIR, T.; SEYREK, A.; WESTAWAY, R.; GUILLOU, H.; SCAILLET, S.; BECK, A.; BRIDGLAND, D. R. Late Cenozoic Regional Uplift and Localised Crustal Deformation within the Northern Arabian Platform in Southeast Turkey: Investigation of the Euphrates Terrace Staircase Using Multidisciplinary Techniques. **Geomorphology**, v. 165-166, pp. 7-24, 2012.

DUARTE, L.; GOMES, A.; TEODORO, A. C.; MONTEIRO-RODRIGUES, S. QGIS Approach to Extract Fluvial Terraces for Archaeological Purposes Using Remote Sensing Data. *In*: FREE AND OPEN SOURCE SOFTWARE FOR GEOSPATIAL (FOSS4G), Guimarães, Portugal. **Anais...** v. 18, 2018.

EASTERBROOK, D. J. **Surface Processes and Landforms.** 2ª ed. Upper Saddle River, NJ (EUA): Prentice Hall, 1999. 546 p.

ETCHEBEHERE, M. L.; SAAD, A. R.; FULFARO, V. J.; PERINOTTO, J. A. J. Detection of Neotectonic Deformations along the Rio do Peixe Valley, Western São Paulo State, Brazil, Based on the Distribution of Late Quaternary Allounits. **Revista Brasileira de Geomorfologia**, [S.l.], v. 6, n. 1, pp. 109-114, 2005.

FINNEGAN, N. J.; BALCO, G. Sediment Supply, Base Level, Braiding, and Bedrock River Terrace Formation: Arroyo Seco, California, USA. **GSA Bulletin**, v. 125, n. 7/8, pp. 1114-1124, 2013.

LATRUBESSE, E. M.; STEVAUX, J. C.; SINHA, R. Tropical Rivers. **Geomorphology**, [S.l.], v. 70, n. 3, pp. 187-206, 2005.

LEOPOLD, L. B.; WOLMAN, M. G.; MILLER, J. P. **Fluvial Processes in Geomorphology**. San Francisco (EUA): Freeman and Company, 1964. 522 p.

MACAIRE, J. J. L'Enregistrement du Temps dans Les Depôts Fluviatiles Superficiels: de La Géodynamique à La Chronostratrigraphie. **Quaternaire**, [S.l.], v. 1, n. 1, pp. 41-49, 1990.

MAGALHÃES JR., A. P.; BARROS, L. F. P.; RAPOSO, A. A.; CHEREM, L. F. S. Dinâmica Fluvial Quaternária do Rio Maracujá, Quadrilátero Ferrífero, MG. **Revista Brasileira de Geomorfologia**, São Paulo, v. 13, n. 1, pp. 3-14, 2012.

MEIKLE, C.; STOKES, M.; MADDY, D. Field Mapping and GIS Visualisation of Quaternary River terrace Landforms: An Example from the Río Almanzora, SE Spain. **Journal of Maps**, [S.l], v. 6, n. 1, pp. 531-542, 2010.

LATRUBESSE, E. M.; FRANZINELLI, E. The Late Quaternary Evolution of the Negro River, Amazon, Brazil: Implications for Island and Floodplain Formation in Large Anabranching Tropical Systems. **Geomorphology**, Amsterdam, v. 70, n. 3-4, pp. 372-397, 2005.

LATRUBESSE, E. M.; COZZUOL, M.; RIGSBY, C.; SILVA, S.; ABSY, M. L.; JARAMILLO, C. The Late Miocene Paleogeography of the Amazon Basin and the Evolution of the Amazon River. **Earth Science Reviews**, [S.l.], v. 99, pp. 99-124, 2010.

MADDY, D.; VELDKAMP, A.; JONGMANS, A. G.; CANDY, I.; DEMIR, T.; SCHOORL, J. M.; VAN DER SCHRIEK, T.; STEMERDINK, C.; SCAIFE, R. G.; VAN GORP, W. Volcanic Disruption and Drainage Diversion of the Palaeo-Hudut River, a Tributary of the Early Pleistocene Gediz River, Western Turkey. **Geomorphology**, Amsterdam, 165-166, pp. 62-77, 2012.

MAGALHÃES JR., A. P.; CHEREM, L. F. S.; BARROS, L. F. P.; SANTOS, G. B. OSL Dating of Sediments from a Mountainous River in Southeastern Brazil: Late Cenozoic Tectonic and Climatic Implications. **Geomorphology**, Amsterdam, v. 131, pp. 132-155, 2011.

MARÇAL, M. S.; RAMOS, R. R. C.; SESSA, J. C.; FEVRIER, P. V. R. Sedimentação Fluvial Quaternária no Vale do Alto Curso do Rio Macaé, Estado do Rio de Janeiro, Brasil. **Revista Brasileira de Geomorfologia**, São Paulo, v. 16, n. 3, pp. 449-467, 2015

OLIVEIRA, A. M. S.; QUEIROZ NETO, J. P. Aloformação Andradina: Expressão do Antropoceno no Planalto Ocidental Paulista. **Revista do Instituto Geológico**, São Paulo, v. 40, n. 1, pp. 83-104, 2019.

OLLIER, C. **Ancient Landforms**. Londres: Belhaven Press, 1991. 233 p.

PAZZAGLIA, F. J. Fluvial Terraces. *In*: WOHL, E. (ed.). **Treatise on Fluvial Geomorphology**. Nova Iorque: Elsevier, 2013. pp. 379-412.

RITTER, D. F.; KOCHEL, R. C.; MILLER, J. R. **Process Geomorphology**. Boston: McGraw Hill, 2002. 560 p.

ROSSETTI, D. F.; COHEN, M. C. L.; BERTANI, T. C.; HAYAKAWA, E. H.; PAZ, J. D. S.; CASTRO, D. F.; FRIAES, Y. Late Quaternary Fluvial Terrace Evolution in the Main Southern Amazonian Tributary. **Catena**, [S.l.], v. 116, pp. 19-37, 2014.

SAADI, A. Neotectônica da Plataforma Brasileira: esboço e interpretação preliminares. **Geonomos**, Belo Horizonte, v. 1, n. 1, pp. 1-15, 1993.

SCHANZ, S. A.; MONTGOMERY, D. R. Lithologic Controls on Valley Width and Strath Terrace Formation. **Geomorphology**, Amsterdam, v. 258, pp. 58-68, 2016.

SCHANZ, S. A.; MONTGOMERY, D. R.; COLLINS, B. D.; DUVALL, A. R. Multiple Paths to Straths: A Review and Reassessment of Terrace Genesis. **Geomorphology**, Amsterdam, v. 312, pp. 12-23, 2018.

SOUZA, A. O.; PEREZ FILHO, A. Processos, ambientes deposicionais e geocronologias das coberturas superficiais sobre aplainamentos neogênicos e terraços fluviais na bacia do ribeirão Araquá, Depressão Periférica Paulista. **Revista Brasileira de Geomorfologia**, São Paulo, v. 19, n. 1, pp. 107-126, 2018.

STOKES, M.; CUNHA, P. P.; MARTINS, A. A. Techniques for Analysing Late Cenozoic River Terrace Sequences. **Geomorphology**, Amsterdam, v. 165-166, pp. 1-6, 2012.

STEVAUX, J. H. C. Climatic Events During the Late Pleistocene and Holocene in the Upper Parana River: Correlation with NE Argentina and South--Central Brazil. **Quaternary International**, [S.l.], v. 72, pp. 73-85, 2000.

SUGUIO, K.; BIGARELLA, J. J. **Ambiente fluvial**: ambientes de sedimentação e sua interpretação e importância. Curitiba: Editora da Universidade Federal do Paraná, 1979. 183 p.

SUMMERFIELD, M. A. **Global Geomorphology: An Introduction to the Study of Landforms.** 2ª ed. Londres/Nova Iorque: Routledge, 2014, 537 p.

THOMAS, M. F. Understanding the Impacts of Late Quaternary Change in Tropical and Sub-Tropical Regions. **Geomorphology**, [S.l.], v. 101, n. 1-2, pp. 146-158, 2008.

TOFELDE, S.; SCHILDGEN, T. F.; SAVI, S.; PINGEL, H.; WICKERT, A. D.; BOOKHAGEN, B.; WITTMANN, H.; ALONSO, R. N.; COTTLE, J.; STRECKER, M. R. 100 kyr Fluvial Cut-and-Fill Terrace Cycles Since the Middle Pleistocene in the Southern Central Andes, NW Argentina. **Earth and Planetary Science Letters**, [S.l], v. 473, pp. 141-153, 2017.

WALKER, R. G. **Facies Models.** Geological Association of Canada, Geoscience Canada, Reprint Series, 1984.

11

Estratigrafia, interpretação de fácies e reconstituição de paleoambientes deposicionais

Antônio Pereira Magalhães Júnior
Luiz Fernando de Paula Barros

Nos estudos de Geomorfologia Fluvial, a estratigrafia de sucessões deposicionais fluviais busca identificar, interpretar e correlacionar diferentes fácies deposicionais presentes nos registros sedimentares fluviais, visando à reconstituição de padrões deposicionais e de condições genéticas sindeposicionais (contemporâneas à deposição). O termo fácies se refere a uma unidade homogênea de depósitos ou rochas sedimentares e que pode ser reconhecida e distinguida por critérios como gênese, geometria, composição granulométrica, estruturas sedimentares, padrão de paleocorrentes, conteúdo fossilífero, propriedades geofísicas, entre outras (BRIDGE, 2003). A análise de fácies permite associar as características e o arranjo dos sedimentos ao regime hidrológico, às condições hidráulicas e de fornecimento de sedimentos e às áreas fonte destes (JACOBSON *et al.*, 2003). Podemos dizer, portanto, que uma fácies é fluvial ou de leques aluviais, que possui 100 ou 1.000 anos, que é arenosa ou argilosa ou que é de canal ou de planície de inundação, por exemplo, além de outras possibilidades de critérios diferentes.

As fácies podem ser reunidas em **associações de fácies** — grupo de fácies geneticamente relacionadas e que possuem significado ambiental; e **sucessões de fácies** — mudança vertical progressiva em um ou mais parâmetros diagnósticos, como granulometria e estruturas sedimentares, por exemplo (MIALL, 2006; 2016; POSAMENTIER; WALKER, 2006). A assembleia tridimensional de litofácies[9] geneticamente relacionadas em termos de processos e ambientes corresponde a um **sistema deposicional**. Por sua vez, a interligação entre sistemas deposicionais contemporâneos representa o **trato de sistemas** (RICCOMINI *et al.*, 2009).

A caracterização da sedimentação continental quaternária nas áreas intertropicais, no entanto, ainda se constitui um desafio às geociências, em razão da relativa carência de estudos sobre o tema (em relação às regiões temperadas), da homogeneização dos materiais superficiais pela pedogênese e do desmonte dos depósitos pelos intensos processos geoquímicos, biológicos e hidrogeomorfológicos. Geralmente, ambientes intertropicais úmidos e condições de alteração de níveis de base, como no caso de atividade tectônica ativa, não são favoráveis à conservação de depósitos superficiais.

As condições climáticas quentes e úmidas favorecem a intensificação dos processos pedogenéticos que podem apagar os registros deposicionais ou as suas estruturas sedimentares. Climas com fluxos pluviais abundantes, como o tropical úmido, o equatorial e o subtropical, são marcados pela intensa atuação de processos geoquímicos e erosivos que favorecem o desmonte de terraços. Já climas tropicais semiáridos apresentam regimes com chuvas concentradas que tendem a erodir as encostas de modo eficiente, removendo e/ou recobrindo gradualmente os terraços com colúvios. Se esses contextos climáticos são acompanhados por uma dinâmica tectônica relativamente ativa, a eficiência da remoção ou obliteração dos registros paleodeposicionais é ainda mais eficiente em função do aumento de energia dos fluxos pluviais e fluviais.

Adicionalmente, os registros da sedimentação continental quaternária são, geralmente, de pequena extensão e espessura, consequência da acumulação descontínua e da difícil preservação no tempo geológico. Portanto, mesmo quando localmente identificados, a correlação regional é dificultada pela ausência de camadas diagnósticas e materiais datáveis.

Thomas (2008) ainda chama atenção para a dificuldade de trabalhar com grandes sistemas fluviais. Além da complexidade interna, um desafio inerente é o da escala. Para a interpretação dos registros estratigráficos, por

---

9. Fácies definidas por seus atributos litológicos.

exemplo, a integração das informações das bacias de sucessivos tributários cria dificuldades, pois eles podem chegar diacronicamente de áreas fonte distintas e distantes. A análise de sistemas fluviais menores, que refletem de modo mais eficiente as condições locais é, portanto, priorizada por muitos autores (THOMAS, 2008). Quadros geomorfológicos regionais, entretanto, só podem ser construídos a partir do estudo integrado de sistemas fluviais adjacentes, permitindo a sistematização da história do papel dos cursos d'água ao longo de suas interconexões. Desse modo, podem-se estabelecer interpretações com resultados que não sejam reflexos somente de eventos fluviais locais.

Ainda que uma reconstituição precisa dos paleoambientes deposicionais, muitas vezes, não seja possível, a configuração estratigráfica dos registros aluviais pode fornecer informações decisivas para as pesquisas geomorfológicas. O tamanho e o grau de arredondamento dos clastos, por exemplo, podem revelar as condições hidrológicas de energia nas quais os sedimentos foram transportados e a competência dos paleossistemas fluviais (JACOBSON *et al.*, 2003; PAZZAGLIA, 2013). A importância que a análise dos registros deposicionais confere à compreensão da evolução dos sistemas fluviais torna difícil a abstenção de uma estreita relação entre Geomorfologia e Estratigrafia.

Os depósitos — em sua distribuição, organização e características internas e externas — são os únicos indícios que podem, com cautela, atender com mais eficiência os princípios do Uniformitarismo (HUTTON, 1788). Desse modo, o entendimento dos processos atuais e dos registros sedimentares resultantes permite reconstituir eventos e ambientes pretéritos responsáveis pela gênese de paleodepósitos fluviais. Do mesmo modo, a compreensão do passado pode ser a chave para se entender o futuro a partir da modelagem do comportamento de sistemas fluviais e predição de mudanças (JACOBSON *et al.*, 2003; PETTS; FOSTER, 1985).

O estudo dos registros estratigráficos fluviais pode, ademais, ser uma importante estratégia de reconstituição de impactos humanos, revelando, por exemplo, áreas-fonte de sedimentos fornecidos de modo desequilibrado por atividades agrícolas, urbanas, entre outras. Por sua vez, os registros pré-tecnogênicos podem fornecer elementos para a compreensão do *background* natural dos sistemas fluviais e, dessa forma, servir como referencial para intervenções e tentativas de restauração. Tais abordagens podem envolver a investigação da morfologia do fundo de vales, a identificação de níveis deposicionais fluviais, a análise de suas fácies e a interpretação e correlação espacial entre os registros.

Cabe ressaltar, ainda, que a morfologia dos canais fluviais resulta do equilíbrio dinâmico entre variáveis como a carga sedimentar e a descarga líquida. Identificar os padrões deposicionais associados à gênese das sequências sedimentares em um vale permite reconstituir eventos, estágios morfogenéticos e as diferentes respostas dos sistemas a alterações ambientais na bacia de drenagem. O estudo dos eventos fluviais pretéritos e a avaliação do quadro atual, em relação ao panorama do uso e manejo do solo nas bacias, podem revelar ajustes decorrentes de interferências antrópicas e a geração de depósitos tecnogênicos. Nesse sentido, a estratigrafia de sequências fluviais também pode ser uma importante ferramenta na gestão de sistemas fluviais.

11.1. Bases conceituais

A **Sedimentologia** é a ciência que se dedica a estudar as características dos sedimentos como a textura, o grau de arredondamento, a composição mineral, as estruturas sedimentares e microestruturas internas, o arranjo espacial e a organização geométrica (BOGGS JR., 2011; NICHOLS, 2016). Por sua vez, a **Estratigrafia** busca compreender a gênese, a sucessão espaço-temporal e a representatividade areal e vertical das camadas e sequências de fácies, buscando determinar os eventos, processos e ambientes paleodeposicionais associados, o que inclui, entre outros, a identificação de fases erosivas e hiatos deposicionais (CATUNEANU, 2006; MIALL, 2016). As **unidades estratigráficas** são, portanto, unidades geológicas ou sedimentares homogêneas quanto a características sedimentológicas, genéticas e/ou cronológicas, podendo incluir uma ou mais **fácies**. Essas, por sua vez, são conjuntos de aspectos físicos, químicos e biológicos característicos de uma rocha ou depósito sedimentar e que refletem condições genéticas deposicionais específicas (READING, 1996; MIALL, 2006). Os dois conceitos possuem, portanto, similaridades, mas as unidades estratigráficas possuem conotação conceitual mais abrangente.

Há uma importante diversidade de concepções estratigráficas nos diversos segmentos científicos, incluindo morfoestratigrafia, litoestratigrafia, aloestratigrafia, pedoestratigrafia, tectonoestratigrafia, paraestratigrafia, entre outras. A adoção de uma ou outra depende dos objetivos e especificidades de cada área estudada. A **aloestratigrafia** está focada no estudo de subunidades sedimentares ou estratigráficas que podem ser individualizadas a partir de descontinuidades internas que denotam eventos e momentos deposicionais distintos (HOUBEN *et al.*, 2011; HUGHES, 2010). Uma unidade aloestratigráfica é, portanto, uma unidade de um corpo sedimentar (rocha ou material inconsolidado) que pode ser delimitado e mapeado com base em suas descontinuidades (NACSN, 1983). O maior desafio dos estudos aloestratigráficos é, justamente, a possibilidade de individualização de descontinuidades internas aos corpos sedimentares a partir da abertura de perfis tridimensionais.

Por sua vez, a **Morfoestratigrafia** se baseia na correlação entre as características estratigráficas internas e a forma identificável em superfície (BRIDGLAND; WESTAWAY, 2014). O termo unidade morfoestratigráfica foi originalmente definido por Frye e Willman (1962) como um corpo sedimentar identificável, antes de tudo, pela forma exibida em superfície, e distinguível ou não, pela litologia e/ou idade das unidades adjacentes.

Duas concepções estratigráficas conviveram ao longo da evolução da Geomorfologia com técnicas e objetivos particulares: a tradicional e a genética (BOGGS JR., 2011; MIALL, 2016). A primeira, conhecida internacionalmente como *layer cake stratigraphy*, baseia-se na **Lei de Steno da Superposição** (Nicholas Steno, 1638–1686) e defende que unidades deposicionais sucessivamente mais jovens sobrepõem unidades mais antigas. Portanto, a deposição sedimentar ocorreria sempre em ordem cronológica da base para o topo do perfil estratigráfico, ou seja, a análise da posição das fácies na sequência sedimentar indicaria qual unidade é mais jovem ou mais antiga (GAMA JR., 1989a). Steno introduziu também o princípio da horizontalidade original, que afirma que todas as camadas de rochas sedimentares foram originalmente depositadas em camadas planas. O principal fator limitante desta concepção se encontra na identificação de unidades estratigráficas exclusivamente por critérios litológicos, sem significado genético. Assim, uma unidade estratigráfica estender-se-ia até onde permanece a homogeneidade litológica, mesmo havendo fácies com idade e gênese diferentes.

A **Estratigrafia Genética**, por sua vez, considera que cada sistema deposicional gera registros e sucessões sedimentares homogêneas, com fácies geneticamente associadas (GAMA JR., 1989b). Os sistemas e as sucessões deposicionais podem ser concebidos como unidades paralitoestratigráficas e paracronoestratigráficas, respectivamente, e os registros sedimentares são interpretados à luz da reconstituição de seus respectivos paleoambientes deposicionais. Nesse sentido, a Estratigrafia Genética busca analisar associações de fácies na busca de reconstituir a paleogeografia e individualizar paleoambientes fisiográficos.

A Estratigrafia Genética também está alicerçada na **Lei de Correlação de Fácies de Walther** (Johannes Walther, 1860–1937). Essa lei se fundamenta no princípio de que fácies sedimentares correlativas de diferentes subambientes deposicionais, mas em um mesmo sistema, podem se acumular vertical e lateralmente, umas às outras (MIDDLETON, 1973). Ao contrário do que defende a Estratigrafia tradicional, nesse caso a dinâmica de migração lateral dos ambientes sedimentares pode resultar na sobreposição de fácies diferentes, mas com ocorrência sincrônica, resultando em perfis estratigráficos com diferentes ambientes sedimentares contemporâneos (caso não existam descontinuidades erosivas). Portanto, as transições gradacionais de fácies em uma sequência vertical representam ambientes lateralmente adjacentes.

Uma clara ilustração desse princípio pode ser dada a partir da sucessão deposicional clássica das planícies de inundação de um sistema fluvial meandrante. Um perfil estratigráfico constituído, da base para o topo, de uma fácies de cascalhos, uma fácies arenosa e outra de argilas e silte no topo, pode representar uma superposição de subambientes deposicionais de calha e de barra de pontal (planície) nas margens (ver Capítulos 9 e 10). Conforme a Lei de Walther, os cursos d'água podem migrar lateralmente ao mesmo tempo que depositam seus sedimentos. O resultado não é, necessariamente, uma sucessão cronológica de camadas empilhadas verticalmente, como afirma a Lei de Steno. Desse modo, as fácies superpostas teriam idades semelhantes, já que foram acumuladas durante o mesmo ciclo deposicional, em ambientes lateralmente adjacentes.

O conceito de **modelo de fácies** é amplamente empregado nos estudos estratigráficos dos depósitos fluviais, particularmente quanto aos processos e ambientes deposicionais de origem. Um modelo de fácies sumariza um ambiente sedimentar específico, sendo elaborado a partir de diagramas de fácies de depósitos distintos. Um desafio que permeia as abordagens de modelos de fácies é a sua concepção com base em perfis verticais e sucessões deposicionais cíclicas. Nem sempre os perfis verticais são marcos eficientes para interpretação, já que não representam as variações tridimensionais das características dos depósitos. As sucessões deposicionais cíclicas padecem da possibilidade de serem geradas em mais de um ambiente sedimentar, sob condições morfodinâmicas diversas, estando sujeitas ao **princípio da equifinalidade** aplicado à Geomorfologia. Nesse sentido, sistemas fluviais diferentes, por exemplo, podem gerar sucessões deposicionais semelhantes em ambientes diferentes (MIALL, 2006; PHILLIPS, 1997; REINECK; SINGH, 1980).

Visando conceber uma nova metodologia de campo e classificação descritiva que desconsiderasse a abordagem exclusiva de perfis verticais e sucessões deposicionais cíclicas, Miall (1985) propôs a aplicação de **elementos arquiteturais** como uma alternativa de análise de fácies aplicada a depósitos fluviais. Com base em estudos de sequências rochosas, o termo **arquitetura fluvial** foi proposto por Allen (1983) para se referir à geometria e ao arranjo interno dos elementos deposicionais em uma sucessão sedimentar. A identificação e compreensão genética desses elementos arquiteturais estão muito ligadas às descontinuidades internas e estruturas sedimentares observáveis nos depósitos.

11.2. Critérios e condicionantes ambientais

Os critérios para a interpretação de depósitos fluviais são variados e devem ser aplicados caso a caso, dependendo do conjunto de evidências que cada pacote sedimentar apresenta. Grande parte da bibliografia sobre Estratigrafia voltada à classificação e interpretação de registros paleodeposicionais é focada em registros geológicos (rochas sedimentares). Entretanto, grande parte dos métodos e técnicas pode ser adaptada para a investigação de depósitos fluviais inconsolidados. Entre os critérios adotados para a interpretação estratigráfica de registros paleodeposicionais, podem ser destacados:

- Textura: os processos de sedimentação respondem a condições específicas de energia, o que se reflete na textura dos sedimentos depositados. Sedimentos argilosos, siltosos e a areia fina tendem a ser depositados em ambientes de baixa energia como planícies de inundação. Já os sedimentos mais grossos tendem a ser encontrados em ambientes de maior energia como os leitos fluviais.
- Petrografia e mineralogia dos sedimentos: a litologia dos clastos e a mineralogia das areias permitem associar os sedimentos com as áreas fonte, auxiliando análises de rearranjos de drenagem ao longo do tempo. No caso das argilas, a análise da composição mineralógica pode indicar as condições de intemperismo e pedogênese vigentes durante a deposição, permitindo interpretações paleoclimáticas. A abundância de caulinitas, por exemplo, sugere condições climáticas úmidas, enquanto as montmorilonitas são mais típicas de ambientes semiáridos.
- Grau de arredondamento dos clastos (ver Figura 11.1): seixos bem arredondados denotam um eficiente transporte fluvial e áreas fonte mais distantes, a não ser que tais clastos sejam oriundos de níveis deposicionais pretéritos desmontados pela erosão ou mesmo de rochas conglomeráticas.
- Tamanho e morfometria dos clastos: as características morfométricas auxiliam na comparação entre níveis deposicionais distintos, permitindo enquadrar um perfil encontrado em certo nível deposicional já identificado. Pode ser também um indicador da competência de um curso d'água em termos de eficiência do transporte sedimentar.
- Grau de seleção dos sedimentos (ver Figura 11.2): esse parâmetro se refere à homogeneidade granulométrica. Sedimentos bem selecionados apresentam claro domínio de uma classe granulométrica, enquanto sedimentos mal selecionados são compostos por várias classes. O grau

de seleção reflete as condições do regime das variações temporais da energia dos fluxos. Como exemplo, sedimentos bem selecionados podem estar associados a ambientes de baixa energia, como no caso de retrabalhamento do topo de barras de canal. Por seu lado, sedimentos mal selecionados podem estar associados a ambientes de elevada energia, como no caso de fluxos fluviais lamosos de forte densidade.

- Estruturas sedimentares: as estruturas geradas nos processos de sedimentação indicam as condições de energia e estão associadas a contextos deposicionais específicos. Estruturas plano-paralelas são características de sedimentos finos e ambientes de baixa energia, como planícies de inundação, enquanto estruturas cruzadas são típicas de ambientes de energia mais elevada, como leitos fluviais.
- Arranjo das fácies: o tipo de organização e arranjo de fácies em cada sucessão estratigráfica também auxilia na reconstituição dos paleoambientes deposicionais. A existência de descontinuidades erosivas indica ruptura temporal e pode indicar mudança de condições sin-deposicionais. A ausência de descontinuidades indica um *continuum* temporal da deposição.
- Espessura das fácies e das sucessões deposicionais: em depósitos bem preservados, a espessura das fácies pode indicar a intensidade/duração dos processos sedimentares. Entretanto, esse parâmetro deve ser utilizado com cuidado, pois pode denotar apenas a espessura residual, já que a erosão pode remover grande parte dos registros, deixando apenas as fácies mais resistentes.
- Presença de concreções ferruginosas (ver Figura 11.3): as concreções indicam condições específicas de mobilização do ferro em subsuperfície, podendo sinalizar antigos posicionamentos do nível freático e suas variações. Níveis de pisólitos, lateritas e seixos concrecionados também devem ser verificados.
- Posição do registro deposicional em relação às calhas fluviais atuais: esse aspecto evidencia a dinâmica do curso d'água ao longo do tempo, com possíveis ocorrências de encaixamento, migração lateral ou desníveis de origem tectônica que podem gerar deslocamentos diferenciais de registros de um mesmo nível deposicional.

- Contatos entre níveis deposicionais: os contatos entre níveis deposicionais determinam a sua tipologia e indicam os processos vigentes durante a sua gênese e evolução, auxiliando a análise das condições de energia dos fluxos e os condicionantes das variações dos níveis de base.

11.2.1. Estruturas sedimentares

As estruturas sedimentares refletem as condições sindeposicionais em termos de energia dos fluxos, granulometria dos sedimentos e tipo de ambiente fluvial. A sua presença decorre fundamentalmente das variações granulométricas internas dos pacotes sedimentares, as quais refletem as variações de energia nos processos de transporte e deposição. Portanto, pacotes sedimentares marcados por uma sucessão de partículas de mesmo tamanho e aspecto tendem a não apresentar estruturas. As publicações sobre estratigrafia apresentam uma densa base de informações sobre esse tema (BOGGS JR.; 2011; CATUNEANU, 2006; MIALL, 2006; 2016; POSAMENTIER; WALKER, 2006; READING, 1996).

As estruturas sedimentares mais comuns em depósitos fluviais são as estratificações (ou laminações)[10] plano-paralelas e as cruzadas. As estruturas plano-paralelas ou planares são indicativas de ambientes de baixa energia e ocorrem fundamentalmente em depósitos de finos transportados em suspensão (como argila, silte e areia fina) e sedimentados por processos de acreção vertical. Desse modo, são formadas sucessões de fácies de finos ao longo das inundações, gerando pacotes sedimentares com estruturas plano-paralelas que refletem diversos episódios de deposição (ver Figura 11.4). Em leitos fluviais com sedimentos de textura grossa (areias e cascalhos), as estruturas plano-paralelas também podem ocorrer em situações extremas: fluxos com energia muito incipiente (leito plano inferior, relacionado a um lento movimento de partículas) ou muito elevada (leito plano superior, com o arrasamento das ondulações).

10. O termo estratificação se refere a camadas com mais de 1 cm de espessura (estratos), enquanto o termo laminações se refere a camadas com menos de 1 cm de espessura (lâminas).

Por sua vez, as estruturas cruzadas são geradas pela movimentação de ondulações (*ripples*, *megaripples* e dunas) nos leitos fluviais ou em ambientes próximos, onde os sedimentos são transportados por saltação (ver Figura 11.5). Sendo típicas de contextos de calhas, ocorrem, geralmente, em sedimentos mais grossos (areia média a cascalho). As formas de leito migram e se superpõem, gerando descontinuidades associadas às variações granulométricas. As ondulações podem variar bastante em termos morfológicos, sendo fundamentalmente divididas em formas de crista reta (bidimensionais — 2D) e de crista encurvada (tridimensionais — 3D) em termos de visão em planta (ver Figura 11.6). A migração das ondulações de crista reta produz estruturas cruzadas tabulares, de contatos planos, enquanto a migração das ondulações de crista encurvada gera estruturas cruzadas acanaladas, com contatos em forma côncava. Uma síntese das relações entre velocidade de fluxo e tamanho dos grãos pode ser observada na Figura 11.7.

A percepção das estruturas sedimentares depende do sentido de observação. O registro sedimentar de um mesmo processo (migração de *ripples*, por exemplo) pode ser percebido de modo diferente se observado no sentido do deslocamento das partículas (sentido do fluxo) ou transversal a ele. A orientação da crista da ondulação (transversal, longitudinal ou oblíqua) e a relação entre taxa de migração da forma de leito e taxa de sedimentação são outros fatores que determinam uma ampla variedade de estruturas sedimentares nos depósitos. Rubin e Carter (2006) apresentam uma série de combinações desses fatores e seus reflexos na formação das estruturas sedimentares por meio de animações didáticas, disponíveis no sítio eletrônico do Serviço Geológico dos Estados Unidos (USGS).[11]

11.3. Os modelos deposicionais clássicos

Uma das técnicas mais importantes de interpretação de depósitos fluviais e reconstituição de ambientes sindeposicionais é baseada na interpretação das fácies sedimentares. As fácies podem indicar as condições paleoambientais vigentes durante a sedimentação, bem como os padrões fluviais correlativos.

11. https://walrus.wr.usgs.gov/seds/bedforms/

Várias propostas de modelos deposicionais fluviais foram apresentadas desde a década de 1970, porém os padrões mais difundidos na literatura são o meandrante e o entrelaçado. Como mostra a Figura 11.8, registros deposicionais típicos de sistemas meandrantes apresentam sucessão de fácies com granodecrescência ascendente, constituída por clastos e/ou areia grossa na base (fácies de calha), depósitos arenosos de acreção lateral (barras de pontal) e por finos (argilas, silte e/ou areia fina) sedimentados por acreção vertical em contextos de planície de inundação (PETTS; FOSTER, 1985; WALKER; CANT, 1984). As fácies detríticas e arenosas tendem a apresentar estratificação cruzada acanalada e/ou tabular de dimensões variadas, sinalizando ambientes de maior energia. Nas fácies de planícies é comum a ocorrência de estratificação plano-paralela e laminações cruzadas, típicas de ambientes de fluxos com menor energia. Nelas, é comum a presença de sedimentos orgânicos que podem apresentar marcas de raízes e gretas de dissecação e que, por vezes, estão associados a fácies de meandros abandonados que foram colmatados (ver Figura 11.9). Por outro lado, espessas fácies orgânicas de planícies e mesmo de terraços de cursos d'água meandrantes também podem ocorrer em contextos de aparente entulhamento marginal impulsionado por elevação relativa do nível de base (ver Figura 11.10). É o caso, por exemplo, de sistemas fluviais instalados em grabens ativos ou a montante de blocos sob soerguimento.

Entretanto, diferentemente do que mostra a maior parte da literatura, muitos sistemas fluviais meandrantes, particularmente em contextos tropicais, não apresentam sucessões estratigráficas com rica e clara diversidade de fácies, seja em função das próprias características dos ambientes deposicionais ou devido à eficiência dos processos geomorfológicos e geoquímicos em remover, desmontar e descaracterizar os depósitos. Deste modo, são comuns depósitos de planícies e terraços com fácies basal de clastos e/ou areia recobertos somente por fácies arenosa ou argilosa maciça. Em muitos casos, a parte visível dos depósitos mostra apenas uma fácies, que pode ser detrítica (material de calha) ou de materiais com proporções variadas entre areia, silte e argila (ver Figura 11.11). As sequências de textura mais grossa (areias e clastos) não significam, necessariamente, a ausência ou pouca presença de finos (argilas e silte) no sistema, mas sim o seu eficiente transporte e/ou remoção durante os fortes eventos sazonais de descarga característicos dos climas tropicais.

Em certos contextos, deve-se atentar para a possibilidade de ocorrência de clastos de rochas conglomeráticas misturados a seixos fluviais recentes em planícies e terraços. O desmonte de afloramentos rochosos pode fornecer antigos clastos fluviais arredondados para as calhas com idades bastante diferentes dos que são gerados pela dinâmica atual, como ilustra a Figura 11.12. Essa diferenciação é importante para evitar equívocos de interpretação dos paleoambientes deposicionais, particularmente em termos de competência de transporte e áreas fonte dos sedimentos.

Por sua vez, o sistema fluvial entrelaçado (*braided*) possui um arranjo deposicional marcado principalmente pela presença de sedimentos grossos de calha, reflexo dos pulsos de elevada energia característicos de regimes fortemente sazonais. Esses pulsos de vazões elevadas são alternados por períodos de fluxos com baixa energia ou mesmo ausência de descargas (regime intermitente) com intensas mudanças de competência e capacidade de transporte que resultam em abundância de barras de canal. Nesse sentido, os canais entrelaçados tendem a apresentar variada hierarquia de formas de leito, incluindo *ripples* e dunas de diferentes dimensões. O regime de fluxos com fortes variações temporais resulta em depósitos com sedimentos caracterizados por pouca organização interna e seleção (heterogeneidade granulométrica).

As sucessões deposicionais típicas são marcadas por granodecrescência ascendente, com predomínio de sedimentos de preenchimento de calhas que são mais expressivos e, em geral, com textura mais grossa que no padrão meandrante (MIALL, 2006; WALKER; CANT, 1984). Os depósitos tendem a apresentar diferentes tipos de estratificação cruzada gerada pela migração das ondulações de leito, com tendência à concentração de acanaladas na base e cruzadas de baixo ângulo nos depósitos de topo de barras de canal (ver Figura 11.13). As sucessões de fácies podem apresentar sedimentos finos no topo, embora sejam raramente preservados devido à intensidade dos processos erosivos durante os pulsos de descarga. As sequências deposicionais podem variar longitudinalmente ao longo de um sistema entrelaçado, podendo ser dominados por sedimentos mais grossos nas porções proximais e apresentar fácies mais finas nas porções mais distais.

Os cursos d'água com padrão ramificado podem ser encontrados sob uma grande variedade de contextos e apresentar variações morfológicas significativas. Desse modo, esses cursos d'água apresentam sucessões deposicionais com características bastante variáveis em termos de constituição sedimentar e arranjos de fácies. Apesar da separação entre o padrão anastomosado (*anastomosed*) e os demais subtipos do padrão ramificado (*anabranching*), conforme discutido no Capítulo 8, a aplicação dessa terminologia geomorfológica tem sido raramente consistente na análise de registros sedimentares mais antigos (em rochas sedimentares). Entretanto, a literatura sobre Estratigrafia deixa claro que ambos os termos se referem a um conjunto distinto de arranjo de fácies e estratos (NORTH *et al.*, 2007).

Com base em estudos de caso de rios modernos, Nanson e Knighton (1996) propuseram seis subtipos de cursos d'água ramificados que abrangem áreas secas (semiáridas e áridas) e úmidas, esses últimos associados a depósitos de planícies. Por sua vez, North *et al.* (2007) destacaram as características de depósitos de canal e de planície de inundação de cursos d'água ramificados de áreas úmidas e secas (Tabela 11.1). Comparativamente, as sequências deposicionais de ambientes secos tendem a apresentar arranjos de fácies mais simples. Os depósitos finos e orgânicos são escassos ou ausentes e a resistência das margens à erosão lateral é menor do que nos ambientes úmidos.

Cursos d'água ramificados de regiões úmidas podem formar extensas planícies fluviais com abundantes depósitos orgânicos, compondo o padrão referido como anastomosado (NANSON; KNIGHTON, 1996; READING, 1996; SMITH; SMITH, 1980). As sucessões deposicionais são comumente compostas por fácies de finos (50 a 90%) que podem conter lentes de areia conectadas lateralmente (depósitos de leito), espessas e extensas lentes sedimentares geradas por avulsão de canais, depósitos de diques marginais e aqueles resultantes de seu rompimento durante as inundações (*crevasse splay*), além de depósitos lacustres e turfeiras (MAKASKE, 2001). Assim, o padrão anastomosado estaria associado a elevadas taxas de acreção vertical mas baixas taxas de migração lateral devido à importante coesão das margens dada por elementos agregantes (como argilas e matéria orgânica) e a própria vegetação. A característica diagnóstica dos depósitos correlativos é, portanto, o contato subvertical entre as diferentes fácies (RICCOMINI *et al.*, 2009).

Tabela 11.1. Comparação das características dos depósitos de canal e planície de inundação para cursos d'água ramificados de regiões úmidas e secas.

	Ramificado úmido (anastomosado)	Ramificado de regiões secas		
Classificação de Nanson e Knighton (1996)	Tipo 1b: organoclástico	Tipo 1c: dominado por lama	Tipo 2: dominado por areia com formação de ilhas	Tipo 4: dominado por areia com formação de cristas
Geometria do canal no registro estratigráfico	Cordões arenosos	Em grande parte, ausentes	Presentes, mas texturalmente quase indistinguíveis da planície de inundação	
Características do preenchimento do canal	Pode mostrar estratificação heterolítica inclinada e granodecrescência ascendente	Muito semelhante aos sedimentos da planície de inundação circundantes. Alguns depósitos de areia basal limitados em canais maiores	Pouco estudado: pode mostrar formas de leito de migração a jusante e granodecrescência ascendente	Cristas arenosas de acreção vertical com superfícies inclinadas lateralmente e a jusante
Empilhamento de canais	Presente	Raro	Incomum, planície de inundação frequentemente tão erodível quanto os canais	Raro, agradação negligenciável
Proporção de depósitos de canais para os de planície de inundação	Baixa	Extremamente baixa	Baixa (contraste textural mínimo com a planície de inundação rica em areia)	
Depósitos de dique marginal	Presente	Ausente ou irreconhecível	Deprimidos, lateralmente extenso, texturalmente difícil de distinguir do canal e da planície de inundação	
Fácies lacustres e pantanosas	Presente	Ausente ou possíveis estratos de lagos efêmeros	Ausente	
Depósitos da planície de inundação	Modificado pedogeneticamente e bioturbado			

Fonte: Adaptado de North *et al.* (2007).

Ao refinarem o modelo de canais anastomosados de Smith e Smith (1980), representado na Figura 11.14, Nadon (1994) e Nanson e Knighton (1996) destacaram que o empilhamento de espessas sequências arenosas de calha é improvável. Os pacotes arenosos tendem a mostrar menor agradação vertical e maior extensão lateral, indicando que as fácies arenosas podem ser muito mais amplas lateralmente do que se propôs, com razões largura/espessura de até 30.

North *et al.* (2007) lembram que em sistemas ramificados dominados por lama (anastomosados), os canais podem ser preenchidos por finos cuja coesão pode resultar na formação de sistemas de ilhas fluviais. Nos ambientes marginais, pode ser raro encontrar feições comumente citadas na literatura, como diques marginais. Quando presentes, seus depósitos são dificilmente distinguíveis de outros subambientes da planície de inundação devido à similaridade textural com os sedimentos de leito. Além disso, os sedimentos são particularmente afetados por processos pedogenéticos e biológicos que mascaram e/ou removem as suas características morfológicas e estratigráficas. Nesses casos, os depósitos finos e coesos de canal não são mais facilmente erodíveis que os depósitos de planície de inundação, não havendo, portanto, tendência de reocupação preferencial de canais abandonados após processos de avulsão. Como consequência, o empilhamento de depósitos de canal não é comum. Por sua vez, em sistemas dominados por carga arenosa a distinção entre depósitos de canal, de diques marginais e de planície de inundação tende a ser mais clara. As fácies de calha podem apresentar abundância de estruturas cruzadas que denotam a migração das ondulações de leito e granodecrescência ascendente, em contraste com fácies de finos dos ambientes de menor energia, por vezes com areias lamosas bioturbadas maciças (sem estratificação aparente).

Desse modo, a distinção entre os subambientes deposicionais pode ser sutil em certos contextos e a falta de variação textural pode dificultar o reconhecimento do arranjo deposicional. A presença de vegetação na planície contribui para o declínio acentuado das velocidades de fluxos entre os canais e as planícies de inundação, podendo resultar em uma distinção mais evidente entre as fácies desses subambientes.

11.4. Análise de elementos arquiteturais

A associação entre sequências deposicionais e padrões fluviais baseada na análise estratigráfica é tradicionalmente alicerçada na interpretação de perfis verticais e na comparação entre modelos de fácies que se apresentam, geralmente, com certa rigidez. Na realidade, os modelos de padrões fluviais são simplistas e não se encaixam adequadamente a muitos contextos, dado que não representam fielmente as variações tridimensionais na composição e geometria das sequências deposicionais. Buscando trazer avanços a essa problemática, Miall (1985) propôs um método de estudo de fácies baseado na codificação da terminologia descritiva de depósitos aluviais e na análise de **elementos arquiteturais.** Estes são agrupamentos de fácies que representam uma subdivisão morfológica de um sistema deposicional. Sua análise permite sistematizar a descrição e a análise de sucessões deposicionais fluviais que são associadas a múltiplos modelos de canais.

O princípio fundamental da análise arquitetural reside na identificação de descontinuidades deposicionais internas (Tabela 11.2) que marcam as subdivisões de uma sucessão deposicional aluvial em pacotes geneticamente relacionados e hierarquicamente estruturados (elementos arquiteturais). A análise de elementos arquiteturais se baseia na associação entre modelos de fácies e padrões fluviais, incorporando subsistemas deposicionais específicos. A representação tridimensional dos depósitos facilita a análise da geometria dos corpos sedimentares.

A evolução de seus estudos fez com que Miall (2006) propusesse 12 tipos fluviais resultantes de combinações dos elementos arquiteturais, a maioria representando características intermediárias aos padrões meandrante e entrelaçado propostos por Walker e Cant (1984). A variedade de estilos estratigráficos e padrões morfológicos de canais reflete processos distintos de agradação e migração lateral. Cada padrão morfológico reflete um balanço de energia em termos espaço-temporais e configura um padrão deposicional específico associado a pacotes sedimentares com características e feições particulares.

Na proposta de Miall (1985), a descrição das fácies é baseada em códigos compostos por uma letra inicial maiúscula, que representa a textura do material, seguida por uma ou duas letras minúsculas, que indicam as estruturas sedimentares presentes (Tabela 11.3). Dessa forma, cada fácies traz informações sobre os processos e ambientes deposicionais correlativos. Uma fácies pode estar presente em diversos elementos arquiteturais e em mais de um ambiente no sistema fluvial, assim como um elemento arquitetural pode possuir várias associações de fácies. Portanto, um ambiente ou sistema deposicional não deve ser interpretado em função de caracteres individuais, mas pela associação de aspectos faciológicos, estratigráficos e do arranjo espacial dos depósitos.

Tabela 11.2. Características e significado das superfícies hierárquicas.

Ordem	Forma	Características	Significado	Tempo de deposição
1ª	Plana ou côncava	Limita estratos cruzados individuais do mesmo tipo com pouca ou nenhuma erosão interna associada	Separa sequências cíclicas de pequena escala, mostrando continuidade na sedimentação	De horas a um ou dois dias
2ª	Plana ou côncava	Limita *cosets*[12] ou associações de fácies geneticamente relacionadas; evidências de erosão	Variações na direção ou condições do fluxo sem quebra significativa da sedimentação	Alguns dias a alguns meses
3ª	Erosiva com baixo ângulo (<15°)	Estende-se de cima para baixo, separando associações similares de fácies; intraclastos e seixos associados	Mudança no estágio ou na orientação da forma de leito, provocada por processos sazonais de longa duração	De um ano a dezenas de anos
4ª	Plana ou convexa para cima	Separa, em baixo ângulo, associações de fácies com orientações diferentes	Limite superior das macroformas	Centenas de anos

(continua)

12. Um *set* é um conjunto de camadas de uma mesma unidade estratigráfica, separadas por descontinuidades deposicionais (superfícies erosivas ou hiatos de deposição). Um *coset* se refere a uma unidade sedimentar com duas ou mais camadas, sendo separada de outras unidades por descontinuidades deposicionais.

(continuação)

Ordem	Forma	Características	Significado	Tempo de deposição
5ª	Plana ou côncava para cima	Bem marcada por estruturas de corte e preenchimento; associada a depósitos basais tipo *lag*	Limita complexos de preenchimento de canais	Milhares de anos
6ª	Irregular	Define subdivisões estratigráficas mapeáveis	Separa grupos de canais e paleovales	Centenas de milhares de anos
7ª	Irregular	Regionalmente extensa, encerra espessas sequências de um sistema deposicional	Separa eventos alogênicos	Milhões de anos
8ª	Irregular	Regionalmente extensa, encerra espessas sequências de um sistema deposicional	Marca desconformidades continentais ou eventos geológicos de escala global	Milhões de anos

Fonte: Miall (1988a; b) adaptado por Ferreira-Júnior e Castro (2001).

O trabalho original de Miall (1985) trazia oito elementos arquiteturais, sendo sete de canais e um de ambientes marginais. No entanto, o autor desenvolveu a proposta (MIALL, 2006), concebendo um novo elemento de canal (*hollow*) e detalhando os depósitos de ambientes marginais, conforme sistematizado nas Tabelas 11.4 e 11.5.

A análise arquitetural tem maiores possibilidades de sucesso em afloramentos rochosos bem preservados ou em formações aluviais inconsolidadas de países temperados, dadas as condições climáticas favoráveis à sua preservação. Entretanto, vários desafios se colocam para a aplicação da proposta de análise arquitetural em sedimentos fluviais inconsolidados de países tropicais como o Brasil. Talvez um dos principais se refere, justamente, à eficiente remoção e obliteração dos registros deposicionais pelos processos de meteorização mecânica e geoquímica. Os depósitos são rapidamente desmontados após o seu abandono pela atividade fluvial, principalmente em contextos de maior gradiente e regimes pluviométricos fortemente sazonais. Os processos geomorfológicos e pedogenéticos apagam e/ou mascaram as feições e estruturas internas, incluindo planos de estratificação, descontinuidades deposicionais e características sedimentológicas. Assim, sua aplicação mais comum é na análise de depósitos relativamente recentes, associados a planícies de inundação (SANTOS, 2005; BAYER; ZANCOPÉ, 2014).

Tabela 11.3. Códigos de fácies de Miall (1985).

CÓDIGO	FÁCIES	INTERPRETAÇÃO
Gmm	Cascalho maciço suportado pela matriz;[13] levemente gradacional	Fluxo viscoso de detritos
Gmg	Cascalho maciço suportado pela matriz; gradação inversa normal	Fluxo viscoso de detritos
Gci	Cascalho suportado pelos clastos; gradação inversa	Fluxo de detritos rico em clastos
Gcm	Cascalho suportado pelos clastos e maciço	Fluxo turbulento
Gh	Cascalho suportado pelos clastos e toscamente estratificado; estratos horizontais, imbricamento dos seixos	Formas de leito longitudinais; depósitos residuais
Gt	Cascalho estratificado; estratificação cruzada acanalada	Preenchimentos de canais secundários
Gp	Cascalho estratificado; estratificação cruzada tabular	Formas de leito transversais
St	Areia fina a muito grossa, podendo ser cascalhenta; estratificação cruzada acanalada	Dunas 3D
Sp	Areia fina a muito grossa, podendo ser cascalhenta; estratificação cruzada tabular	Dunas 2D
Sr	Areia muito fina a grossa; laminação cruzada por *ripples*	*Ripples*
Sh	Areia fina a muito grossa, podendo ser cascalhenta; laminação planar	Fluxo planar crítico
Sl	Areia fina a muito grossa, podendo ser cascalhenta; laminação de baixo ângulo (<15°)	Preenchimento de escavações (*scours*) e antidunas
Ss	Areia fina a muito grossa, podendo ser cascalhenta; escavações (*scours*) largas e rasas	Preenchimento de escavações
Sm	Areia fina a grossa; maciça ou levemente laminada	Depósitos de gravidade
Fl	Areia, silte, argila; laminação fina, *ripples* muito pequenas	Depósitos de transbordo, canais abandonados ou de fluxo decrescente (*waning flood*)
Fsm	Silte, argila, maciço	Depósitos de canais abandonados ou brejos
Fm	Argila, silte, maciço, gretas de dessecação	Canais abandonados ou depósitos de cobertura
Fr	Argila, silte; maciço, raízes, bioturbações	Solos
C	Carvão; argilas orgânicas; plantas; filmes de argilas	Depósitos de brejos
P	Calcretes; feições pedogenéticas; nódulos	Solos com precipitação química

Fonte: Miall (1985) adaptado por Ferreira Júnior e Castro (2001).

13. Matriz sedimentar é a fração mais fina que preenche os vazios entre as partículas mais grossas de um depósito sedimentar. No caso de fácies de clastos que se tocam, diz-se que os mesmos são suportados entre si. Caso contrário, diz-se que os clastos são suportados por matriz.

Outro importante desafio é a identificação de certos elementos arquiteturais. Significativa parte dos sistemas fluviais no Brasil apresenta sequências deposicionais com pouca variedade faciológica e de subunidades deposicionais, em relação aos modelos de Miall, particularmente os de áreas montanhosas (BARROS *et al.*, 2016; MAGALHÃES *et al.*, 2011; MAGALHÃES JR.; SAADI, 1994). Nesses contextos, é rara a possibilidade de observação de feições como diques marginais e depósitos como os de *crevasse splay*. Os depósitos são comumente constituídos por fácies basais de calha, principalmente clastos e areia grossa, cobertas por areia e fácies de finos nos topos das planícies (areia fina, silte e/ou argilas). Geralmente, as estruturas sedimentares não são abundantes e são, muitas vezes, restritas a pequenas estratificações cruzadas acanaladas nas fácies detríticas e arenosas e estratificação plano-paralela nas fácies de acreção vertical. Descontinuidades internas e imbricamento dos seixos também podem ser de difícil visualização.

Tabela 11.4. Elementos arquiteturais de leitos fluviais conforme Miall (2006).

Elemento	Símbolo	Principais fácies	Características
Canais	CH	Qualquer combinação	Cascalhos/areias/lamas com base erosiva côncava para cima ou ligeira inclinação da superfície basal
Barras conglomeráticas	GB	Gm, Gp, Gt	Originados da migração de barras longitudinais ou transversais com granulometria superior à da areia
Formas de leito arenoso	SB	St, Sp, Sh, Sl, Sr, Se, Ss	Areias com laminação horizontal e com cruzada festonada e/ou com cruzada planar
Depósitos de acreção frontal	DA	St, Sp, Sh, Sl, Sr, Se, Ss	Similar ao SB, porém com várias superfícies internas de 3ª ordem e limite superior (de 4ª ordem) normalmente convexo para cima na macroforma
Depósitos de acreção lateral	LA	St, Sp, Sh, Sl, Se, Ss; menos comumente Gm, Gt, Gp	Similar ao DA, porém se diferencia pela orientação das superfícies de acreção
Depósitos de fluxo de gravidade	SG	Gm, Gms	Cascalhos suportados por matriz (argilosa), maciços e/ou estratificados, areias, lamas; frequentemente intercalado ao GB
Areias laminadas	LS	Sh, Sl; menos comumente St, Sp, Sr	Areias finas com laminação horizontal e laminação cruzada de baixo ângulo, indica regime de fluxo superior, comum em rios efêmeros
Hollow	HO	Na base, fácies Gh e Gt e, no topo, St e Sl	Cascalhos e areias preenchendo escavações profundas geradas em confluências

Fonte: Organizado a partir de Miall (2006).

Desse modo, a análise arquitetural deve ser, quando realizada em ambientes tropicais, otimizada por procedimentos cautelosos e detalhados, envolvendo a escolha adequada de perfis bem preservados e com boa extensão lateral, a identificação e delimitação de descontinuidades internas e a análise de seus arranjos estratigráficos, a identificação criteriosa das fácies, a medição de direções de paleocorrentes (via direção de estratos cruzados ou de imbricamento de seixos), a definição e codificação dos elementos arquiteturais e macroformas e a interpretação dos ambientes sindeposicionais (FERREIRA-JÚNIOR; CASTRO, 2001).

Tabela 11.5. Elementos arquiteturais de ambientes marginais fluviais conforme Miall (2006).

Elemento	Símbolo	Fácies	Geometria	Interpretação
Dique marginal	LV	Fl	Cunha com até 10 m de espessura e 3 km de extensão	Inundação das margens
Canal de rompimento de dique marginal	CR	St, Sr, Ss	Cordão com até algumas centenas de metros de extensão, 5 m de profundidade e 10 km de comprimento	Rompimento de margem do canal principal
Depósitos de rompimento de dique marginal (*Crevasse splay*)	CS	St, Sr, Fl	Lente com até 10 x 10 km e 2-6 m de espessura	Progradação com estilo de leque na planície de inundação
Finos de planície de inundação	FF	Fsm, Fl, Fm, Fr	Camada que pode atingir vários quilômetros lateralmente e dezenas de metros de espessura	Depósitos de inundação em camadas superpostas, lagoas marginais e brejos
Canais abandonados	CH(FF)	Fsm, Fl, Fm, Fr	Cordão comparável em escala ao canal ativo	Produto de cortes de meandro por chute ou *neck cutoff*

Fonte: Organizado a partir de Miall (2006).

Referências

ALLEN, J. R. L. Studies in Fluviatile Sedimentation: Bars, Bar Complexes and Sandstone Sheets (Low Sinuosity Braided Streams) in the Brownstones (L. Devonian), Welsh Borders. **Sedimentary Geology**, 33, 237-293, 1983.

BARROS, L. F. P.; COE, H. H. G.; SEIXAS, A. P.; MAGALHÃES JR., A. P.; MACARIO K. C. D. Paleobiogeoclimatic Scenarios of the Late Quaternary Inferred from Fluvial Deposits of the Quadrilátero Ferrífero (Southeastern Brazil). **Journal of South American Earth Sciences**, 67:71-88, 2016.

BRIDGE, J. S. **Rivers and Floodplains.** Oxford: Blackwell Science, 2003. 492 p.

BOGGS JR., S. **Principles of Sedimentology and Stratigraphy.** Pearson Prentice Hall, 5ª ed., 2011. 608 p.

BRIDGLAND, D.; WESTAWAY, R. The Use of Fluvial Archives in Reconstructing Landscape Evolution: The Value of Sedimentary and Morphostratigraphical Evidence. **Netherland Journal of Geosciences**, Cambridge University Press, v. 91, 1-2, pp. 5-24, 2014.

BAYER, M.; ZANCOPÉ, M. H. C. Ambientes sedimentares da planície aluvial do Rio Araguaia. **Revista Brasileira de Geomorfologia**, São Paulo, v. 15, n. 2, pp. 203-220, 2014.

CATUNEANU, O. **Principles of Sequence Stratigraphy.** Elsevier, 2006. 246 p.

COWAN, E. J. The Large Scale Architecture of the Fluvial Westwater Canyon Member, Morrison Formation (Jurassic) San Juan Basin, New Mexico. *In*: MIALL, A. D.; TYLER, N. (eds.). **The Three-Dimensional Facies Architecture of Terrigenous Clastic Sediments, and its Implications for Hydrocarbon Discovery and Recovery.** [Tulsa]: Society for Sedimentary Geology, v. 3, 1991. pp. 80-93.

FERREIRA-JÚNIOR, P. D.; CASTRO, P. T. A. Associação vertical de fácies e análise de elementos arquitecturais: concepções concorrentes e complementares na caracterização de ambientes aluviais. **e-Terra**, [On-line], v. 1, n. 1, pp. 1-35, 2001. Disponível em: <http://e-terra.geopor.pt/artigos/pfjr/pfjr_new.html> Acesso em 31/10/2018.

FRYE, J. C.; WILLMAN, H. B. Morphostratigraphic Units in Pleistocene Stratigraphy. **American Association of Petroleum Geologists Bulletin,** [S.l.], v. 46, n. 1, pp. 112-113, 1962.

GAMA JR., E. Concepções Estratigráficas em Análise de Bacias: A: A Estratigrafia Tradicional. **Geociências**, São Paulo, v. 8, pp. 1-10, 1989a.

________. Concepções Estratigráficas em Análise de Bacias: C: A Estratigrafia Genética. **Geociências**, São Paulo, v. 8, pp. 21-36, 1989b.

GIANNINI, P. C. F. **Sedimentologia**: Formas de leito. Disponível em: <http://www2.igc.usp.br/sedimentologia/arq/AulaSedI-FormasdeLeito.pdf>. Acesso em 06 set 2018.

HOUBEN, P.; HOINKIS, R.; SANTISTEBAN, J. I.; SALAT, C.; MEDIAVILLA, R. Combining Allostratigraphic and Lithostratigraphic Perspectives to Compile Subregional Records of Fluvial Responsiveness: The case of the Sustainably Entrenching Palancia River Watershed (Mediterranean coast, NE Spain). **Geomorphology**, v. 129, 3-4, pp. 342-360, 2011.

HUGUES, P. D. Geomorphology and Quaternary Stratigraphy: The Roles of Morpho-, Litho-, and Allostratigraphy. **Geomorphology**, Elsevier, v. 123, 3-4, pp. 189-199, 2010.

HUTTON, J. Theory of the Earth. **Transactions of the Royal Society of Edinburgh**, Edimburgo, v. 1, pp. 209-304, 1788.

JACOBSON, R.; O'CONNOR, J. E.; OGUCHI, T. Surficial Geologic Tools in Fluvial Geomorphology. *In*: KONDOLF, G. M.; PIEGAY, H. (eds.). **Tools in Fluvial Geomorphology**. Chichester: Wiley, 2003. pp. 25-57.

MAGALHÃES JR., A. P.; CHEREM, L. F. S.; BARROS, L. F. de P.; SANTOS, G. B. OSL Dating of Sediments from a Mountainous River in Southeastern Brazil: Late Cenozoic Tectonic and Climatic Implications. **Geomorphology**, v. 131, pp. 132-155, 2011.

MAGALHÃES JR., A. P., SAADI, A. Ritmos da dinâmica fluvial Neo-Cenozoica controlados por soerguimento regional e falhamento: o vale do rio das Velhas na Região de Belo Horizonte, Minas Gerais, Brasil. **Geonomos**, v. 2, n. 1, pp. 42-54, 1994.

MAKASKE, B. Anastomosing Rivers: A Review of their Classification, Origin and Sedimentary Products. **Earth-Science Reviews**, [S.l.], v. 53, n. 3-4, pp. 149-196, 2001.

MENEZES, L. **Mapeamento digital de análogos a reservatórios petrolíferos: exemplo para depósitos fluviais da Unidade Açu-3 — Bacia Potiguar.** 2004. 135 f. Dissertação (Mestrado em Geodinâmica; Geofísica) — Universidade Federal do Rio Grande do Norte, Natal, 2004.

MIALL, A. D. Architectural-Element Analysis: A New Method of Facies Analysis Applied to Fluvial deposits. **Earth Science Reviews**, [S.l.], v. 22, n. 4, pp. 261-308, 1985.

________. Reservoir Heterogeneities in Fluvial Sandstones: Lessons from Outcrop Studies. **American Association of Petroleum Geologists Bulletim**, [S.l.], v. 72, n. 6, pp. 682-697, 1988a.

________. Architectural Elements and Bouding Surfaces In Fluvial Deposits: Anatomy of the Kayenta Formation (Lower Jurassic) Southwest Colorado. **Sedimentary Geology**, [S.l.], v. 55, n. 2, pp. 233-262, 1988b.

________. Reconstructing Fluvial Macroform Architecture from Two-dimensional Outcrops: Examples from The Castlegate Sandstone, Bookc Cliffs, Utah. **Journal of Sedimentary Research**, [S.l.], v. B64, n. 2, pp. 146-158, 1994.

________. **The Geology of Stratigraphic Sequences.** Berlim: Springer-Verlag, 1997. 433 p.

________. **Principles of Sedimentary Basin Analysis.** 3ª ed. Nova Iorque: Springer-Verlag Inc., 1999. 616 p.

________. **The Geology of Fluvial Deposits**: Sedimentary Facies, Basin Analysis, and Petroleum Geology. 4ª ed. Nova Iorque: Springer, 2006. 582 p.

________. **Stratigraphy: A Modern Synthesis.** Springer International Publishing, 1, 2016. 454 p.

MIDDLETON, G. V. Johannes Walther's Law of the Correlation of Facies. **GSA Bulletin**, The Geological Society of America, v. 84 (3), pp. 979-988, 1973.

NADON, G. C. The Genesis and Recognition of Anastomosed Fluvial Deposits — Data from the St-Mary River Formation, Southwestern Alberta, Canada. **Journal of Sedimentary Research**, [S.l.], v. 64, pp. 451-463, 1994.

NANSON, G. C.; KNIGHTON, A. D. Anabranching Rivers — their Cause, Character and Classification. **Earth Surface Processes and Landforms**, [S.l.], v. 21, n. 3, pp. 217-239, 1996.

NACSN — North American Commission on Stratigraphic Nomenclature. North American Stratigraphic Code. **American Association of Petroleum Geologists Bulletin**, [S.l.], v. 67, n. 5, pp. 841-875, 1983.

NICHOLS, G. **Sedimentology and Stratigraphy**. John Wiley & Sons, 2ª ed., 2016. 432 p.

NORTH, C. P.; NANSON, G. C.; FAGAN, S. D. Recognition of the Sedimentary Architecture of Dryland Anabranching (Anastomosing) Rivers. **Journal of Sedimentary Research**, [S.l.], v. 77, n. 11, 925-938, 2007.

PAZZAGLIA, F. J. Fluvial Terraces. *In*: WOHL, E. (ed.). **Treatise on Fluvial Geomorphology**. Nova Iorque: Elsevier, 2013. pp. 379-412.

PETTS, G. E.; FOSTER, D. L. **Rivers and Landscape**. Londres: Edward Arnold, 1985. 274 p.

PHILLIPS, J. Simplexity and the Reinvention of Equifinality. **Geographical Analysis**, Wiley, v. 29, 1, pp. 1-15, 1997.

POESTER, O. C. **Arquitetura de fácies e evolução estratigráfica do sistema fluvial influenciado por maré do topo da Formação Tombador (Mesoproterozoico), Chapada Diamantina, BA**. 2011. 78 f. Trabalho de Conclusão de Curso (Graduação em Geologia) — Universidade Federal do Rio Grande do Sul, Porto Alegre, 2011.

POSAMENTIER, H. W.; WALKER, R. G. (eds.). **Facies Models Revisited**. Soceity for Sedimentary Geology, 2006. 521 p.

READING, H. G. (ed.). **Sedimentary Environments: Processes, Facies and Stratigraphy**. Oxford, Willey-Blackwell, 3ª ed., 1996. 704 p.

REINECK, H. E.; SINGH, I. B. **Depositional Sedimentary Environments**. 2ª ed. Berlim: Springer-Verlag, 1980. 551 p.

RICCOMINI, C.; ALMEIDA, R. P.; GIANNINI, P. C. F.; MANCINI, F. Processos fluviais e lacustres e seus registros. *In*: TEIXEIRA, W; FAIRCHILD, T. R; TOLEDO, M. C; TAIOLI, F. **Decifrando a Terra**. 2ª ed. São Paulo: Companhia Editora Nacional, 2009. Cap. 11, pp. 306-333.

RUBIN, D. M.; CARTER, C. L. **Bedforms and Cross-Bedding in Animation**. Santa Cruz: United States Geological Survey: 2006. (Society for Sedimentary Geology — Atlas Series, n. 2)

SANTOS, M. L. Unidades geomorfológicas e depósitos sedimentares associados no sistema fluvial do Rio Paraná no seu curso superior. **Revista Brasileira de Geomorfologia**, São Paulo, v. 6, n. 1, pp. 85-96, 2005.

SMITH, D. G.; SMITH, N. D. Sedimentation in Anastomosed River Systems: Examples from Alluvial Valleys Near Banff, Alberta. **Journal of Sedimentary Research**, [S.l.], v. 50, n. 1, pp. 157-164, 1980.

SUGUIO, K. **Geologia do Quaternário e mudanças ambientais**. São Paulo: Oficina de Textos, 2010. 408 p.

________. **Rochas sedimentares**. São Paulo: Edgard Blücher/EDUSP, 1980. 499 p.

TUCKER, M. E. **Rochas sedimentares**: guia geológico de campo. 4ª ed. Porto Alegre: Bookman, 2014. 336 p.

TUNBRIDGE, I. P. Sandy High-Energy Flood Sedimentation — Some Criteria for Recognition, with an Example from the Devonian of SW England. **Sedimentary Geology**, [S.l.], v. 28, n. 2, pp. 79-96, 1981.

WALKER, R. G.; CANT, D. J. Sandy Fluvial Systems. *In*: R.G. Walker (ed.). **Facies Models**. 2ª ed. Canadá: Geoscience Canada Reprint Series, 1984. pp. 71-89

12

Geocronologia aplicada à análise dos sistemas fluviais

Luiz Fernando de Paula Barros
André Augusto Rodrigues Salgado

Questões relativas à dinâmica fluvial podem envolver uma grande variedade de escalas temporais — segundos a eras geológicas, e espaciais, de manchas individuais de habitats à evolução de bacias de drenagem de escala continental (JACOBSON *et al.*, 2003). Obter a cronologia de depósitos aluviais é uma importante ferramenta para a compreensão das respostas fluviais às alterações em fatores como clima, tectônica, nível de base e condicionantes antrópicos (JAIN *et al.*, 2004; ALVES; ROSSETTI, 2016; OLIVEIRA *et al.*, 2018; RUBIRA; PEREZ FILHO, 2018; BARROS; MAGALHÃES JR., 2019). Além disso, a cronologia da sedimentação fluvial permite estabelecer a relação de depósitos e eventos em diferentes escalas, bem como contribui para a reconstrução paleogeográfica.

De acordo com Sallun *et al.* (2007), existem mais de 40 técnicas aplicáveis à datação de materiais associados a eventos do Quaternário. As técnicas de datação podem ser absolutas ou relativas. As absolutas possuem a vantagem de apresentar uma idade exata, enquanto as relativas exibem idades aproximadas. Bons exemplos de técnicas de datação relativa de depósitos fluviais são a palinologia, o paleomagnetismo e os registros paleontológicos e arqueológicos. Entretanto, com o avanço da Geomorfologia e a difusão das técnicas de datação absoluta, as datações relativas estão caindo em desuso e, internacionalmente, tendem a ser aceitas somente no caso da impossibilidade de utilização de uma técnica absoluta.

Apesar da diversidade de técnicas disponíveis, obter a idade de depósitos fluviais tem sido difícil em muitos contextos, devido ao limitado conteúdo orgânico (de difícil preservação em ambientes tropicais) para datação por radiocarbono e problemas com o retrabalhamento do carbono nos sedimentos fluviais. Segundo Rittenour (2008), outras técnicas, como a datação de superfícies de terraços por isótopos cosmogênicos e a datação de carbonatos pedogênicos pela série de urânio, fornecem apenas idades mínimas de deposição dos sedimentos e abandono da forma de relevo. Por outro lado, a datação por Luminescência Opticamente Estimulada (LOE) tem a vantagem de datar diretamente o tempo de deposição dos sedimentos e, por isso, sua aplicação vem se expandindo rapidamente nas áreas de Geomorfologia, Sedimentologia e Arqueologia. Entretanto, tem sido comum a dificuldade em se obterem boas amostras para a datação de depósitos mais antigos.

Assim, cada técnica de datação possui limitações próprias. As técnicas a serem adotadas na interpretação dos registros sedimentares dependem dos objetivos e do contexto de cada estudo e devem ser escolhidas com cautela. A escolha da técnica a ser aplicada depende de uma série de condições, como, por exemplo:

- A abrangência temporal esperada;
- O tipo e a disponibilidade de material a ser datado;
- O contexto geológico e geomorfológico;
- O grau de preservação dos depósitos ou formas associadas;
- A viabilidade da coleta de amostras;
- Os custos e a logística para o envio de amostras para os laboratórios;
- A qualificação dos laboratórios etc.

No presente capítulo, serão abordadas apenas as técnicas absolutas mais utilizadas na atual Geomorfologia Fluvial. Essa abordagem terá por base as principais características e limitações de cada uma delas.

12.1. Datação por radiocarbono (^{14}C)

A técnica geocronológica mais tradicional na datação de coberturas sedimentares quaternárias é a do radiocarbono. Os isótopos do carbono são: ^{12}C, ^{13}C e ^{14}C, sendo os dois primeiros estáveis. O ^{14}C possui meia-vida igual a 5.735 anos e, por isso, é aplicado na datação de materiais relativamente jovens — até cerca de 50-60 mil anos (BURBANK; ANDERSON, 2001; JAIN *et al.*, 2004).

O ^{14}C é produzido na atmosfera, a partir da colisão de átomos de ^{14}N com nêutrons energizados por raios cósmicos solares que atingem a alta atmosfera. O ^{14}C é oxidado, se transforma em dióxido de ^{14}C (ver Figura 12.1A) e é transportado para a baixa atmosfera, onde é absorvido pelas plantas durante a fotossíntese em razão similar à sua presença na atmosfera (ver Figura 12.1B). Quando as plantas e os animais que delas se alimentaram morrem, eles deixam de assimilar ^{14}C e os átomos deste isótopo integrados à estrutura da planta ou animal passam a sofrer decaimento radioativo, formando ^{14}N e modificando a razão dos isótopos de carbono nas células (ver Figura 12.1C). Desse modo, sabendo-se a meia-vida, é possível obter a idade com a comparação do conteúdo de ^{14}C na amostra analisada com o de uma amostra padrão.

No entanto, a variação constatada na produção de ^{14}C ao longo dos últimos 70 mil anos ligada a variações nos campos magnéticos da Terra e do Sol é fonte de erro e exige calibração (BURBANK; ANDERSON, 2001). Idades não calibradas são geralmente dadas em anos antes do presente (AP, em inglês BP — *before present*), sendo o "presente" o ano de 1950, e as calibradas em "cal ^{14}C anos AP". A calibração é feita a partir de uma curva de calibração detalhada (REIMER *et al.*, 2013), construída a partir de registros datados de modo independente.

A dendrocronologia é comumente utilizada como padrão para construção da curva de calibração a partir da análise do conteúdo de radiocarbono dos anéis de árvores ou de corais e espeleotemas (quando a idade é superior a 13,9 mil anos) com idade conhecida. A idade dos anéis de árvores (ver Figura 12.2) é conhecida porque eles são produzidos à razão de um por ano, representando o período de maior crescimento, ou seja, o período de condições ambientais mais favoráveis.

Um problema para a aplicação da técnica do radiocarbono é o fato de que muitos registros sedimentares não dispõem de materiais orgânicos em quantidade significativa, sobretudo em regiões tropicais. Apesar de produzida em abundância, a matéria orgânica é rapidamente degradada em condições oxidantes nessas regiões. Parcialmente, esse problema foi superado pela análise via Espectrometria de Massa com Aceleradores (AMS), que detecta diretamente a quantidade de ^{14}C na amostra e exige uma pequena quantidade de amostra, cerca de 5-6 mg (BROCK *et al.*, 2010), o que é muito menor que o utilizado na técnica original de contagem de decaimentos por tempo por grama de carbono.

O datação via radiocarbono pode ser aplicada a quaisquer materiais que contenham carbono, sendo muitos destes encontrados em depósitos fluviais onde as condições de preservação são favoráveis. Porém, ao considerar a datação por radiocarbono dos depósitos fluviais, é preciso levar em conta a questão de proveniência e retrabalho. Os sistemas fluviais são altamente dinâmicos e o material pode ser transportado em diferentes distâncias de sua fonte original, além da possibilidade de ser armazenado em encostas ou na planície de inundação, ser liberado no canal dezenas a milhares de anos depois e ser novamente depositado (RIXHON *et al.*, 2017).

Outros problemas têm sido verificados com contaminação do carbono (RITTENOUR, 2008). Qualquer material contendo carbono que afete o conteúdo de ^{14}C de uma dada amostra é um contaminante. Existem dois tipos principais de contaminação: (i) natural, devido à introdução de contaminantes na amostra por materiais circundantes, por exemplo, penetração de raízes de plantas em madeira, carvão vegetal, ou no solo; e (ii) artificial, devido à introdução de contaminantes pelo homem durante a coleta ou conservação das amostras — produtos químicos de conservação, cinzas de cigarro e rótulos e embalagens feitas de papel, por exemplo.

12.2. Datações por Luminescência Opticamente Estimulada (LOE)

A luminescência é uma propriedade física de materiais cristalinos ou vítreos de emitir luz em resposta a algum estímulo externo quando previamente submetidos a radiações ionizantes — raios cósmicos e isótopos radioativos (SALLUN *et al.*, 2007). Esse estímulo pode ser térmico (Termoluminescência, TL), óptico (Luminescência Opticamente Estimulada, LOE, e Luminescência Estimulada por Raios Infravermelhos, LERI), pressão (Triboluminescência), reações químicas (Quimioluminescência), radiação eletromagnética (Radioluminescência) ou radiação ionizante (Fotoluminescência). Para a LOE, algumas subdivisões são feitas de acordo com o comprimento de onda da fonte luminescente: Luz Verde (GSL, na sigla em inglês) para o feldspato e o quartzo, Infravermelho (IRSL) para o feldspato potássico, Luz Azul (BSL) para o quartzo e Luz Vermelha (RSL) para o feldspato vulcânico e para o quartzo (USGS, 2011).

Os primeiros trabalhos com datação por luminescência surgiram pela técnica da TL na década de 1950, envolvendo cerâmica arqueológica, enquanto as datações por LOE surgiram apenas na década de 1980, aplicadas principalmente a depósitos sedimentares (SALLUN *et al.*, 2007). Na datação de depósitos sedimentares (aluviais, coluviais, eólicos e marinhos) a LOE é utilizada para estimar o tempo transcorrido desde que os grãos componentes do depósito foram expostos pela última vez à luz do sol, ou seja, essa técnica de datação fornece a idade da última estabilização do depósito.

A LOE vem sendo tratada como uma alternativa às datações por radiocarbono, tanto pelo fato de não exigir conteúdo orgânico como por sua maior abrangência temporal. Os limites de datação do radiocarbono estão entre 40 e 60 ka, enquanto as datações por luminescência podem alcançar até 1 Ma, dependendo dos níveis de saturação e do material analisado (JAIN *et al.*, 2004).

Os materiais geológicos recebem radiações ionizantes (partículas α e β e radiação γ) provenientes de raios cósmicos e da desintegração de isótopos radioativos naturais (Tabela 12.1), tais como ^{235}U, ^{238}U, ^{232}Th e ^{40}K e seus filhos radioativos, que se encontram no interior do depósito ou nas vizinhanças (SALLUN *et al.*, 2007). Os sedimentos argilosos, por exemplo, contêm 2 a 6 PPM de U, 8 a 20 PPM de Th e 2 a 8% de K (MISSURA; CORRÊA, 2007). Vale lembrar que, em geral, a radiação cósmica é constante perto do Equador, porém a intensidade se torna maior nos polos, pois as partículas componentes dos raios cósmicos são atraídas pelo campo geomagnético da Terra.

A técnica se baseia no aprisionamento e liberação de energia (elétrons) em defeitos na estrutura cristalográfica dos minerais, principalmente de quartzo e feldspato potássico (BURBANK; ANDERSON, 2001). Esses defeitos resultam da incorporação de impurezas, entre as quais se destaca, no caso do quartzo, a substituição de Si^{4+} por Al^{3+}, que possibilita a incorporação de íons monovalentes, o que é facilitado pelo aumento da temperatura de cristalização (SAWAKUCHI *et al.*, 2008). A datação se vale do fato de que a luz solar libera os elétrons das armadilhas, reduzindo o sinal da LOE a zero. Quando os grãos são soterrados, permanecendo fora do alcance da luz solar, uma nova população de elétrons começa a se acumular, devido ao efeito da radiação ionizante (ver Figura 12.3). Essa nova carga acumulada só será eliminada caso os sedimentos sejam expostos novamente à luz solar no ambiente ou a um estímulo em laboratório, onde a quantidade de carga liberada pode ser medida, a qual é proporcional ao tempo de deposição dos sedimentos.

Tabela 12.1. Contribuição de radiação para os sedimentos

Fonte	Grãos grossos	Grãos Finos
Alfa (α)	20-24%	20%
Beta (β)	45-51%	48%
Gama (γ)	25-30%	26%
Raios Cósmicos	3-6%	3-6%
Potássio (K)	≥ 21% sem α	≥53%
Tório (Th)	20% sem α	37%
Urânio (U)	25% sem α	39%

Fonte: USGS (2011).

Tomando o fluxo de radiação ionizante como constante — o que é indicado positivamente pelo equilíbrio secular de vários filhos radioativos de U e Th (JAIN *et al.*, 2004), o tempo de soterramento pode ser determinado pela medição da dose armazenada nos grãos dividida pelo fluxo da radiação ionizante ambiental. Dessa forma, as idades das amostras são calculadas segundo a Equação 12.1 (SALLUN *et al.*, 2007):

$$I = P / (DA_{\gamma} + DA_{\beta} + DA_{r.c.}), \qquad (12.1)$$

sendo: I = idade (anos); P = paleodose (Gy), que corresponde à energia total absorvida pelo cristal pela incidência de radiações ionizantes; DA_{γ}, DA_{β} e $DA_{r.c.}$ = doses anuais (Gy/ano) relativas às radiações-γ, partículas-β e aos raios cósmicos, respectivamente.

A paleodose também é conhecida como dose equivalente e corresponde à radiação ionizante do decaimento dos isótopos de urânio, tório e potássio, incluindo-se uma contribuição menor da radiação cósmica à qual o material esteve exposto desde a sua deposição (CORRÊA *et al.*, 2008). A dose ambiental corresponde à taxa com que a amostra foi exposta à radiação ionizante e, portanto, à taxa pela qual a população de elétrons foi acumulada. Caso o intervalo de tempo considerado seja igual a um ano, refere-se a essa taxa como "dose anual". A dose anual pode ser calculada pela aferição da concentração de radionuclídeos (U, Th, K) na amostra e estimativa da radiação cósmica na latitude, altitude e profundidade da amostra (JAIN *et al.*, 2004).

Quanto maior o tempo que os grãos estiveram soterrados, maior será a carga acumulada (paleodose), que será obtida em laboratório a partir de um estímulo óptico induzido. Dessa forma, é assumido que qualquer carga pretérita de elétrons contida no sedimento é substancialmente reduzida ou completamente removida durante o processo erosivo, restando apenas uma pequena carga residual não removível. Geofrey-Smith *et al.* (1988) demonstraram que, no caso do quartzo e do feldspato, a redução do sinal por estímulo óptico chega a níveis muito baixos, com valores residuais inferiores a 5% da carga inicial após uma exposição à luz solar por um minuto.

As leituras da luminescência são feitas em função do tempo de liberação de luz (fótons) a partir do estímulo luminoso. Procedimentos distintos podem ser empregados, como o de alíquota múltipla (*multiple aliquot regenerative-dose — MAR*), o de alíquota única (*single aliquot regenerative-dose — SAR*) e o de grãos individuais (*single-grain*).

Pelo procedimento *MAR* são feitas medições em cerca de 20 a 40 grãos minerais, nos quais são aplicadas diferentes doses de radiação em laboratório e os resultados permitem delinear uma curva de crescimento, que representa a resposta da luminescência do material à radiação (LI; WINTLE, 1992).

No entanto, os grãos podem ser expostos heterogeneamente à luz solar, de modo que alguns podem ser "não zerados". A idade representa, então, o valor médio de luminescência de todos os grãos e, desse modo, os grãos "não zerados" tendem a aumentar a média. Por isso, o protocolo *MAR* é raramente utilizado em análises mais recentes.

No procedimento *SAR*, apenas uma alíquota (~7 mg) é utilizada na medida do sinal natural de LOE e nas diversas etapas de irradiação para a construção da curva de calibração. Técnicas estatísticas podem ser utilizadas para identificar e isolar os dados de grãos não zerados (RITTENOUR, 2008). A técnica mais precisa, no entanto, seria a de análise de grãos individuais (DULLER, 2008). Assim, seria possível diminuir o erro nas medidas e identificar se os grãos foram completamente esvaziados do sinal de luminescência antes da deposição final.

Para testar a precisão das idades obtidas por LOE muitos estudos comparam tais idades com outras obtidas via datação radiocarbônica no mesmo depósito, tendo encontrado uma boa correspondência em muitos casos. Porém, segundo Rittenour (2008), em alguns estudos, a avaliação dos dados geocronológicos juntamente com outros controles geológicos e geomorfológicos tem evidenciado problemas tanto com a LOE (esvaziamento incompleto e incertezas nas taxas de dose) como com o radiocarbono (contaminação e retrabalhamento do material orgânico).

Thorndycraft *et al.* (2008) consideram que os depósitos aluviais não seriam os ideais para a aplicação da LOE, devido à exposição solar inadequada dos grãos antes da deposição. Segundo Jain *et al.* (2004) e Rittenour (2008), o esvaziamento parcial (*partial bleaching*) do sinal de luminescência antes da deposição final é mais comum em ambientes fluviais por uma série de razões: a profundidade da lâmina-d'água, a turbidez, a turbulência, o tamanho dos grãos, o modo de transporte dos sedimentos (suspensão, saltação ou arraste), a distância de transporte, entre outros. A entrada direta de sedimentos "não zerados" a partir da erosão de depósitos antigos e das margens dos rios é comum em sistemas fluviais e também contribui para a dispersão nos resultados. Além disso, inundações, tempestades e outros eventos de alta descarga podem causar rápida erosão e limitar a exposição solar durante o transporte dos sedimentos.

No entanto, essa é uma questão controversa: Rendell *et al.* (1994) demonstraram a eficácia do esvaziamento do sinal de luminescência óptica no quartzo e no feldspato após uma exposição a três horas de luz a uma profundidade de 12 m sob a água, apesar do espectro solar ser substancialmente atenuado a essa profundidade. Esses experimentos atestam a adequação da técnica da LOE para a datação de sedimentos fluviais depositados em condições subaquosas. Além disso, novos desenvolvimentos em instrumentação e novos protocolos analíticos diminuem as incertezas, mesmo para depósitos jovens (<300 anos, período de erros de medida comuns para a datação por radiocarbono — THORNDYCRAFT *et al.*, 2008), e para aqueles com esvaziamento parcial (COLAROSSI *et al.*, 2015).

De acordo com Jain *et al.* (2004), a datação por grãos individuais e pequenas alíquotas é mais importante e aplicável para amostras mais jovens (menos de mil de anos), nas quais o esvaziamento parcial do sinal da luminescência é maior, podendo levar a uma elevada distorção na idade obtida. Para sedimentos com mais de alguns milhares de anos, no entanto, o esvaziamento parcial não é um impedimento para se obterem idades precisas de sedimentos aluviais do Holoceno Inicial e Médio e do Pleistoceno Tardio, mesmo se valendo de protocolos de alíquota múltipla (JAIN *et al.*, 2004; RITTENOUR, 2008).

É provável que os sedimentos mais antigos em terraços e depósitos de planície de inundação tenham sofrido ciclos de transporte e deposição consideravelmente mais longos e mais numerosos antes da deposição final que os sedimentos encontrados em canais modernos e depósitos de barras, permitindo um maior esvaziamento das cargas previamente acumuladas (JAIN *et al.*, 2004). Pela mesma razão, somada à interação do sistema fluvial com o eólico, os sedimentos de grandes rios e de rios de regiões semiáridas apresentam um esvaziamento mais eficaz.

Segundo Rittenour (2008), muitos estudos têm descoberto que os grãos maiores também sofrem um esvaziamento mais eficiente, o que provavelmente está relacionado ao modo de transporte. Sedimentos grossos são transportados mais lentamente que siltes e areias muito finas em suspensão, permitindo mais exposição solar entre a erosão inicial e a deposição final. Sedimentos mais grossos também são mais suscetíveis a serem depositados em barras de canal e expostos à luz inúmeras vezes durante o transporte. Além de revestimentos de lama em grãos finos, as propriedades de coesão de siltes e areias muito finas podem levar esses grãos a um transporte em agregados, impedindo uma exposição adequada à luz solar.

Uma questão importante é a presença de minerais na forma de inclusões ou na superfície dos grãos analisados por luminescência, o que pode afetar a idade obtida. Óxidos de ferro, titânio e zircônio, bem como inclusões com concentração de U e Th podem provocar uma superestimação das idades (MURRAY; OLLEY, 2002).

Na amostragem, deve-se estar atento também ao estado de preservação do depósito, de modo que a idade obtida para os sedimentos esteja ligada à deposição original. A amostragem deve ser feita a uma profundidade mínima de 0,5 a 1 m vertical e horizontal, no caso de perfis já expostos (cortes de estradas ou margem de rios, por exemplo), a fim de se remover a parte superficial que poderia estar contaminada com material coluvionado, materiais de exposição recente aos raios solares, horizontes bioturbados por animais (zoorturbações) e plantas (fitoturbações), bem como horizontes pedogenéticos (CORRÊA *et al.*, 2008). Além disso, investigações sedimentológicas podem ser necessárias para interpretar os materiais que devem ser amostrados, dando preferência aos sedimentos associados a canais ou barras de canal, pois são mais claramente associados a um transporte mais efetivo dos grãos (RIXHON *et al.*, 2017). As amostras devem ser coletadas e armazenadas ao abrigo da luz, utilizando-se materiais opacos e mantas ou sacos pretos, a fim de que as amostras não sejam expostas a fontes luminosas (ver Figura 12.4), o que poderia levar a perdas parciais do sinal de LOE.

Porém, conforme observam Kock *et al.* (2009), a ausência de adequadas lentes ou camadas arenosas nos pacotes sedimentares permanece como um dos principais problemas para obtenção de idades coerentes por LOE em ambientes fluviais de elevada energia, como em áreas serranas. Geralmente, a dose anual é determinada pela aferição da concentração de radionuclídeos (U, Th, K) na amostra e pela estimativa da radiação cósmica na latitude, altitude e profundidade da mesma. Assim, é importante que a coleta seja feita no centro de camadas relativamente homogêneas. Um raio de 30 cm define aproximadamente o volume que vai contribuir com a maior parte da radiação recebida pela amostra (BURBANK; ANDERSON, 2001; RIXHON *et al.*, 2017). Entretanto, são raros os depósitos de cursos d'água em áreas serranas, por exemplo, que apresentam fácies de leito com lentes ou camadas arenosas com essa espessura.

Ressalta-se que o sinal da luminescência para de crescer linearmente com a adição de radiação a partir de certa idade, pois as armadilhas se saturam. Isso também poderia ocorrer onde a radiação é muito elevada, como em áreas graníticas, por exemplo (BURBANK; ANDERSON, 2001). Assim, apesar de fornecer idades de várias centenas de milhares de anos, a saturação do sinal LOE pode ser alcançada com cerca de 150 ka ou menos em sedimentos ricos em elementos radioativos (KOCK *et al.*, 2009; RIXHON *et al.*, 2017). Em alguns casos, a datação por LOE alcança apenas idades mínimas, demandando análises baseadas em técnicas complementares (BARTZ *et al.*, 2018). Assim, pode haver uma razoável margem de erro para a datação do quartzo, sobretudo.

A curva de acumulação para o feldspato cresce para doses muito mais altas, podendo estender o intervalo de datação em 4-5 vezes em comparação com o quartzo (BUYLAERT *et al.*, 2012). Entretanto, devido aos intensos processos de intemperismo nos climas tropicais úmidos, em muitos casos, não há preservação significativa de grãos de feldspato para datação. Ademais, o feldspato é afetado pelo "*anomalous fading*", uma tendência espontânea dos elétrons de evitarem armadilhas profundas sem estímulo luminoso, o que pode levar à subestimação das idades (RIXHON *et al.*, 2017).

Conforme Şahiner *et al.* (2017), experimentos recentes a respeito da física do mecanismo de luminescência nos minerais de quartzo revelaram o fenômeno de Transferência Térmica (*Thermal Transfer* — TT) sob temperaturas de até 200-300°C. A saturação desse sinal ocorre em limites superiores, permitindo datações em até um milhão de anos (JACOBS *et al.*, 2011; WANG *et al.* 2006, 2007). Assim, a técnica da LOE Termicamente Assistida (*Thermally Assisted* — TA) foi introduzida para estimativas de doses mais elevadas (POLYMERIS, 2015). Şahiner *et al.* (2017) utilizaram uma combinação dos métodos de TL e LOE para investigar o sinal armazenado em armadilhas muito profundas (*very deep traps* — VDT) na rede cristalina do quartzo que podem ser estimuladas a temperaturas mais altas (~500°C), permitindo datar sedimentos depositados além do limite convencional da LOE. Outra aplicação diz respeito à da luz violeta para estimular armadilhas mais profundas da estrutura do cristal de quartzo (ANKJÆRGAARD *et al.*, 2016). O estudo dessas armadilhas tem certas vantagens, pois elas são mais estáveis, preservando o sinal de luminescência por mais tempo e com maiores limites de saturação.

No Brasil, testes com aplicação do protocolo de datação por termoluminescência isotérmica (*isothermal thermoluminescence* — ITL) mostram ser adequada sua aplicação para ampliar o limite da datação por luminescência para todo o período Quaternário. Como nos depósitos sedimentares brasileiros as taxas de dose são relativamente baixas (0,5-1,0 Gy/ka), seria possível datar sedimentos até o Plioceno (> 2 Ma) por meio do sinal ITL310°C (SAWAKUCHI *et al.* 2016).

12.3. Datação por Ressonância do Spin Eletrônico (RSE)

A Ressonância do *Spin* Eletrônico (*Electron spin resonance — ESR*) é uma técnica de datação por exposição à radiação com base na avaliação da dose de radiação natural absorvida pelos materiais ao longo do tempo geológico (RIXHON *et al.*, 2017). A datação do quartzo em sedimentos pela técnica da RSE se baseia nos mesmos princípios da LOE: o estudo de sinais sensíveis à luz cuja intensidade é redefinida sob exposição à luz solar durante o transporte sedimentar (TOYODA *et al.*, 2015). Uma vez que o sedimento é soterrado (protegido da luz solar), são criados centros paramagnéticos (especialmente os centros de titânio e alumínio — PREUSSER *et al.*, 2009) e a intensidade do sinal de RSE aumenta como resultado da interação da radioatividade natural com o quartzo.

No caso da RSE as medições são obtidas diretamente através da absorção ressonante de micro-ondas que ocorre quando a amostra é colocada em um campo magnético externo (KINOSHITA; BAFFA, 2005). Nesse processo não ocorre a recombinação ou liberação do elétron, logo, a RSE não é destrutiva, ou seja, a informação depositada pela radiação não é perdida durante a medição.

A despeito de comumente utilizada para a datação de espeleotemas, dentes, conchas e corais, essa técnica também pode ser aplicada para a datação de sedimentos aluviais (SCHELLMANN *et al.*, 2008). Embora sua aplicação seja menos comum para esse fim, ela tem proporcionado sucesso em vários contextos (VOINCHET *et al.*, 2010; CORDIER *et al.*, 2012; ROSINA *et al.*, 2014).

Ela cobre uma ampla faixa de tempo (de centenas até vários milhões de anos), porém merece destaque a faixa entre 40.000 e 200.000 anos. Rosina *et al.* (2014), por exemplo, obtiveram idade de cerca de 900 ka para o terraço mais antigo do Rio Tagus, em Portugal. No entanto, possíveis aquecimentos, ataques químicos, exposição à luz, entre outros, podem alterar a leitura da concentração de *spins* (KINOSHITA; BAFFA, 2005).

Como todas as técnicas de datação, a RSE apresenta problemas metodológicos específicos que não podem ser considerados no cálculo de seu erro, como diversos fatores geológicos que não podem ser quantificados, tais como alterações diagenéticas do material datado e inclusões ou perda de elementos radioativos (U, Th e K). Assim como para a LOE, o esvaziamento completo do sinal de RSE depende da duração e das condições de transporte. Para a datação de quartzo ocorrem ainda as variações no teor de água e desequilíbrios na cadeia de decaimento de U e Th, sendo que em muitos estudos um equilíbrio radioativo é simplesmente assumido.

12.4. Série de urânio

A datação por meio da série de urânio é aproximada em materiais detríticos em ambientes cársticos (ver Figura 12.5) e em calcretes ou massas concrecionadas por carbonatos, cuja formação é favorecida em ambientes áridos e semiáridos (SCHWARCZ, 1978). Conforme RIXHON *et al.* (2017), em materiais naturais não perturbados e com vários milhões de anos de idade, a atividade dos isótopos pai (^{238}U) e filhos (isto é, ^{234}U e ^{230}Th, respectivamente) está em equilíbrio secular — ver Figura 12.6. No entanto, este pode ser perturbado por vários processos naturais. Em ambientes aquosos, a principal razão de desequilíbrio entre U e Th é o comportamento geoquímico diferente dos dois elementos, pois o U é solúvel em águas naturais, e o Th, insolúvel, sendo transportado principalmente adsorvido em partículas. Assim, durante a formação de carbonatos secundários, o U é incorporado, mas o Th, não. Logo, o equilíbrio secular é perturbado e a atividade inicial de ^{230}Th é zero. Se nenhum isótopo de U e de Th é perdido ou adicionado posteriormente, os índices de atividade de ($^{234}U/^{238}U$) e ($^{230}Th/^{238}U$) retornam ao estado de equilíbrio secular. A evolução temporal dos índices de atividade (em particular o aumento de ^{230}Th devido ao decaimento de ^{234}U e ^{238}U) permite datar o momento do estabelecimento do desequilíbrio e, portanto, dar a idade do carbonato. Entretanto, isso só é possível se: i) houver ausência inicial de ^{230}Th; e ii) o sistema permanecer fechado após a deposição.

Nesse contexto, apesar de abranger um intervalo temporal entre alguns milhares de anos até ~800 ka, a datação de materiais detríticos pela série de urânio é considerada a menos confiável entre as aplicações da técnica, ideal para a datação de corais e espeleotemas (SCHWARCZ, 1989). Isso porque os sedimentos se comportam como sistemas abertos, ou seja, não retêm os isótopos e seus filhos radioativos ao longo do tempo.

Ademais, a datação de carbonatos em depósitos fluviais pode revelar idades não relacionadas à deposição dos sedimentos, pois aqueles materiais são desenvolvidos lentamente por longos períodos de tempo (SCHWARCZ; GASCOYNE, 1984). Desse modo, dever-se-ia analisar a parte mais interna das concreções, adjacente aos clastos (BURBANK; ANDERSON, 2001).

Dentro da série de urânio (ver Figura 12.6), o ^{210}Pb (chumbo) pode ser aplicado para materiais mais jovens. O decaimento do ^{238}U na crosta da Terra libera o gás radão, que produz ^{210}Pb pelo decaimento na atmosfera. O isótopo de chumbo entra na crosta terrestre ou na água por meio da precipitação, sendo adsorvido a partículas sedimentares e, juntos, são depositados. Essa técnica é aplicada para se obterem relações idade/profundidade para sedimentos de planícies de inundação e calcular taxas de sedimentação. A meia-vida do ^{210}Pb é de cerca de 22 anos e sua abrangência temporal é de aproximadamente 100 anos (JACOBSON *et al.*, 2003; DU; WALLING, 2012). O uso desta técnica depende de taxas uniformes de deposição de sedimentos e ^{210}Pb, o que pode ser encontrado em lagoas de planícies de inundação e canais abandonados (DU; WALLING, 2012).

12.5. Isótopos cosmogênicos

Os isótopos cosmogênicos são, por definição, núcleos formados por reações nucleares induzidas, direta ou indiretamente, por raios cósmicos. A maior parte de sua produção é provocada por reações de nêutrons secundários. Assim, são formados pela interação da radiação cósmica com elementos químicos presentes na atmosfera e nos materiais litosféricos localizados nos poucos metros mais superficiais da crosta terrestre. Eles permitem mensurar taxas de erosão e desnudação, datar eventos, depósitos ou quantificar a intensidade de episódios neotectônicos. São exemplos de isótopos cosmogênicos: ^{3}He, ^{10}Be, ^{21}Ne, ^{26}Al e ^{36}Cl.

O ^{3}He e o ^{21}Ne são estáveis e por isso apresentam acumulação constante. Logo, não podem ser utilizados para a datação de materiais com história de exposição complexa, como, por exemplo, os sedimentos fluviais. Além disso, há dúvidas se a quantidade total desses dois isótopos cosmogênicos formada nos minerais através da radiação cósmica é completamente preservada no interior dos mesmos. Sendo assim, os isótopos cosmogênicos que possuem maior utilidade para a Geomorfologia Fluvial são aqueles que apresentam decaimento radioativo (meia-vida) e registram histórias complexas: ^{36}Cl (aproximadamente 300 mil anos), ^{26}Al (aproximadamente 730 mil anos) e o ^{10}Be (aproximadamente 1.387 mil anos).

O ^{10}Be é o isótopo cosmogênico mais utilizado na Geomorfologia na atualidade, pois pode ser facilmente mensurado em materiais que possuam o quartzo em sua estrutura, mineral este que está presente na maior parte das rochas e sedimentos que compõem a superfície terrestre. Além disso, envolve menores custos laboratoriais, visto que é produzido em maiores quantidades no interior desses minerais e, sendo assim, é mais rapidamente lido em acelerador atômico. Por fim, seu uso é mais difundido, pois constitui o isótopo cosmogênico de maior meia-vida e, portanto, apresenta melhor espectro temporal. Vale ressaltar ainda que, segundo Raisbeck (1984), os únicos isótopos de longa-vida que podem ser formados a partir de componentes básicos da atmosfera, como o nitrogênio e oxigênio, são o ^{14}C e o ^{10}Be. Esse fato, juntamente com uma abundância anormalmente baixa do isótopo estável ^{9}Be, faz o ^{10}Be ser um isótopo particularmente atraente para um espectrômetro de massa. É também por essa razão que o ^{10}Be se tornou tão importante para a Geofísica quanto o ^{14}C para o ciclo do carbono na natureza e para datações (BARRETO, 2012).

A quantidade de isótopo cosmogênico produzida no interior de um material litosférico depende dos seguintes fatores: i) latitude, ii) altitude, iii) profundidade do material em relação à superfície, iv) sombra proporcionada pelo relevo e v) tempo de exposição. Como os quatro primeiros fatores podem ser medidos em campo, quando a quantidade de ^{10}Be em uma amostra é mensurada em laboratório, obtém-se através da Equação 12.2 o tempo de exposição do material amostrado ou sua taxa de erosão, que é inversamente proporcional à idade de exposição.

$$C_{(x,\varepsilon,t)} = \frac{P_{spall.}}{\frac{\varepsilon}{\Lambda_n}+\lambda} . e^{-\frac{x}{\Lambda_n}} \left[1-exp\left\{-t\left(\frac{\varepsilon}{\Lambda_n}+\lambda\right)\right\}\right] +$$
$$\frac{P_{\mu\_slow}}{\frac{\varepsilon}{\Lambda_{\mu s}}+\lambda} . e^{-\frac{x}{\Lambda_{\mu s}}} \left[1-exp\left\{-t\left(\frac{\varepsilon}{\Lambda_{\mu s}}+\lambda\right)\right\}\right] + \qquad (12.2)$$
$$\frac{P_{\mu\_fast}}{\frac{\varepsilon}{\Lambda_{\mu f}}+\lambda} . e^{-\frac{x}{\Lambda_{\mu f}}} \left[1-exp\left\{-t\left(\frac{\varepsilon}{\Lambda_{\mu f}}+\lambda\right)\right\}\right],$$

sendo: $C(x;\varepsilon)$ = concentração *in situ* produzida de ^{10}Be (átomo grama^{-1}); x = profundidade em relação à superfície do material amostrado (grama cm^{-2}); P_n = taxa de bombardeamento cosmogênico dos núcleos de átomos no local amostrado (para veios, rochas e solos) ou então a taxa média de bombardeamento cosmogênico dos núcleos de átomos na bacia hidrográfica a montante do local de amostragem (para sedimentos fluviais) — átomo grama^{-1} ano^{-1}; $p_{\mu s}$ e $p_{\mu f}$ = contribuição dos múons rápidos e lentos com base no cálculo elaborado por Braucher *et al.* (2011); Λ_n, $\Lambda_{\mu s}$ e $\Lambda_{\mu f}$ = comprimentos efetivos de atenuação aparente (grama/cm^2) para os nêutrons, múons lentos e rápidos, respectivamente. Todos os cálculos são realizados usando comprimentos de atenuação de 150, 1.500, e 4.320 g/cm^2; λ = decaimento radioativo constante (ano^{-1}), que tem um valor de $4.997 \pm 0.043 \times 10^{-7}$; e ε = taxa de desnudação/erosão (grama cm^{-2} ano^{-1}).

Assim, quanto maior a quantidade de ^{10}Be em uma amostra, maior foi o tempo de exposição do material amostrado à radiação cósmica ou, em outras palavras, mais tempo esse material permaneceu em condições de superfície. Por consequência, se um material ficou muito tempo nessas condições superficiais, significa que as taxas de erosão/desnudação dessa superfície foram baixas (ver Figura 12.7). Logo, amostras com muito ^{10}Be ficaram muito tempo em condições superficiais e, portanto, estiveram submetidas a baixas taxas de erosão/desnudação, enquanto materiais com pouco ^{10}Be permaneceram pouco tempo na superfície, pois foram submetidos a altas taxas de erosão/desnudação.

As taxas de erosão podem ser mensuradas para um local específico — a partir da amostragem em veios de quartzo nas rochas, por exemplo — ou para uma bacia hidrográfica — a partir da amostragem de sedimentos de leito no respectivo curso d'água. No caso da amostragem de sedimentos, as taxas de erosão obtidas representam uma média da bacia hidrográfica a montante do ponto de coleta. Isso ocorre, pois cada grão de quartzo coletado veio de uma parte diferente da bacia hidrográfica e o fluxo fluvial os misturou. Logo, esse processo permite mensurar a média ponderada das diversas taxas de desnudação da bacia hidrográfica a montante do ponto de amostragem. Assim, a quantidade de ^{10}Be na amostra é inversamente proporcional ao tempo que o grão, enquanto parte da rocha, ficou exposto à superfície, bem como o tempo envolvido nos processos de erosão, transporte e sedimentação no canal.

Sabendo-se a quantidade produzida de determinado isótopo cosmogênico e sua taxa de produção, também é possível obter a idade dos sedimentos. No entanto, essa é uma idade superestimada, pois envolve não só o período que o sedimento está depositado, mas também todo o processo erosivo, incluindo o transporte do sedimento desde seu local de origem até o depósito (HANCOCK *et al.*, 1999; RIXHON *et al.*, 2011). Assim, é preciso isolar a produção de isótopos cosmogênicos herdada do período pré-deposicional. Para isso, o mais comum é utilizar a relação entre dois isótopos: ^{10}Be e o ^{26}Al, pois como os mesmos possuem distintas meias-vidas, pela diferença nas taxas de decaimento radioativo é possível calcular a idade de deposição do material. Nesse caso, deve-se tomar o cuidado em amostrar o depósito a mais de dois metros de profundidade, visto que nessa distância da superfície a produção de isótopos cosmogênicos ocorre em taxas desprezíveis e, por consequência, será possível mensurar a diferença do decaimento radioativo entre os dois isótopos desde o momento em que o material amostrado foi soterrado.

No entanto, para que a datação seja fidedigna, ela só pode ser feita em sedimentos de depósitos que não tenham sofrido expressiva erosão ou deposição posterior à sua formação original (recobrimento por colúvio, por exemplo). Desse modo, para o contexto intertropical úmido, onde os processos morfodinâmicos ocorrem de forma acelerada, restringe-se a aplicação desta técnica aos níveis fluviais ainda preservados como terraços que, na prática, tendem a ser apenas aqueles mais recentes.

Desse modo, no Brasil, onde predomina o clima tropical úmido, o uso desta técnica de datação foi mais comum em estudos de rearranjo de drenagem ou em pesquisas que objetivaram compreender quais são as consequências que as mudanças de um perfil fluvial causam no processo de evolução das vertentes e das bacias hidrográficas. Nesse sentido, destacam-se os primeiros trabalhos que no Brasil utilizaram do isótopo cosmogênico ^{10}Be em sedimentos fluviais, realizados no Quadrilátero Ferrífero em Minas Gerais, objetivando compreender como a incisão dos pequenos canais fluviais que drenam a região afetaram a morfogênese regional (SALGADO *et al.*, 2006, 2007a, 2007b, 2008). Esses trabalhos comprovaram que os diferentes litotipos — quartzitos, itabiritos (formações ferríferas bandadas), dolomitos, xistos, filitos e granitos-gnaisses — naquela região possuem resistência diferencial frente ao trabalho erosivo dos cursos fluviais e que, por isso, determinam as taxas de incisão e níveis de base locais para os mesmos. Paralelamente, demonstraram que esse fato interfere na evolução das vertentes de toda a região, visto que até a forma destas evoluírem — por rebaixamento vertical (*downwearing*) ou por retração lateral (*backwearing*) — é consequência do quanto a rede de drenagem, em cada substrato, conseguiu dissecar o seu próprio leito.

Os trabalhos posteriores que utilizaram no Brasil o isótopo cosmogênico ^{10}Be em sedimentos fluviais estiveram mais relacionados a entender processos de rearranjo de drenagem em grandes divisores hidrográficos (BARRETO *et al.*, 2013; CHEREM *et al.*, 2012; SALGADO *et al.*, 2012, 2014, 2016; SORDI *et al.*, 2018; REZENDE *et al.*, 2014). Esses trabalhos mostraram que, nessas áreas, as bacias mais agressivas tendem a drenar patamares topográficos mais baixos e, por captura fluvial, fazem com que os cursos fluviais das bacias adjacentes mudem de direção. Nesse processo, os cursos d'água capturados aumentam a incisão de seus canais, ampliando assim a declividade das vertentes e gerando um *input* erosivo em toda a área pirateada (ver Figura 12.8). Exceção a essa regra se dá quando o substrato é muito resistente e impede que os processos de incisão fluvial sejam acelerados (BARRETO *et al.*, 2013).

Por fim, no Brasil, o isótopo cosmogênico ^{10}Be em sedimentos foi utilizado para verificar o quanto os processos dinâmicos existentes na confluência de dois grandes rios alteram a morfogênese das bacias hidrográficas e das vertentes localizadas próximo a essa confluência (COUTO, 2015). Esse estudo mostrou que, nessas áreas, processos de migração de canais e de acúmulo de sedimentos causam expressivas mudanças na dinâmica das vertentes e dos canais tributários localizados na proximidade da confluência. Nesse contexto, as vertentes localizadas na direção da migração se tornam mais íngremes, e os cursos d'água que as drenam, mais agressivos. Na outra margem ocorre justamente o contrário, ou seja, as vertentes se tornam mais suaves e com menores taxas de erosão e de incisão fluvial dos tributários. Logo, mostrou-se que as taxas fluviais e os ambientes deposicionais de áreas tropicais são muito mais dinâmicos do que anteriormente se imaginava.

12.6. Considerações finais

A aplicação de técnicas de datação absoluta em sedimentos fluviais apresenta melhorias consideráveis nas últimas duas décadas e tem grande importância para a reconstrução de paleoambientes fluviais. No entanto, a adequada datação de sedimentos fluviais ainda pode ser um grande desafio em regiões intertropicais úmidas e serranas. A datação por radiocarbono apresenta custos razoáveis, porém demanda material orgânico, podendo limitar a datação a materiais de planícies de inundação e terraços recentes, devido à degradação relativamente rápida da matéria orgânica. A LOE também apresenta custos razoáveis, porém pode apresentar um limite temporal restrito para áreas de elevada radiação ambiental, além de demandar lentes ou camadas arenosas relativamente homogêneas e de boa espessura, dificultando o encontro de boas amostras em domínios fluviais serranos, por exemplo. A RSE ainda está sujeita a incertezas, dependendo, de um controle independente de idade em alguns casos, o que encarece as análises. Além disso, são relativamente poucos os laboratórios que prestam serviço de datação por essa técnica. Dentro da série de Urânio, o uso do ^{210}Pb é o mais adequado para o contexto fluvial, porém ele é extremamente limitado quanto à escala temporal. A aplicação dos isótopos cosmogênicos para datação de depósitos também é restrita a materiais de terraços espessos e bem preservados (geralmente apenas os mais recentes), além de ter custo elevado.

Desse modo, apesar de certa pressão na comunidade científica pela aplicação de técnicas de datação absoluta, obter boas idades envolve o investimento de recursos financeiros expressivos. Além disso, não há uma só técnica que seja aplicável em todos os contextos. Cada um possui limitações específicas, sobrando, muitas vezes, pouca ou nenhuma alternativa realmente confiável. Certamente, ao se aplicar uma técnica, é preciso ter consciência de seus limites e avaliar criticamente os dados, sendo as evidências de campo sempre preponderantes sobre os resultados de laboratório. Isso porque problemas diversos — como a troca de amostras ou aparelhos descalibrados (ou indevidamente calibrados), além de erros nos procedimentos de coleta — podem ocorrer, tornando a interpretação dos dados um verdadeiro quebra-cabeça, muitas vezes, sem solução.

Referências

ANKJÆRGAARD, C.; GURALNIK, B.; BUYLAERT, J. P.; REIMANN, T.; YI, S. W.; WALLINGA, J. Violet Stimulated Luminescence Dating of Quartz from Luochuan (Chinese Loess Plateau): Agreement with Independent Chronology up to ~ 600 Ka. **Quaternary Geochronology**, [S.l.], v. 34, pp. 33-46, 2016

BARRETO, H. N. **Investigação da influência dos processos denudacionais na evolução do relevo da Serra do Espinhaço Meridional, Minas**

Gerais, Brasil. 2012. 148f. Tese (Doutorado em Evolução Crustal e Recursos Naturais), Universidade Federal de Ouro Preto, Ouro Preto, 2012.

BARRETO, H. N.; VARAJÃO, C. A. C.; BRAUCHER, R.; BOURLÈS, L. D.; SALGADO, A. A. R. Denudation Rates of the Southern Espinhaço Range, Minas Gerais, Brazil, Determined by In Situ-Produced Cosmogenic Beryllium-10. **Geomorphology,** [S.l.], v. 191, pp. 1-13, 2013.

BARROS, L. F. P.; MAGALHÃES JR., A. P. O papel da bacia do rio Doce na configuração geomorfológica do Quadrilátero Ferrífero, MG. **Boletim de Geografia,** Maringá, v. 37, n. 1, pp. 145-167, 2019.

BARTZ, M.; RIXHON, G.; DUVAL, M.; KING, G. E.; POSADA, C. A.; PARES, J. M.; BRÜCKNER, H. Successful Combination of Electron Spin Resonance, Luminescence and Palaeomagnetic Dating Methods Allows Reconstruction of the Pleistocene Evolution of the Lower Moulouya River (NE Morocco). **Quaternary Science Reviews,** [S.l.], v. 185, pp. 153-171, 2018.

BROCK, F.; HIGHAM, T.; DITCHFIELD, P.; BRONK RAMSEY, C. Current Pretreatment Methods for AMS Radiocarbon Dating at the Oxford Radiocarbon Accelerator Unit (ORAU). **Radiocarbon,** [S.l], v. 52, pp. 103-112, 2010.

BUYLAERT, J.-P.; JAIN, M.; MURRAY, A. S.; THOMSEN, K. J.; THIEL, C.; SOHBATI, R. A Robust Feldspar Luminescence Dating Method for Middle and Late Pleistocene sediments. **Boreas,** v. 41, n. 3, pp. 435-451, 2012.

BRAUCHER, R.; MERCHEL, S.; BORGOMANO, J.; BOURLÈS, D. L. Production of Cosmogenic Radionuclides at Great Depth: A Multi Element Approach. **Earth and Planetary Science Letters,** [S.l.], v. 309, n. 1-2, pp. 1-9, 2011.

BURBANK, D. W.; ANDERSON, R. S. **Tectonic Geomorphology.** 1ª ed. Malden: Blackwell Science, 2001. 274 p.

CHEREM, L. F.; VARAJÃO, C. A. C.; BRAUCHER, R.; BOURLÈS, L. D.; SALGADO, A. A. R.; VARAJÃO, A. F. D. 2012. Long-Term Evolution of Denudational Escarpments in Southeastern Brazil. **Geomorphology,** [S.l.], v. 173, pp. 118-127, 2012.

COLAROSSI, D.; DULLER, G. A. T.; ROBERTS, H. M.; TOOTH, S.; LYONS, R. Comparison of Paired Quartz OSL and Feldspar Post-IR IRSL Dose Distributions in Poorly Bleached Fluvial Sediments from South Africa. **Quaternary Geochronology**, v. 30 (B), pp. 233-238, 2015.

CORDIER, S.; HARMAND, D.; LAUER, T.; VOINCHET, P.; BAHAIN, J.-J.; FRECHEN, M. Geochronological Reconstruction of the Pleistocene Evolution of the Sarre Valley (France and Germany) Using OSL and ESR Dating Techniques. **Geomorphology**, Amsterdam, v. 165-166, pp. 91-106, 2012.

CORRÊA, A. C. B.; DA SILVA, D. G.; MELLO, J. S. Utilização dos depósitos de encostas dos brejos pernambucanos como marcadores paleoclimáticos do Quaternário Tardio no semiárido nordestino. **Mercator**, Fortaleza, v. 7, n. 14, pp. 99-125, 2008.

COUTO, E. V. **Evolução denudacional de longo prazo e a relação solo — relevo no noroeste do Paraná**. 2015. 112 f. Tese (Doutorado em Geografia), Universidade Federal do Paraná, Curitiba, 2015.

DU, P.; WALLING, D. E. Using ^{210}Pb Measurements to Estimate Sedimentation Rates on River Floodplains. **Journal of Environmental Radioactivity**, [S.l.], v. 103, n. 1, pp. 59-75, 2012.

DULLER, G. A. T. Single-Grain Optical Dating of Quaternary Sediments: Why Aliquot Size Matters in Luminescence Dating. **Boreas**, [S.l.], v. 37, n. 4, pp. 589-612, 2008.

GEOFREY-SMITH, D. I.; HUNTLEY, D. J.; CHEN, W. H. Optical Dating Studies of Quartz and Feldspar Sediment Extracts. **Quaternary Science Reviews**, [S.l.], v. 7, n. 3-4, pp. 373-380, 1988.

HANCOCK, G. S.; ANDERSON, R. S.; CHADWICK, O. A.; FINKEL, R. C. Dating Fluvial Terraces with 10Be and 26Al Profiles: Application to the Wind River, Wyoming. **Geomorphology**, [S.l.], v. 27, n. 1-2, pp. 41-60, 1999.

JACOBSON, R.; O'CONNOR, J. E.; OGUCHI, T. Surficial Geologic Tools in Fluvial Geomorphology. *In*: KONDOLF, G. M.; PIEGAY, H. (eds.). **Tools in Fluvial Geomorphology**. Chichester: Wiley, 2003. pp. 25-57.

JAIN, M.; MURRAY, A. S.; BOTTER-JENSEN, L. Optically Stimulated Luminescence Dating: How Significant is Incomplete Light Exposure in Fluvial Environments? **Quaternaire**, [S.l.], v. 15, n. 1, pp. 143-157, 2004.

JACOBS, Z.; ROBERTS, R. G.; LACHLAN, T. J.; KARKANAS, P.; MAREAN, C. W.; ROBERTS, D. L. Development of the SAR TT-OSL Procedure for Dating Middle Pleistocence Dune and Shallow Marine Deposits along the Southern Cape Coast of South Africa. **Quaternary Geochronology**, v. 6, n. 5, pp. 491-513, 2011.

KINOSHITA, A.; BAFFA, O. Datação por Ressonância do Spin Eletrônico. **Canindé**, Xingó, v. 6, pp. 47-66, 2005.

KOCK, S; KRAMERS, J. D.; PREUSSER, F; WETZEL, A. Dating of Late Pleistocene Terrace Deposits of the River Rhine Using Uranium series and Luminescence Methods: Potential and Limitations. **Quaternary Geochronology**, [S.l.], v. 4, n. 5, pp. 363-373, 2009.

LI, S. H.; WINTLE, A. G. Luminescence Sensitivity Change Due to Bleaching of Sediments. **International Journal of Radiation Applications and Instrumentation — Part D**, [S.l.], v. 20, n. 4, pp. 567-573, 1992.

MISSURA, R.; CORRÊA, A. C. B. Evidências geomorfológicas como ferramentas para a reconstrução paleogeográfica na Mantiqueira Ocidental, MG. **Revista de Geografia (Recife)**, Recife, v. 24, n. 3, pp. 262-278, 2007.

MURRAY, A. S.; OLLEY, J. M. Precision and Accuracy in the Optically Stimulated Luminescence Dating of Sedimentary Quartz: A Status Review. **Geochronometria**, [S.l.], v. 21, n. 1, pp. 1-16, 2002.

OLIVEIRA, L. A. F.; COTA, G. E.; LIMA, L. B. S.; MAGALHÃES JR., A. P.; CARVALHO, A. Aplicação da Luminescência Opticamente Estimulada (LOE) como subsídio aos estudos de capturas fluviais quaternárias: o caso da Serra da Mantiqueira (Zona da Mata de Minas Gerais). **Revista Brasileira de Geomorfologia**, São Paulo, v. 19, n. 4, pp. 679-690, 2018.

POLYMERIS, G. S. OSL at Elevated Temperatures: Towards the Simultaneous Thermal and Optical Stimulation. **Radiation Physics and Chemistry**, [S.l.], v. 106, pp. 184-192, 2015.

PREUSSER, F.; CHITHAMBO, M. L.; GÖTTE, T.; MARTINI, M.; RAMSEYER, K.; SENDEZERA, E. J.; SUSINO, G. J.; WINTLE, A. G. Quartz as a Natural Luminescence Dosimeter. **Earth Science Reviews**, [S.l], v. 97, pp. 184-214, 2009.

RAISBECK, G. M. The Measurement of 10Be with a Tandetron Accelerator Operating at 2MV. **Nuclear Instruments and Methods in Physics Research — Section B**, v. 5, n. 2, pp. 175-178, 1984.

REIMER, P. J.; BARD, E.; BAYLISS, A.; BECK, J. W.; BLACKWELL, P. G.; BRONK RAMSEY, C.; BUCK, C. E.; CHENG, H.; EDWARDS, R. L.; FRIEDRICH, M.; GROOTES, P. M. IntCal13 and Marine13 Radiocarbon Age Calibration Curves 0-50,000 Years cal BP. **Radiocarbon**, [S.l], v. 55, pp. 1869-1887, 2013.

RENDELL, H. M.; WEBSTER, S. E.; SHEFFER, N. L. Underwater Bleaching of Signals from Sediment Grains: New Experimental Data. **Quaternary Science Reviews**, [S.l.], v. 13, n. 5-7, pp. 433-435, 1994.

REZENDE, E. A.; SALGADO, A. A. R.; SILVA, J. R. Fatores controladores da evolução do relevo no flanco NNW do Rift Continental do Sudeste do Brasil: uma análise baseada na mensuração dos processos denudacionais de longo-termo. **Revista Brasileira de Geomorfologia**, São Paulo, v. 14, n. 2, pp. 219-232, 2014.

RITTENOUR, T. M. Luminescence Dating of Fluvial Deposits: Applications to Geomorphic, Palaeoseismic and Archaeological Research. **Boreas**, [S.l.], v. 37, n. 4, pp. 613-635, 2008.

RIXHON, G.; BRIANT, R. M.; CORDIER, S.; DUVAL, M.; JONESE, A.; SCHOLZ, D. Revealing the Pace of River Landscape Evolution During the Quaternary: Recent Developments in Numerical Dating Methods. **Quaternary Science Reviews**, [S.l], v. 166, pp. 91-113, 2017.

RIXHON, G.; BRAUCHER, R.; BOURLÈS, D.; SIAME, L.; BOVY, B.; DEMOULIN, A. Quaternary River Incision in NE Ardennes (Belgium) — Insights from 10Be/26Al Dating of River Terraces. **Quaternary Geochronology**, v. 6, n. 2, pp. 273-284, 2011.

ROSINA, P.; VOINCHET, P.; BAHAIN, J. J.; CRISTOVÃO, J.; FALGUÈRE, C. Dating the Onset of Lower Tagus River Terrace Formation Using Electron Spin Resonance. **Journal of Quaternary Science**, [S.l], v. 29, n. 2, pp. 153-162, 2014.

RUBIRA, F. G.; PEREZ FILHO, A. Geochronology and Hydrodynamic Energy Conditions in Surface Coverings of Low Holocene Fluvial, Fluvialmarine, and Marine Terraces: Climatic Pulsations to the South of the Aranguaguá River Basin (SC). **Revista Brasileira de Geomorfologia**, São Paulo, v. 19, n. 3, pp. 635-663, 2018.

ŞAHINER, E.; ERTURAÇ, M. K.; MERIÇ, N. Dating of Geological Samples Over Millions of Years by Thermally Assisted Optically Stimulated Luminescence (TA-OSL) Technique: Gediz River Terraces, Kula/Manisa. **Geological Bulletin of Turkey**, [Ancara], v. 60, n. 4, pp. 489-506, 2017.

SALGADO, A. A. R.; BRAUCHER, R.; COLIN, F.; NALINI JR.; H. A.; VARAJÃO, A. F. D.; VARAJÃO, C. A. C. Denudation Rates of the Quadrilátero Ferrífero (Minas Gerais, Brazil): Preliminary Results from Measurements of Solute Fluxes in Rivers and In Situ-Produced Cosmogenic ^{10}Be. **Journal of Geochemical Exploration**, [S.l.], v. 88, n. 1-3, pp. 313-317, 2006

SALGADO, A. A. R.; VARAJÃO, C. A. C.; COLIN, F.; BRAUCHER, R.; VARAJÃO, A. F. D.; NALINI JR., H. A. Study of the Erosion Rates in the Upper Maracujá Basin (Quadrilátero Ferrífero, Minas Gerais, Brazil) by the In Situ-Produced Cosmogenic ^{10}Be Method. **Earth Surface Process and Landforms**, [S.l.], v. 32, n. 6, pp. 905-911, 2007a.

SALGADO, A. A. R.; VARAJÃO, C. A. C.; COLIN, F.; BRAUCHER, R.; VARAJÃO, A. F. D.; NALINI JR., H. A.; CHEREM, L. F. S.; MARENT, B. R.; BRINDUSA, C. B. Estimativa das Taxas de Erosão das Terras Altas da Alta Bacia do Rio das Velhas no Quadrilátero Ferrífero: Implicações para a Evolução do Relevo. **Revista Brasileira de Geomorfologia**, São Paulo, v. 8, n. 2, pp. 3-10, 2007b.

SALGADO, A. A. R.; BRAUCHER, R.; VARAJÃO, C. A. C.; COLIN, F.; VARAJÃO, A. F. D.; NALINI JR., H. A. Relief Evolution of the Quadrilátero Ferrífero (Minas Gerais, Brazil) by Means of (^{10}Be) Cosmogenic Nuclei. **Zeitschrift fur Geomorphologie**, Berlim, v. 52, n. 3, pp. 317-323, 2008.

SALGADO, A. A. R.; SOBRINHO, L. C.; CHEREM, L. F.; VARAJÃO, C. A. C.; VARAJÃO, C. A. C.; BOURLÈS DIDIER, L.; BRAUCHER, R.;

MARENT, B. R. Estudo da evolução da escarpa entre as bacias do Doce/Paraná em Minas Gerais através da quantificação das taxas de desnudação. **Revista Brasileira de Geomorfologia**, São Paulo, v. 13, n. 2, pp. 213-222, 2012.

SALGADO, A. A. R.; MARENT, B. R.; CHEREM, L. F. S.; BOURLÈS, L. D.; SANTOS, L. J. C.; BRAUCHER, R.; BARRETOS, H. N. Denudation and Retreat of the Serra do Mar Escarpment in Southern Brazil Derived from In Situ-Produced ^{10}Be Concentration in River Sediment. **Earth Surface Processes and Landforms**, [S.l.], v. 39, n. 3, pp. 311-319, 2014.

SALGADO, A. A. R.; REZENDE, E. A.; BOURLÈS, D.; BRAUCHER, R.; DA SILVA, J. R.; GARCIA, R. A. Relief Evolution of the Continental Rift of Southeast Brazil Revealed by In Situ-Produced ^{10}Be Concentrations in River-Borne Sediments. **Journal of South American Earth Sciences**, [S.l.], v. 67, pp. 89-99, 2016.

SALLUN, A. E. M.; SUGUIO, K.; TATUMI, S. H.; YEE, M.; SANTOS, J.; BARRETO, A. M. F. Datação absoluta de depósitos quaternários brasileiros por luminescência. **Revista Brasileira de Geociências**, [S.l.], v. 37, n. 2, pp. 401-412, 2007.

SAWAKUCHI, A. O.; MENDES, V. R.; PUPIM, F. N.; MINELI, T. D.; RIBEIRO, L. M. A. L.; ZULAR, A.; GUEDES, C. C. F.; GIANNINI, P. C. F.; NOGUEIRA, L.; SALLUN FILHO, W.; ASSINE, M. L. Optically Stimulated Luminescence and Isothermal Thermoluminescence Dating of High Sensitivity and Well Bleached Quartz from Brazilian Sediments: From Late Holocene to Beyond the Quaternary? **Brazilian Journal of Geology**, [S.l], v. 46, pp. 209-226, 2016.

SAWAKUCHI, A. O.; KALCHGRUBER, R.; MINELI, R. C.; SOUZA, D. F. E.; CATUNDA, M. C.; FALEIROS, F. M. Luminescência Opticamente Estimulada de grãos de quartzo: aplicações potenciais no estudo de processos e produtos sedimentares. *In*: CONGRESSO BRASILEIRO DE GEOLOGIA, 44., 2008, Curitiba. **Anais...** Curitiba: [s.n.], v. 1, 2008. pp. 949-949.

SCHELLMANN, G.; BEERTEN, K.; RADTKE, U. Electron Spin Resonance (ESR) Dating of Quaternary Materials. **Quaternary Science Journal**, [S.l.], v. 57, n. 1-2, pp. 150-178, 2008.

SCHWARCZ, H. P. (1978) Dating Methods of Pleistocene Deposits and Their Problems II — Uranium-Series Disequilibrium Dating. **Geoscience Canada**, [S.l.], v. 5, n. 4, pp. 184-188, 1978.

SCHWARCZ, H. P.; GASCOYNE, M. Uranium-Series Dating of Quaternary Deposits. **Developments in Palaeontology and Stratigraphy**, [S.l.], v. 7, pp. 33-51, 1984.

SCHWARCZ, H. P. Uranium Series Dating of Quaternary Deposits. **Quaternary International**, [S.l.], v. 1, pp. 7-17, 1989.

SORDI, M. V. DE; SALGADO, A. A. R.; SIAME, L.; BOURLÈS, D.; PAISANI, J. C.; LEANNI, L., BRAUCHER, R.; COUTO, E. V. Implications of Drainage Rearrangement for Passive Margin Escarpment Evolution in Southern Brazil. **Geomorphology**, [S.l.], v. 306, pp. 155-169, 2018.

THORNDYCRAFT, V. R.; BENITO, G.; GREGORY, K. J. Fluvial Geomorphology: A Perspective on Current Status and Methods. **Geomorphology**, [S.l.], v. 98, pp. 2-12, 2008.

TOYODA, S. Paramagnetic Lattice Defects in Quartz for Applications to ESR Dating. **Quaternary Geochronology**, [S.l], v. 30, pp. 498-505, 2015.

USGS — UNITED STATES GEOLOGICAL SURVEY. **Luminescence Dating — Introduction and Overview of the Technique**. Disponível em: <http://crustal.usgs.gov/laboratories/ luminescence_dating/technique.html>. Acessado em: 13 Jan. 2011.

VOINCHET, P.; DESPRIÉE, J.; TISSOUX, H.; FALGUÈRES, C.; BAHAIN, J. J.; GAGEONNET, J.; DÉPONT, J. M.; DOLO, J. M. ESR Chronology of Alluvial Deposits and First Human Settlements of the Middle Loire Basin (Region Centre, France). **Quaternary Geochronology**, [S.l], v. 5, pp. 381-384, 2010.

WANG, X. L.; LU, Y. C.; WINTLE, A. G. Recuperated OSL Dating of Fine-Grained Quartz in Chinese Loess. **Quaternary Geochronology**, [S.l.], v. 1, n. 2, pp. 89-100, 2006.

WANG, X. L.; WINTLE, A. G.; LU, Y. C. Testing a Single-Aliquot Protocol for Recuperated OSL dating. **Radiation Measurements**, [S.l.], v. 42, n. 3, pp. 380-391, 2007.

13

Restauração e reabilitação de cursos d'água

Diego Rodrigues Macedo
Antônio Pereira Magalhães Júnior

13.1. Bases teórico-conceituais

Ao longo de sua evolução, a humanidade vem transformando os cursos d'água segundo suas múltiplas necessidades, como irrigação, geração de energia, abastecimento, recreação e pesca (BARON *et al.*, 2002; KARR, 1999). Como exemplo, estudos realizados no final do século XX mostram que as intervenções antrópicas já atingiam cerca de 90% de cursos d'água no Reino Unido (WADE *et al.*, 1998).

Atualmente há uma tendência em nível internacional de desconexão entre a gestão da água como recurso e a gestão dos sistemas hidrográficos associados. Isto também ocorre com as políticas tradicionais de cunho estrutural, em que os processos fluviais hidrogeomorfológicos são subestimados, muitas vezes, em prol de uma visão setorial focada nos aspectos quantitativos e qualitativos da água (MAGALHÃES JR., 2017). Nesse sentido, a rede hidrográfica tende a ser vista principalmente quanto ao patrimônio fluvial passível de utilização, mas não quanto à proteção dos processos hidrogeomorfológicos naturais (OJEDA, 2007).

Há mais de 40 anos iniciativas de restauração de cursos d'água vêm sendo desenvolvidas por agências públicas dos Estados Unidos, Austrália, Nova Zelândia e países da União Europeia (MORANDI *et al.*, 2014; PALMER *et al.*, 2007; WANTZEN *et al.*, 2019). Essas iniciativas foram impulsionadas por textos legais que estabelecem a necessidade de conservar e recuperar os ambientes fluviais (KONDOLF; MICHELI, 1995; PALMER *et al.* 2005). No entanto, a lógica da restauração ecológica, envolvendo vários termos derivados, como restauração ambiental, restauração de rios e reabilitação fluvial, ganhou força em nível internacional a partir dos anos 2000 com o aumento exponencial no número de projetos e a divulgação em periódicos científicos. Um levantamento realizado pelo United States National River Restoration Science Synthesis (NRRSS) sobre todos os programas de restauração de cursos d'água nos Estados Unidos demonstrou um crescimento exponencial na última década. Foram relatados 37.099 programas (entre 1970 e 2004), com intervenções de poucos metros a quilômetros (BERNHARDT *et al.*, 2005). Revisões mais recentes também apontam para o aumento de publicações científicas que avaliam a eficácia de intervenções de restauração de cursos d'água (KAIL *et al.*, 2015; MORANDI *et al.*, 2014; RONI *et al.*, 2008; WORTLEY *et al.*, 2013). Com a incorporação das pesquisas sobre o tema no meio acadêmico, os princípios da restauração fluvial vêm sendo gradualmente mais conhecidos e valorizados no seio das políticas públicas e de planos de bacia (JØRGENSEN, 2015; ZINGRAFF-HAMED *et al.*, 2017; MAGALHÃES JR., 2017).

A United Kingdom Ecological Restoration Society define **restauração** como o processo de alteração intencional de um local para sua forma natural através de intervenções que levem a reestabilizar a relação de sustentabilidade e saúde entre as dimensões natural e cultural (RILEY, 1998). Nesse sentido, busca-se reconstituir e recuperar, o mais próximo possível das condições originais, os aspectos de estrutura, função, diversidade e dinâmica dos ecossistemas (BERNHARDT *et al.*, 2007; FINDLAY; TAYLOR, 2006; OJEDA, 2015; WADE *et al.*, 1998; WANTZEN *et al.*, 2019). A componente social está implícita no conceito ao incorporar os processos de compensação dos danos antrópicos à dinâmica dos ecossistemas por meio de processos e intervenções que levem a reestabilizar a saúde ambiental do meio (RILEY, 1998).

Mesmo com algumas variações conceituais, a restauração de cursos d'água sempre envolve abordagens multidisciplinares. As intervenções devem contemplar a recomposição de processos geomorfológicos, hidrológicos e biológicos por meio de critérios técnicos que envolvem a realidade financeira e sociocultural de cada ambiente. Apesar de diversas concepções sobre restauração conviverem nos meios acadêmico-científicos, as abordagens sobre restauração fluvial devem ser rigorosas em termos teóricos e práticos, não devendo ser confundida, como ocorre com frequência, com reabilitação ou revitalização (OJEDA, 2007). Uma restauração autêntica deve ser voltada à autorrecuperação dos sistemas fluviais, com a gradual implementação de processos de melhora do seu estado a partir da eliminação das pressões e impactos, até que alcancem um funcionamento autossustentado. Palavras-chave nesse processo são, portanto, naturalidade, funcionalidade, dinamismo, complexidade, diversidade e resistência (OJEDA, 2015). Nessa linha, restaurar significa restabelecer os processos de um sistema natural, devolvendo-lhe sua estrutura, funções, território e dinâmica.

Essa lógica não implica a exigência de condições originais ou pristinas, as quais são raramente encontradas no atual estado dos sistemas hídricos perturbados, mas sim condições de ausência de intervenções diretas, como obras de artificialização. Porém, a restauração também pode ocorrer de modo ativo via ações que acelerem ou conduzam os cursos d'água aos estados de recuperação. Em outras palavras, Ojeda (2007) refere-se à restauração como um programa de ações que busca restabelecer a estrutura e funções de ecossistemas degradados, tomando como referência as condições dinâmicas mais próximas às vigentes se não houvesse perturbações antrópicas. Como os ecossistemas são dinâmicos, é praticamente impossível obter estados ambientais idênticos aos originais, antes das influências antrópicas.

Os objetivos da restauração fluvial também devem contemplar as dimensões humanas dos sistemas fluviais, com todos os seus valores simbólicos, históricos, religiosos e culturais (RILEY, 1998). Essa perspectiva de integração entre valores humanos e naturais nas estratégias de restauração as torna mais práticas e mais facilmente aceitas em termos políticos e sociais (BERNHARDT *et al.*, 2007; MACEDO; MAGALHÃES JR., 2011). Entretanto, há riscos de que as iniciativas se resumam a intervenções superficiais e com ênfase em aspectos estéticos e de lazer, com a finalidade de promoção política (MAGALHÃES JR., 2017). Para Ojeda *et al.* (2011), práticas que formam parte de processos urbanísticos e especulativos adotam, muitas vezes, o termo restauração como forma de marketing mas sem um foco ambiental. Nesse sentido, os objetivos da restauração não devem buscar uma pretensa "beleza" ou recreação, nem cumprir simplesmente com o quadro legal vigente. Para os autores, a restauração não deve envolver somente processos de estabilização, revegetação, jardinagem, urbanização, "maquiagem" e "camuflagem". As intervenções com fins paisagísticos não deveriam ser confundidas, portanto, com a verdadeira restauração, pois focam aspectos cênicos e não funções ambientais e dinâmica dos sistemas. Nesses casos, é mais adequada a utilização do termo reabilitação.

Com a evolução dos conceitos e práticas de restauração, intensificaram-se os questionamentos da tradicional abordagem de intervenções de cursos d'água com base em obras exclusivamente estruturais, como canalização e barramentos. Além de focar nos problemas de ordem hidráulica, os programas de restauração buscam, geralmente, integrar as questões ecológicas e sociais dentro de uma perspectiva ambiental que não separe a população dos cursos d'água (SMITH *et al.*, 2016). Portanto, diversos países vêm sendo palco de projetos baseados em ações com fundamentos ecológicos e socioambientais que priorizam as técnicas de "engenharia leve" e/ou bioengenharia. Essas técnicas buscam intervir nos corpos hídricos para recriar condições mais próximas das naturais a partir de materiais de baixo custo e facilmente disponíveis, como madeira e sedimentos aluviais (FISRWG, 1998).

A partir dos anos 1980, procedimentos de reabilitação e restauração de cursos d'água baseados no consórcio de obras estruturais e não estruturais vêm sendo defendidos e aplicados em diversos países, como Estados Unidos, Reino Unido, Alemanha e Austrália (BERNHARDT *et al.*, 2005; PALMER *et al.*, 2005). Com uma perspectiva conceitual rigorosa de restauração fluvial, o Ministério do Meio Ambiente da Espanha lançou, em 2006, a Estratégia Nacional de Restauração de Rios (ENRR) com a intenção de coordenar as diferentes iniciativas de busca do bom estado ecológico dos rios do país, melhorando o seu funcionamento como ecossistemas, como exigido na Diretiva Quadro da Água (ESPAÑA, 2018). Em 2009, foi fundado o Centro Ibérico de Restauração Fluvial (CIREF) como resultado dos estímulos do congresso europeu de restauração fluvial realizado pelo European Centre for River Restoration (ECRR), em Veneza, no ano anterior. Abrangendo Espanha e Portugal, o CIREF possui sede em Zaragoza e integra, além do

ECRR, a Wetlands International European Association — WIEA (OJEDA *et al.*, 2015).

Um dos princípios que embasam a ENRR da Espanha é a consideração e busca da proteção do espaço de mobilidade fluvial, denominado de "Território Fluvial". Esse território baseia-se na ideia de que um rio é, antes de tudo, "liberdade geomorfológica", ou seja, dinâmica, atividade e constante mudança (OJEDA *et al.*, 2011). O termo é concebido, portanto, como uma faixa geomorfologicamente ativa (com liberdade quanto aos processos de erosão, transporte e sedimentação), larga, contínua, inundável, erodível, não cercada ou urbanizada; um espaço que permita não somente conservar ou recuperar a dinâmica hidrogeomorfológica, mas também obter corredores ribeirinhos contínuos para garantir as funções ecológica, bioclimática e paisagística do sistema fluvial para cumprir com o bom estado ecológico, controlar naturalmente as cheias e inundações e resolver problemas de ordenamento de áreas inundáveis (OJEDA, 2007).

A concepção conceitual de território fluvial coincide, portanto, com a de leito maior, largura com margens plenas ou planície fluvial. Essa figura territorial possui raízes francesas, mais especificamente na noção de espaço de liberdade dos cursos d'água (*l'espace de liberté des cours d'eau)*, criada no âmbito do Ministério do Meio Ambiente francês no início dos anos 1990 (MAGALHÃES JR., 2017). A Agence de l`Eau Rhône-Méditerranée-Corse — uma das agências da água das bacias francesas — retomou o termo no seu plano de bacia (Schéma Directeur d'Aménagement et de Gestion des Eaux / SDAGE), em 1996, definindo o espaço de liberdade fluvial como o leito maior onde os canais fluviais migram lateralmente, mobilizando sedimentos e garantindo o funcionamento ótimo dos ecossistemas aquáticos e terrestres (PIÉGAY *et al.*, 1996). No entanto, Ojeda *et al.* (2009) lembram que, no contexto anglo-saxônico, as ideias sobre faixas fluviais marginais, em que a migração dos canais é suficiente para a manutenção dos ecossistemas e o transporte de sedimentos, já haviam surgido em trabalhos de Palmer (1996) e nos conceitos de *streamway* (BROOKES, 1996), *inner river zone guideline* (SRAC, 2000) e *channel migration zone* (RAPP; ABBE, 2003).

No contexto das iniciativas de restauração fluvial, a devolução do território fluvial aos cursos d'água deve fazer parte de políticas territoriais que busquem a conectividade hidrogeomorfológica e ecológica, a busca da manutenção ou recuperação de características hidrogeomorfológicas mais próximas do estado natural dos cursos d'água, o ordenamento das áreas inundáveis e a minimização de riscos, bem como a valorização da plurifuncionalidade dos espaços fluviais (OJEDA, 2007). Para isto, a remoção de barreiras artificiais obsoletas ou subutilizadas — como represas e açudes — pode ser uma das técnicas aplicadas. Os defensores do movimento "Nova Cultura da Água" — nascido na Espanha (GIL, 1997) — têm proposto a estratégia de remoção de antigas represas obsoletas para a proteção dos sistemas aquáticos e o atendimento das exigências da Diretiva Quadro da Água na Europa (MAGALHÃES JR., 2017). Esse tipo de estratégia vem sendo utilizada nos países desenvolvidos, onde essas estruturas são muito antigas e obsoletas (WANTZEN *et al.*, 2019), no entanto, atualmente há a perspectiva real do primeiro discomissionamento de barragem de uma Pequena Central Hidrelétrica no Brasil: PCH Pandeiros, em Minas Gerais (LINARES *et al.*, 2020).

As maiores dificuldades da restauração estão justamente na remoção ou minimização das pressões humanas dos sistemas fluviais, fato que justifica a disseminação de ações de reabilitação. Muitas atividades humanas são incompatíveis com a proteção dos sistemas fluviais, e a sua retirada ou modificação é social e economicamente complexa. Além disso, é comum que não haja condições para a determinação de condições naturais de referência (*background*) de um sistema fluvial (BRIERLEY; FRYIRS, 2000; WADE *et al.*, 1998). Mesmo quando essas condições são conhecidas, a atual dinâmica hidrológica não permite adequações, sobretudo por causa da presença de barramentos a montante e/ou de especificidades do uso e ocupação da terra (WADE *et al.*, 1998). Deve-se também levar em consideração que alguns cursos d'água estão tão modificados que a sua restauração torna-se economicamente inviável (BRIERLEY; FRYIRS, 2000; GREGORY, 2006). Esse é caso do Rio Chicago, nos Estados Unidos (RILEY, 1998) ou do próprio Ribeirão Arrudas, em Belo Horizonte (MACEDO, 2009). Entretanto, deve-se ressaltar a importância da restauração ou mesmo da reabilitação de cursos d'água de cabeceira (segmentos de 1ª-3ª ordens), já que a integração das iniciativas pode viabilizar, economicamente, intervenções em rios maiores e muito impactados (MACEDO *et al.*, 2011).

Dada a necessidade de compatibilização com usos da terra, a restauração fluvial é muito difícil na prática e é aplicável somente a situações de perturbações locais facilmente detectáveis. Devido a esse quadro de desafios e limitações, os defensores dos processos de restauração fluvial vão gradualmente migrando para posições mais possibilistas de reabilitação, ou seja, quadros em que se define a melhor solução possível. Nesse sentido Bernhardt *et al.* (2005) e Ojeda *et al.* (2015) chamam a atenção para os objetivos mais comuns dos programas de restauração de cursos d'água: (i) melhorar a qualidade hídrica; (ii) gerenciar as zonas ripárias; (iii) aumentar os hábitats dentro do rio (iv); propiciar a passagem de peixes; e (v) estabilizar as margens. Essas intenções buscam mais restabelecer as condições de funcionalidade dos sistemas fluviais do que atingir as condições "naturais" de cada sistema.

Do ponto de vista da Hidrogeomorfologia Fluvial internacional, os projetos e programas de restauração fluvial apresentam quatro abordagens principais em termos de diagnóstico, metas e acompanhamento:

- **Proposta de Rosgen (1994, 2006)**

A proposta de Rosgen é baseada na classificação dos padrões fluviais e em sua provável evolução em função de parâmetros geomorfológicos. O autor se baseia na tentativa de restauração das dimensões, do padrão e do perfil de cada sistema fluvial impactado, considerando-se o estabelecimento de condições de estabilidade (índice de estabilidade). Para isso, Rosgen define a estabilidade fluvial como a habilidade de um curso d'água, em termos temporais, de transportar os sedimentos e fluxos gerados na sua bacia hidrográfica, de tal forma que consiga manter as suas características sem alterações agradacionais ou degradacionais significativas.

A abordagem envolve a adoção de "trechos de referência" de condições mais estáveis dos rios para a restauração de trechos impactados (ROSGEN, 1998). Para Rosgen, é fundamental compreender os mecanismos causadores de mudanças nas variáveis morfológicas para se prevenir e restaurar a instabilidade de canais. Nesse sentido, dados históricos relativos à morfometria e à hidrometria fluvial dão importantes *insights* sobre o comportamento do canal fluvial a ser recuperado (FISRWG, 1998).

- **Proposta de Brierley e Fryirs (2000)**

Esta proposta é baseada na abordagem de Rosgen (1994), propondo avaliações baseadas no histórico evolutivo de cada canal e dos padrões adquiridos. Para a avaliação do quadro geomorfológico dos cursos d'água também são considerados trechos de referência.

- **Metodologia francesa dos Systémes d´Evaluation de La Qualité (SEQ)**

O SEQ é baseado na aplicação de um conjunto de três índices associados (SEQ *Eau*; SEQ *Bio*; SEQ *Physique*), que permitem o diagnóstico da qualidade da água superficial e subterrânea a partir de valores de referência, possibilitando o enquadramento dos cursos d'água em níveis de degradação. Essa metodologia foi proposta pelo governo francês e é adotada nas agências da água francesas que atuam na gestão de bacias hidrográficas. A proposta foi desenvolvida no contexto da implementação da Diretiva Quadro da Água da União Europeia (2000), que determina que os Estados-membros avaliem o estado ecológico de seus sistemas hídricos.

- **Proposta de Ojeda *et al.* (2008)**

Nesse caso, os autores basearam-se em um índice hidrogeomorfológico (IHG) que visa a avaliação do estado ecológico de cada corpo d'água, seguindo, igualmente, os princípios da Diretiva Quadro da Água da União Europeia. O IHG envolve uma avaliação qualitativa dos cursos d'água, de suas margens e da dinâmica fluvial. São adotados seis indicadores básicos e fatores de deterioração fluvial, além de indicadores específicos fundamentados em parâmetros geomorfológicos.

Com a reabilitação, busca-se a melhora do estado fluvial baseando-se na recuperação de alguns elementos, processos ou funções, aproximando os cursos d'água de suas condições originais, mas dentro de uma lógica mais "possibilista" (OJEDA *et al.*, 2015). Assim a **reabilitação** é o processo no qual o sistema fluvial apresenta melhoras no seu estado ambiental, mas não apresenta uma recuperação integral do sistema (OJEDA, 2015). Outros autores também consideram que a restauração é irreal e utópica, abandonando o termo e adotando exclusivamente o termo reabilitação (BRIERLEY; FRYIRS, 2000; DUFOUR; PIÉGAY, 2009; MORANDI *et al.*, 2014). Dadas as maiores possibilidades da reabilitação, Ojeda *et al.* (2015) indicam que é melhor pensar em restauração, mas agir em termos de reabilitação, ou seja, executar adequadamente as técnicas de reabilitação, aproximando-se o máximo possível dos ideais da restauração (OJEDA *et al.*, 2015).

Por outro lado, a comunidade científica portuguesa possui a mesma concepção para os termos restauração, reabilitação e requalificação. Todos envolvem técnicas e iniciativas de intervenção que visam "restabelecer o funcionamento do ecossistema aquático (em termos de balanço energético, cadeia alimentar) e a recolonização pelas comunidades que lhe estão naturalmente associadas, permitindo ainda maximizar o uso múltiplo das condições oferecidas por esse sistema" (CORTES, 2003, p. 2). Nesse contexto, a reabilitação deve propiciar condições que levem um curso d'água, por si só, a readquirir as funções naturais, mitigando-se os impactos negativos e substituindo as medidas que artificializam o ambiente fluvial.

A reabilitação surge como um processo possível quando a restauração se vê impedida pelas pressões/impactos humanos existentes (DUFOUR; PIÉGAY, 2009), como, por exemplo, em áreas urbanizadas. Nesse sentido, a reabilitação associa, geralmente, aspirações de melhoria de processos "naturais" (e não pristinos) dos territórios fluviais à incorporação de dimensões sociais e culturais de melhoria da qualidade de vida humana (OJEDA, 2015). No entanto, devem-se considerar os riscos da reabilitação, pois as intervenções podem envolver certa "maquiagem" superficial que valoriza a melhoria de alguns aspectos físicos, mas não foca na melhoria da qualidade ambiental. Nesse sentido, a reabilitação pode tornar-se um bom negócio econômico e instrumento de promoção política (OJEDA, 2015). Em termos comparativos, a aplicação de técnicas de reabilitação tende a levar um sistema fluvial degradado a atingir condições ambientais menos próximas do estado original (pré-impactos), enquanto a restauração tende a levar o sistema a estados menos perturbados (ver Figura 13.1).

Fazendo uma sistematização das bases conceituais dos termos restauração e reabilitação, pode-se dizer que ainda não há uma convergência sobre o tema na literatura nacional e internacional. Por isso, a esses termos se somam outros, como revitalização e renaturalização, trazendo, muitas vezes, confusão e sobreposição de ideias (MACEDO *et al.*, 2011). O Quadro 13.1 traz uma síntese dos principais conceitos correlatos sobre o tema deste capítulo.

Quadro 13.1. Síntese de conceitos relativos à restauração fluvial.

Termos e conceitos relativos à "restauração"	Conceito	Autores
Restauração	Processo de alteração de cursos d'água urbanos de forma que seu comportamento seja o mais próximo possível dos sistemas naturais, considerando a adoção de medidas de proteção contra inundações.	Keller e Hoffman, 1977
	Retorno do ecossistema a uma condição que se assemelhe à de ambientes não perturbados.	Gore, 1985
	Retorno de um ecossistema a uma condição que se assemelhe, o mais próximo possível, ao seu estado de pré-distúrbio. O alcance desse propósito implica a restauração da estrutura e funcionamento do ecossistema tanto em nível local quanto em um contexto mais amplo, como em escala de bacia.	NRC, 1992
	Ações adequadas para que o ecossistema retorne o mais rápido possível às condições naturais antes da intervenção humana.	SER, 1994
	Processo de retorno das condições de funcionamento de um ecossistema, tão próximo quanto possível, ao seu estado de pré-distúrbio.	Petts, 1990
	Retorno de ecossistemas danificados a condições que sejam estrutural e funcionalmente similares ao estado anterior ao distúrbio.	Cairns Jr., 2001
	Ampla gama de ações e medidas projetadas para permitir a recuperação do equilíbrio dinâmico e do funcionamento de cursos d'água até um limite de autossustentabilidade. É um processo holístico que não pode ser alcançado pela manipulação isolada de elementos.	FISRWG, 1998
	Forma de manejo que visa restabelecer o funcionamento do ecossistema aquático (em termos de balanço energético, cadeia alimentar) e a recolonização pelas comunidades que lhe estão naturalmente associadas, permitindo ainda maximizar o uso múltiplo das condições oferecidas por esse sistema. O mesmo que reabilitação e requalificação.	Cortes, 2003
	Auxílio ao restabelecimento de melhores condições para a ocorrência de processos hidrológicos, geomorfológicos e ecológicos em ambientes degradados, assim como a reposição de componentes danificados do sistema natural.	Wohl *et al.*, 2005
	Atividade deliberada, que inicia ou acelera a recuperação de um ecossistema com respeito à sua saúde, integridade e sustentabilidade conforme seu estado anterior à alteração.	Clewell *et al.*, 2005
	Programa coordenado de ações em curto, médio e longo prazo com o objetivo de restabelecer a estrutura e o funcionamento de ecossistemas degradados, tomando como referência as condições dinâmicas mais próximas àquelas que as seriam caso não houvessem sido afetadas por perturbações de origem antrópica.	Ojeda, 2007

(continua)

(continuação)

Termos e conceitos relativos à "restauração"	Conceito	Autores
Restauração	Conjunto de atividades voltadas a devolver ao rio sua estrutura e funcionamento como ecossistema, de acordo com processos e dinâmicas equivalentes às condições naturais de referência de um bom estado ecológico.	España, 2007
	Faixa entre o retorno completo e o retorno parcial de um curso d'água ao estado pré-distúrbio.	Bridge e Demicco, 2008
	Restabelecimento do sistema natural a partir da eliminação dos impactos responsáveis pela sua degradação, dentro de uma escala temporal que se estende até o ponto onde o curso d'água atinge um funcionamento natural e autossustentável. Nesse caso, a restauração é passiva, ou seja, realizada pelo próprio sistema natural, uma vez eliminados os impactos.	CIREF, 2010
Reabilitação	Retorno parcial da estrutura e funcionamento do curso d'água a uma condição de pré-distúrbio.	NRC, 1992; Brookes e Shields, 1996
	Melhoria do estado atual do ecossistema sem referência à sua condição inicial.	Petts *et al.*, 2000
	Forma de manejo que visa restabelecer o funcionamento do ecossistema aquático (em termos de balanço energético, cadeia alimentar) e a recolonização pelas comunidades que lhe estão naturalmente associadas, permitindo ainda maximizar o uso múltiplo das condições oferecidas por esse sistema. O mesmo que restauração e requalificação.	Cortes, 2003
	Restabelecimento de processos e substituição de elementos de um sistema degradado com base nas causas da sua degradação, ao contrário de tratamento dos sintomas para alcance de uma determinada condição.	Wohl *et al.*, 2005
	Busca da melhoria de aspectos particulares do curso d'água — morfologia, qualidade da água, ecologia, estética, controle de enchentes etc. — ou da sua combinação.	URBEM, 2005
	Recuperação de certos elementos biofísicos de grande importância para o ecossistema; incorporação harmônica do rio à paisagem da cidade. Condição em que apenas alguns elementos do sistema biofísico natural são retomados.	Findlay e Taylor, 2006
	Projetos de restauração que não pretendem recuperar as funções alteradas do sistema, senão um ou vários elementos singulares de sua estrutura. Dessa forma, a recuperação das funções e processos dos ecossistemas é muito parcial.	Ojeda, 2007
	Ações que visam à manipulação da estrutura e da função de um ecossistema até o ponto em que ele seja autossuficiente, equilibrando as necessidades ambientais, sociais e econômicas.	Brierley e Fryirs, 2008

(continua)

(continuação)

Termos e conceitos relativos à "restauração"	Conceito	Autores
Revitalização	Manejo de rios e córregos em áreas urbanas ou rios retificados em áreas rurais, visando melhorar a situação ecológica dos cursos d'água, valorizar a paisagem e adaptar os rios para o seu aproveitamento por usos múltiplos.	Selles *et al.*, 2001
	Reconstrução parcial de recursos naturais e culturais da paisagem, orientada para a melhoria de habitats naturais em rios ou em vales fluviais e de todos os tipos de acessos e usos em áreas urbanas e adjacentes, proporcionando aos rios ou aos vales fluviais nova função e qualidade espacial e criando condições para o desenvolvimento sustentável, enquanto considera aspectos ecológicos, espaciais, técnicos, sociais e econômicos.	REURIS, 2013
Naturalização	Restabelecimento de processos naturais do curso d'água, mesmo que não sejam originais.	Vide, 2002
	Busca de melhoria das condições morfológicas, hidráulicas e de diversidade ecológica de cursos d'água, levando em conta o viés social (a intervenção deve ser aceita pela comunidade).	Rhoads *et al.*, 1999
	Busca de alternativas que estabeleçam um sistema fluvial diverso em termos hidrológicos e geomorfológicos, no entanto, dinamicamente estável e capaz de suportar a biodiversidade. O objetivo em áreas urbanas não é mover o sistema para a condição pré-distúrbio.	Rhoads, 2008
Renaturalização	Retorno do curso d'água à condição anterior à perturbação responsável por sua degradação.	Vide, 2002
	Ações que visam recuperar cursos d'água por meio do manejo regular, regenerando o mais proximamente possível a biota natural e preservando suas áreas naturais de inundação.	Binder, 1998
(Re)Criação	Desenvolvimento de um sistema que não existia anteriormente.	Brookes e Shields, 1996
	Criação de novos ecossistemas ou habitats que não existiam antes da perturbação de origem antrópica.	Ojeda, 2007
	Processo de reparação que visa melhorar a condição de um curso d'água através de ajustes para o melhor estado ecológico possível, determinado pelas interações biofísicas atuais e por restrições no sistema, tais como mudanças irreversíveis causadas por alterações humanas. Embora não resulte na restauração do sistema, permite um aumento da riqueza de espécies e da sua função de produzir biomassa.	Brierley e Fryirs, 2008
Mitigação	Ação tomada no sentido de evitar, reduzir ou compensar os efeitos de danos ambientais.	Holmes, 1998
Remediação	Processo que visa melhorar as condições ecológicas do curso d'água, reconhecendo que as mudanças ocorridas na bacia não suportam o seu retorno às condições anteriores ao distúrbio. Cria-se uma condição inteiramente nova.	Findlay e Taylor, 2006; Rutherfurd *et al.*, 2000

(continua)

(continuação)

Termos e conceitos relativos à "restauração"	Conceito	Autores
Requalificação	Forma de manejo que visa restabelecer o funcionamento do ecossistema aquático (em termos de balanço energético, cadeia alimentar) e a recolonização pelas comunidades que lhe estão naturalmente associadas, permitindo ainda maximizar o uso múltiplo das condições oferecidas por esse sistema. O mesmo que restauração e reabilitação.	Cortes, 2003
Melhoria	Qualquer melhoria nos atributos estruturais ou funcionais de um curso d'água.	NRC, 1992
	Qualquer melhoria na qualidade ambiental.	Brookes; Shields, 1996

Fontes: Adaptado de Cardoso (2012); Souza (2014).

13.2. Exemplos de reabilitação fluvial no Brasil

No Brasil, as primeiras experiências de intervenções não estruturais em corpos hídricos ocorreram em Curitiba, nos anos 1970 (MACHADO *et al.*, 2014). Porém, as abordagens de restauração, adotando esse termo, são recentes e ainda incipientes, estando mais relacionadas a processos de reabilitação, conforme recente levantamento realizado por Wantzen *et al.* (2019). Nesse sentido, a estratégia empregada na cidade de Curitiba foi a implantação de parques lineares como forma alternativa aos tradicionais programas de canalizações de cursos d'água urbanos. Criados para a prevenção contra inundações, ampliação do saneamento básico e conservação de áreas de preservação permanente em fundos de vale, esses parques permitem, de certa forma, a revalorização e reinserção de cursos d'água como elementos paisagísticos urbanos (MEDEIROS, 2009). De fato, essa estratégia vem sendo utilizada em vários países aliando a reabilitação da função ecológica dos sistemas fluviais ao uso social do território por meio de áreas de lazer, esportes e convívio social em um sentido amplo (CARDOSO, 2012; MACEDO; MAGALHÃES, JR., 2011; SOUZA, 2014).

Em 2003 começou a ser executado o Programa Drenurbs, Programa de Recuperação Ambiental e Saneamento dos Fundos de Vale e dos Córregos em Leito Natural de Belo Horizonte, tornando-se um dos melhores exemplos de programas de reabilitação fluvial no Brasil (WANTZEN *et al.*, 2019). Os seus objetivos ilustram as principais metas da reabilitação de cursos d'água urbanos no contexto brasileiro: (i) melhoria da qualidade da água, por meio da cobertura dos serviços sanitários (coleta de esgoto e lixo); (ii) controle de inundações, por meio da manutenção de áreas permeáveis adjacentes aos canais (parques lineares) e da construção de barragens de contenção/retenção de fluxos pluviais; (iii) estabilização de margens fluviais para cessar/reduzir a produção de sedimentos; (iv) integração dos cursos d'água às paisagens urbanas; (v) remoção de cidadãos de áreas de risco; e (vi) iniciativas de educação ambiental (PBH, 2003). Em termos gerais, o Drenurbs baseou suas ações na manutenção dos cursos d'água em leito natural e na implantação de parques lineares ao longo dos segmentos fluviais selecionados.

O programa Drenurbs nasceu de discussões e proposições do sistema sanitário e de drenagem urbana de Belo Horizonte, que vêm evoluindo mais acentuadamente a partir da década de 1970, quando os problemas de inundações se intensificaram. Pode-se citar o Plano metropolitano de águas pluviais e proteção contra cheias da RMBH (1975) e o Plano de urbanização e saneamento de Belo Horizonte — Planurbs (1979) como exemplos de instrumentos construídos nesse processo. Esses planos foram elaborados sob a ótica das canalizações e retificações dos cursos d'água, e tinham como objetivo, além do controle de inundações, medidas de saneamento básico. Entretanto, suas proposições foram infrutíferas, elevando a crise no sistema de drenagem urbana do município (CHAMPS *et al.*, 2005). Apenas na década de 1990, o amadurecimento das discussões em relação à drenagem e ao saneamento em Belo Horizonte permitiu a instrumentalização de ferramentas mais modernas, que propunham a resolução dos problemas de drenagem e saneamento sob uma ótica mais atualizada. Nesse contexto, foram instituídos o Plano Municipal de Saneamento (2001) e o Plano Diretor de Drenagem (2002) como instrumentos de gestão em nível municipal (CHAMPS *et al.*, 2005). Assim, a concepção do Drenurbs possuía metas transversais de despoluição de cursos d'água com implantação de redes coletoras, interceptores e tratamento dos esgotos, redução dos riscos de inundação com a implantação de sistemas de controle de cheias e desocupação de várzeas, controle da produção de sedimentos com a eliminação de focos erosivos, contenção e revegetação das margens e integração dos cursos d'água à paisagem urbana via compatibilização entre intervenções de drenagem, saneamento, circulação, qualidade ambiental, habitação e lazer (PBH, 2003). Nesse sentido, o Drenurbs concebeu ações focadas na reabilitação de cursos d'água e na sua inserção à paisagem urbana, em contraponto ao conceito *lato sensu* da "avenida sanitária" (MACEDO, 2009).

Belo Horizonte contou com 73 bacias no planejamento inicial do Drenurbs, cujas intervenções previstas abrangeriam cerca de um milhão de habitantes em 15 anos (COSTA; COSTA, 2007). A fase 1 foi executada entre 2003–2012 nas bacias dos córregos Baleares, Primeiro de Maio, Nossa Senhora da Piedade, Engenho Nogueira e Bonsucesso (ver Figura 13.2). Entretanto, apenas nos três primeiros foram implantados parques lineares.

Devido à situação heterogênea das bacias e cursos d'água, o Drenurbs não previa procedimentos padronizados. Apesar do direcionamento para a manutenção dos leitos e planícies em leito natural, cada caso foi palco de soluções específicas. O diagnóstico geral das onze bacias contempladas no projeto piloto foi bastante elucidativo a esse respeito. O documento explana que tais bacias são heterogêneas tanto do ponto de vista físico quanto das intervenções anteriormente implantadas sob o paradigma tradicional da drenagem urbana (PBH, 2003). Em um contexto mais amplo, o grau de impactos de cada sistema fluvial guiou as medidas necessárias.

Nesse contexto, as intervenções propostas foram embasadas por critérios técnicos e socioeconômicos no âmbito da realidade brasileira. Os canais em seção aberta ou fechada continuaram na mesma situação, privilegiando-se intervenções sanitárias e não de cunho ecológico ou morfológico. As soluções apresentadas visaram manter leitos e planícies em leito natural, com contenções pontuais de margens, recomposição de mata ciliar, criação de parques lineares e implantação de rede e interceptores de esgotos. Por outro lado, adaptações foram necessárias caso a caso, como aplicação de materiais mais permeáveis ou contenções mais estruturais (no caso da proteção ao sistema viário). Em alguns casos, bacias de detenção ou retenção foram construídas, atenuando o impacto dos picos de cheias nas áreas a jusante das intervenções (PBH, 2003). Entretanto, a disponibilidade financeira foi o fator determinante no escopo de cada intervenção, visto que a primeira fase teve financiamento de 77,5 milhões de dólares (BID, 2008) para a reabilitação de cinco bacias (BID, 2008), chegando a valores de 192,2 milhões de reais ao final das obras (Tabela 13.1).

Tabela 13.1. Orçamento executado na primeira fase do Drenurbs

Bacia	Área de influência (km²)	População beneficiada (hab.)	Investimentos (milhões de reais)		
			Obras	Indenizações/ desapropriações	Total
Primeiro de Maio	0,48	2.983	4,6	1,2	5,8
Baleares	0,73	6.713	5,5	2,3	7,8
Nossa Senhora da Piedade	0,43	3.741	14,8	8,2	23,0
Engenho Nogueira	6,0	19.428	21,8	2,8	24,6
Bom Sucesso	11,92	34.21	123,0	21,0	134,0

Fonte: (PBH 2010).

13.2.1. Caracterização das intervenções nas sub-bacias

As intervenções com implantação de parques lineares e que possuem maior sucesso em termos de cumprimento de objetivos foram as dos córregos Baleares, Primeiro de Maio e Nossa Senhora da Piedade. As bacias destes córregos apresentavam problemas semelhantes advindos dos processos de urbanização desordenada, ligados sobretudo ao subdimensionamento da infraestrutura de drenagem pluvial e de microdrenagem, ocupação de planícies e encostas, lançamento de esgotos em cursos d'água por meio da rede, disposição de lixo nos córregos, remoção de cobertura vegetal e surgimento de processos erosivos nas encostas e margens fluviais (PBH, 2003).

A partir do relatório de execução das obras, Medeiros (2009) descreveu as soluções implementadas em cada caso. No córrego Baleares, foram implementadas medidas de tratamento da água, taludamento e contenção de margens, revegetação das áreas marginais, implementação do sistema de esgotamento sanitário através de interceptores, redes coletoras e rede condominial, complementação dos sistemas de drenagem pluvial e viário (abertura e pavimentação de vias) e implementação de áreas de convívio social (duas praças e o Parque Baleares). Nesse processo, foram reassentadas 87 famílias, sendo 45 desapropriações e 42 indenizações/reassentamento. O Parque Baleares (ver Figura 13.3) foi equipado com "playground", praça de ginástica com equipamentos, três pontes de concreto, trilha e conjuntos de mesas e bancos.

A implantação do Parque Ecológico Córrego 1º de Maio (ver Figura 13.4), incluindo a sua urbanização e intervenções nos sistemas de drenagem pluvial e de esgotamento sanitário, resultaram na desapropriação de uma área de 3,46 hectares e 16 famílias reassentadas. As intervenções envolveram a recuperação do córrego, a construção de uma bacia de retenção com capacidade para 11.130 m^3 de água armazenada, a adequação da rede de microdrenagem no sistema viário e a implantação de interceptores de esgoto. O parque é dotado de prédio para administração e serviços, pista para caminhada, herbanário, caramanchão, quadras poliesportivas, equipamentos de ginástica, parquinho e conjunto de mesas para jogos (MEDEIROS, 2009).

Na bacia do córrego Nossa Senhora da Piedade, as intervenções contemplaram obras nos sistemas viário, de drenagem pluvial e de esgotamento sanitário, além da implantação do parque linear. Essas intervenções demandaram a desapropriação de 5,6 hectares, a remoção de 130 famílias e a indenização de outras 45. O Parque Nossa Senhora da Piedade (ver Figura 13.5) é dotado de prédio para administração, prédio de serviços, área de recreação infantil, bancos e mesas para jogos, equipamentos de ginástica, caramanchões, pista para caminhada, pista de skate, quadras esportivas e trilhas. Também foi construído um espelho d'água para fins de manutenção das nascentes e recomposição paisagística (sem função de estocagem de volumes de água), formando dois lagos entre os quais há uma pequena queda-d'água (MEDEIROS, 2009).

13.2.2. *Avaliação das intervenções nas sub-bacias*

Projetos de restauração ou reabilitação de cursos d'água devem ser submetidos a programas de avaliação pós-intervenção, como o monitoramento da qualidade de água e a avaliação morfológica ou da condição ecológica dos sistemas (FEIO *et al.*, 2015; KONDOLF; MICHELI, 1995; MACEDO *et al.*, 2011; SELVAKUMAR *et al.*, 2010). No caso dos três parques do Drenurbs em foco, o monitoramento de qualidade de água foi executado pela Prefeitura de Belo Horizonte (PBH, 2012a, 2012b, 2012c), entre 2003–2011, contemplando momentos pré-intervenções (2003–2006), durante as obras (2007–2008) e pós-intervenções (2008–2011). No geral, os parâmetros de qualidade apresentaram melhora ao longo do processo. No caso do Índice de Qualidade da Água (IQA), houve evolução significativa (ver Figura 13.6).

Entre 2003 e 2011 foram realizadas campanhas de biomonitoramento de organismos bentônicos nos três córregos por parte da iniciativa conjunta do Projeto Manuelzão/UFMG e do Laboratório de Ecologia de Bentos/ICB/UFMG (FEIO *et al.*, 2015; MACEDO *et al.*, 2011). Paralelamente ao biomonitoramento, foi aplicado um protocolo de avaliação de *habitats* fluviais elaborado por Callisto *et al.* (2002), que buscou avaliar a ecomorfologia fluvial e o uso e a ocupação do solo no entorno de cada ponto de coleta.

Em relação aos resultados do biomonitoramento, houve melhora em algumas métricas biológicas ao se compararem as fases pré e pós-restauração (ver Figura 13.7). Esse tipo de resultado é esperado, pois, no geral, o incremento biológico não possui uma resposta tão rápida quanto os resultados do monitoramento de qualidade de água (MACEDO *et al.*, 2011). No entanto, a melhora da qualidade da água em conjunto com o incremento da diversidade de *habitats* fluviais e entorno (ver Figura 13.8) criam subsídios para uma melhora contínua da integridade biótica.

13.3. Considerações Finais

No contexto brasileiro, iniciativas de restauração ou de reabilitação de cursos d'água podem trazer benefícios em termos hidrológicos, geomorfológicos, ecológicos e sociais. A manutenção de fundos de vale em leito não canalizado, o saneamento ambiental e a recomposição da vegetação permitem a implantação de condições para que os processos hidrogeomorfológicos se estabeleçam em novos patamares, mesmo em áreas urbanas. Porém, em realidades em que os processos de urbanização atingem uma intensidade e um grau elevado, com forte artificialização dos espaços físicos, os maiores benefícios das iniciativas podem estar ligados aos aspectos socioambientais. É o caso da maior parte dos territórios das metrópoles brasileiras, onde a busca de restauração de processos fluviais totalmente impactados não é um desafio realista. A maior parte da rede de drenagem já foi totalmente modificada, para não dizer suprimida e canalizada, e restam poucos segmentos fluviais passíveis de objetivos mais ambiciosos.

Por outro lado, objetivos de reabilitação voltados à aproximação e integração entre sociedade e cursos d'água são mais possibilistas. O tratamento da água contribui para a eliminação de maus odores, a melhoria dos seus aspectos visuais e a eliminação ou minimização dos problemas de doenças de veiculação hídrica. Deste modo, o simples tratamento da água já contribui imensamente para atrair a população para as margens fluviais. Os córregos deixam de ser concebidos como esgotos a céu aberto para voltarem a ser cursos d'água no imaginário da população. A implantação de parques lineares, com equipamentos de lazer, contribui ainda mais com esse processo de aproximação. Os cidadãos tendem a se sentir mais motivados a se aproximar dos cursos d'água e usufruírem dos novos espaços. No contexto das cidades brasileiras carentes de áreas de lazer, as iniciativas de reabilitação podem abrir novas e frutíferas possibilidades de integração entre cidadãos e cursos d'água, mas também de convivência social. Essa pode ser a maior conquista de certas iniciativas que, a partir dos parques lineares, criam eixos urbanos de interação e convivência, sem que necessariamente busquem, de modo irreal, o retorno das condições hidrogeomorfológicas ao seu estado natural.

A requalificação de ambientes fluviais pode ser, portanto, um processo bastante útil e importante na dinâmica de gestão territorial, particularmente dos espaços urbanos. Nesse contexto, devem-se avaliar, com precaução, os custos de cada cenário estabelecido para cada caso, envolvendo a remoção de população, indenizações e tecnologias necessárias. Os três exemplos abordados em relação ao Programa Drenurbs de Belo Horizonte ilustram esse aspecto. Os parques Primeiro de Maio e Nossa Senhora da piedade apresentaram custos por unidade de área superiores ao Baleares, devido à sua maior extensão. Isto trouxe, por um lado, maiores possibilidades de uso pela população local, mas, por outro, a condição ecológica do Baleares atingiu níveis superiores, mesmo com a qualidade da água sendo semelhante nos três parques.

As experiências mostram que a reabilitação de cursos d'água urbanos deve contemplar a implantação de sistemas de drenagem bem planejados e com adequada manutenção, o gerenciamento de efluentes líquidos e resíduos sólidos nas bacias de contribuição, minimizando a poluição e a contaminação da água, o aumento da permeabilidade e o favorecimento à infiltração nas áreas marginais aos canais, a diversificação de *habitats* e a oxigenação da água visando à proteção das comunidades aquáticas, bem como a implantação de estruturas e equipamentos que atraiam a população.

Referências

BARON, J. S.; POFF, N. L.; ANGERMEIER, P. L.; DAHM, C. N.; GLEICK, P. H.; HAIRSTON JR., N. G.; JACKSON, R. B.; JOHNSTON, C. A.; RICHTER, B. D; STEINMAN, A. D. Meeting Ecological and Societal Needs for Freshwater. **Ecological Applications**, [Washington, D. C. (EUA)], v. 12, n. 5, pp. 1247-1260, 2002.

BERNHARDT, E. S.; SUDDUTH, E. B.; PALMER, M. A.; ALLAN, J. D.; MEYER, J. L.; ALEXANDER, G.; FOLLASTAD-SHAH, J.; HASSETT, B.; JENKINSON, R.; LAVE, R.; RUMPS, J.; PAGANO, L. Restoring Rivers One Reach at a Time: Results from a Survey of U.S. River Restoration Practitioners. **Restoration Ecology**, [S.l.], v. 15, n. 3, pp. 482-493, 2007.

BERNHARDT, E. S.; PALMER, M. A.; ALLAN, J. D.; ALEXANDER, G.; BARNAS, K.; BROOKS, S.; CARR, J.; CLAYTON, S.; DAHM, C.; FOLLASTAD-SHAH, J.; GALAT, D.; GLOSS, S.; GOODWIN, P.; HART, D.; HASSETT, B.; JENKINSON, R.; KATZ, S.; KONDOLF, G. M.; LAKE, P. S.; LAVE, R.; MEYER, J. L.; O'DONNEL, T. K.; DAGANO, L.; POWELL, B.; SUDDUTH, E. B. Synthesizing U.S. River Restoration Efforts. **Science**, [Nova Iorque], v. 308, n. 5722, pp. 636-637, 2005.

BID — Banco Interamericano de Desarrollo. **Programa de recuperación ambiental de Belo Horizonte (Drenurbs)**: propuesta de préstamo. Washington, D. C. (EUA), 2008.

BINDER, W. **Rios e córregos, preservar-conservar-renaturalizar**: a recuperação de rios, possibilidades e limites da Engenharia Ambiental. Rio de Janeiro: SEMADS, 1998. 41 p.

BRIDGE, J.; DEMICCO, R. **Earth Surface Processes, Landforms and Sediment Deposits**. Cambridge (Reino Unido): Cambridge University Press, 2008. 832 p.

BRIERLEY, G. J.; FRYIRS, K. **River futures**: An Integrative Scientific Approach to River Repair. Washington, D. C. (EUA): Island Press, 2008. 305 p.

________. River Styles, a Geomorphic Approach to Catchment Characterization: Implications for River Rehabilitation in Bega Catchment, New South Wales, Australia. **Environmental Management**, Nova Iorque (EUA), v. 25, n. 6, pp. 661-679, 2000.

BROOKES, A. Floodplain Restoration and Rehabilitation. *In*: ANDERSON, M.; WALLING, D.; BATES, P. (eds.). **Floodplain Processes**. Chichester: Wiley, pp. 553-576, 1996.

BROOKES, A.; SHIELDS, F. (eds.). **River Channel Restoration**: Guiding Principles for Sustainable Project. Chichester (Reino Unido): John Wiley & Sons, 1996. 433 p.

CAIRNS JR., J. Rationale for Restoration. *In*: DAVY, A; PERRY, J. (eds) **Handbook of Ecological Restoration**. Cambridge (Reino Unido): Cambridge University Press, pp. 10-23, 2001.

CALLISTO, M.; FERREIRA, W. R.; MORENO, P.; GOULART, M.; PETRUCIO, M. Aplicação de um protocolo de avaliação rápida da diversidade de habitats em atividades de ensino e pesquisa (MG-RJ). **Acta Limnologica Brasiliensia**, [S.l.], v. 14, n. 1, pp. 91-98, 2002.

CARDOSO, A. S. **Proposta de metodologia para orientação de processos decisórios relativos a intervenções em cursos de água em áreas urbanas**. 2012. 354 f. Tese (Doutorado em Saneamento, Meio Ambiente e Recursos Hídricos), Escola de Engenharia, Universidade Federal de Minas Gerais, Belo Horizonte, 2012.

CHAMPS, J. R. B.; AROEIRA, R. M.; NASCIMENTO, N. O. Gestão de águas urbanas e avaliação das cidades: visão de Belo Horizonte. *In*: Secretaria Nacional de Saneamento Ambiental. **Gestão do território e manejo integrado das águas urbanas**. Brasília, DF: Ministério das Cidades, pp. 21-48, 2005.

CIREF — Centro Ibérico de Restauración Fluvial. **Qué es restauración fluvial?** Zaragoza (Espanha): CIREF, 2010. (Notas Técnicas, nº 4).

CLEWELL, A.; ARONSON, J.; WINTERHALDER, K. SER Comments. **Restoration Ecology**, [S.l.], v. 2, n. 2, pp. 132-133, 1994.

CLEWELL, A.; RIEGER, J.; MUNRO, J. **Guidelines for Developing and Managing Ecological Restoration Projects**. 2ª ed. Tucson (EUA): Society for Ecological Restoration International, 2005. 8 p.

CORTES, R. M. V. **Requalificação de cursos de água**. Vila Real (Portugal): Universidade Trás-os-Montes e Alto Douro, 2003. 87 p.

COSTA, G. M.; COSTA, H. S. M. Urban Policy and Institutional Change in Belo Horizonte. *In*: *SWITCH SCIENTIFIC MEETING*, 1, 2007, Birmingham (Reino Unido). **Proceedings...** Birmingham, UK: Europe Union, Unesco ; University of Birmingham, pp. 1-7, 2007.

DUFOUR, S; PIÉGAY, H. From the Myth of a Lost Paradise to Targeted River Restoration: Forget Natural References and Focus on Human Benefits. **River Research and Applications**, [S.l.], v. 25, n. 5, pp. 568-581, 2009.

ESPAÑA — Ministerio de Medio Ambiente. **Restauración de rios**: Guía metodológica para la elaboración de proyetos. Madri (Espanha): [s.n.], 2007.

ESPAÑA — Ministerio de Agricultura, Alimentación y Medio Ambiente. **Estrategia Nacional de Restauración de Ríos**. Disponível em: <http://www.magrama.gob.es/es/agua/temas/delimitacion-y-restauracion-del--dominio-publico-hidraulico/estrategia-nacional-restauracion-rios/>. Acesso em: 06 jul. 2018.

FEIO, M. J.; FERREIRA, W. R.; MACEDO, D. R.; ELLER, A. P.; ALVES, C. B. M.; FRANÇA, J. S.; CALLISTO, M. Defining and Testing Targets for the Recovery of Tropical Streams Based on Macroinvertebrate Communities and Abiotic Conditions. **River Research and Applications**, [S.l.], v. 31, n. 1, pp. 70-84, 2015.

FINDLAY, S. J.; TAYLOR, M. P. Why Rehabilitate Urban River Systems?. **Area**, [S.l.], v. 38, n. 3, pp. 312-325, 2006.

FISRWG — Federal Interagency Stream Restoration Working Group. **Stream Corridor Restoration**: Principles, Processes, and Practices. Washington, D. C. (EUA): 1998. 20 p.

GIL, F. J. M. **La Nueva Cultura del Agua en España**. Bilbao (Espanha): Bakeaz, 1997.

GORE, J. (ed.). **The Restoration of Rivers and Streams:** Theories and Experience. Ann Arbor (EUA): Butterworth Publishers, 1985.

GREGORY, K. J. The Human Role in Changing River Channels. **Geomorphology**, [S.l.], v. 79, n. 3-4, pp. 172-191, 2006.

HOLMES, N. Floodplain Restoration. *In*: BAILEY, R.; JOSE, P.; SHERWOOD, B. (eds.). **United Kingdom Floodplains.** Otley (Reino Unido): Westbury, pp. 331-348, 1998.

JØRGENSEN, D. Ecological Restoration as Objective, Target, and Tool in International Biodiversity Policy. **Ecology and Society**, [S.l.], v. 20, n. 4, 2015.

KAIL, J.; BRABEC, K.; POPPE, M; JANUSCHKE, K. The Effect of River Restoration on Fish, Macroinvertebrates and Aquatic Macrophytes: A Meta-Analysis. **Ecological Indicators**, [S.l.], v. 58, pp. 311-321, 2015.

KARR, J. R. Defining and Measuring River Health. **Freshwater biology**, [S.l.], v. 41, n. 2, pp. 221-234, 1999.

KELLER, E. A.; HOFFMAN, E. K. Urban Streams-Sensual Blight or Amenity. **Journal of soil and water conservation**, [S.l.], v. 32, n. 5, pp. 237-240, 1977.

KONDOLF, G. M.; MICHELI, E. R. Evaluating Stream Restoration Projects. **Environmental Management**, [S.l.], v. 19, pp. 1-15, 1995.

LINARES, M. S.; CALLISTO, M.; MARQUES, J. C. Assessing Biological Diversity and Thermodynamic Indicators in the Dam Decommissioning Process. **Ecological Indicators**, [S.l.], v. 109, p. 105832, 2020.

MACEDO, D. R. **Avaliação de Projeto de Restauração de Curso d'água em Área Urbanizada:** estudo de caso no Programa Drenurbs em Belo Horizonte. 2009. 139 f. Dissertação (Mestrado em Geografia), Instituto de Geociências, Universidade Federal de Minas Gerais, Belo Horizonte, 2009.

MACEDO, D. R.; CALLISTO, M.; MAGALHÃES JR., A. P. Restauração de cursos d'água em áreas urbanizadas: perspectivas para a realidade brasileira. **Revista Brasileira de Recursos Hídricos**, [S.l.], v. 16, n. 3, pp. 127-139, 2011.

MACEDO, D. R.; MAGALHÃES JR., A. P. Percepção social no programa de restauração de cursos d'água urbanos em Belo Horizonte. **Sociedade & Natureza**, Uberlândia, v. 23, n. 1, pp. 51-63, 2011.

MAGALHÃES JR., A. P. **A Nova Cultura de Gestão da Água no Século XXI** — Lições da Experiência Espanhola. São Paulo: Blucher, 2017.

MEDEIROS, I. H. **Programa Drenurbs/nascentes e fundos de vale**: potencialidades e desafios da gestão socioambiental do território de Belo Horizonte a partir de suas águas. 2009. 203 f. Dissertação (Mestrado em Geografia), Instituto de Geociências, Universidade Federal de Minas Gerais, Belo Horizonte, 2009.

MORANDI, B.; PIÉGAY, H.; LAMOUROUX, N.; VAUDOR, L. How is Success or Failure in River Restoration Projects Evaluated? Feedback from French Restoration Projects. **Journal of Environmental Management**, [S.l.], v. 137, pp. 178-188, 2014.

NRC — National Research Council. **Restoration of Aquatic Ecosystems: Science, Technology, and Public Policy.** Washington, D. C. (EUA): National Academies Press, 1992. 556 p.

OJEDA, A. O. Guía metodológica sobre buenas prácticas en restauración fluvial: Manual para gestores. Contrato de río del Matarraña, Zaragoza (Espanha), 2015.

OJEDA, A. O. **Territorio Fluvial**: diagnóstico y propuesta para la gestión ambiental y de riesgos en el Elbro y los cursos bajos de sus afluentes. Bilbao (Espanha): Bakeaz y Fundación Nueva Cultura del Agua, 2007.

OJEDA, A. O.; FERRER, D. B.; BEA, E. D.; MUR, D. M.; FABRE, M. S.; ACÍN, V. IHG: un índice para la valoración hidrogeomorfológica de sistemas fluviales. **Limnetica**, [S.l.], v. 27, n. 1, pp. 171-188, 2008.

OJEDA, A. O.; MATAUCO, A. I. G.; ACÍN, V.; BEA, E. D.; GARCÍA, D. G.; GARCÍA, J. H. Innovación y libertad fluvial. *In*: Congreso Ibérico sobre Planificación y Gestión del Agua, 7., 2011, Talavera de la Reina. **Livro de actas...** Talavera de la Reina (Espanha): Fundación Nueva Cultura del Agua, 2011.

OJEDA, A. O.; MATAUCO, A. I. G.; ELSO, J. El territorio fluvial y sus dificultades de aplicación. **Geographicalia**, [S.l.], v. 56, pp. 37-62, 2009.

OJEDA, A. O.; NAVERAC, V. A.; FERRER, D. B.; PUYO, P. B.; BEA, E. D.; GARCÍA, D. G.; GARCÍA, J. H.; MATAUCO, A. I. G.; MUR, D. M.; FABRE, M. S. Geografía y Restauración Fluvial. *In*: DE LA RIVA, J.; IBARRA, P.; MONTORIO, R.; RODRIGUES, M. (eds.). **Análisis**

espacial y representación geográfica: innovación y aplicación. Zaragoza (Espanha): Universidad de Zaragoza, pp. 1785-1792, 2015.

PALMER, L. River Management Criteria for Oregon and Washington. *In*: COATES, D. (ed.). **Geomorphology and Engineering**. Stroudsburg (EUA): Dowden, Hutchinson & Ross, pp. 329-346, 1996.

PALMER, M.; ALLAN, J. D.; MEYER, J.; BERNHARDT, E. S. River Restoration in the Twenty-First Century: Data and Experiential Knowledge to Inform Future Efforts. **Restoration Ecology**, [S.l.], v. 15, n. 3, pp. 472-481, 2007.

PALMER, M. A.; BERNHARDT, E. S.; ALLAN, J. D.; LAKE, P. S.; ALEXANDER, G.; BROOKS, S.; CARR, J.; CLAYTON, S.; DAHM, C. N.; FOLLSTAD-SHAH, J.; GALAT, D. L.; LOSS, S. G.; GOODWIN, P.; HART, D. D.; HASSET, B.; JENKINSON, R.; KONDOLF, G. M.; LAVE, R.; MEYER, J. L.; O'DONNEL, T. K.; PAGANO, L.; SUDDUTH, E. Standards for Ecologically Successful River Restoration. **Journal of Applied Ecology**, [S.l.], v. 42, n. 2, pp. 208-217, 2005.

PBH — Prefeitura de Belo Horizonte (2010). **Plano Municipal de Saneamento de Belo Horizonte 2008-2011**. Belo Horizonte, [On-line], 2010. Disponível em: <https://prefeitura.pbh.gov.br/sites/default/files/estrutura-de-governo/obras-e-infraestrutura/2018/documentos/volumei_texto_2010_0.pdf>. Acesso em 09 nov. 2018.

________. **Relatório consolidado do monitoramento da qualidade das águas: sub-bacia do córrego Baleares**. Belo Horizonte, 2012a. 68 p.

________. **Relatório consolidado do monitoramento da qualidade das águas: sub-bacia do córrego Nossa Senhora da Piedade**. Belo Horizonte, 2012b. 57 p.

________. **Relatório consolidado do monitoramento da qualidade das águas: sub-bacia do córrego Primeiro de Maio**. Belo Horizonte, 2012c. 65 p.

________. **Relatório de viabilidade socioambiental do programa Drenurbs**. Belo Horizonte: Secretaria Municipal de Política Urbana, 2003. 77 p.

PETTS G. E. Forested River Corridors: A Lost Resource. *In*: COSGROVE, D. E.; PETTS, G. E. (eds.). **Water, Engineering and Landscape**. Londres (Reino Unido): Belhaven Press, pp. 12-34, 1990.

PETTS G. E.; SPARKS R.; CAMPBELL, I. River Restoration in Developed Economies. *In*: BOON, P. J.; DAVIES, B. R.; PETTS, G. E. (eds.). **Global Perspectives on River Conservation**: Science, Policy and Practice. Chichester (Reino Unido): Wiley, pp. 493-508, 2000.

PIÈGAY, H.; BARGE, O.; BRAVARD, J. P.; LANDON, N.; PEIRY, J. L. Comment Delimiter l'Espace de Liberté des Rivières. Congrès de la Société Hydrotechnique de France, **24émes Journées de l'Hydraulique**: l'Eau, l'Homme et la Nature. Paris (França): Société Hydrotechnique de France, pp. 275-284, 1996.

RAPP, C.; ABBE, T. **A framework for delineating channel migration zones.** Washington, D. C. (EUA): National Academy of Sciences, 2003. 135 p. Disponível em <https://trid.trb.org/view/843688>. Acesso em 07 nov. 2018.

REURIS — Revitalization of Urban River Spaces. **Manual for Urban River Revitalization**: Implementation, Participation, Benefits. [S.l.]: Central Europe Programme, 2013.

RHOADS, B. L. Naturalizing Straight Urban Streams Using Geomorphological Principles. *In*: ECRR — International Conference on River Restoration, 4., Veneza, 2008. **Proceedings...** Veneza (Itália): CIRF & ECRR, 2008. p. 915-923. Disponível em: <http://www.ecrr.org/Portals/27/Publications/Proceedings/Fourth%20ECRR%20conference%20on%20River%20Restoration_LoRes.pdf>. Acesso em 09 nov. 2018.

RHOADS, B. L.; WILSON, D.; URBAN, M.; HERRICKS, E. E. Interaction between Scientists and Nonscientists in Community-Based Watershed Management: Emergence of the Concept of Stream Naturalization. **Environmental management**, [S.l.], v. 24, n. 3, pp. 297-308, 1999.

RILEY, A. **Restoring Streams in Cities**: A Guide for Planners, Policy Makers, and Citizens. Washington, D. C. (EUA): Island Press, 1998.

RONI, P.; HANSON, K.; BEECHIE, T. Global Review of the Physical and Biological Effectiveness of Stream Habitat Rehabilitation Techniques. **North American Journal of Fisheries Management**, [S.l.], v. 28, n. 3, pp. 856-890, 2008.

ROSGEN, D. L. The Reference Reach: A Blueprint for Natural Channel Design. *In*: Wetlands Engineering and River Restoration Conference,

1998, Denver (EUA). **Engineering Approaches to Ecosystem Restoration,** [S.l.:s.n], pp. 1009-1016, 1998.

________. A Classification of Natural Rivers. **Catena,** [S.l.], v. 22, n. 3, pp. 169-199, 1994.

________. The Natural Channel Design Method for River Restoration. *In*: World Environmental and Water Resource Congress, 2006, Omaha. **Proceedings...** Reston (EUA): American Society of Civil Engineers, 2006. Disponível em: <https://ascelibrary.org/doi/pdf/10.1061/40856%28200%29344> Acesso em 09 nov. 2018.

RUTHERFURD, I. D.; MARSH, N.; JERIE, K. **A Rehabilitation Manual for Australian Streams.** Camberra (Austrália): Land and Water Resources Research and Development Corporation, 2000. 192 p.

SELLES, I. M. (org.). **Revitalização de rios:** Orientação técnica. Rio de Janeiro: SEMADS, 2001.

SELVAKUMAR, A.; O'CONNOR, T. P.; STRUCK, S. D. Role of Stream Restoration on Improving Benthic Macroinvertebrates and In-Stream Water Quality in an Urban Watershed: Case Study. **Journal of Environmental Engineering,** [S.l.], v. 136, n. 1, pp. 127-139, 2009.

SMITH, R. F.; HAWLEY, R. J.; NEALE, M. W.; VIETZ, G. J.; DIAZ--PASCACIO, E.; HERRMANN, J.; LOVELL, A. C.; PRESCOTT, C.; RIOS-TOUMA, B.; SMITH, B.; UTZ, R. M. Urban Stream Renovation: Incorporating Societal Objectives to Achieve Ecological Improvements. **Freshwater Science,** [Chicago], v. 35, n. 1, pp. 364-379, 2016.

SOUZA, P. **Revitalização de cursos d'água em área urbana:** perspectivas de restabelecimento da qualidade hidrogeomorfológica do córrego Grande (Florianópolis, SC). 2014. 210 f. Dissertação (Mestrado em Geografia), Centro de Filosofia e Ciências Humanas, Universidade Federal de Santa Catarina, Florianópolis, 2014.

SRAC — Sacramento River Advisory Council. **Sacramento River Conservation Area Handbook.** Sacramento (EUA), 2000. 71 p.

URBEM — Urban River Basin Enhancement Methods. Decision Support Framework for Assessing and Managing Urban River Rehabilitation. *In*: International Conference of Urban River Rehabilitation. 2005. Dresden. **Urban River Basin Enhancement Methods.** Dresden (Alemanha), 2005.

VIDE, J. P. M. **Ingeniería de ríos**. Barcelona (Espanha): Gramagraf, 2002. 379 p.

WADE, P. M.; LARGE, A. R. G.; DE WALL, L. Rehabilitation of Degraded River Habitat: An Introduction. *In*: DE WALL, L. C.; LARGE, A. R. G.; WADE, P. (eds.). **Rehabilitation of Rives**: Principles and Implementation. Chichester (Reino Unido): John Wiley & Sons, pp. 1-10, 1998.

WANTZEN, M. K.; ALVES, C. B. M.; BADIANE, S. D.; BALA, R.; BLETTLER, M.; CALLISTO, M.; CAO, Y.; KOLB, M.; KONDOLF, G. M.; LEITE, M. F.; MACEDO, D. R.; MAHDI, O.; NEVES, M.; PERALTA, M. E.; ROTGÉ, V.; RUEDA-DELGADO, G.; SCHARAGER, A.; SERRA-LLOBET, A.; YENGUÉ, J.-L.; ZINGRAFF-HAMED, A. Urban Stream and Wetland Restoration in the Global South — A DPSIR Analysis. **Sustainability**, [S.l.], v. 11, p. 4975, 2019.

WOHL, E.; ANGERMEIER, P.; BLEDSOE, B.; KONDOLF, G. M.; MACDONNEL, L.; MERRITT, D. M.; PALMER, M. A.; POFF, N. L.; TARBOTON, D. River Restoration. **Water Resources Research**, [S.l.], v. 41, n. 10, 2005.

WORTLEY, L.; HERO, J.-M.; HOWES, M. Evaluating Ecological Restoration Success: A Review of the Literature. **Restoration Ecology**, [S.l.], v. 21, n. 5, pp. 537-543, 2013.

ZINGRAFF-HAMED, A.; GREULICH, S.; PAULEIT, S.; WANTZEN, K. M. Urban and Rural River Restoration in France: A Typology. **Restoration Ecology**, [S.l.], v. 25, n. 6, pp. 994-1004, 2017.

Capítulo 14

Noções de riscos de desastres hidrológicos

Luiz Fernando de Paula Barros

A história do ser humano e o seu modo de apropriação e uso dos recursos naturais estão diretamente vinculados aos desastres naturais. Estes começam a se intensificar quando o ser humano, outrora nômade, passa a se fixar e construir suas habitações em terras produtivas e abundantes de víveres (MARCELINO, 2008). As primeiras cidades foram consolidadas, geralmente, sobre encostas vulcânicas, no litoral e planícies de inundação de grandes rios. Assim, desde muito cedo, os desastres ambientais são comuns na história da humanidade, tendo se multiplicado após a Revolução Industrial (POTT; ESTRELA, 2017).

Nesse processo, a relação do ser humano com a natureza evoluiu de uma total submissão e aceitação fatalista dos fenômenos naturais a uma visão equivocada de dominação pela tecnologia (TOMINAGA, 2009). Os avanços tecnológicos permitem hoje que a humanidade enfrente melhor os perigos decorrentes dos fenômenos naturais. Porém, estes surpreendem até mesmo as nações mais desenvolvidas e bem preparadas para enfrentá-los. Assim, os esforços devem ser direcionados para a elaboração e adoção de medidas preventivas e mitigadoras que possam amenizar o impacto causado pelos fenômenos naturais, incluindo a identificação e atuação sobre as causas sociais da produção de risco, pois os desastres naturais sempre irão ocorrer, apesar do contínuo desenvolvimento das sociedades (MARCELINO, 2008; SULAIMAN; ALEDO, 2016). Nesse sentido, a efetiva prevenção dos fenômenos naturais depende do respeito às leis da natureza, ou seja, os fenômenos naturais devem ser bem compreendidos quanto à sua ocorrência, mecanismos e medidas de prevenção (TOMINAGA, 2009).

Nas últimas décadas, houve um aumento considerável não só na frequência dos desastres naturais, mas também na intensidade deles, o que resultou em sérios danos e prejuízos socioeconômicos. De modo geral, esse aumento se deve (MARCELINO *et al.*, 2006; TOMINAGA, 2009; SULAIMAN; ALEDO, 2016; ARNELL; GOSLING, 2016): ao crescimento e adensamento populacional urbano (ocupação, muitas vezes, de áreas impróprias, aumentando as situações de perigo e o número de pessoas potencialmente em risco), à segregação socioespacial (aumento dos bolsões de pobreza, onde as vulnerabilidades e suscetibilidades são, em geral, maiores), à acumulação de capital em áreas de risco (como a ocupação da zona costeira), às mudanças climáticas (aumento na ocorrência de eventos extremos) e ao avanço das telecomunicações (melhor disseminação de informações e aumento no número de registros). Assim, a gestão de risco de desastres deve ser pensada em diferentes dimensões de atuação (do local ao global) e a estratégia de redução de desastres precisa ser acompanhada do desenvolvimento social e econômico e de um criterioso gerenciamento ambiental.

A magnitude e intensidade da ação antrópica produz efeitos diversos sobre as dinâmicas da natureza, variando no tempo-espaço de acordo com os diversos arranjos socioambientais e o nível de desenvolvimento dos diferentes grupos sociais, especialmente em áreas urbanas, onde estes se ampliam e diversificam (SILVA *et al.*, 2014). Assim, as intervenções humanas em geral — como para a exploração de recursos naturais e a ocupação dos espaços naturais — geram impactos, sendo parte deles absorvida. Entretanto, alguns impactos são tão intensos que acabam desencadeando forte desequilíbrio ambiental, podendo dar início ou intensificar diversos tipos de desastre. Entre os principais fenômenos naturais que podem ser induzidos, potencializados ou intensificados pelo ser humano estão os escorregamentos, as inundações, a erosão e os colapsos de solo (AMARAL; GUTJAHR, 2011).

14.1. Conceitos-chave

O planeta Terra pode ser visto como um sistema extremamente dinâmico, ou seja, em constante modificação pela ocorrência dos fenômenos naturais. Conforme Amaral e Gutjahr (2011), alguns desses fenômenos têm origem na dinâmica interna da Terra, como a movimentação de placas tectônicas, gerando atividades vulcânicas, terremotos e tsunamis. Outros são de origem externa e têm como causa principal a dinâmica atmosférica, que pode ser responsável pela formação de furacões, tempestades, ressacas, vendavais, secas, inundações, estiagem, entre outros.

Dentro da dinamicidade da superfície do planeta, a manifestação de um fenômeno natural é tida simplesmente como um **evento (natural)** — um fato já ocorrido, com características e dimensões definidas no espaço e tempo — quando não são registrados danos e/ou prejuízos[14] sociais e/ou econômicos. Entretanto, quando um evento definido ou uma sequência de eventos fortuitos e não planejados dão origem a uma consequência específica e indesejada, em termos de danos humanos, materiais ou ambientais, configura-se um **acidente** (CASTRO, 1998).

Ainda segundo Castro (1998), um **evento adverso** diz respeito a uma ocorrência desfavorável, prejudicial, imprópria; acontecimento que traz prejuízo, infortúnio; fenômeno causador de um desastre. Por sua vez, segundo o normativo nacional (BRASIL, 2012, art. 1º, inciso I, grifo nosso), entende-se por **desastre** o

> resultado de eventos adversos, naturais ou provocados pelo homem sobre um cenário vulnerável, causando <u>grave perturbação ao funcionamento de uma comunidade ou sociedade</u> envolvendo extensivas perdas e danos humanos, materiais, econômicos ou ambientais, <u>que excede a sua capacidade de lidar com o problema usando meios próprios</u>.

14. Segundo a Instrução Normativa — MI n. 01/2012, do Ministério da Integração Nacional, o **dano** se refere ao resultado das perdas humanas, materiais ou ambientais infligidas às pessoas, comunidades, instituições, instalações e aos ecossistemas, como consequência de um desastre. Por sua vez, o **prejuízo** é a medida de perda relacionada com o valor econômico, social e patrimonial, de um determinado bem, em circunstâncias de desastre.

Segundo esse mesmo normativo, quanto à origem ou causa primária do agente causador, os desastres podem ser classificados em: **naturais**, quando causados por processos ou fenômenos naturais que podem implicar em perdas humanas ou outros impactos à saúde, danos ao meio ambiente, à propriedade, interrupção dos serviços e distúrbios sociais e econômicos; ou **tecnológicos**, quando originados de condições tecnológicas ou industriais, incluindo acidentes com procedimentos perigosos, falhas na infraestrutura ou atividades humanas específicas, que podem implicar em perdas humanas ou outros impactos à saúde, danos ao meio ambiente, à propriedade, interrupção dos serviços e distúrbios sociais e econômicos.

Nesse contexto, é preciso considerar ainda o conceito de **perigo natural** (*natural hazard*). Este se refere a um *processo ou fenômeno natural potencialmente prejudicial*, que ocorre na biosfera e que pode causar sérios danos socioeconômicos às comunidades expostas (GOERL; KOBIYAMA, 2013; UNDP, 2004; UNISDR, 2002). Nesse sentido, um rio *per si* não é um perigo, e sim um elemento natural, porém se torna um perigo quando as pessoas ocupam áreas que correspondem ao seu leito de inundação, por exemplo. Por vezes, o conceito de perigo natural é utilizado como sinônimo de ameaça.

A materialização do perigo em acidente ou desastre depende não só da magnitude do fenômeno ou processo atuante no meio social, mas também da **vulnerabilidade** deste meio. A vulnerabilidade se refere às condições determinadas por fatores ou processos físicos (características das edificações, suscetibilidades do meio físico, evidências de movimentação etc.), sociais (gênero, idade, número de moradores na residência etc.), econômicos (renda familiar, emprego formal ou informal, acesso a benefícios sociais etc.) e ambientais (área desmatada, água tratada, coleta de lixo etc.) que aumentam a exposição de uma comunidade (FURTADO *et al.*, 2014). A capacidade de enfrentar os perigos e de se recuperar dos desastres reduz a vulnerabilidade da comunidade, por outro lado, o desconhecimento do perigo faz com que a vulnerabilidade seja maior. Quanto mais frágil for a comunidade, maior o dano potencial e maior o impacto do desastre.

Por fim, o **risco de desastre** é a probabilidade de ocorrência de um evento adverso, causando danos ou prejuízos. Como os riscos são uma *relação entre perigos e vulnerabilidades*, eles não são objetos fixos ou estáveis, mas

Acervo dos autores.

Figura 9.13 Terraços fluviais parcialmente reafeiçoados por processos erosivos. Em contexto serrano, os terraços fluviais são, geralmente, restritos lateralmente, sobretudo os mais antigos.

Elaboração dos autores com base em Leopold *et al.* (1964).

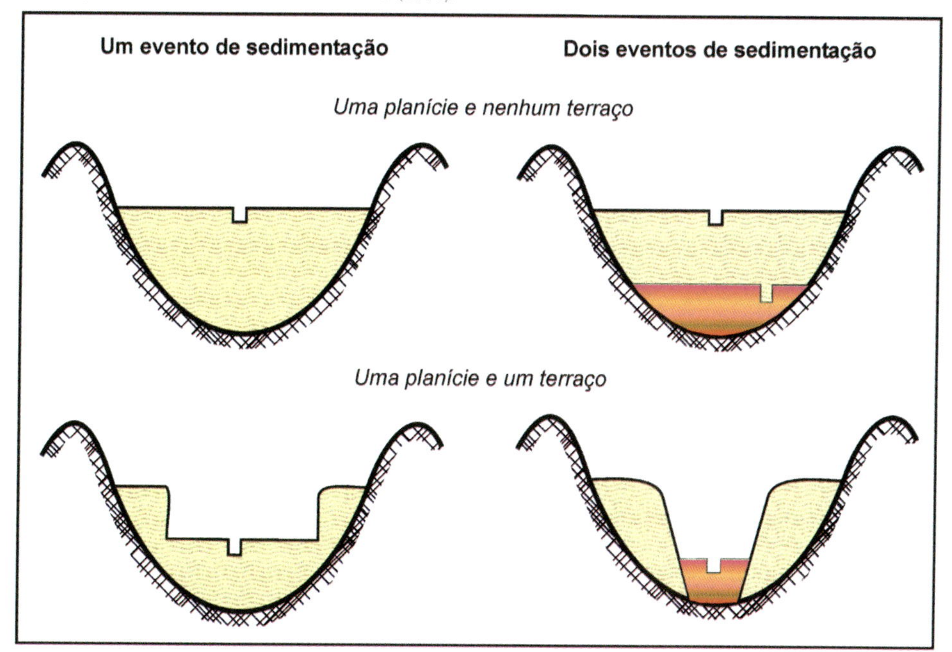

Figura 9.14 Relação entre níveis deposicionais e eventos sedimentares.

Elaboração dos autores.

Curso d'água ____________________________ Perfil nº _______ Margem ( )Direita
( )Esquerda
Trecho ______________________________ Altitude ___________ metros

Distância do canal: vertical ________metros e horizontal ________metros

Coordenadas geográficas ____

Descrição e observações

____
____
____
____
____
____
____
____
____
____
____
____
____
____
____

Considerar:
- Espessura dos estratos ou lentes
- Granulometria
- Cor
- Estruturas deposicionais
- Bioturbação, concreções, materiais de origem antrópica
- Cascalho: tamanho médio, petrografia, grau de arredondamento, se suportado entre si ou por matriz
- Transição entre os estratos

Visão em planta

N

Escala aproximada

Vale em perfil

Escalas aproximadas

Figura 10.1 Modelo de ficha de campo para levantamento de níveis deposicionais fluviais.

Perfil estratigráfico

Granulometria

Argila	Silte	Fina	Média	Grossa	Cascalho
		Areia			

Espessura em centímetros

Base

Granulometria secundária

- [ ] Argila
- [ ] Silte
- [ ] Areia
- [ ] Cascalho

Outras informações

- [ ] ____________________
- [ ] ____________________
- [ ] ____________________
- [ ] ____________________

Elaboração dos autores.

Curso d'água *Rio Exemplo* Perfil nº *06* Margem ( )Direita (*x*)Esquerda

Trecho *Médio curso (a montante da cidade)* Altitude *955* metros

Distância do canal: vertical *05* metros e horizontal *150* metros

Coordenadas geográficas *7.171.112 N / 422.030 E - UTM 22 S SIRGAS 2000*

Descrição e observações

Fácies 1:

cascalho basal suportado, mal selecionado, basicamente de quartzo e hematita, com comprimento médio entre 4 e 5 cm, sendo os maiores (4-10 cm) e mais angulosos de quartzo e os menores (0,5-3 cm) e mais arredondados de hematita. Presença de matriz arenosa (areia média) quartzosa. Espessura média: 50 cm.

Fácies 2:

material argilo-arenoso de cor acinzentada. Presença de lente (~10 cm) com areia média e pequenos grãos (< 1 cm de comprimento) e de acumulações orgânicas. Espessura média de 1 m.

Fácies 3:

material argiloso-siltoso de cor amarelada. Presença de estruturas deposicionais plano-paralelas. Espessura média de 50 cm.

Observações:

Depósito com base rochosa (granito) e contato abrupto entre todas as fácies.

Considerar:
- Espessura dos estratos ou lentes
- Granulometria
- Cor
- Estruturas deposicionais
- Bioturbação, concreções, materiais de origem antrópica
- Cascalho: tamanho médio, petrografia, grau de arredondamento, se suportado entre si ou por matriz
- Transição entre os estratos

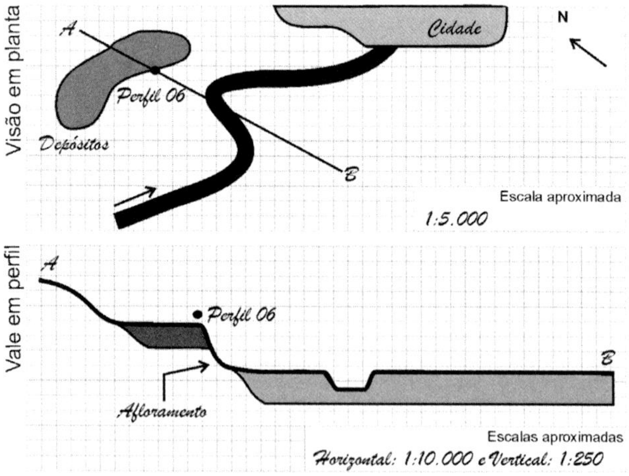

Figura 10.2 Exemplo de preenchimento do modelo de ficha de campo apresentado.

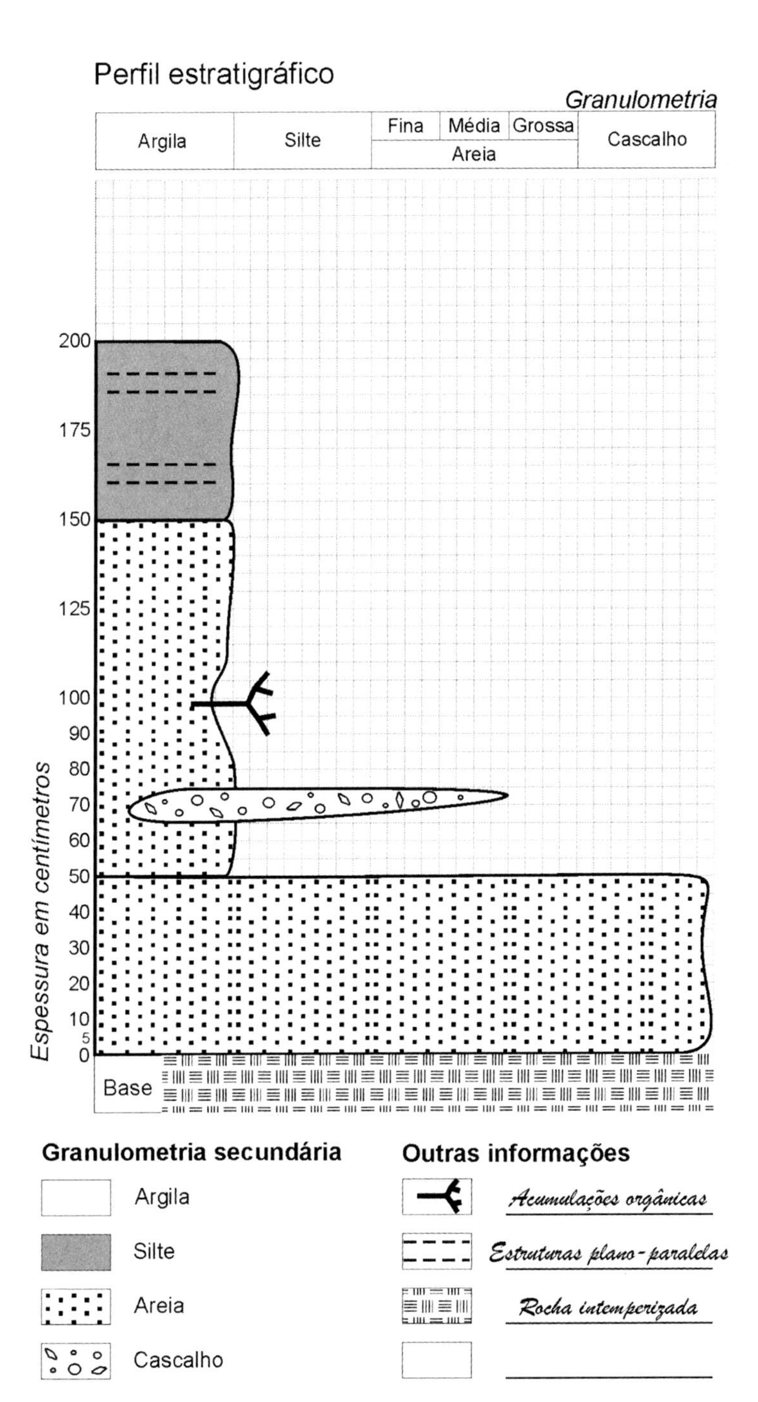
Perfil estratigráfico
Granulometria
Argila
Silte
Fina
Média
Grossa
Areia
Cascalho
200
175
150
125
100
90
80
70
60
50
40
30
20
10
5
0
Espessura em centímetros
Base
Granulometria secundária
Argila
Silte
Areia
Cascalho
Outras informações
Acumulações orgânicas
Estruturas plano-paralelas
Rocha intemperizada

Elaboração dos autores.

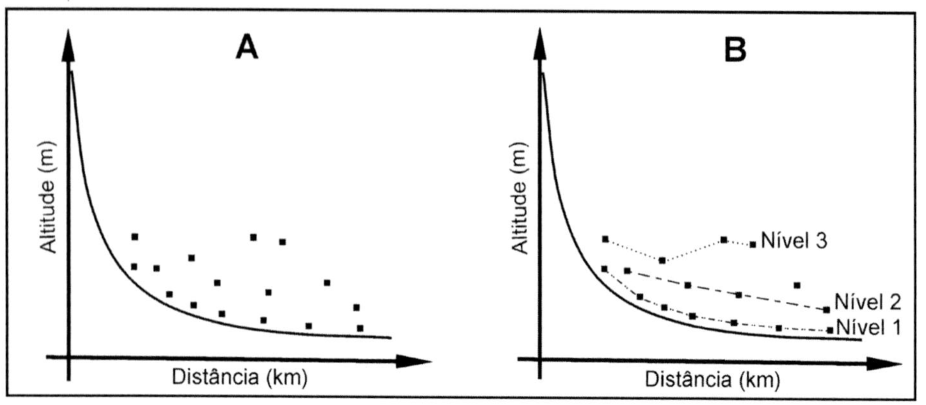

Figura 10.3 Esquema de definição hipotética de níveis aluviais de um vale. A) Perfis aluviais levantados em campo. B) Associação dos perfis em níveis deposicionais de acordo com suas características, representando eventos erosivo-deposicionais do vale. A confirmação da associação dos depósitos mais elevados a um mesmo nível deposicional seria um forte indício da atuação da tectônica no deslocamento dos registros. Alguns registros, no entanto, podem deixar dúvidas quanto ao seu enquadramento em um dos níveis identificados.

Barros e Magalhães Júnior (2012).

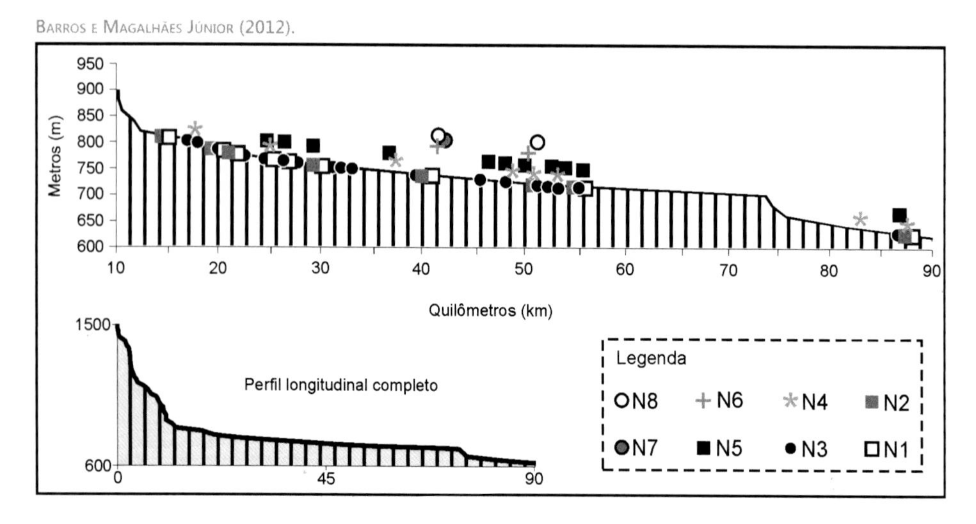

Figura 10.4 Exemplo de perfil com a distribuição longitudinal dos níveis deposicionais a partir do vale do Rio Conceição.

Barros e Magalhães Júnior (2012).

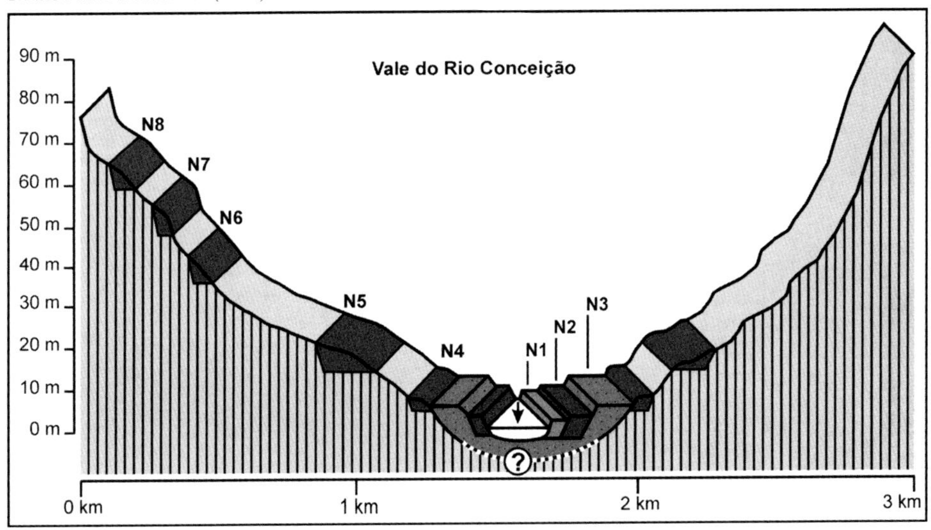

Figura 10.5 Exemplo de perfil transversal com a distribuição esquemática dos níveis deposicionais.

MAGALHÃES JR. *ET AL.* (2012).

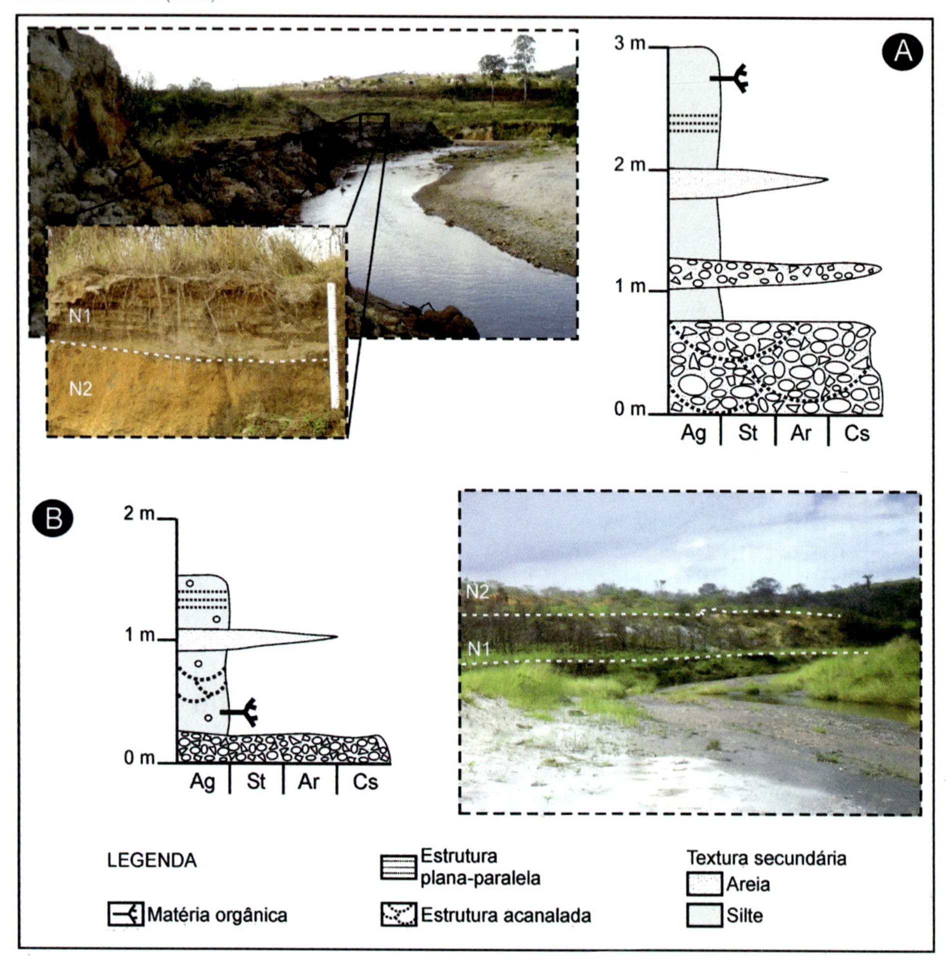

Figura 10.6 Exemplos de perfis-síntese associados a imagens representativas de níveis deposicionais. A) Imagem dos sedimentos associados ao N1, com destaque para sua sobreposição a depósito correlato ao N2 nos demais trechos, e perfil síntese. B) N1 embutido no N2 e perfil síntese do N1.

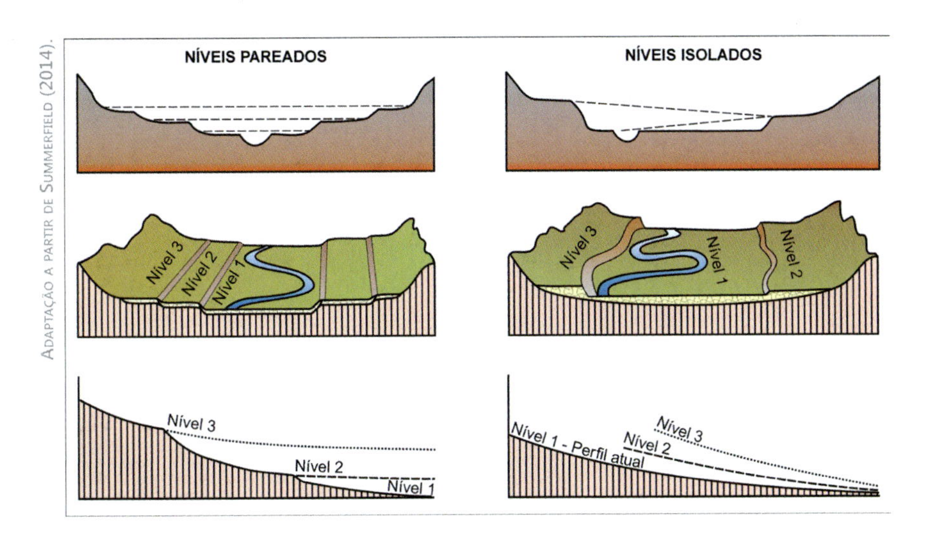

Figura 10.7 Níveis deposicionais pareados e isolados em visada transversal e longitudinal.

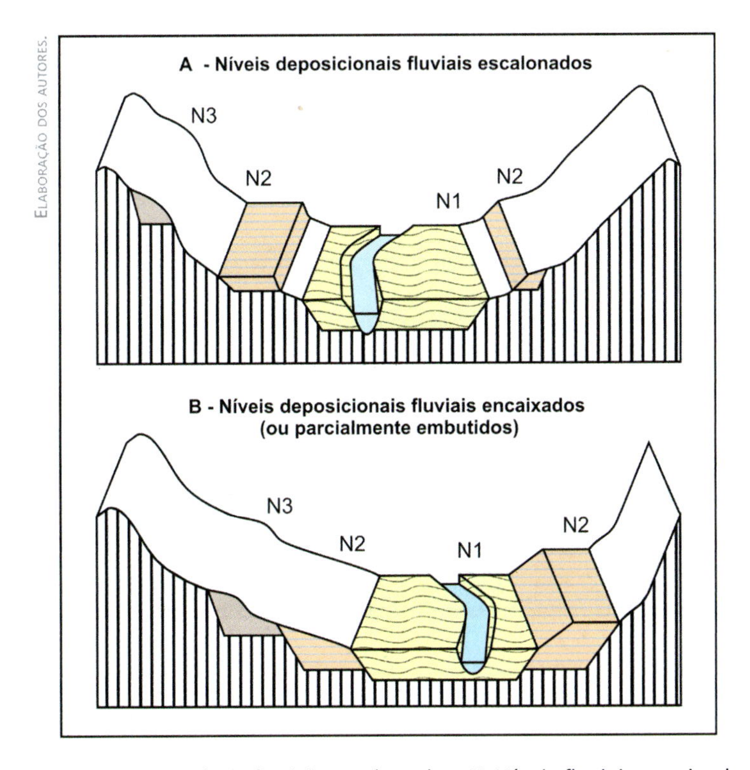

Figura 10.8 A) Níveis fluviais escalonados. B) Níveis fluviais encaixados.

Acervo dos autores.

Figura 10.9 Perfil de terraço fluvial sobre rocha intemperizada exposto em corte de meandro.

Barros e Magalhães Jr. (2012).

Figura 10.10 A) Cascalho cimentado por óxidos-hidróxidos de ferro aflorando no leito do rio como uma blindagem aos processos de incisão vertical. B) Encouraçamento do leito por erosão da fácies superior de finos e exposição de grandes clastos de um nível deposicional mais antigo no leito.

Elaboração dos autores.

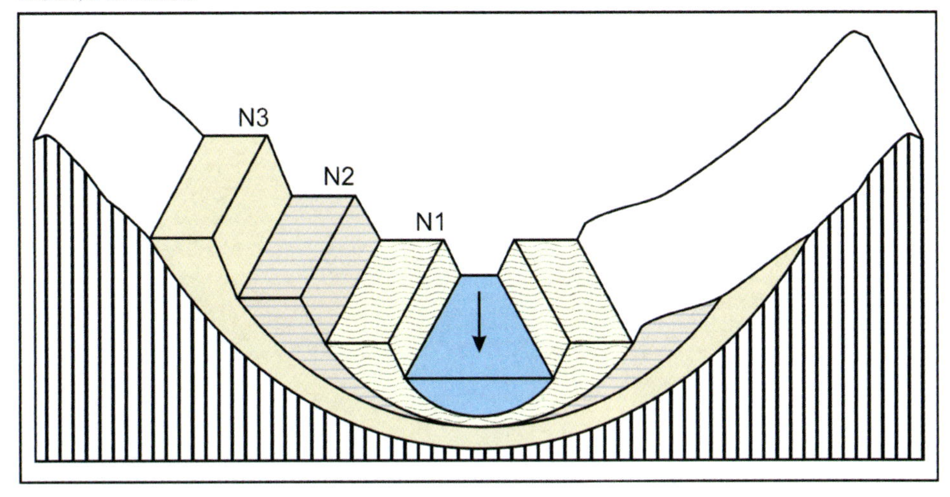

Figura 10.11 Níveis deposicionais fluviais embutidos. O N3 é chamado de nível deposicional de preenchimento (*fill terrace*), enquanto os demais são conhecidos como embutidos (*nested-fill-terraces*).

Modificado de Magalhães Jr. *et al.* (2011).

Figura 10.12 Terraços em escadaria (*terrace staircase*) no vale do alto Rio das Velhas, bacia do Rio São Francisco.

Acervo dos autores.

Figura 10.13 Planície de inundação embutida em nível de terraço pleistocênico. Neste caso, o embutimento é favorecido pela presença de couraças ferruginosas do terraço no leito atual, atuando como um freio à incisão vertical.

Elaboração dos autores com base em Macaire (1990).

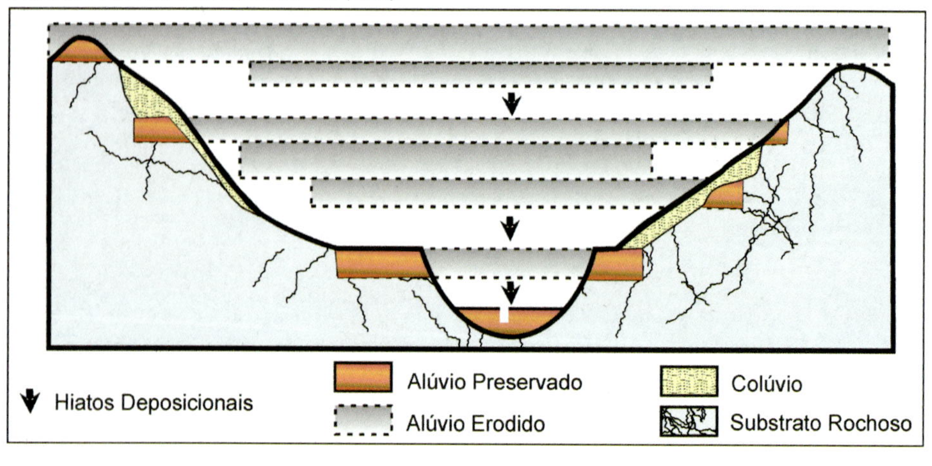

Figura 10.14 Depósitos aluviais como registro da dissecação fluvial.

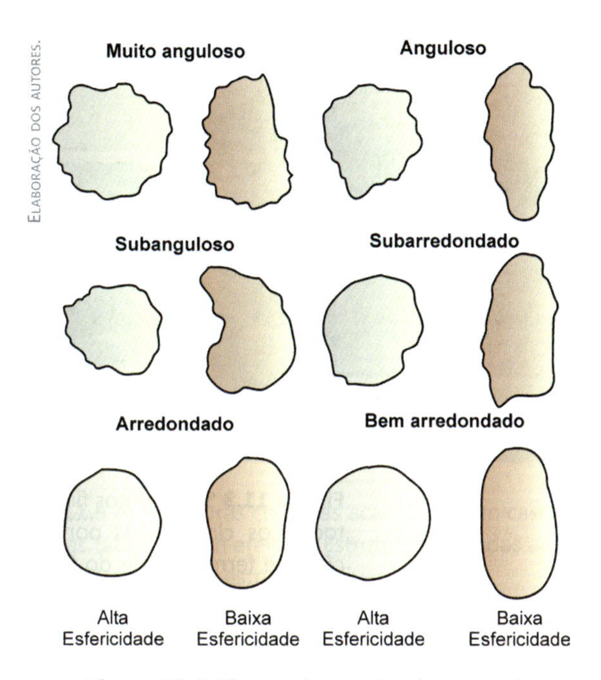

Figura 11.1 Classes de arredondamento de clastos.

Elaboração dos autores.

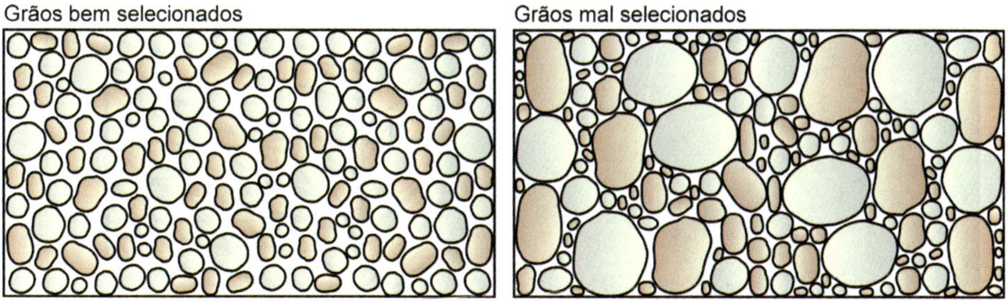

Grãos bem selecionados

Grãos mal selecionados

Figura 11.2 Grau de seleção de partículas sedimentares.

Elaboração dos autores com base em Suguio (1990) e Giannini (2018).

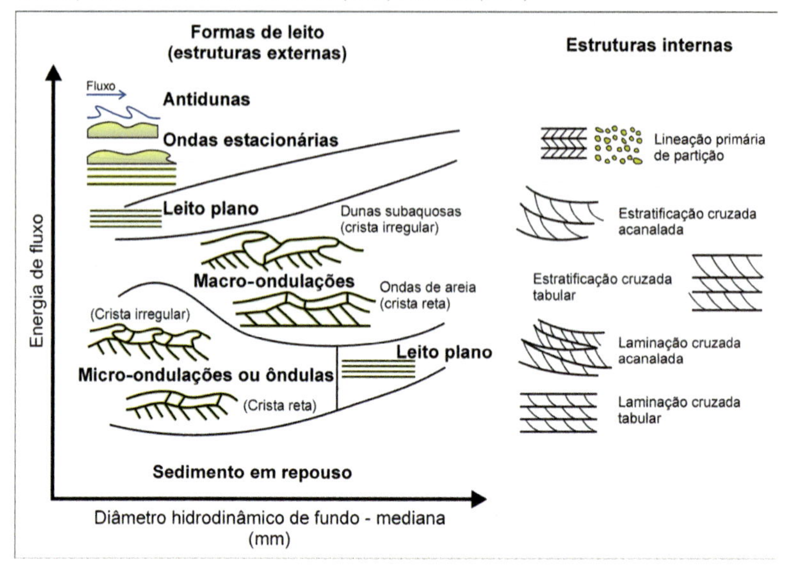

Figura 11.7 Relação entre energia do fluxo e diâmetro dos sedimentos na geração de formas de leito e de estruturas internas associadas.

Adaptação a partir de Walker e Cant (1984).

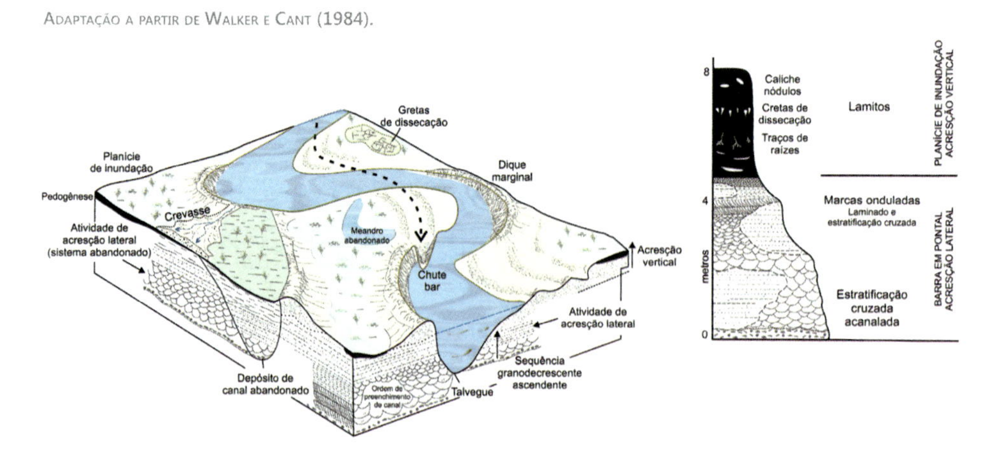

Figura 11.8 Modelo deposicional do sistema fluvial meandrante.

ACERVO DOS AUTORES.

Figura 11.9 Perfil de terraço com fácies orgânica de meandro abandonado (vale do Rio Maracujá — Quadrilátero Ferrífero, MG).

ACERVO DOS AUTORES.

Figura 11.10 Nível de terraço recente com sedimentos arenosos orgânicos — Córrego da Contagem, Serra do Espinhaço Meridional.

Acervo dos Autores.

Figura 11.11 Depósitos de sistemas meandrantes com pouca diversidade de fácies em Minas Gerais. A) Fácies arenosa com pouca estratificação plano-paralela — Vale do Ribeirão das Abóboras na Bacia do São Francisco (município de Cachoeira da Prata). B) Fácies basal de seixos de quartzo recoberta por material areno-argiloso igualmente maciço — Alto Rio das Velhas, Quadrilátero Ferrífero (Sabará). C) Fácies argilo-arenosa maciça — Vale do Rio das Velhas na Depressão de Belo Horizonte (Vespasiano). D) Corte em estrada mostrando fácies basal de seixos recoberta por material argilo-arenoso — Alto Rio Paraopeba (São Joaquim de Bicas).

Acervo dos Autores.

Figura 11.12 Fácies basal de nível deposicional do Rio das Velhas com presença de clastos de conglomerado da Formação Areado (mais escuros).

E

Adaptação a partir de Walker e Cant (1984).

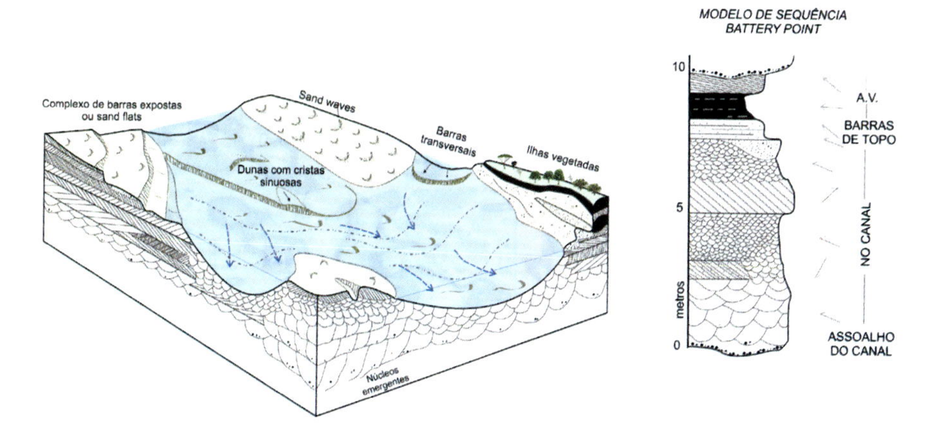

Figura 11.13 Modelo deposicional do sistema fluvial entrelaçado com base no arenito Battery Point (Canadá).

Elaboração dos autores com base em Smith e Smith (1980).

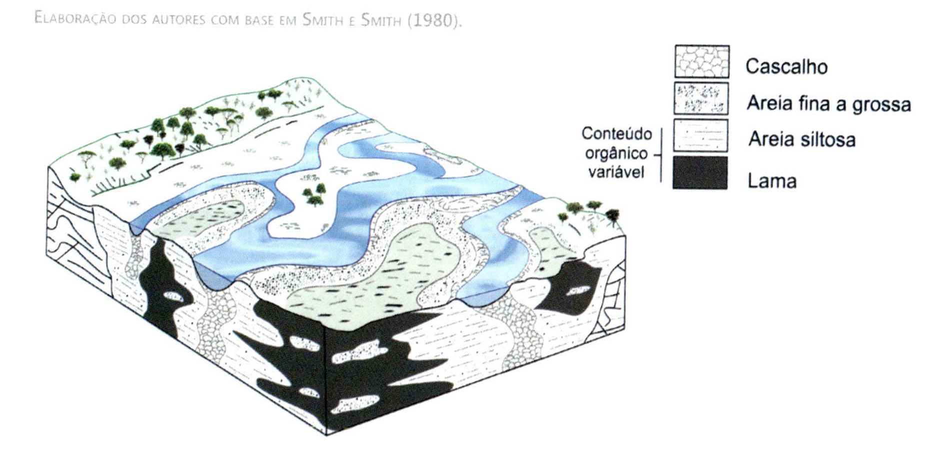

Figura 11.14 Modelo deposicional do sistema fluvial anastomosado.

Diretoria de Gestão de Águas Urbanas (SMOI/PBH), 2003.

Acervo dos autores.

Figura 13.3 Vista parcial do córrego Baleares antes (A) e após (B) as intervenções.

Diretoria de Gestão de Águas Urbanas (SMOI/PBH), 2003.

Acervo dos autores.

Figura 13.4 Vista parcial do córrego Primeiro de Maio antes (A) e após (B) as intervenções.

Diretoria de Gestão de Águas Urbanas (SMOI/PBH), 2003.

Acervo dos autores.

Figura 13.5 Vista parcial do córrego Nossa Senhora da Piedade antes (A) e após (B) as intervenções.

PBH (2012A, 2012B, 2012C).

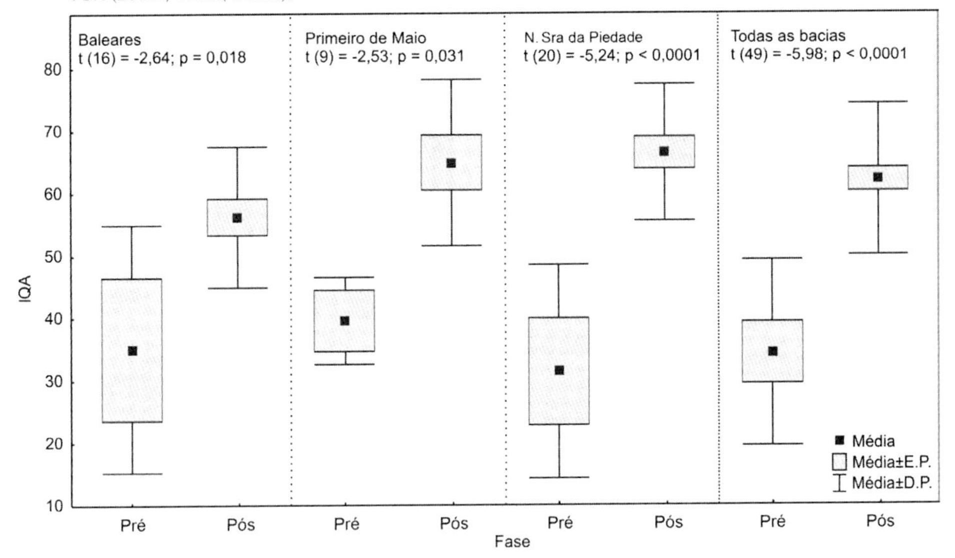

Figura 13.6 Resultados para o índice de qualidade de água (IQA) nas fases pré e pós-reabilitação.

Modificado de Feio *et al.* (2015).

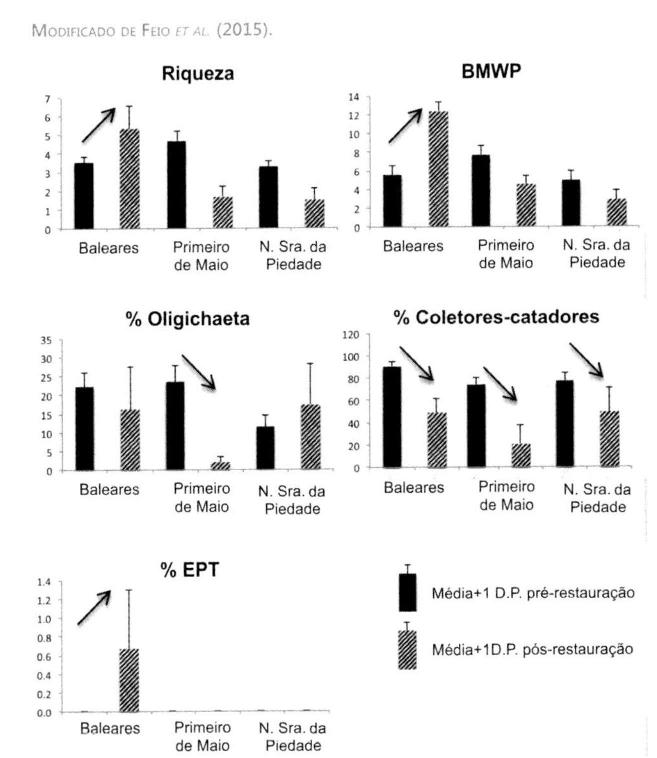

Figura 13.7 Resultados de métricas da comunidade de macroinvertebrados bioindicadores de qualidade de água nas fases pré e pós-reabilitação. As setas indicam métricas que tiveram melhora significativa entre as fases.

Acervo dos autores.

Figura 13.8 Exemplos de trechos fluviais pós-reabilitação dez anos após as intervenções (2018). A) e B) Córrego Primeiro de Maio. C) e D) Córrego Nossa Senhora da Piedade. E) e F) Córrego Baleares.

Adaptação a partir de CEPED (2013).

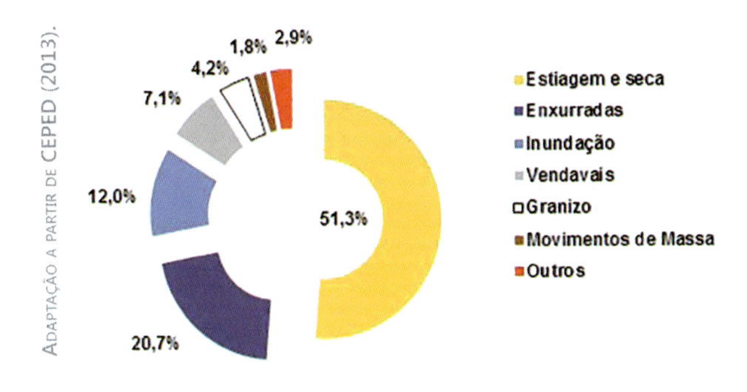

Mortos por desastres (B)

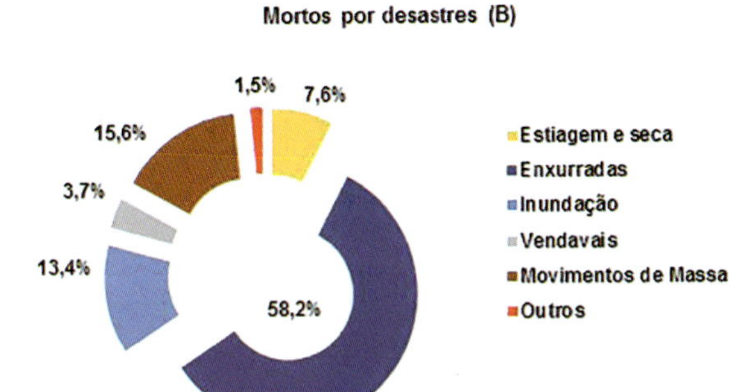

Figura 14.1 Afetados (A) e mortos (B) por tipo de desastre no Brasil entre 1991 e 2012.

Elaboração dos autores com imagem ©2019 CNES / Airbus extraída do Google Earth®.

Figura 14.2 Sede do município de Boca do Acre (AM), afetada por desastre relacionado a erosão de margem fluvial em 2017. Notar a localização da sede junto à margem erosiva do Rio Purus.

Elaboração dos autores com imagens ©2018 Digital Globe extraídas do Google Earth®.

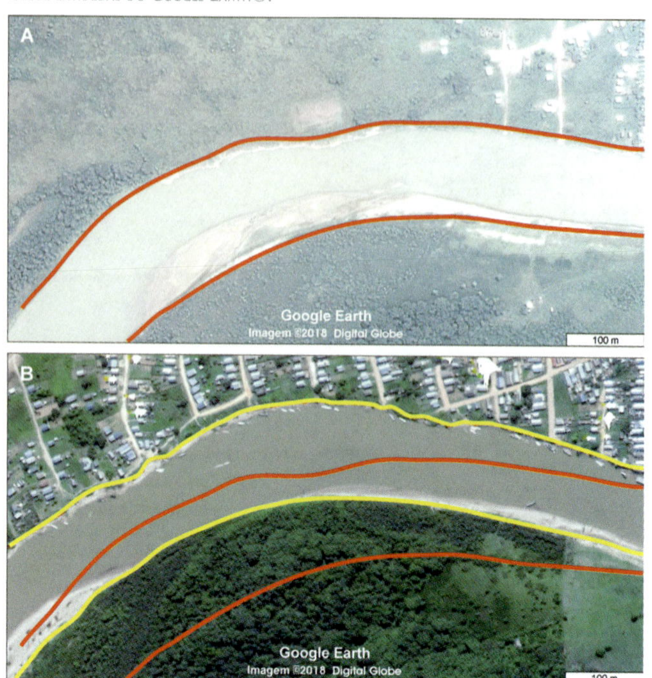

Figura 14.3 Sede do município de Tarauacá (AC), afetada por erosão de margem fluvial. A) Posição das margens do Rio Tarauacá no ano de 2004 (vermelho). B) Posição das margens no ano de 2018 (amarelo) e comparação com a posição em 2004. A expansão da zona urbana se deu junto a uma margem erosiva.

Acervo do autor.

Figura 14.4 Enrocamento de margens no Ribeirão Maquiné, em Cata Altas (MG).

Adaptação a partir de Kobiyama *et al.* (2006).

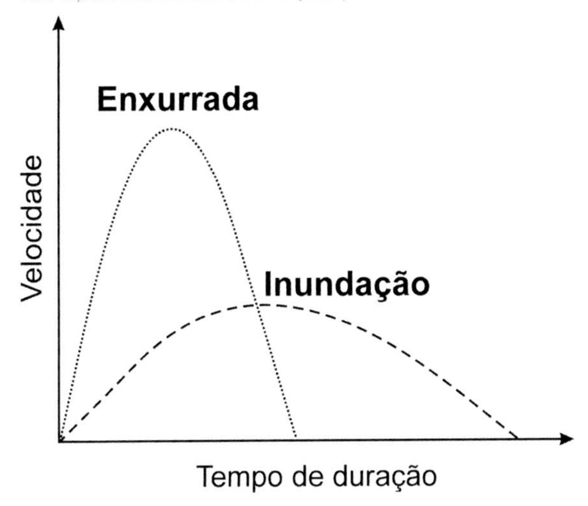

Figura 14.5 Comparativo entre enxurradas e inundações quanto à velocidade máxima do fluxo e seu tempo de duração. Enxurradas têm picos mais elevados, porém de curta duração, enquanto inundações se caracterizam por menor velocidade, porém de maior duração.

Elaboração dos autores.

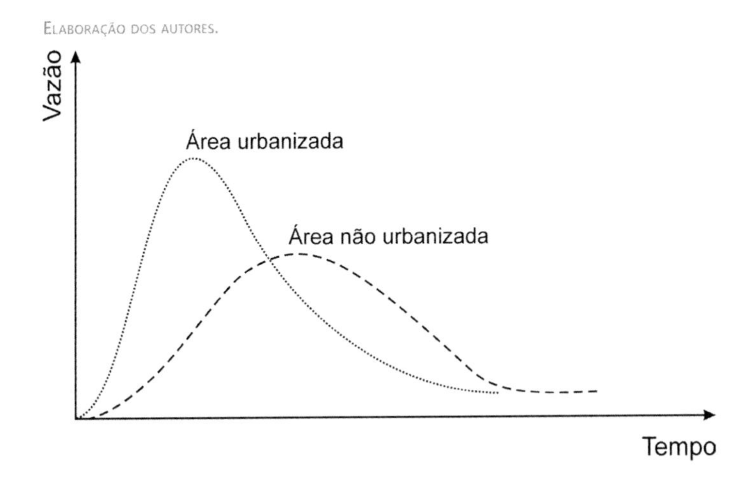

Figura 14.6 Comparativo do comportamento hidrológico de uma área urbanizada (altas taxas de impermeabilização) com uma área não urbanizada. A área urbanizada apresenta pico de vazão mais acentuado e de curta duração, devido a um menor tempo de concentração, tendo em vista que não há o tempo de atraso proporcionado pela infiltração da água no solo, como numa área não urbanizada.

Acervo do autor.

Figura 14.7 Visão a montante (A) e a jusante (B) de ponte sobre o córrego Diogo, em Sete Lagoas (MG). A estrutura acaba exercendo um efeito de funil, dificultando o escoamento do fluxo devido ao estreitamento da seção do canal.

A) Elaboração dos autores imagem ©2018 DigitalGlobe extraída do Google Earth®.
B) Acervo do autor.

Figura 14.8 A) Imagem de satélite com barraginhas para captação e reservação de águas do escoamento superficial na zona rural do município de Sete Lagoas (MG). B) Barraginha à beira de estrada no fim da estação chuvosa.

processos que se modificam com o tempo, com ou sem uma intervenção direta sobre eles (FURTADO *et al.*, 2014). Nesse contexto, **área de risco** é a área passível de ser atingida por processos naturais e/ou induzidos que causem efeitos adversos. As pessoas que habitam essas áreas estão sujeitas a danos à sua integridade física, além de perdas materiais e patrimoniais.

O grau de gerenciamento do risco pode reduzir significativamente as consequências às pessoas, bens ou meio ambiente em razão de um desastre. Desse modo, é adequado considerar que o risco pode ser expresso pela Equação 14.1 (NOGUEIRA, 2006):

$$R = P(fA) \times C(fV) \times g^{1}, \qquad (14.1)$$

sendo que o risco (R) representa a probabilidade (P) de ocorrer um fenômeno físico ou perigo (A), em local ou intervalo de tempo específicos e com características determinadas; causando consequências (C) às pessoas, bens ou meio ambiente, em função da vulnerabilidade (V) dos elementos expostos, podendo ser modificado pelo grau de gerenciamento (g).

14.2. O contexto brasileiro

Os principais fenômenos relacionados a desastres naturais no Brasil derivam da dinâmica externa da Terra, tais como inundações, escorregamentos de solos e/ou rochas e tempestades. Esses fenômenos ocorrem normalmente associados a chuvas intensas ou prolongadas, geralmente no verão nas regiões Sul e Sudeste e no inverno na região Nordeste oriental.

Segundo Marcelino (2008), mais de 80% dos desastres de grande severidade[15] no Brasil estão associados a instabilidades atmosféricas severas, que são responsáveis pelo desencadeamento de enxurradas, vendavais, tornados, granizos e escorregamentos. Esses são fenômenos súbitos e violentos, responsáveis por grande mortandade e destruição em virtude da velocidade com que ocorrem. Ainda segundo o autor, mais de 60% dos desastres de grande

---

15. Relacionados a dezenas de mortos e centenas de desabrigados, levando os estados e países a buscarem auxílio externo (MARCELINO *et al.*, 2006), de acordo com dados do *Emergency Events Database* (EM-DAT) referentes ao período entre 1900–2006.

severidade entre 1900–2006 ocorreram nas regiões Sudeste e Sul, o que está mais associado às características geoambientais que às socioeconômicas. As instabilidades atmosféricas são frequentes nessas regiões, devido à passagem de frentes frias (sobretudo, no inverno), da ocorrência de complexos convectivos de mesoescala na primavera e da formação dos sistemas convectivos no verão, formadores de chuvas intensas e concentradas.

A Classificação e Codificação Brasileira de Desastres (Cobrade) divide os desastres naturais em: geológicos, hidrológicos, meteorológicos, climatológicos e biológicos. Os desastres diretamente associados à dinâmica dos cursos d'água são: erosão de margem fluvial (inserido no grupo dos desastres geológicos), inundações e enxurradas (inseridos no grupo dos desastres hidrológicos).

Do total de pessoas afetadas por desastres naturais no Brasil entre 1991 e 2012, mais de 32% foram afetadas por desastres relacionados à dinâmica de cursos d'água (ver Figura 14.1). Quando se analisam os números relativos aos óbitos relacionados a desastres no mesmo período, mais de 71% se associam a enxurradas e inundações.

14.2.1. Erosão de margem fluvial

Segundo a Cobrade, a erosão de margens fluviais se refere ao desgaste das margens dos rios, provocando movimentos gravitacionais de massa. É um tipo de desastre gradual ou de evolução crônica, ou seja, que evolui em etapas de agravamento progressivo.

Segundo CEPED (2013), das seis mortes decorrentes de processos erosivos no país, três ocorreram em um único evento de erosão de margem fluvial em Ipameri, região sul de Goiás, num evento em que ocorreu a elevação do nível de água em cerca de 5 m acima do normal.

A erosão de margem fluvial é um processo natural de evolução dos canais fluviais devido ao turbilhonamento da água, sobretudo em canais de alta sinuosidade, com intensificação da retirada de materiais nas margens côncavas (onde se concentram as linhas de fluxo de maior energia), por meio de processos como a cavitação, corrasão, abrasão e corrosão (ver Capítulo 5). Nesse sentido, episódios de incremento das precipitações podem ser desencadeadores de erosão fluvial acelerada e desastres correlatos (PEREIRA; SZLAFSZTEIN, 2015). Esse processo também pode estar relacionado à flutuação do nível de água, tendo em vista que em período de vazante há menor pressão da água sobre as margens, as quais podem vir a se desestabilizar, ocorrendo movimentos de massa.

No entanto, algumas intervenções antrópicas podem acelerar ou induzir os processos de erosão e solapamento de margens fluviais, como o desmatamento e a construção de estruturas próximo às margens, nesse caso, causando sobrepeso nas margens e desestabilizando-as. A erosão de margens fluviais também pode ser acelerada a jusante de reservatórios, de trechos canalizados e estruturas como pontes, pois podem alterar e/ou acelerar a dinâmica do fluxo e seu poder erosivo.

Na Figura 14.2 se observa a sede urbana do município de Boca do Acre (estado do Amazonas), cuja situação de emergência decorrente de erosão de margem fluvial foi reconhecida em junho de 2017.[16] Nota-se que a sede municipal está localizada em área de acelerada dinâmica fluvial por meio da erosão natural de suas margens, conforme indicam os meandros abandonados e espirais de meandro (*meander scrolls*) a nordeste da zona urbanizada. Nesse sentido, ainda que muitas localidades como essa tenham longo histórico de ocupação, ao não inibir a ocupação das margens fluviais, o poder público acaba por induzir a criação de situações de riscos e desastres.

Situação semelhante pode ser observada no município acreano de Tarauacá. A sequência de imagens da Figura 14.3 mostra a expansão da zona urbana em direção à margem fluvial, concomitante a um recuo erosivo natural da margem, criando situações de risco de desastres.

14.2.1.1. Medidas preventivas e mitigadoras

O gerenciamento do risco pode ser feito por meio de medidas estruturais e não estruturais. As medidas estruturais são de intervenção direta, ou seja, implicam modificações no sistema fluvial. Por sua vez, as medidas não estruturais dizem respeito ao gerenciamento do risco por meio de adaptações

16. Portaria da Secretaria Nacional de Proteção e Defesa Civil nº 73, de 7 de junho de 2017.

da população com os fenômenos geradores de desastres (sistemas de alerta e alarme, planos de defesa civil etc.). Conforme Castro (2003), os desastres provocados por erosão das margens fluviais são reduzidos, principalmente, por medidas não estruturais, relacionadas com a definição das áreas de risco intensificado desses fenômenos, evitando-se a construção de estruturas de engenharia e de habitações nessas áreas. Assim, um adequado planejamento territorial urbano e efetiva fiscalização são instrumentos necessários ao combate à formação de áreas de risco. A recuperação e/ou preservação da vegetação (CAMPAGNOLO *et al.*, 2018) com o real respeito às áreas de preservação permanente, conforme definido pela legislação, também são medidas não estruturais de grande importância.

Em alguns casos, justifica-se a construção de obras estruturais em áreas urbanas, como enrocamentos (ver Figura 14.4), espigões e cais de proteção. Essas medidas estruturais podem apresentar resultados de longo prazo quando complementadas por obras de dragagem, objetivando a redução da ação hidráulica da água sobre as margens vulneráveis (CASTRO, 2003).

14.2.2. Inundações e enxurradas

A Cobrade não inclui as enchentes (ou cheias) como fenômenos causadores de desastres. Segundo o Ministério das Cidades e o Instituto de Pesquisas Tecnológicas (IPT), entre outros, as enchentes ou cheias são definidas como a elevação temporária do nível de água em dado canal de drenagem devido ao aumento da vazão ou descarga. Nesse caso, como não há transbordamento de água, as enchentes só causarão danos caso o leito menor do curso d'água seja ocupado, o que, apesar de menos comum, ocorre por meio de ocupações irregulares em aglomerados subnormais de grandes centros urbanos.

A elevação do nível da água e o extravasamento do leito menor de um curso d'água podem ocorrer de modo gradual ou brusco. Enquanto as cheias ou enchentes envolvem somente a elevação temporária do nível da água dos cursos fluviais, as enxurradas e inundações envolvem o extravasamento da água do leito menor para as margens. Nesse sentido, esses processos diferem também dos **alagamentos**, que envolvem problemas de drenagem urbana que dificultam o escoamento das águas e provocam a acumulação de água na superfície. Assim, alagamentos estão mais associados a fatores de infraestrutura urbana que àqueles associados à dinâmica dos cursos d'água. Segundo a Cobrade, trata-se da extrapolação da capacidade de escoamento de sistemas de drenagem urbana e consequente acúmulo de água em ruas, calçadas ou outras infraestruturas urbanas, em decorrência de precipitações intensas. Muitas vezes, os alagamentos ocorrem mesmo com a drenagem fluvial, geralmente receptora da drenagem urbana, em nível baixo, ou seja, dentro de sua calha. Geralmente, isso ocorre devido à inexistência de um sistema adequado de drenagem urbana (sarjetas, bueiros, redes pluviais etc.) ou devido à acumulação de detritos nas galerias pluviais, obstruindo-as e limitando sua capacidade de escoamento.

De acordo com a Cobrade, a **inundação** implica a submersão de áreas fora dos limites normais de um curso d'água em zonas que normalmente não se encontram submersas, sendo que o transbordamento ocorre de modo gradual, geralmente ocasionado por chuvas prolongadas em áreas de planície. Dadas essas características, esse tipo de transbordamento também é chamado "inundação gradual".

Em geral, as inundações (graduais) são características das grandes bacias hidrográficas e dos rios de planície, sendo cíclicas e sazonais. O fenômeno se caracteriza por sua abrangência e grande extensão, relacionando-se mais a períodos prolongados de chuvas que a chuvas intensas, porém concentradas. As inundações anuais da bacia do Rio Amazonas são um exemplo típico de periodicidade (CASTRO, 2003).

Como a elevação do nível de água e o extravasamento do leito ocorrem de modo lento, a população e o poder público podem se antecipar e adotar medidas para minimizar os efeitos adversos da inundação. Assim, é comum em municípios da planície amazônica, por exemplo, que o piso das habitações da população ribeirinha seja móvel, podendo ser elevado à medida que o nível do rio sobe. Do mesmo modo, o poder público local faz a instalação de estruturas temporárias (como passarelas) para que a população possa se deslocar pelas ruas, mesmo elas estando tomadas pela água, conforme frequentemente reportado nos noticiários locais.

Por sua vez, a Cobrade define **enxurrada** como o escoamento superficial de alta velocidade e energia, provocado por chuvas intensas e concentradas, normalmente em pequenas bacias hidrográficas de relevo acidentado. São caracterizadas por apresentarem grande poder destrutivo, pela elevação súbita das vazões de determinada drenagem e transbordamento brusco da calha fluvial (ver Figura 14.5). Por isso, esse fenômeno costuma surpreender por sua violência e menor previsibilidade. Dadas essas características, esse tipo de transbordamento também é chamado "inundação brusca".

Segundo CEPED (2013), a maior ocorrência de desastres causados por enxurradas se dá próximo ao litoral brasileiro, com destaque para Pernambuco, Alagoas, Espírito Santo, Rio de Janeiro e Santa Catarina. Os eventos estão concentrados nos meses de verão e primavera, estando associados à formação de chuvas convectivas em escala local, ao Complexo Convectivo de Mesoescala e à entrada de frentes frias. Em Minas Gerais, somam-se 614 eventos apenas nos meses de janeiro entre 1991–2012. Nesse estado, os desastres por enxurradas estão concentrados em sua porção leste, principalmente.

Em relação aos 4.691 registros oficiais de desastres relacionados a inundações entre 1991–2012, CEPED (2013) destaca que 2.419 municípios foram afetados, 521 somente em Minas Gerais, o que corresponde a mais de 61% dos municípios deste estado. O ano de 2009 foi o de maior número de ocorrências nesse período, somando 717 registros, tendo sido 360 somente nos meses de abril e maio. A Zona de Convergência Intertropical, a formação de linhas de instabilidade ao longo da costa e a propagação de cavados na alta e média troposfera foram os sistemas que mais favoreceram a ocorrência de chuvas, sobretudo no mês de abril nas regiões Norte e Nordeste. Assim, a ocorrência de inundações e enxurradas tem estreita relação com o comportamento das precipitações (CALDANA *et al.*, 2018).

Conforme Castro (2003), quando extensas, as inundações destroem ou danificam plantações e exigem um grande esforço para garantir o salvamento de animais. Além disso, elas contribuem para o aumento de ocorrências de acidentes ofídicos e do risco de transmissão de doenças veiculadas pela água e pelos alimentos, por ratos (leptospirose), além da ocorrência de infecções respiratórias agudas. Segundo Cançado (2009), os danos causados por inundações podem ser classificados em (Tabela 14.1): tangíveis, quando passíveis de mensuração em termos monetários; e intangíveis, quando se trata de bens de difícil quantificação ou quando, por questões éticas ou ideológicas, é indesejável ou inapropriada (a vida humana, bens de valor histórico e arqueológico etc.). Os danos também podem ser classificados em diretos, quando resultam do contato físico de bens e pessoas com a água de inundação, e indiretos, quando ocorrem em consequência dos primeiros (interrupções e perturbações das atividades socioeconômicas, por exemplo), podendo ocorrer dentro e fora da área física atingida pelo evento.

Tabela 14.1. Principais danos decorrentes de inundações em áreas urbanas.

DANOS TANGÍVEIS	
Danos Diretos	**Danos Indiretos**
Danos físicos aos domicílios: construção e conteúdo das residências.	Custos de limpeza, alojamento e medicamentos. Realocação do tempo e dos gastos na reconstrução. Perda de renda.
Danos físicos ao comércio e serviços: construção e conteúdo (mobiliário, estoques, mercadorias em exposição etc.).	Lucros cessantes, perda de informações e base de dados. Custos adicionais de criação de novas rotinas operacionais pelas empresas. Efeitos multiplicadores dos danos nos setores econômicos interconectados.
Danos físicos aos equipamentos e plantas industriais.	Interrupção da produção, perda de produção, receita e, quando for o caso, de exportação. Efeitos multiplicadores dos danos nos setores econômicos interconectados.
Danos físicos à infraestrutura.	Perturbações, paralisações e congestionamento nos serviços, custos adicionais de transporte, efeitos multiplicadores dos danos sobre outras áreas.
DANOS INTANGÍVEIS	
Danos Diretos	**Danos Indiretos**
Ferimentos e perda de vida humana.	Estados psicológicos de estresse e ansiedade.
Doenças pelo contato com a água, como resfriados e infecções.	Danos de longo prazo à saúde.
Perda de objetos de valor sentimental.	Falta de motivação para o trabalho.
Perda de patrimônio histórico ou cultural.	Inconvenientes de interrupção e perturbações nas atividades econômicas, meios de transporte e comunicação.
Perda de animais de estimação.	Perturbação no cotidiano dos moradores.

Fonte: Cançado (2009).

Kobiyama *et al.* (2006) ressaltam que diversas vezes as inundações (graduais) vêm sendo registradas como enxurradas (inundações bruscas) e vice-versa, o que se deve mais à dificuldade de identificação do fenômeno em campo e à ambiguidade das definições existentes que à falta de conhecimento a respeito dos processos. Na própria literatura científica existe uma grande divergência sobre as definições a serem adotadas (Tabelas 14.2 e 14.3). Essa variedade de definições indica a elevada complexidade dos desastres associados a inundações (bruscas e graduais), pois, além dos problemas tipicamente conceituais e etimológicos, algumas características comportamentais são similares para ambos os processos.

Tabela 14.2. Compilação de definições de inundação (gradual).

Termo	Autor	Definição
Flood	NFIP (2005)	Uma condição geral ou temporária, de parcial ou completa inundação, de dois ou mais acres de uma terra normalmente seca, ou duas ou mais propriedades, proveniente da inundação de águas continentais ou oceânicas.
Flood	NWS/ NOAA (2005)	A inundação de uma área normalmente seca causada pelo aumento do nível das águas em um curso d'água estabelecido, como um rio, um córrego, ou um canal de drenagem ou um dique, perto ou no local onde as chuvas precipitaram.
Inundações graduais ou enchentes	CASTRO (1999)	As águas elevam-se de forma paulatina e previsível, mantêm em situação de cheia durante algum tempo e, a seguir, escoam gradualmente. Normalmente, as inundações graduais são cíclicas e nitidamente sazonais.
Inundações ribeirinhas	TUCCI E BERTONI (2003)	Quando a precipitação é intensa e o solo não tem capacidade de infiltrar, grande parte do volume escoa para o sistema de drenagem, superando sua capacidade natural de escoamento. O excesso de volume que não consegue ser drenado ocupa a várzea, inundando, de acordo com a topografia, áreas próximas aos rios.
River flood	MEDIONDO (2005)	O transbordamento do curso do rio é normalmente o resultado de prolongada e copiosa precipitação sobre uma grande área. Inundações de rio acontecem associadas a sistemas de grandes rios em trópicos úmidos.

Fonte: Goerl e Kobiyama (2005) adaptado por Kobiyama *et al.* (2006).

Tabela 14.3. Compilação de definições de enxurrada (inundação brusca)

Termo	Autor	Definição
Flash flood	NWS/NOAA (2005)	Uma inundação causada pela pesada ou excessiva chuva em um curto período de tempo, geralmente menos de 6 horas. Também, às vezes, uma quebra de barragem pode causar inundação brusca, dependendo do tipo de barragem e do período de tempo em que ocorre a quebra.
Flash flood	CHOUDHURY *et al.* (2004)	Inundações bruscas são inundações de curta vida e que duram de algumas horas a poucos dias e originam-se de pesadas chuvas.
Flash flood	KÖMÜSÇÜ et al. (1998)	Inundações bruscas são normalmente produzidas por intensas tempestades convectivas, que causam rápido escoamento, e o dano da inundação geralmente ocorre durante as horas da chuva que a causa e afeta uma área muito limitada.
Inundação brusca ou enxurrada	CASTRO (1999)	São provocadas por chuvas intensas e concentradas em regiões de relevo acidentado, caracterizando-se por súbitas e violentas elevações dos caudais, os quais escoam de forma rápida e intensa.
Flash flood	MEDIONDO (2005)	É um evento de inundação de curta duração com uma rápida elevação da onda de inundação e rápida elevação do nível das águas. É causado por pesadas, geralmente curtas precipitações, como uma chuva torrencial, em uma área que frequentemente é pequena.
Flash flood	WMO (1994)	Em bacias pequenas, de rápida resposta, com tempo de concentração menor que seis horas, intensa precipitação pode criar uma inundação brusca.

Fonte: Goerl e Kobiyama (2005) adaptado por Kobiyama *et al.* (2006).

A magnitude e frequência das inundações e enxurradas dependem, entre outros fatores, da intensidade e distribuição da precipitação (no tempo e no espaço), da taxa de infiltração de água no solo, do grau de saturação do solo e das características morfométricas e morfológicas da bacia de drenagem. A esse respeito, Patton (1988) demonstra que bacias circulares tendem a apresentar menor tempo de concentração e picos de vazão mais acentuados e de curta duração, tendo em vista que todos os afluentes estão a uma distância semelhante do curso d'água principal. Em bacias mais alongadas, por sua vez, a vazão dos afluentes chega a tempos diferentes no curso d'água principal, que tenderá a apresentar pico de vazão menos acentuado, porém de maior duração.

Os tipos de solo, substrato rochoso e cobertura vegetal são fatores que também podem definir a ocorrência e as características de inundações e enxurradas. A presença de uma vegetação de dossel contínuo e com diferentes estratos e de uma densa serrapilheira tende a retardar o escoamento superficial, favorecendo a infiltração da água no solo, sobretudo quando este é mais arenoso. Quando o solo é muito argiloso, no entanto, a infiltração da água é menor, tendendo a gerar maiores taxas de escoamento superficial. Do mesmo modo, se o substrato rochoso é permeável e apresenta características de um bom aquífero fissural, por exemplo, a água que infiltra se desloca para zonas de estocagem em grandes profundidades. Porém, se o substrato rochoso é pouco permeável, a água que infiltra no solo logo exfiltra novamente na superfície, aumentando o escoamento superficial e a possibilidade de inundações e enxurradas. A dificuldade para percolação da água para zonas mais profundas também pode ser maior quando ocorre a formação de horizontes pedogenéticos de acumulação de argilas, como em argissolos, pois essas partículas preenchem o espaço poroso, limitando a circulação da água.

A evolução da rede de drenagem também pode ser um importante condicionante para a ocorrência de inundações. Bacias que têm experimentado a expansão de sua área de drenagem por meio de processos como a captura fluvial podem apresentar desproporção entre a captação da bacia hidrográfica e a capacidade de escoamento da calha dos cursos d'água. CEPED (2013) cita como exemplos as bacias dos Rios Itajaí-Açu — onde há evidências de que o Rio Itajaí do Norte foi primitivamente um afluente do Rio Iguaçu — e São Francisco — onde ocorre desproporção entre a capacidade de captação da bacia do alto e médio trechos em relação às possibilidades de escoamento da calha do baixo Rio São Francisco, depois da sua inflexão para leste e sudeste. Nesse caso, é provável que o antigo Rio São Francisco drenava em direção ao norte, desembocando no mar siluriano que deu origem à bacia sedimentar do Parnaíba. Porém, num período geológico mais recente, o rio teria sido capturado pelo braço principal do primitivo Rio do Pontal e, em consequência, mudado de curso.

Diversos são também os condicionantes antrópicos que podem induzir ou potencializar as inundações (bruscas e graduais) — Amorim *et al.*

(2017). Entre eles, destacam-se: o uso e ocupação irregular das planícies de inundação (margens) e leito de cursos d'água; disposição irregular de lixo nos canais fluviais, além da erosão dos solos e consequente assoreamento dos cursos d'água, diminuindo a calha natural para o escoamento da água; alterações nas características da bacia hidrográfica e dos cursos d'água (execução de aterros em áreas de planície, instalação de pontilhões, retificação e canalização de cursos d'água, impermeabilização do solo etc.) — ver Figuras 14.6 e 14.7; exploração de sedimentos de leito e diminuição da carga sedimentar detrítica e orgânica. Por causa de sua alta energia, os cursos d'água de ambientes montanhosos podem ser ainda mais vulneráveis às mudanças ambientais que afetam seus canais e bacias hidrográficas, com impactos nos processos geomórficos e na frequência, magnitude e periodicidade das inundações (STOFFEL *et al.*, 2016).

14.2.2.1. Medidas preventivas e mitigadoras

O gerenciamento do risco de inundações (bruscas e graduais) pode ser feito por meio de medidas estruturais e não estruturais. Segundo Bertoni e Tucci (2003), as medidas estruturais podem ser extensivas ou intensivas. As extensivas têm como foco de ação a bacia como um todo e procuram modificar as relações entre precipitação e vazão, como a promoção do aumento da cobertura vegetal do solo, o que reduz e retarda os picos de vazão e controla a erosão na bacia. As medidas intensivas são aquelas de ação direta nos cursos d'água, podendo: acelerar o escoamento (aumento da capacidade de descarga dos rios e corte de meandros; retardar o escoamento (reservatórios e bacias de amortecimento); ou desviar o escoamento (canais de derivação).

Em geral, todas as medidas que contribuem para a diminuição do volume anormal de sedimentos aportados aos cursos d'água tendem a diminuir o processo de assoreamento dos rios e, consequentemente, a magnitude das inundações e enxurradas. Desse modo, no meio rural, as principais medidas preventivas a esses processos passam por técnicas de manejo integrado de bacias, das quais se destacam (CASTRO, 2003): o reflorestamento de áreas de preservação permanente — em encostas íngremes, topos de morros, margens de cursos d'água e nascentes; o cultivo "em curvas de nível" e a utilização de técnicas como o terraceamento; sempre que possível, deve-se roçar e não capinar as entrelinhas das culturas, devendo permanecer os restos vegetais sobre o solo, a fim de contribuir para reduzir a erosão, reter a umidade e diminuir o aquecimento das camadas superficiais do solo; a adubação orgânica, mediante a utilização de técnicas de compostagem, permite a utilização de esterco, lixo orgânico e palhada (devidamente curtidos) para aumentar a fertilidade e a saúde do solo humificado, o que contribui para otimizar a infiltração da água; mediante técnicas de plantio direto, a incorporação ao solo dos restos de cultura reduz a erosão, diminui a insolação direta sobre o solo e a evaporação da água, preservando a umidade.

Barros (1999) descreve ainda um sistema de interceptação e reservação do escoamento superficial por meio de pequenas barragens junto às linhas de escoamento e ravinas (<3 m). Ao barrar o escoamento superficial com miniaçudes sucessivos, promove-se a redução dos processos erosivos e o consequente assoreamento e poluição dos corpos hídricos. Além disso, evita-se que haja rápida concentração de fluxo nos canais fluviais, tendo em vista que a água é forçada a infiltrar, sendo liberada posteriormente de modo mais lento nas zonas de exfiltração. Ao encher a primeira "barraginha", na parte mais alta, o excesso verte pelo sangradouro à segunda e assim sucessivamente, até chegar às da baixada, sendo que, muitas vezes, estas nem chegam a verter. Nesse caso, trata-se de um sistema que pode ser usado para controlar as inundações com ações ainda nas vertentes, ou seja, antes que a vazão nos cursos d'água ganhe grandes proporções e se torne destrutiva (ver Figura 14.8).

Outros sistemas de barragens, nesse caso, de grandes dimensões, também podem ser utilizados para controle de inundações, com intervenções diretas nos cursos d'água. Cita-se, por exemplo, o Sistema de Controle de Enchentes nas Bacias Hidrográficas do Rio Sirinhaém e do Rio Una, em Pernambuco. Dada a recorrência de desastres com inundações nesse estado nos anos de 2000, 2004, 2010 e 2011, a maioria nas bacias dos Rios Una e Sirinhaém, foi planejado o referido sistema integrado, composto pelas barragens de Serro Azul, Barra de Guabiraba, Igarapeba, Panelas II e Gatos. Exceto a barragem Barra de Guabiraba, todas as barragens visam também ao abastecimento.

Juntas, as barragens terão capacidade de armazenamento de mais de 460 milhões de m³ (UGB, 2011).

No meio urbano, a canalização e a retificação dos cursos d'água são, provavelmente, as medidas estruturais de combate às inundações mais comumente adotadas no Brasil. Essas medidas estruturais são largamente empregadas no mundo, seguindo a lógica de artificialização e controle forçado de cursos d'água em áreas urbanas cujas margens foram ocupadas indevidamente. Entretanto, ainda que possam evitar desastres, essas medidas tendem a ter efeitos apenas locais, ou seja, apenas onde a intervenção é feita e certos trechos de montante são beneficiados. A canalização e retificação do canal eliminam a rugosidade natural do leito fluvial e diminuem seu comprimento em relação ao mesmo desnível, o que acelera o escoamento fluvial, impedindo que o acúmulo de água em determinado trecho leve ao transbordamento. Entretanto, nos trechos a jusante da intervenção a magnitude e os efeitos danosos das inundações tenderão a ser aumentados. Isso porque um maior volume de água chegará em menor intervalo temporal no trecho não canalizado, onde, por estar mais próximo das condições naturais, o fluxo tende a ter menor velocidade. Desse modo, problemas de erosão acelerada e inundações a jusante podem ser induzidos.

Outras intervenções comuns no meio urbano são a construção de bacias de detenção (ou amortecimento), diques e obras de desassoreamento ou de dragagem. Estas, embora paliativas (agem na consequência, não na raiz do problema), contribuem para aumentar a seção da calha dos cursos d'água, aprofundando-a, aumentando a capacidade de escoamento, logo, reduzindo a possibilidade e a magnitude de inundações e enxurradas. Conforme Castro (2003), a construção de diques de proteção, por sua vez, só é realmente efetiva quando as áreas das planícies não se encontram em nível muito inferior ao das médias de cotas máximas das cheias anuais. Necessariamente, os diques de proteção devem ser complementados com a instalação de bombas de recalque e, sempre que possível, com ações de desassoreamento da calha principal e controle de processos erosivos nas bacias.

As bacias de detenção (popularmente conhecidas como "piscinões") podem ser subsuperficiais ou superficiais. Uma bacia de detenção é um reservatório construído a montante das áreas inundáveis e alagáveis, a fim de estabilizar o escoamento. Essas bacias de detenção são comuns no município de São Paulo, que conta com dezenas delas. Segundo Brocaneli e Stuerme (2008), programas municipais executados nas décadas de 1980 e 1990 utilizaram de modo recorrente sistemas de canalização associados aos reservatórios de contenção, entretanto, são poucos os sistemas que não apresentam problemas de manutenção ou extravasão.

Entre as medidas não estruturais, a definição e o mapeamento das áreas de risco são essenciais, pois facilitam o correto aproveitamento do espaço e permitem uma definição precisa das áreas (CASTRO, 2003): *non aedificandi*; *aedificandi* com restrições (locais atingidos pela água, mas onde as águas fluem sem impetuosidade, podendo ser construídas habitações sobre pilotis, por exemplo); *aedificandi* sem outras restrições que não as impostas pelo código de obras local. Nesse sentido, é possível disciplinar o uso e ocupação do solo, reservando as áreas inundáveis para usos adaptáveis ou não contínuos, que possam ser interrompidos sem grandes transtornos, como o lazer.

O processo de gestão de riscos se torna ainda mais eficiente quando são empregados, além do mapeamento das áreas de risco, sistemas de alerta e alarme e planos preventivos de defesa civil. O permanente monitoramento dos níveis dos rios e a medição de seus caudais aliado ao monitoramento da evolução das condições meteorológicas permitem antecipar as variáveis climatológicas responsáveis pela ocorrência de inundações (CASTRO, 2003). O monitoramento das inundações bruscas é facilitado pela operação de radares meteorológicos, que têm condições de antecipar, com razoável nível de precisão, a quantidade de chuva que vai precipitar numa determinada região. Por sua vez, os planos preventivos de defesa civil têm como objetivo orientar a população quanto às medidas a serem tomadas quando da emissão de um alerta ou alarme.

O estado de Santa Catarina é um dos mais afetados por desastres hidrológicos, geológicos e meteorológicos no país. Entre suas características fisiográficas que contribuem para isso, destaca-se sua posição em relação aos sistemas climáticos regionais, tornando o estado palco da atuação frequente de chuvas torrenciais provocadas pela passagem de frentes frias e formação de sistemas convectivos de mesoescala. Desse modo, para o processo de gerenciamento do risco de desastres, o estado tem investido em radares meteorológicos, que contribuem para a emissão de avisos meteorológicos e de alertas, com previsões de curtíssimo prazo (até três horas de antecedência). Em 2017, foi inaugurado o segundo radar meteorológico fixo do estado, em Chapecó, na região oeste, permitindo a cobertura de 138 municípios. Além deste, e do radar instalado no município de Lontras, na região leste, o estado adquiriu um radar móvel. Este deverá ter como base a cidade de Araranguá, na região Sul, permitindo a cobertura de todo o estado por radares meteorológicos.

Em âmbito nacional, o Centro Nacional de Monitoramento e Alerta de Desastres Naturais (CEMADEN) é o responsável por desenvolver, testar e implementar um sistema de previsão de ocorrência de desastres naturais em áreas suscetíveis de todo o país. O CEMADEN tem ainda a missão de realizar o monitoramento contínuo das condições geo-hidrometeorológicas, objetivando o envio de alertas de riscos de desastres naturais, quando observadas as condições que produzam risco iminente de ocorrência de processos geodinâmicos (movimento de massa) e hidrológicos (inundação e/ou enxurrada).

14.3. Considerações finais

Nas últimas décadas, o Brasil tem sido palco da ocorrência de desastres de grande magnitude e impacto social. Destacam-se: as enxurradas na região do Vale do Itajaí (SC), em 2008 (135 mortos); as enxurradas em Alagoas e Pernambuco, em 2010 (47 mortos); e, sobretudo, as enxurradas e movimentos de massa na região serrana do estado do Rio de Janeiro, em 2011, considerado o maior conjunto de desastres naturais do país, com cerca de 900 mortos. Conforme estudos do Banco Mundial, somados, os danos e perdas dos desastres de Santa Catarina, Pernambuco, Alagoas e Rio de Janeiro chegam a R$ 15 bilhões (BERTONE; MARINHO, 2013). Diante desse quadro e das discussões em âmbito internacional sobre a gestão de riscos e prevenção de desastres (marcos de ação de Hyogo 2005–2015 e Sendai 2015–2030), o governo federal reestruturou suas ações e investimentos, além de ter revisado e atualizado a legislação sobre o assunto.

Reconheceu-se que os desastres são um entrave para o desenvolvimento econômico e social das comunidades e do país, tendo em vista os custos crescentes com medidas de resposta (socorro e assistência, reabilitação e reconstrução de cenários de desastres). Segundo Bertone e Marinho (2013), entre 2004 e 2010, os recursos aplicados em resposta a desastres aumentaram 23 vezes, saltando de R$ 130 milhões para mais de R$ 3 bilhões.

Desse modo, em 2012, foi lançado o Plano Nacional de Gestão de Riscos e Resposta a Desastres Naturais, com a previsão de R$ 18,8 bilhões em ações de prevenção por meio de obras (totalizando R$ 15,6 bilhões, principalmente, contra enxurradas e inundações, deslizamentos e seca), resposta (socorro, assistência e reconstrução), mapeamento de áreas de risco e monitoramento e alerta. Diversas ações de prevenção foram incluídas no chamado Programa de Aceleração do Crescimento (PAC), incluindo o financiamento a estados e municípios de mapeamentos de áreas de riscos, projetos e execução de obras.

As ações de mapeamento, monitoramento e alerta foram priorizadas para 821 municípios, que representam 94% das mortes e 88% das pessoas afetadas (BERTONE; MARINHO, 2013). Esses municípios foram definidos quando da elaboração do Plano Plurianual (PPA) 2012–2015 do governo federal, com a criação do Programa 2040 — Gestão de Riscos e Resposta a Desastres, que reorientou as ações em âmbito federal priorizando a prevenção. Os municípios críticos foram selecionados conforme a recorrência dos principais desastres, o número de pessoas desalojadas ou desabrigadas e o número de óbitos entre 1991 e 2010 em cada município.

A intenção de se organizar o assunto "Gestão de Riscos" por meio do Programa 2040 foi mantida na revisão do PPA 2016–2019. Hoje, os municípios prioritários somam 957, devido à atualização dos levantamentos. Os objetivos do Programa 2040 encontram-se na Tabela 14.4, conforme o PPA 2016–2019, de acordo com cada órgão responsável. Para esse período, estão previstos recursos globais de R$ 7,5 bilhões[17] para gestão de riscos e de desastres.

Apesar dos esforços institucionais no sentido de minimizar os efeitos adversos de desastres ligados a enxurradas e inundações, nota-se que, muitas vezes, as soluções propostas por meio de obras se baseiam em concepções obsoletas. Segundo Tucci (2003), países desenvolvidos abandonaram intervenções baseadas na canalização e retificação de cursos d'água no início dos anos 1970, pois verificaram que os custos eram muito altos, e as soluções, temporárias ou ineficazes, porém os países em desenvolvimento adotam

17. Conforme a Portaria nº 315, de 4 de outubro 2017, do Ministério do Planejamento.

sistematicamente essas medidas. Um grande número de ações apoiadas com recursos federais se baseia nesse tipo de intervenção, que reflete, ainda hoje, uma concepção higienista para o tratamento dos cursos d'água em contexto urbano.

Nesse sentido, ainda caminhamos na contramão das concepções mais modernas, que vislumbram devolver aos cursos d'água os espaços próprios de sua dinâmica natural e reincorporar esses elementos à paisagem urbana, promovendo a descanalização e o destamponamento da drenagem fluvial. Pesa nesse fato a visibilidade política que grandes obras de engenharia dão a seus executores. Desse modo, ainda são pouco frequentes iniciativas como as do Programa de Recuperação Ambiental de Belo Horizonte — Drenurbs/Nascentes, lançado no final dos anos 1990 em Belo Horizonte, que previu intervenções de saneamento de fundo de vale associadas à construção de parques lineares, mantendo os cursos d'água em leito natural, quando possível, e áreas verdes e permeáveis adjacentes (ver Capítulo 13). Além da função de amortização de inundações, os parques lineares são usados como áreas de lazer.

Tabela 14.4. Objetivos do Programa 2040 — Gestão de Riscos (PPA 2016–2019).

OBJETIVOS	ÓRGÃO RESPONSÁVEL
Identificar riscos de desastres naturais por meio da elaboração de mapeamentos em municípios críticos.	Ministério de Minas e Energia
Apoiar a redução do risco de desastres naturais em municípios críticos a partir de planejamento e de execução de obras.	Ministério das Cidades
Aumentar a capacidade de emitir alertas de desastres naturais por meio do aprimoramento da rede de monitoramento, com atuação integrada entre os órgãos federais, estaduais e municipais.	Ministério da Ciência, Tecnologia e Inovação
Aprimorar a coordenação e a gestão das ações de preparação, prevenção, mitigação, resposta e recuperação para a proteção e defesa civil por meio do fortalecimento do Sistema Nacional de Proteção e Defesa Civil — SINPDEC, inclusive pela articulação federativa e internacional.	Ministério da Integração Nacional
Promover ações de resposta para atendimento à população afetada e recuperar cenários atingidos por desastres, especialmente por meio de recursos financeiros, materiais e logísticos, complementares à ação dos estados e municípios.	Ministério da Integração Nacional

Fonte: Brasil (2017).

Entretanto, há sinalizações de que, no futuro, esse tipo de solução de engenharia seja repensado e deixado em segundo plano. Conforme o texto da mensagem presidencial do PPA 2016–2019, no caso de eventos hidrológicos críticos, a proposta inclui difundir o uso e a aplicação do conceito de drenagem urbana sustentável, valorizando o amortecimento de vazões e a infiltração natural preexistente, em detrimento da prática atual de aceleração do escoamento das águas pluviais.

Nesse sentido, é preciso incentivar a pesquisa e o uso de técnicas alternativas (como as de bioengenharia) no trato dos sistemas fluviais. Além disso, necessita-se incentivar novos modelos urbanísticos e de habitações sustentáveis, com sistemas de armazenagem e reuso de água de chuva, por exemplo, evitando que a impermeabilização do solo nas áreas urbanas seja um indutor de desastres.

Referências

AMARAL, R.; GUTJAHR, M. R. **Desastres Naturais**: série de cadernos de educação ambiental. São Paulo: IG/SMA, 2011. 100 p.

AMORIM, R. R.; REIS, C. H.; FERREIRA, C. Mapeamento dos geossistemas e dos sistemas antrópicos como subsídio ao estudo de áreas com riscos a inundações no baixo curso da bacia hidrográfica do Rio Muriaé (Rio de Janeiro, Brasil). **Revista Territorium**, v. 24, pp. 89-114, 2017.

ARNELL, N. W.; GOSLING, S. N. The Impacts of Climate Change on River Flood Risk at the Global Scale. **Climatic Change**, [S.l], v. 134, pp. 387-401, 2016.

BARROS, L. C. Barragens de contenção de águas superficiais de chuvas. *In*: Conferência Internacional sobre sistemas de captação de água de chuva, 9., 1999, Petrolina. **Anais...** Petrolina: Embrapa-Semi-Árido; Singapura: IRCSA, 1999. pp. 75.

BERTONE, P.; MARINHO, C. Gestão de riscos e resposta a desastres naturais: a visão do planejamento. *In*: Congresso de Gestão Pública — CONSAD, 6., 2013, Brasília, DF. **Anais...** Brasília, DF: CONSAD, 2013.

BERTONI, J. C.; TUCCI, C. E. M. **Inundações urbanas na América do Sul.** 1ª ed. Porto Alegre: Associação Brasileira de Recursos Hídricos, 2003.

BRASIL. **Instrução Normativa n. 1, de 24 de agosto de 2012.** Brasília, DF: Ministério da Integração Nacional, 2012.

________. **Módulo de formação:** noções básicas em proteção e defesa civil e em gestão de riscos (apostila do aluno). Brasília: Ministério da Integração Nacional, Secretaria Nacional de Proteção e Defesa Civil — Departamento de Minimização de Desastres, 2017.

BROCANELI, P. F.; STUERMER, M. M. Renaturalização de rios e córregos no município de São Paulo. **Exacta**, São Paulo, v. 6, n. 1, pp. 147-156, 2008.

CALDANA, N. F. S.; YADA JUNIOR, G. M.; MOURA, D. A. V.; COSTA, A. B. F.; CARAMORI, P. H. Ocorrências de alagamentos, enxurradas e inundações e a variabilidade pluviométrica na bacia hidrográfica do Rio Iguaçu. **Revista Brasileira de Climatologia**, v. 23, pp. 343-355, 2018.

CAMPAGNOLO, K.; KOBIYAMA, M.; MAZZALI, L. H.; PAIXÃO, M. A. A influência da vegetação na estabilidade de encostas com ênfase em margem de rio. *In*: ENCONTRO NACIONAL DE DESASTRES, 1, 2018, Porto Alegre, 2018.

CANÇADO, V. L. **Consequências econômicas das inundações e vulnerabilidade:** desenvolvimento de metodologia para avaliação do impacto nos domicílios e na cidade. 2009. 394 f. Tese (Doutorado em Saneamento, Meio Ambiente e Recursos Hídricos) — Universidade Federal de Minas Gerais, Escola de Engenharia, Belo Horizonte, 2009.

CASTRO, A. L. C. **Desastres Naturais.** Brasília: 2003. 174 p. (Manual de Desastres, v. 1)

________. **Glossário de Defesa Civil, Estudos de Riscos e Medicina de Desastres.** 5ª ed. Brasília: [s.n.], 1998. 283 p.

CEPED. Centro Universitário de Estudos e Pesquisas sobre Desastres. **Volume Brasil.** 2ª ed. rev. ampl. Florianópolis: CEPED; UFSC, 2013. (Atlas brasileiro de desastres naturais 1991 a 2012, v. 1)

FURTADO, J.; OLIVEIRA, M.; DANTAS, M. C.; SOUZA, P. P.; PANCERI, R. **Capacitação básica em Defesa Civil.** 5ª ed. Florianópolis: CAD-UFSC, 2014. 157 p.

GOERL, R. F.; KOBIYAMA, M. Redução dos desastres naturais: desafio dos geógrafos. **Ambiência**, Guarapuava (PR), v. 9, n. 1, pp. 145-172, 2013.

GOERL, R. F.; KOBIYAMA, M.; SANTOS, I. Hidrogeomorfologia: princípios, conceitos, processos e aplicações. **Revista Brasileira de Geomorfologia**, [S.l.], v. 13, n. 2, pp. 103-111, 2012.

GOERL, R. F.; KOBIYAMA, M. Considerações sobre as inundações no Brasil. *In*: SIMPÓSIO BRASILEIRO DE RECURSOS HÍDRICOS. 16., 2005, João Pessoa. **Anais...** João Pessoa: ABRH, 2005. p. 10. 1 CD-ROM.

UGP Barragens gerencia projetos para implantação de cinco barragens na Mata Sul. **Boletim Informativo**, Recife, v. 1, n. 1, maio 2011.

KOBIYAMA, M.; MENDONÇA, M.; MORENO, D. A.; MARCELINO, I. P. V. O.; MARCELINO, E. V.; GONÇALVES, E. F.; BRAZETTI, L. L. P.; GOERL, R. F.; MOLLERI, G.; RUDORFF, F. **Prevenção de desastres naturais: conceitos básicos**. Curitiba: Organic Trading, 2006. 109 p.

MARCELINO, E. V. **Desastres naturais e geotecnologias**: conceitos básicos. Santa Maria: INPE/CRS, 2008. 38 p.

MARCELINO, E. V.; NUNES, L. H.; KOBIYAMA, M. Banco de dados de desastres naturais: análise de dados globais e regionais. **Caminhos de Geografia**, Uberlândia, v. 6, n. 19, pp. 130-149, 2006.

NOGUEIRA, F. R. Gestão dos Riscos nos Municípios. *In*: Brasil. CARVALHO, C. S.; GALVÃO, T. (orgs.). **Prevenção de riscos de deslizamentos em encostas**: guia para elaboração de políticas municipais. Brasília: Ministério das Cidades, 2006. cap. 3, pp. 26-45.

PATTON, P. C. Drainage Basin Morphometry and Floods. *In*: BAKER, V. R.; KOCHEL, R. C. PATTON, P. C. (eds.). **Flood Geomorphology**. Chichester: Willey, 1988. pp. 51-65.

PEREIRA, D. M.; SZLAFSZTEIN, C. F. Ameaças e desastres naturais na Amazônia Sul Ocidental: análise da bacia do rio Purus. **Revista Ra'e Ga**, Curitiba, v. 35, pp. 68-94, 2015.

POTT, C. M.; ESTRELA, C. C. Histórico ambiental: desastres ambientais e o despertar de um novo pensamento. **Estudos Avançados**, v. 31, n. 89, pp. 271-283, 2017.

ROCHA, P. C. Indicadores de alteração hidrológica no alto rio Paraná: intervenções humanas e implicações na dinâmica do ambiente fluvial. **Sociedade & natureza**, Uberlândia, v. 22, n. 1, 191-211, 2010.

SILVA, E. C. N.; DIAS, M. B. G.; MATHIAS, D. T. A abordagem tecnogênica: reflexões teóricas e estudos de caso. **Quaternary and Environmental Geosciences**, [S.l.], v. 5, n. 1, pp. 1-11, 2014.

STOFFEL, M.; WYŻGA, B.; MARSTON, R. A. Floods in Mountain Environments: A Synthesis. **Geomorphology**, Amsterdam, v. 272, pp. 1-9, 2016.

SULAIMAN, S. N.; ALEDO, A. Desastres naturais: convivência com o risco. **Estudos avançados**, v. 30, n. 88, pp. 11-23, 2016.

TOMINAGA, L. K. Desastres Naturais: Por que ocorrem? *In*: TOMINAGA, L. K.; SANTORO, J.; AMARAL, R. (orgs.). **Desastres naturais**: conhecer para prevenir. 1ª ed. São Paulo: Instituto Geológico, 2009. cap. 1, pp. 11-24.

TUCCI, C. E. M. Parâmetros do Hidrograma Unitário para bacias urbanas brasileiras. **Revista Brasileira de Recursos Hídricos**, [S.l.], v. 8, n. 2, pp. 195-199, 2003.

UNDP. United Nations Development Program. **Reducing Disaster Risk**: A Challenge for Development. Nova Iorque, 2004. 130 p.

UNISDR. United Nations International Strategy for Disaster Reduction. **Living with Risk**: A Global Review of Disaster Reduction Initiatives. Preliminary Version. Genebra (Suíça), 2002.

Apêndice I

Check-list para atividade de caracterização de trecho fluvial em campo

SEGMENTO (Marcar com X)					
	Superior		Médio		Inferior

LEITO MENOR			
Largura (m)		Altura da margem (m)	

SEÇÃO MOLHADA				
Largura (m)	Total	25%	50%	75%
Profundidade (m)		P1	P2	P3
Área da seção molhada (m^2)				

REPRESENTAÇÃO DO LEITO MENOR E SEÇÃO MOLHADA — Perfil transversal			
Escala vertical		Escala horizontal	

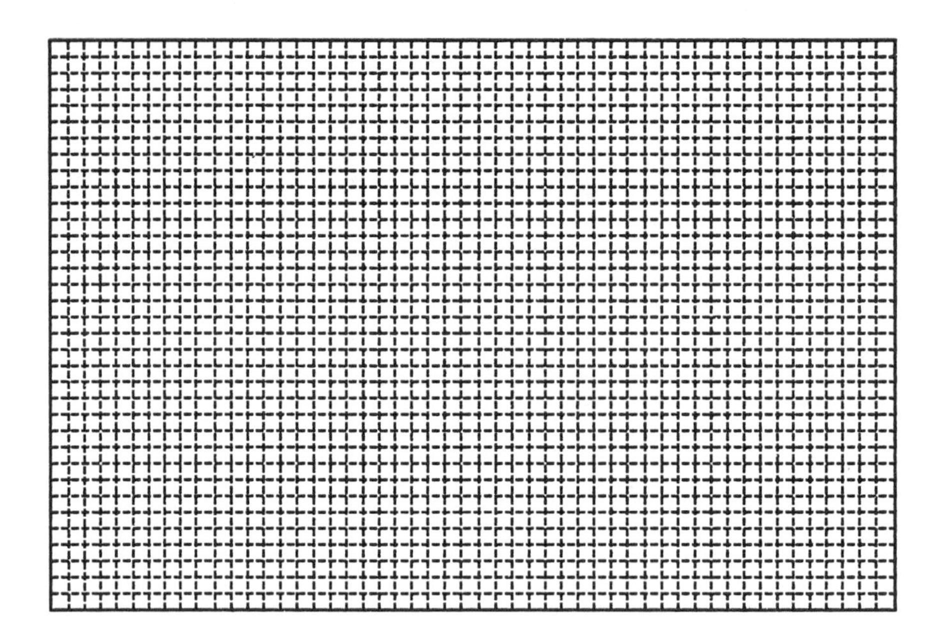

VELOCIDADE DO FLUXO — Método do flutuador					
Distância percorrida (m)		Tempo do flutuador (s):	T1	T2	T3
Vs: Velocidade superficial (m/s)		Vm: Velocidade média (m/s) = 0,85 x Vs			

VAZÃO (m^3/s):

MORFOLOGIA DO LEITO (Marcar com X)							
	Leito coluvial		Leito rochoso		Poço-corredeira		Leito plano
	Leito em cascata		Degrau-Poço		Dunas e *ripples*		

BARRAS DE CANAL (Marcar com X)							
	Ausentes		De areia		De cascalho		
Posição:		Lateral		Longitudinal		Transversal		Diagonal

REPRESENTAÇÃO DO LEITO EM PLANTA — Visão longitudinal	
Escala horizontal	

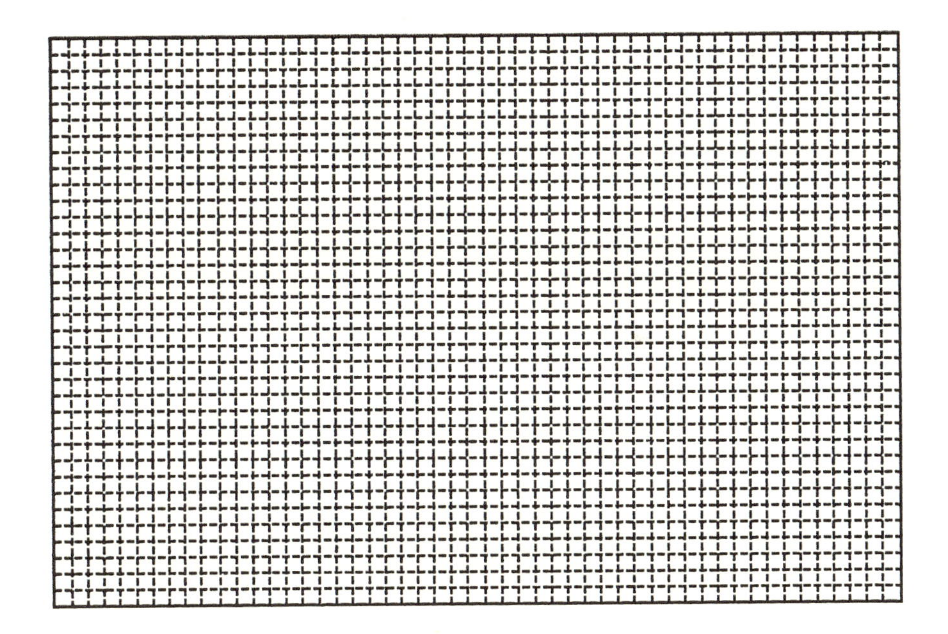

MATERIAIS DO LEITO — Método de Wolman (adaptado)

1. Selecione um segmento em que poços e corredeiras ocorram na mesma proporção.
2. Inicie em um ponto aleatório (jogue um cascalho) na margem do curso d'água. Dê um passo perpendicular ao fluxo e, evitando olhar, pegue a primeira pedra que tocar seu dedo indicador à frente do dedão do pé.
3. Meça o eixo de largura, defina a litologia e o grau de arredondamento e registre na planilha. Para materiais enterrados ou grandes demais para mover, meça o eixo curto visível.
4. Dê outro passo perpendicular ao fluxo e repita os passos anteriores até chegar ao lado oposto.
5. Estabeleça um novo transecto e comece o processo novamente. Se a seção molhada for estreita (<2 m), ande para montante em padrão zigue-zague, em vez de perpendicular ao fluxo. Em geral, você precisará coletar 100 medições para quantificar com precisão a distribuição das partículas.

Características dominantes (preencha as informações abaixo após o levantamento da página seguinte):

(%) Litologia					(%) Grau de arredondamento					
Granulometria (cm)		Areia (<0,2)		Cascalho Fino (0,2-2,4)		Cascalho Grosso (2,5-6,4)		Bloco (6,5-25,5)		Matacão (>25,5)

Amostra	Tamanho (cm)	Litologia	Arredon-damento
1			
2			
3			
4			
5			
6			
7			
8			
9			
10			
11			
12			
13			
14			
15			
16			
17			
18			
19			
20			
21			
22			
23			
24			
25			
26			
27			
28			
29			
30			
31			
32			
33			
34			
35			
36			
37			
38			
39			
40			
41			
42			
43			
44			
45			
46			
47			
48			
49			
50			

Amostra	Tamanho (cm)	Litologia	Arredon-damento
51			
52			
53			
54			
55			
56			
57			
58			
59			
60			
61			
62			
63			
64			
65			
66			
67			
68			
69			
70			
71			
72			
73			
74			
75			
76			
77			
78			
79			
80			
81			
82			
83			
84			
85			
86			
87			
88			
89			
90			
91			
92			
93			
94			
95			
96			
97			
98			
99			
100			

Sobre os autores

Antônio Pereira Magalhães Júnior

É graduado em Geografia e mestre em Geografia e Análise Ambiental pela Universidade Federal de Minas Gerais (UFMG), doutor em Desenvolvimento Sustentável pela Universidade de Brasília (UnB), com estágio na École Nationale des Ponts et Chaussées, em Paris. Realizou pós-doutorado no Departamento de Geografia da Universitat Autònoma, em Barcelona. Atualmente, é professor do Departamento de Geografia da UFMG, atuando principalmente nas áreas de Geomorfologia Fluvial e Gestão de Sistemas e Recursos Hídricos.

Luiz Fernando de Paula Barros

É bacharel, mestre e doutor em Geografia pela UFMG. Trabalhou com processos e registros da dinâmica fluvial quaternária, datações por Luminescência Opticamente Estimulada, morfometria de sistemas fluviais, bem como com processos de erosão acelerada e pressões humanas sobre os recursos hídricos. Trabalhou nos Ministérios da Integração Nacional e do Planejamento, atuando com o tema gestão de riscos e respostas a desastres naturais. É professor do Departamento de Geografia da UFMG, na área de Geografia Física: Geomorfologia e Meio Ambiente.

André Augusto Rodrigues Salgado

Graduado em Geografia e mestre em Geografia e Análise Ambiental pela UFMG, doutor em Evolução Crustal e Recursos Naturais pela Universidade Federal de Ouro Preto (UFOP) e em Geociências pela Universidade d'Aix--Marseille, na França. Pós-doutor em Geociências pelo Centro Europeu de Ensino e Pesquisa de Geociências do Meio Ambiente (CEREGE), na França, e pós-doutorando em Lógica e Metafísica pela Universidade Federal do Rio de Janeiro (UFRJ). Foi vice-presidente da União da Geomorfologia Brasileira (UGB) de 2011 a 2012 e presidente de 2013 a 2016. Desde 2006, é professor de Geomorfologia no Departamento de Geografia da UFMG e, desde 2012, bolsista em produtividade do CNPq (Nível 2). Atua nas áreas de Geocronologia e Evolução de Bacias Hidrográficas.

Chrystiann Lavarini

Doutor em Geologia e Geofísica pela Universidade de Edimburgo (Reino Unido). Geógrafo e mestre em Geografia e Análise Ambiental pela UFMG. Realiza pesquisas sobre a mecânica de sistemas geomorfológicos e suas mudanças no tempo. Além de técnicas tradicionais das geociências, utiliza modelagem numérica, estatística e geotermocronologia de minerais detríticos.

Diego Rodrigues Macedo

Bacharel e mestre em Geografia pela UFMG e Doutor em Ecologia — Conservação e Manejo da Vida Silvestre pela mesma instituição. Professor do Departamento de Geografia da UFMG, atuando na interface entre paisagem, pressões antrópicas, integridade biótica e qualidade ambiental de ecossistemas aquáticos continentais.

Elizon Dias Nunes

Bacharel, licenciado, mestre e doutor em Geografia pela Universidade Federal de Goiás (UFG). Geógrafo no Instituto de Estudos Socioambientais (IESA) da UFG, atuando em geoprocessamento e tratamento de dados espaciais aplicados em Geografia Física.

Frederico Wagner de Azevedo Lopes
Bacharelado em Geografia pela UFMG, mestrado em Engenharia Florestal pela Universidade Federal de Lavras (UFLA), doutorado sanduíche em Geografia e Análise Ambiental pela UFMG (2012) e pós-doutorado no National Institute of Water and Atmospheric Research (NIWA), na Nova Zelândia. Professor do Departamento de Geografia da UFMG, atuando nas áreas de recursos hídricos e análise ambiental.

Guilherme Eduardo Macedo Cota
Geógrafo licenciado, bacharel e mestre pela UFMG. Integra o grupo de pesquisa em Geomorfologia e Recursos Hídricos (UFMG-CNPq). Atualmente é discente de doutorado do Programa de Pós-Graduação em Geografia da UFMG, desenvolvendo pesquisas nas áreas de Geomorfologia Fluvial e Gestão de Recursos Hídricos Continentais, principalmente no tocante à estabilidade de pavimentos detríticos em leitos fluviais e seu rebatimento para a configuração hidrogeomorfológica do canal.

Lucas Espíndola Rosa
Bacharel, licenciado, mestre e doutorando em Geografia pela UFG. Técnico em Mineração no Instituto de Estudos Socioambientais (IESA) da UFG, atuando em técnicas de amostragem, monitoramento, tratamento laboratorial de água, sedimento e solo em Geografia Física.

Luis Felipe Soares Cherem
Bacharel em Geografia e mestre em Modelagem e Análise de Sistemas Ambientais pela UFMG, doutor em Ciências Naturais pela UFOP, doutor em Ciências Ambientais pela Universidade Aix-Marselha (AMU — França) e pós-doutor em Terra e Planetas pelo Centro Europeu de Pesquisa e Ensino em Geociências do Meio Ambiente (CEREGE — França). Professor de Geografia Física no Instituto de Estudos Socioambientais (IESA) da UFG, atuando em análise ambiental e processos erosivos.

Márcio Henrique de Campos Zancopé
Bacharel e licenciado em Geografia pela Universidade de São Paulo (USP), mestre em Geografia pela Universidade Estadual Paulista Júlio de Mesquita Filho (UNESP), doutor em Geografia pela Universidade Estadual de Campinas (UNICAMP). Professor de Geomorfologia no Instituto de Estudos Socioambientais (IESA) da UFG, atuando principalmente em sistemas fluviais.

Michael Vinícius de Sordi
Bacharel, licenciado e mestre em Geografia pela Universidade Estadual de Maringá (UEM), doutor em Geografia pela UFMG, com estágio doutoral sanduíche no Centro Europeu de Pesquisa e Ensino em Geociências do Meio Ambiente (CEREGE — França). Professor de Geoprocessamento e Sensoriamento Remoto na Universidade Tecnológica Federal do Paraná (UTFPR), atuando em Geomorfologia e Geocronologia de paisagens.

Miguel Fernandes Felippe
Professor do Departamento de Geociências da Universidade Federal de Juiz de Fora (UFJF) e do programa de pós-graduação em Geografia da mesma instituição. Doutor em Geografia e Análise Ambiental (IGC-UFMG). Líder do grupo de pesquisas TERRA — Temáticas Especiais Relacionadas ao Relevo e à Água (UFJF-CNPq). Trabalha na interface entre a Geomorfologia, Hidrologia e Hidrogeologia, desenvolvendo projetos de pesquisa e extensão nas áreas de Hidrogeomorfologia, Geomorfologia Fluvial, Geomorfologia Ambiental e Recursos Hídricos. Possui experiência acadêmica na temática de nascentes de cursos d'água, subsidiado metodologicamente por técnicas de mensuração de campo, análises morfométricas, hidrogeoquímicas e radioisotópicas.

Sérgio Donizete Faria

Licenciado em Matemática e em Engenharia Cartográfica pela UNESP, mestre e doutor em Computação Aplicada pelo Instituto Nacional de Pesquisas Espaciais (INPE). Professor no Departamento de Cartografia, Instituto de Geociências (IGC) da UFMG, atuando em análise e modelagem ambiental, geoprocessamento e processamento digital de imagens.

Impresso no Brasil pelo
Sistema Cameron da Divisão Gráfica da
DISTRIBUIDORA RECORD DE SERVIÇOS DE IMPRENSA S.A.
Rua Argentina, 171 – Rio de Janeiro, RJ – 20921-380 – Tel.: (21)2585-2000